Photoshop CS4图像处理与设计典型实例

一线文化工作室　编著

電子工業出版社
Publishing House of Electronics Industry
北京・BEIJING

内 容 简 介

本书针对Photoshop CS4的特性，按照不同的应用专题，精心设计了多个能够体现Photoshop技术精华的经典实例，包括图像调整与修复实例、图像色彩校正与美化实例、图层与蒙版特效实例、通道与路径应用实例、滤镜与文字特效应用实例、照片处理与艺术加工实例、平面设计经典实例，以及网页元素设计实例。通过这些实例详细介绍了Photoshop CS4在各个方面的使用技巧与操作方法。

本书内容丰富，结构清晰，是读者进行学习和实践的最佳选择，图文并茂的版式使内容更加浅显易懂，从而让读者能够迅速领悟并掌握Photoshop CS4的操作方法，并能够受到实例中一些创意的启发，制作出精美的图像处理与创意效果。

本书适合初、中级读者学习使用，特别适合已经掌握了Photoshop的基础知识，想进一步提高创作水平的读者阅读。同时，本书也可以作为电脑培训班、大中专职业院校案例教学用书。

图书在版编目（CIP）数据

Photoshop CS4图像处理与设计典型实例/一线文化工作室编著.—北京：电子工业出版社，2009.10
ISBN 978-7-121-09558-0

Ⅰ. P… Ⅱ. 一… Ⅲ. 图形软件，Photoshop CS4 Ⅳ. TP391.41

中国版本图书馆CIP数据核字（2009）第168473号

责任编辑：李红玉
文字编辑：李 荣
印 刷：北京天竺颖华印刷厂
装 订：三河市鑫金马印装有限公司
出版发行：电子工业出版社
北京市海淀区万寿路173信箱 邮编：100036
北京市海淀区翠微东里甲2号 邮编：100036
开 本：787×1092 1/16 印张：20.375 字数：520千字
印 次：2009年10月第1次印刷
定 价：37.00元

凡所购买电子工业出版社图书有缺损问题，请向购买书店调换。若书店售缺，请与本社发行部联系，联系及邮购电话：（010）88254888。
质量投诉请发邮件至zlts@phei.com.cn，盗版侵权举报请发邮件至dbqq@phei.com.cn。
服务热线：（010）88258888。

前　言

Photoshop CS4是美国Adobe公司推出的一款图像处理软件，是当今最为流行的图像处理与平面设计软件。它在广告设计领域中占据着不可替代的地位，在继承以前版本所有优点的基础上，又增加了许多新的功能，使用更加便捷，广泛应用于平面设计、图像处理、网页设计、数码照片处理等诸多领域。

针对初、中级读者在学习过程中的要求及习惯，我们综合了具有丰富经验的设计师的设计经验编写了这本书，希望能有助于读者快速了解图像处理与创意的设计思路，熟练掌握各种工具及命令的功能与使用技巧，从而快速成长为一名具有非凡创造力的平面设计人员。

本书精选了多个具有代表性和说明性的精彩实例作品，将软件的应用技巧与实际创意完美地结合在一起，实例堪称软件使用中的经典。所选实例把握了两个原则：具有很强的代表性、非常美观。具体内容如下：

Chapter 01 图像调整与修复实例；

Chapter 02 图像色彩校正与美化实例；

Chapter 03 图层特效实例；

Chapter 04 蒙版应用实例；

Chapter 05 通道应用实例；

Chapter 06 路径应用实例；

Chapter 07 滤镜特效应用实例；

Chapter 08 文字特效应用实例；

Chapter 09 照片处理与艺术加工实例；

Chapter 10 平面设计经典实例；

Chapter 11 网页元素设计实例。

本书实例力求用最简单、最直接的方法达到最好的设计效果，并在带领读者熟练掌握软件操作的同时，掌握各种图像处理与创意的技巧。

本书通过实例介绍、制作分析与实例制作相结合的方式，力求全面地将Photoshop CS4所涉及的知识点深入浅出地进行透彻讲解。同时配以相应的图像，使读者透彻、快捷地掌握Photoshop图像处理的详细过程。

本书由一线文化工作室的人员策划并组织编写。由于计算机技术发展非常迅速，加上编者水平有限、时间仓促，错误之处在所难免，敬请广大读者和同行批评指正。

为方便读者阅读，若需要本书配套资料，请登录“华信教育资源网”（http://www.hxedu.com.cn），在“下载”频道的“图书资料”栏目下载。

目　　录

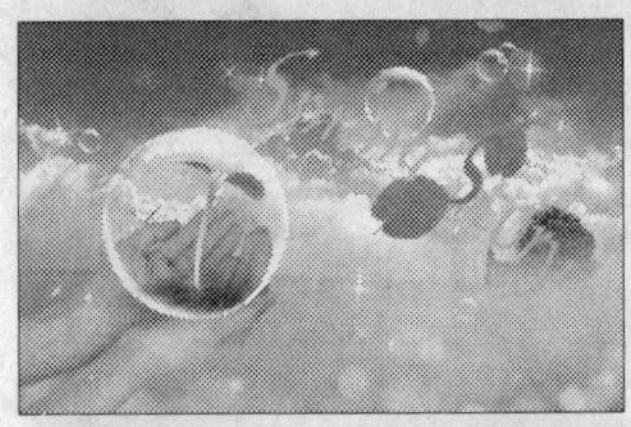

Don't wait for the
to go
out...

聆听自然的声音
9.26

追求自然的永恒

F.DESIGN

Chapter 01 图像调整与修复实例

无论是扫描的图像还是通过数码摄影设备拍摄的照片，如果对图像不满意，都可以在Photoshop CS4中进行图像调整或修复。

本章通过15个综合实例，重点给读者讲解Photoshop CS4图像调整与修复的相关操作与技巧，这也是Photoshop用户经常需要使用的知识。

本章实例

01 调整图像的构图
02 去除图像中的噪点
03 将模糊图像变清晰
04 突出图像的主体
05 调整背光图像的暗部
06 调整闪光灯造成的人物局部过亮
07 去除图像中杂乱的背景
08 修正曝光过度的图像
09 修正曝光不足的图像
10 提亮图像的局部
11 修正偏色照片
12 制作微距效果
13 给黑白图像调出微弱色彩
14 修复破损的图像
15 去除脸上的雀斑

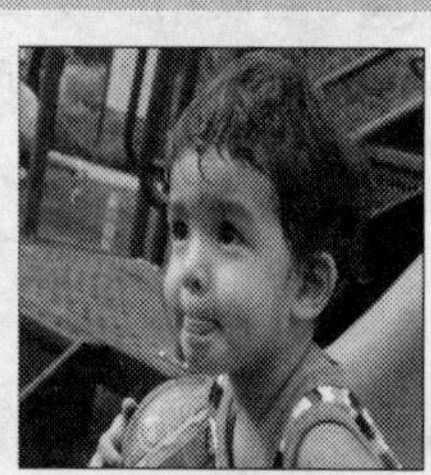

调整图像的构图

Example 01

实例效果

（a）调整前　　（b）调整图像构图

图1-1　调整图像的构图

实例介绍

无论是在摄影还是在美术中，构图都是指组成作品的各个元素的排列方式。在Photoshop中，可以轻松使用裁切工具对图像进行重新构图，操作起来非常方便。

制作分析

在本实例的制作过程中，主要利用Photoshop CS4的裁切工具，在裁切图像的同时修正透视倾斜的图像，在裁切的时候注意对图像的透视调整。

制作步骤

具体操作方法如下：

Step 01 执行“文件”|“打开”命令，弹出“打开”对话框，打开文件名为“图像的构图”的文件（素材\第1章\实例1），效果如图1-1（a）所示。

Step 02 可以看到，这张照片为仰视倾斜拍摄，透视倾斜明显，需要后期调整。

Step 03 选择工具箱中的裁切工具，如果需要可以在其属性栏中，设置裁切边框的尺寸以及分辨率，如图1-2所示。

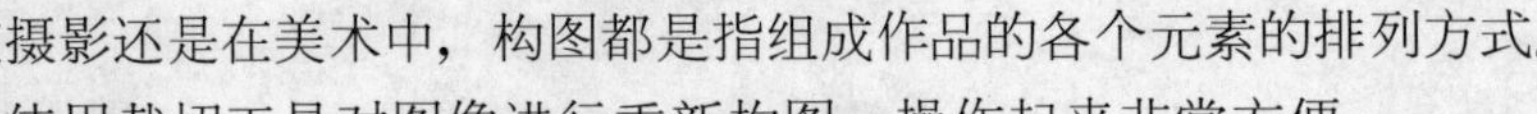

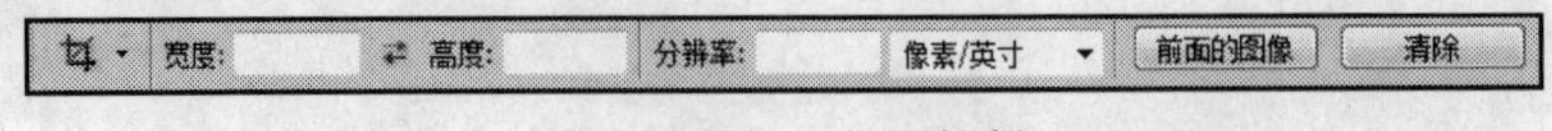

图1-2　裁切工具属性栏

Step 04 当使用裁切工具在图像中拖动，拖拉出裁切定界框后，属性栏内容发生改变，勾选“透视”选项，如图1-3所示。

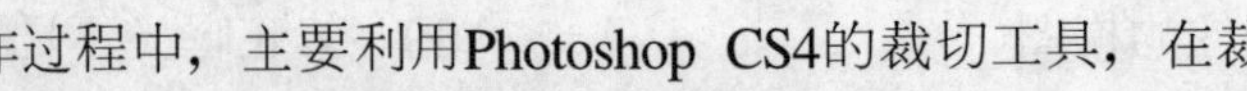

图1-3　设置裁切工具属性栏参数

Step 05 拖动定界框的手柄，使框的边界与图像中本该是水平或垂直的线条平行，如图1-4所示。

图1-4 调整裁切框

Step 06 调整完成后，在定界框内单击或按“Enter”键后，完成裁切，图像倾斜得到校正，构图发生变化，最终效果如图1-1（b）所示。

行家提示

在拖动手柄时，按住“Shift”键，可以保持手柄沿着水平或垂直方向移动。

知识总结

在本实例的操作过程中，主要使用Photoshop的裁切工具进行操作。需要注意的是，裁切工具不仅可以重新构图，还可以改变图像大小、分辨率以及调整图像透视等。

去除图像中的噪点 Example 02

实例介绍

（a）噪点图像

（b）去除图像中的噪点效果

图1-5 去除图像中的噪点

实例介绍

图像噪点表现为非图像本身的随机产生的外来像素，一般是由于数码相机的ISO值设置过高、曝光不足或在比较暗的地方以较低的快门速度拍摄所致。低端的消费类相机往往会比高端相机产生的噪点更多。此外，扫描到电脑中的照片也会出现许多类似胶片颗粒的噪点。

使用Photoshop可以快速减少图像中的噪点，操作方便。

制作分析

在本实例的制作过程中，由于照片扫描到电脑后，产生了噪点，使用减少杂色滤镜去除多余杂色，再使用高斯模糊滤镜模糊图像，均化图像颜色，最后使用“柔光”图层混合模式与下一层图像混合，消除噪点。

制作步骤

具体操作方法如下：

Step 01 执行“文件”|“打开”命令，弹出“打开”对话框，打开文件名为“图像中的噪点”的文件（位置：素材\第1章\实例2），效果如图1-5（a）所示。

Step 02 将背景图层拖至“创建新图层”按钮上，复制一个背景副本图层，如图1-6所示。

Step 03 执行“滤镜”|“杂色”|“减少杂色”命令，弹出“减少杂色”对话框，设置参数如图1-7所示。

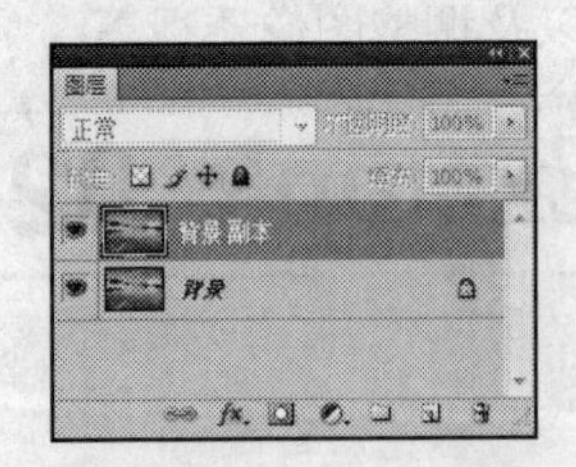

图1-6 复制背景图层

图1-7 设置减少杂色参数

Step 04 单击“确定”按钮，图像效果如图1-8所示。

> **行家提示**
>
> 在“减少杂色”对话框中，“保留细节”选项用于保护边缘与图像的细节，例如头发、有纹理的物体等。数值为100时可以最大限度地保护细节，但这样只能最低限度地改变亮度降噪值。可以试着在两者之间找到一个合适的平衡点。

Step 05 将背景副本复制生成一个背景副本2图层，执行“滤镜”|“模糊”|“高斯模糊”命令，弹出“高斯模糊”对话框，设置参数如图1-9所示。

Step 06 单击“确定”按钮，将背景副本2图层的混合模式设置为“柔光”，去除图像噪点效果完成，最终效果如图1-5（b）所示。

知识总结

在本实例的操作过程中，主要使用减少杂色滤镜对图像中的噪点进行去除。在使用减少杂色滤镜时需要注意设置对话框中的各项参数，掌握各选项的含义才能真正准确地进行调整，完成降噪的目的。

图1-8 减少杂色效果

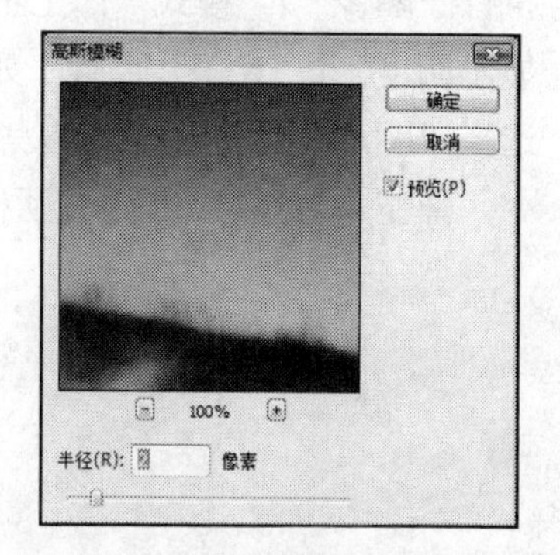

图1-9 设置高斯模糊参数

将模糊图像变清晰 Example 03

实例效果

（a）处理前

（b）处理后

图1-10 将模糊图像变清晰

实例介绍

使用数码相机进行拍摄时往往会丢失图像的一些细节，可以利用基本锐化、Lab颜色锐化、智能锐化或通道边缘锐化等技术为照片添加细节、改善明暗和颜色等，使照片更加清晰、完美。

制作分析

使用Lab颜色锐化可以避免因彩色像素在过度锐化时色彩过于饱和而引起的色彩混乱现象。利用Lab模式可以只对亮度通道锐化而不影响色彩，从而避免晕圈效果的产生。

制作步骤

具体操作方法如下：

Step 01 执行“文件”|“打开”命令，弹出“打开”对话框，打开文件名为“模糊图像”的文件（位置：\素材\第1章\实例3），效果如图1-10（a）所示。

Step 02 打开通道面板，可以看到图像为RGB模式，分别有红色、绿色和蓝色通道，如图1-11所示。

Step 03 执行“图像”|“模式”|“Lab模式”命令，将图像转换为Lab模式，这时通道面板中显示明度、a、b三个通道，如图1-12所示。

Step 04 选择“明度”通道，图像以黑白形式显示。执行“滤镜”|“锐化”|“USM锐化”命令，弹出“USM锐化”对话框，参数设置如图1-13所示。

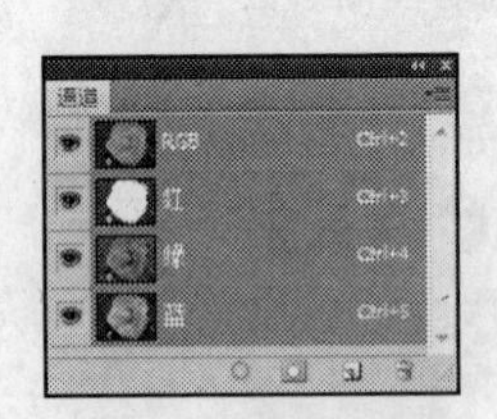

图1-11 通道面板

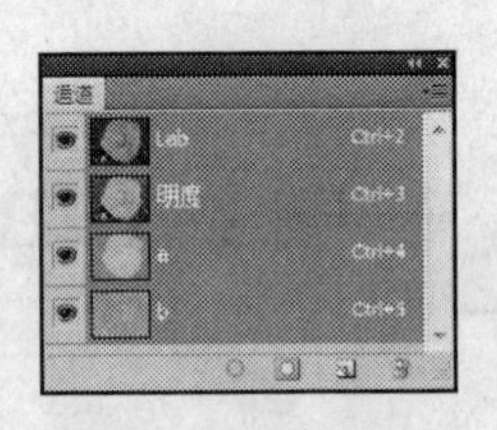

图1-12 Lab模式通道

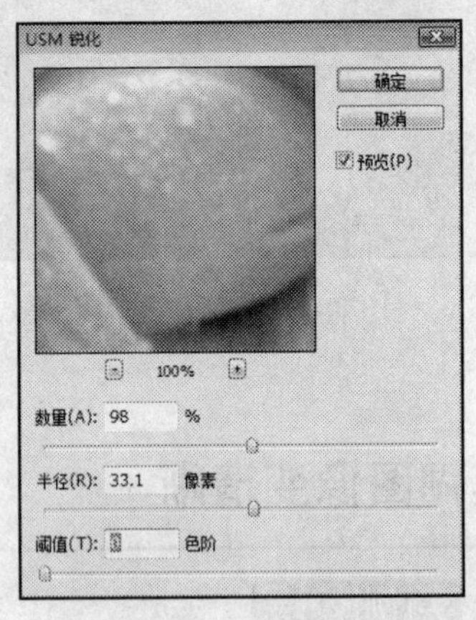

图1-13 设置“USM锐化”对话框参数

Step 05 单击“确定”按钮，得到黑白效果的锐化图像，如图1-14所示。

Step 06 执行“编辑”|“渐隐”命令，弹出“渐隐”对话框，设置“不透明度”为70%，如图1-15所示。

图1-14 锐化图像效果

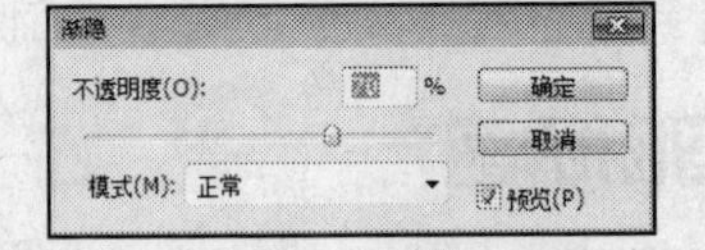

图1-15 设置渐隐参数

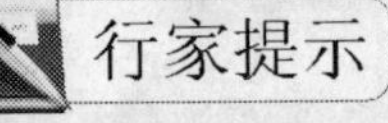

行家提示

如果觉得效果不够明显，可以按“Ctrl+F”组合键，重复上一次的滤镜操作。

Step 07 执行“图像”|“模式”|“RGB模式”命令，将Lab模式切换到RGB模式，完成图像锐化效果，最终效果如图1-10（b）所示。

知识总结

在本实例的操作过程中，主要使用Lab颜色通道锐化图像，既避免了晕圈效果的产生，又保持了色彩不受影响，从而达到将模糊的图像变清晰的目的。

突出图像的主体　Example 04

实例效果

（a）处理前

（b）处理后

图1-16　突出图像的主体

实例介绍

使用数码相机进行拍摄，有时候不能突出主体，在这种情况下，就可以通过Photoshop对照片进行后期处理，突出主体图像效果。

制作分析

本例主要使用图层蒙版突出需要的主体图像，隐藏不用突现的其他图像，再使用图层混合模式混合图像，得到混合自然的图像效果，达到突出主体图像的效果。

制作步骤

具体操作方法如下：

Step 01 执行“文件”|“打开”命令，弹出“打开”对话框，打开文件名为“图像的主体”的文件（位置：素材\第1章\实例4），效果如图1-16（a）所示。

Step 02 将背景图层复制一个背景副本图层，单击图层面板下方的添加图层蒙版按钮，如图1-17所示。

Step 03 设置前景色为黑色，选择画笔工具，设置其属性栏参数如图1-18所示，设置画笔笔触为柔角画笔。

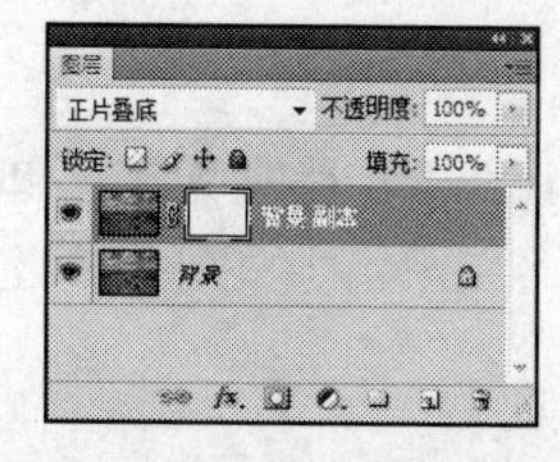

图1-17　添加图层蒙版

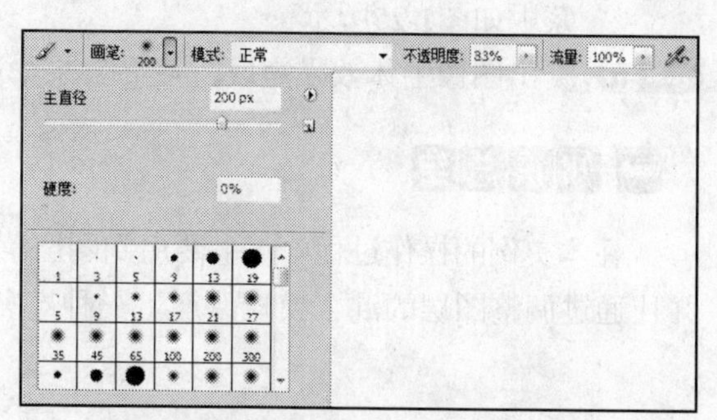

图1-18　设置“画笔工具”属性栏参数

Step 04 使用黑色画笔在图像中马的部分涂抹，图层蒙版如图1-19所示。

Step 05 编辑后的图层蒙版效果如图1-20所示。

Step 06 将背景副本复制一个背景副本2图层，用鼠标单击蒙版缩略图，继续使用黑色画笔在蒙版中涂抹，蒙版如图1-21所示。

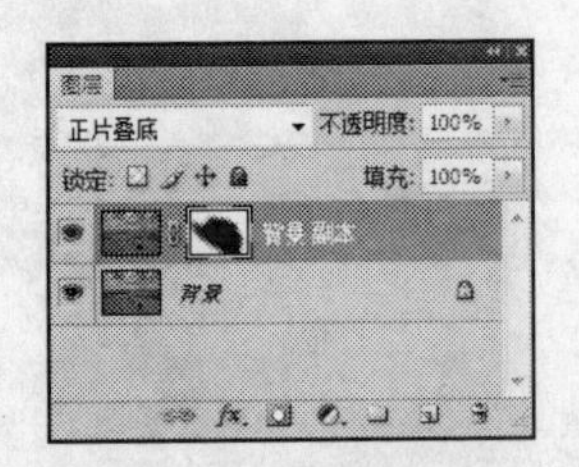

图1-19 图层蒙版

图1-20 编辑图层蒙版效果

Step 07 编辑后的图层蒙版效果如图1-22所示。

Step 08 按“Shfit+Ctrl+Alt+E”组合键，盖印所有图层效果，新建图层1，将其图层混合模式设置为“柔光”，为图层1添加图层蒙版，使用黑色画笔涂抹图像边缘，蒙版如图1-23所示。

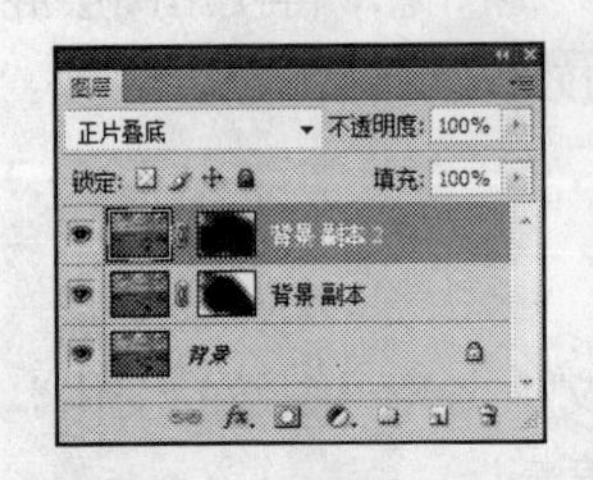

图1-21 图层蒙版

图1-22 编辑图层蒙版效果

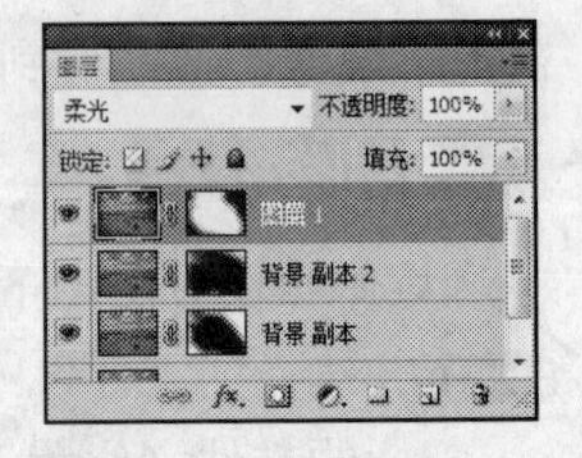

图1-23 图层蒙版

Step 09 编辑后的图层蒙版效果如图1-24所示。

Step 10 按“Shfit+Ctrl+Alt+E”组合键，盖印所有图层效果，新建图层2，将其图层混合模式设置为“线性减淡（添加）”，为图层2添加图层蒙版，使用黑色画笔涂抹图像边缘，蒙版如图1-25所示。

Step 11 突出图像主体效果完成，最终效果如图1-16（b）所示。

知识总结

在本实例的操作过程中，主要用到图层蒙版的功能，让图像产生高亮部分和暗区部分，并且通过调整图层的混合模式，产生一种高亮柔光效果，突出图像中的主体部分。

图1-24 编辑图层蒙版后的效果

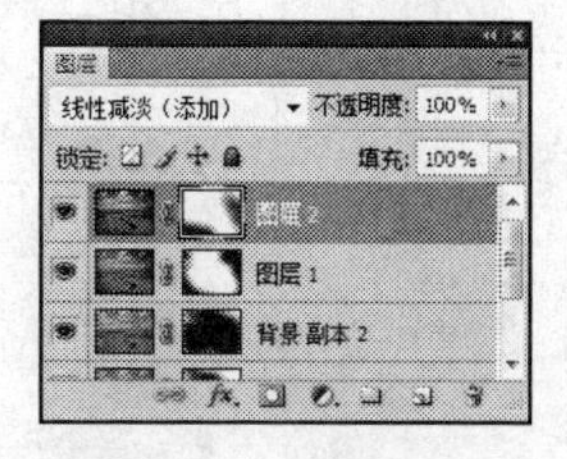

图1-25 图层蒙版

调整背光图像的暗部

Example 05

实例效果

（a）处理前

（b）处理后

图1-26 调整背光图像的暗部

实例介绍

在拍摄照片时，当所拍的主体处于背光时，常常会让照片背光部分显得黑黑的，在Photoshop中，可以运用“阴影/高光”命令快速简单地调整背光图像的暗部。

制作分析

使用“阴影/高光”命令时，注意阴影数值设置得越大，阴影处就越明亮，而高光处光线就越暗，使用该命令时，应该多试几次参数的调整，直到获得理想效果为止。

制作步骤

具体操作方法如下：

Step 01 执行“文件”|“打开”命令，弹出“打开”对话框，打开文件名为“背光图像”的文件（位置：素材\第1章\实例5），效果如图1-26（a）所示。

Step 02 为了不破坏原图层，将背景图层拖至“创建新图层”按钮上，复制一个背景副本图层，图层面板如图1-27所示。

Step 03 执行“图像”|“调整”|“阴影/高光”命令，如图1-28所示。

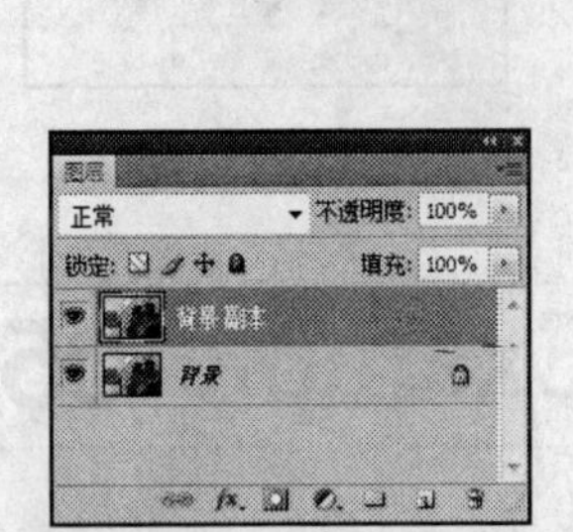

图1-27 复制图层

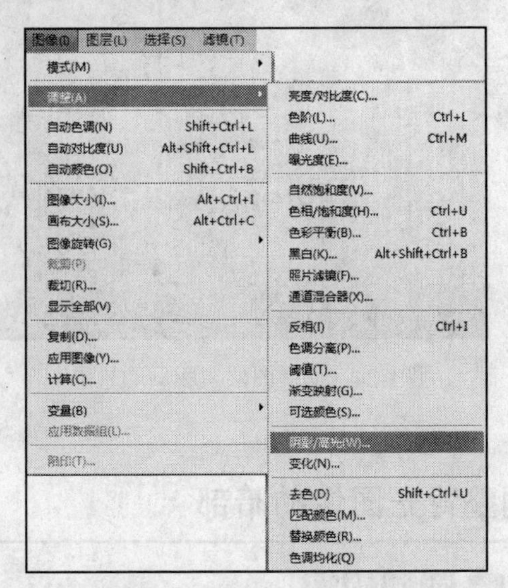

图1-28 “阴影/高光”命令

Step 04 弹出“阴影/高光”对话框，调整参数如图1-29所示。

Step 05 如果需要进一步调整，勾选对话框左下方的“显示更多选项”，可以进一步地调整阴影、高光和颜色。调整参数如图1-30所示。

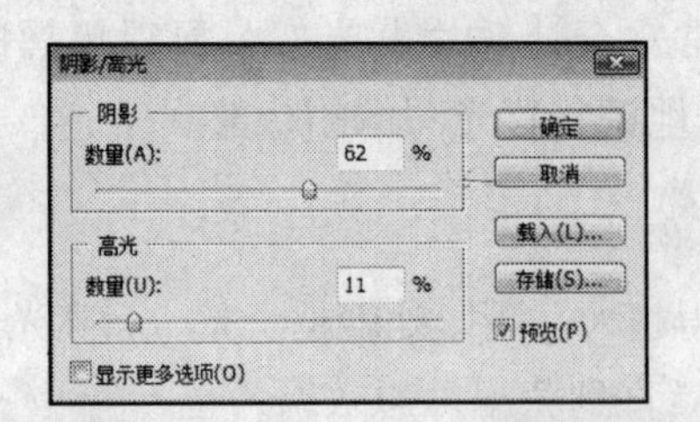

图1-29 “阴影/高光”对话框

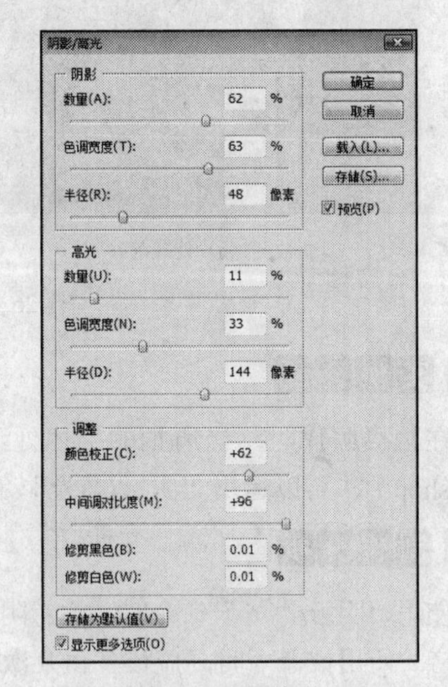

图1-30 设置参数

Step 06 单击“确定”按钮，照片中的阴影和高光得到调整，如图1-31所示。

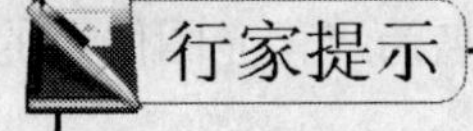

行家提示

在“阴影/高光”对话框中，“颜色较正”选项只作用于彩图，用来对图像进行色彩饱和度修正。

Step 07 执行“图像”|“调整”|“可选颜色”命令，弹出“可选颜色”对话框，选择“红色”进行调整，参数如图1-32所示。

Step 08 单击“确定”按钮，完成图像背光暗部的调整，最终效果如图1-26（b）所示。

图1-31 调整阴影/高光后的效果

图1-32 “可选颜色”对话框

知识总结

在本实例的操作过程中，主要使用“阴影/高光”命令快速调整图像中的暗部，既将图像中的背光部分调整亮了，又保持了图像中的亮部不受影响。

调整闪光灯造成的人物局部过亮 Example 06

实例效果

（a）处理前

（b）处理后

图1-33 调整闪光灯造成人的物局部过亮

实例介绍

拍摄照片时，有时会因为闪光灯过亮造成照片局部过亮，此时使用Photoshop可以对照片进行后期处理，快速修正局部过亮的部分。

制作分析

使用图像颜色模式的转换可以得到不同的通道。通过不同通道的混合，使用加深工具可以调整图像中局部过亮的部分。

制作步骤

具体操作方法如下：

Step 01 执行“文件”|“打开”命令，弹出“打开”对话框，打开文件名为“闪光灯造成人物局部过亮”的文件（位置：素材\第1章\实例6），效果如图1-33（a）所示。

Step 02 执行“图像”|“模式”|“CMYK模式”命令，将图像转换为CMYK颜色，如图1-34所示。

行家提示

在RGB模式下操作时，选择“绿色”通道和“蓝色”通道，操作时会看到颜色有些偏红，而CMYK模式下的“洋红”通道与“黄色”通道的混合更接近肉色。

Step 03 弹出提示对话框，如图1-35所示，单击“确定”按钮，图像模式转换为CMYK模式。

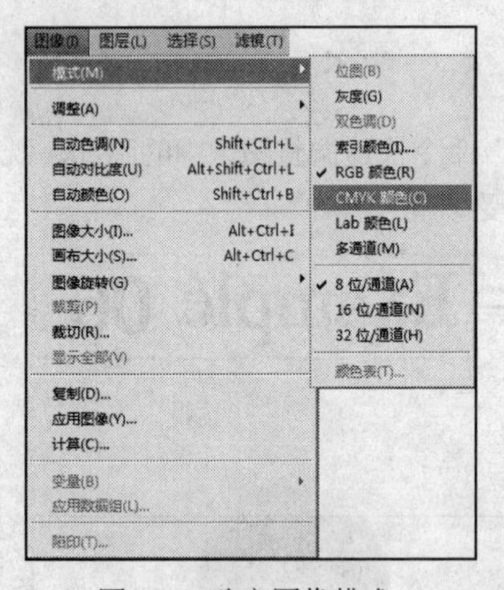

图1-34 改变图像模式

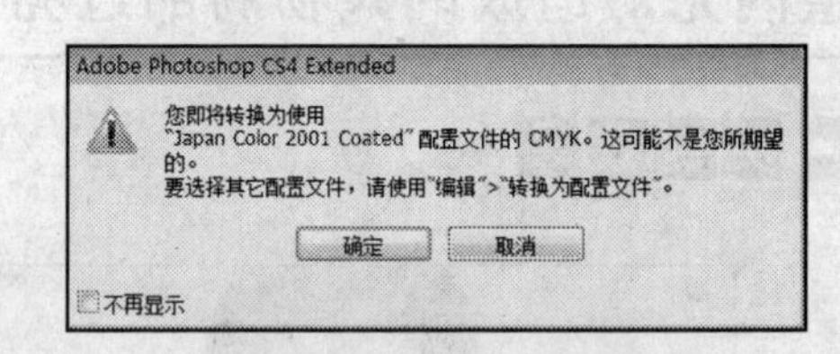

图1-35 提示对话框

Step 04 切换到通道面板，选择“洋红”通道，再按住“Shift”键，单击“黄色”通道，如图1-36所示。

Step 05 此时通道显示效果如图1-37所示。

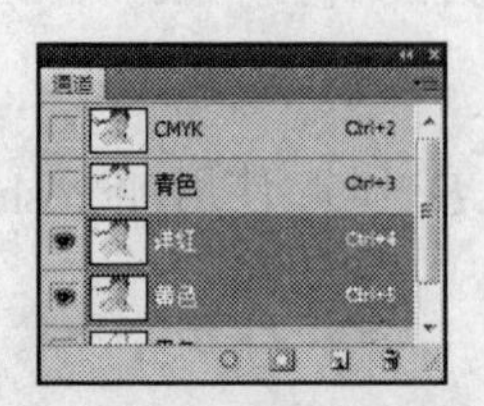

图1-36 选择通道

图1-37 通道显示效果

Step 06 选择工具箱中的加深工具，设置其属性栏参数如图1-38所示。

Step 07 使用加深工具涂抹照片中人物过亮部分，效果如图1-39所示。

图1-38 加深工具属性栏参数

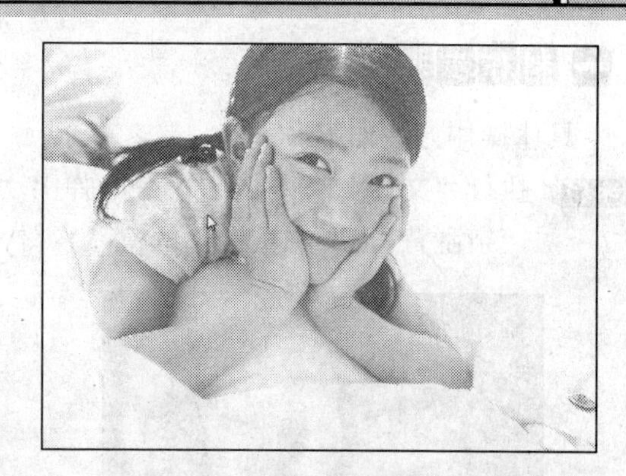

图1-39 加深图像

Step 08 单击通道面板中的CMYK通道，将图像转换加RGB模式，可以看到人物局部过亮部分得到了修正，最终效果如图1-33（b）所示。

知识总结

在本实例的操作过程中，主要使用通道的混合效果和加深工具减淡人物局部过亮部分，从而修正因闪光造成的曝光问题。

去除图像中杂乱的背景 Example 07

实例效果

（a）处理前

（b）处理后

图1-40 去除图像中的杂乱背景

实例介绍

因为环境的干扰，常常在拍摄过程中拍到多余物，在Photoshop中可以运用图层蒙版完美融合两幅图像，既去除了照片中的多余物，又可以换上更理想的背景。

制作分析

“匹配颜色”命令可以快速将两张不同颜色的图像颜色匹配到接近。使用图层蒙版可以将上下两个图层的图像完美融合。

制作步骤

具体操作方法如下：

Step 01 执行“文件”|“打开”命令，弹出“打开”对话框，打开文件名为“杂乱背景”和“杂乱背景2”的文件（位置：素材\第1章\实例7），效果如图1-41和图1-42所示。

图1-41 素材1

图1-42 素材2

Step 02 选择“杂乱背景2”图像，执行“图像”|“调整”|“匹配颜色”命令，弹出“匹配颜色”对话框，在“源”下拉列表中选择“杂乱背景”文件，作为匹配颜色的源图像，设置参数如图1-43所示。

Step 03 单击“确定”按钮，可以看到图像颜色改变了，效果如图1-44所示。

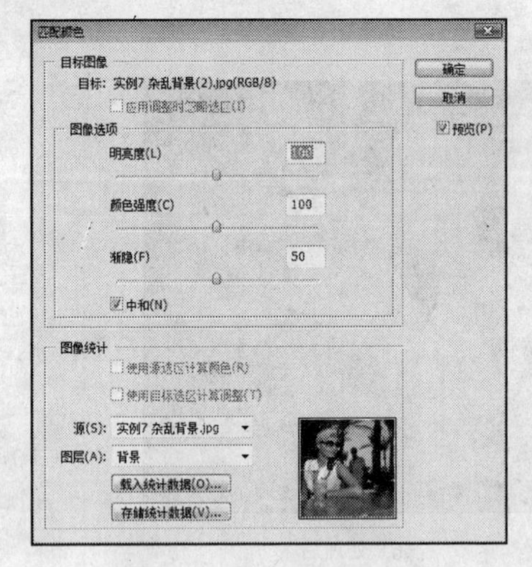

图1-43 调整匹配颜色参数

图1-44 匹配颜色效果

Step 04 按“Ctrl+A”组合键将图像全选，按“Ctrl+C”组合键复制选区中的图像。

Step 05 选择“杂乱背景”文件，按“Ctrl+V”组合键将图像粘贴到该文件中，产生新的图层1，调整图层1图像的位置如图1-45所示。

Step 06 单击图层面板下方的“添加图层蒙版”按钮，为图层1添加图层蒙版，如图1-46所示。

Step 07 使用黑色画笔在蒙版中涂抹，隐藏多余图像，将人物显示出来，图层蒙版如图1-47所示。

图1-45 粘贴图像

图1-46 添加图层蒙版

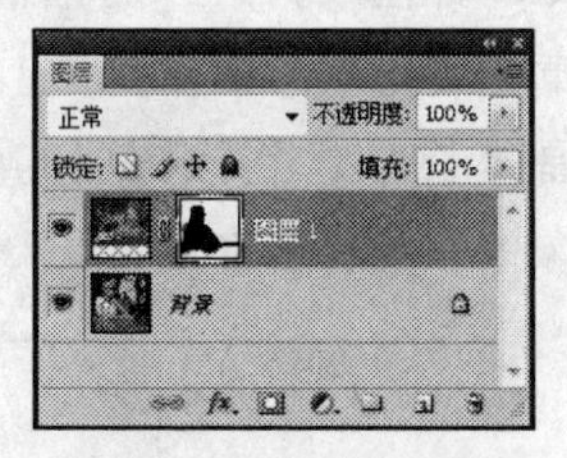

图1-47 图层蒙版效果

Step 08 图像中杂乱的背景被遮盖住，最终效果如图1-40（b）所示。

知识总结

制作本实例主要通过“匹配颜色”命令调整两张不同图像的颜色相近，再使用蒙版遮盖不要的杂乱背景，在Photoshop中还有很多方法可以去除杂乱背景，不防根据不同的情况，使用其他方法处理杂乱背景。

修正曝光过度的图像 Example 08

实例效果

（a）处理前

（b）处理后

图1-48 修正曝光过度的图像

实例介绍

在拍摄过程中亮度过高，会让图像曝光，失去很多图像的细节，本例将使用图层混合模式修复曝光过度的图像。

制作分析

使用“正片叠底”图层混合模式可以加强曝光过度的图像色调浓度，从而达到调整曝光过度的效果。

制作步骤

具体操作方法如下：

Step 01 执行“文件”|“打开”命令，弹出“打开”对话框，打开文件名为“曝光过度图像”的文件（位置：素材\第1章\实例8），效果如图1-48（a）所示。

Step 02 将背景图层复制一个背景副本图层，将该图层的混合模式设置为“正片叠底”，图层面板如图1-49所示，图像效果如图1-50所示。

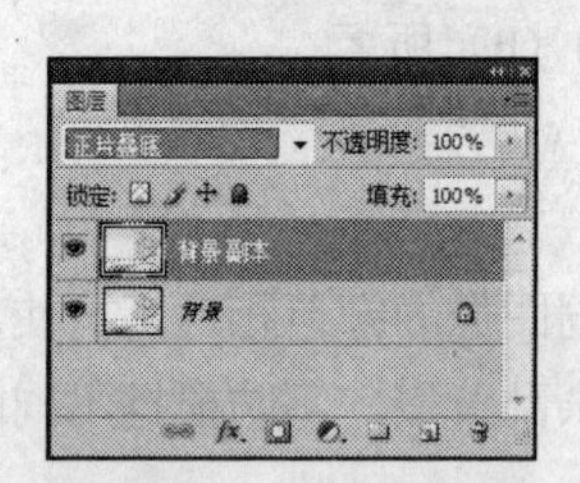

图1-49　调整图层混合模式

图1-50　正片叠底效果

Step 03 观察图像，如果图像仍然过亮，继续复制图层，将最后复制图层的图层不透明度调整为46%，如图1-51所示，图像效果如图1-52所示。

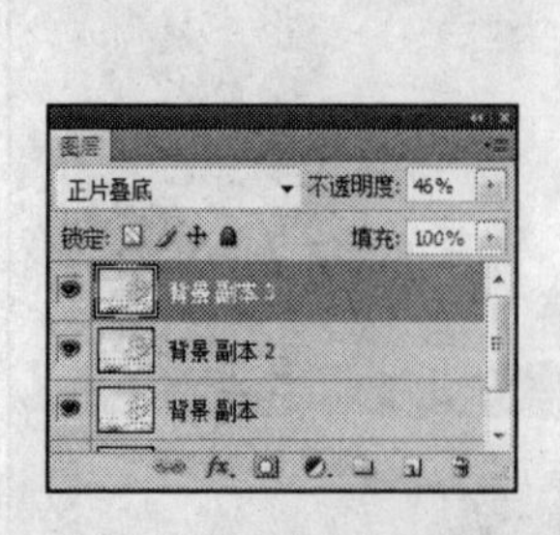

图1-51　复制背景图层

图1-52　调整图像效果

Step 04 观察图像，颜色有些偏黄，按“Ctrl+U”组合键弹出“色相/饱和度”对话框，选择黄色，调整参数，如图1-53所示。

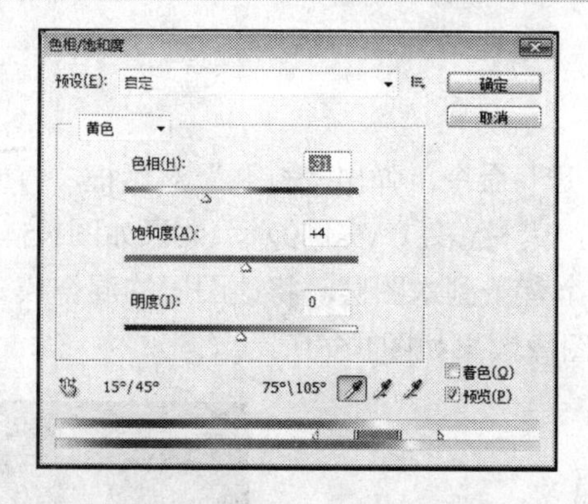

图1-53　调整色相/饱和度参数

Step 05 单击“确定”按钮，曝光过度图像得到修正，最终效果如图1-48（b）所示。

知识总结

在本实例的操作过程中，主要使用“正片叠底”图层混合模式修正曝光过度的照片，该图层混合模式就像把两张幻灯片叠加在一起，叠加后的效果比每个幻灯片颜色都暗。

修正曝光不足的图像　Example 09

实例效果

（a）处理前

（b）处理后

图1-54　修正曝光不足的图像

实例介绍

由于拍摄技巧或是天气原因，常常会使拍下的照片曝光不足，过于黑暗，使用Photoshop可以轻松地修正曝光不足的图像，操作简单，效果明显。

制作分析

使用Photoshop图层混合模式可以影响图层叠加后的效果，灵活运用图层混合模式可以获得一些意想不到的特殊效果。

制作步骤

具体操作方法如下：

Step 01 执行“文件”|“打开”命令，弹出“打开”对话框，打开文件名为“曝光不足的图像”的文件（位置：素材\第1章\实例9），效果如图1-54（a）所示。

Step 02 将背景图层复制一个背景副本图层，将该图层的混合模式设置为“滤色”，图层面板如图1-55所示，图像效果如图1-56所示。

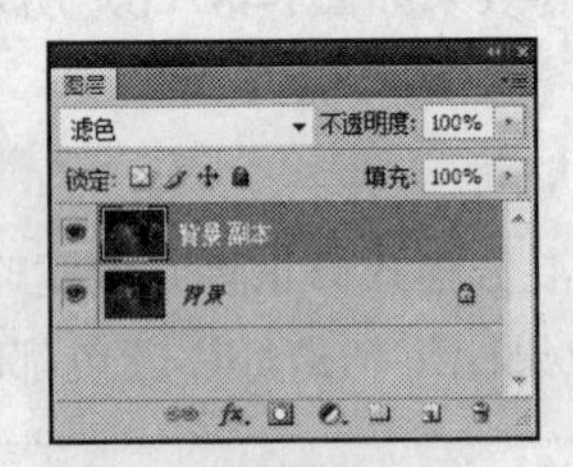

图1-55 复制背景图层

图1-56 滤色效果

行家提示

“滤色”图层混合模式对图像黑色区域不起作用，对纯白色图层也不起作用。

Step 03 观察图像，如果图像仍然过暗，继续复制图层，如图1-57所示，图像效果如图1-58所示。

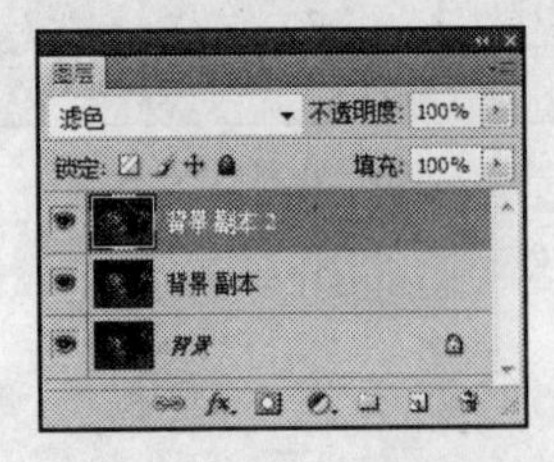

图1-57 复制背景图层

图1-58 图像效果

Step 04 整体图像颜色过淡，按“Ctrl+U”组合键弹出“色相/饱和度”对话框，调整参数，如图1-59所示。

Step 05 单击“确定”按钮，曝光过度图像得到修正，最终效果如图1-54（b）所示。

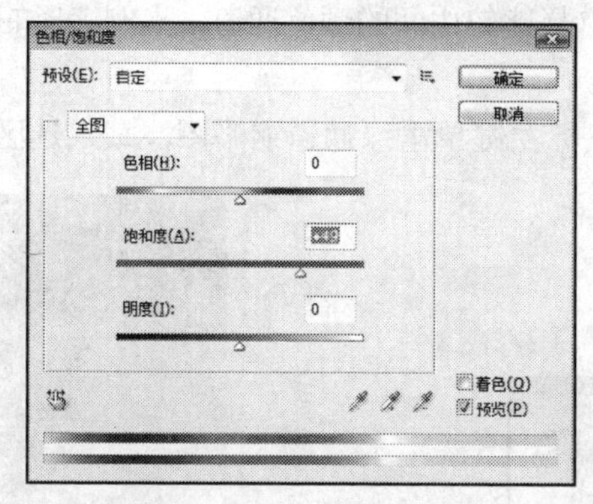

图1-59 调整色相/饱和度参数

知识总结

在本实例的操作过程中，使用了“滤色”图层混合模式提亮了图像，该图层混合模式可以将上下两个图层的中图像色彩叠加混合，所产生的叠加颜色比两个图层图像中的颜色更亮。

提亮图像的局部 Example 10

实例效果

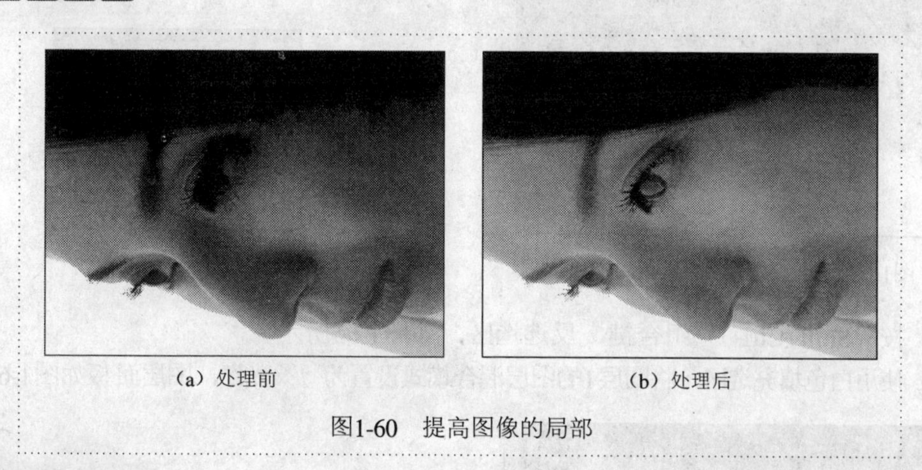

（a）处理前 （b）处理后

图1-60 提高图像的局部

实例介绍

因为背光的原因，常常会让拍摄的照片背光面过暗，将局部的暗部图像提亮，可以让整个照片看起来更完美。

制作分析

本例利用通道获取暗部图像选区，再通过填色及图层混合模式提亮图像的局部。

制作步骤

具体操作方法如下：

Step 01 执行“文件”|“打开”命令，弹出“打开”对话框，打开文件名为“闪光灯造成人物局部过亮”的文件（位置：素材\第1章\实例10），效果如图1-60（a）所示。

Step 02 切换到通道面板，选择比较中间的颜色通道，本例选择的是“绿”通道，如图1-61所示。

Step 03 按住“Ctrl”键用鼠标左键单击绿通道缩略图，载入选区，如图1-62所示。

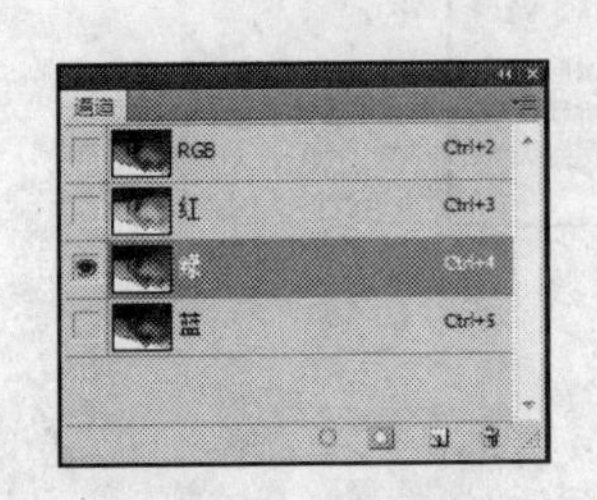

图1-61 选择通道

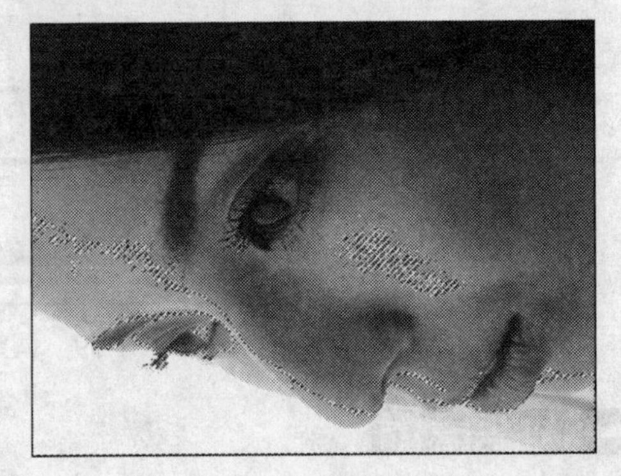

图1-62 载入绿通道选区

Step 04 单击“RGB”通道，切换到图层面板，图像显示如图1-63所示。

Step 05 在背景图层之上新建图层1，如图1-64所示。

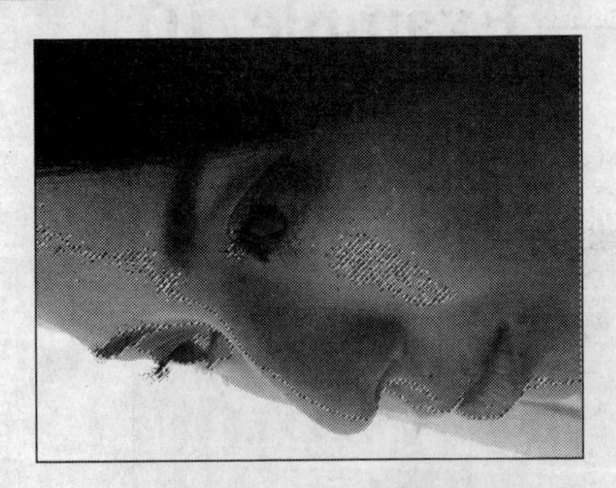

图1-63 切换到图层面板后的效果

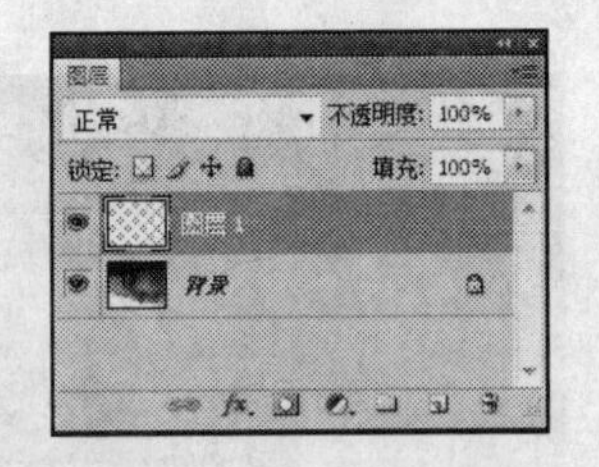

图1-64 新建图层

Step 06 按“Shift+Ctrl+I”组合键，反选选区，如图1-65所示。

Step 07 使用白色填充选区，将图层1的图层混合模式设置为“柔光”，图层面板如图1-66所示。

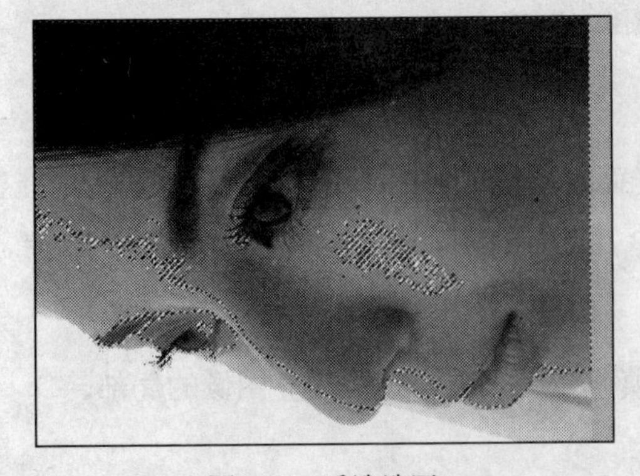

图1-65 反选选区

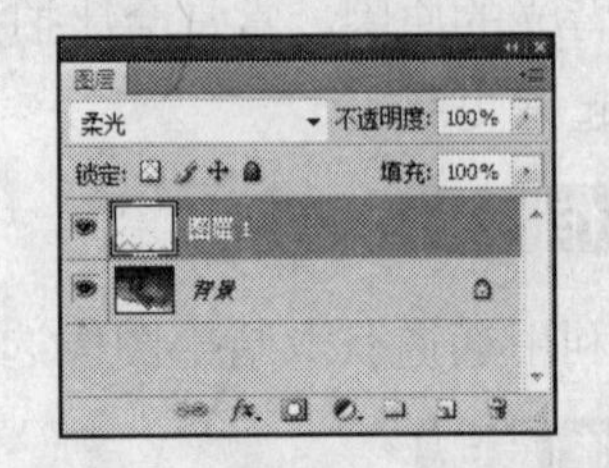

图1-66 改变图层混合模式

Step 08 按“Ctrl+D”组合键取消选区，图像效果如图1-67所示，图像暗部得到调整。

Step 09 将图层1复制一个副本，图层面板如图1-68所示，图像效果如图1-69所示。

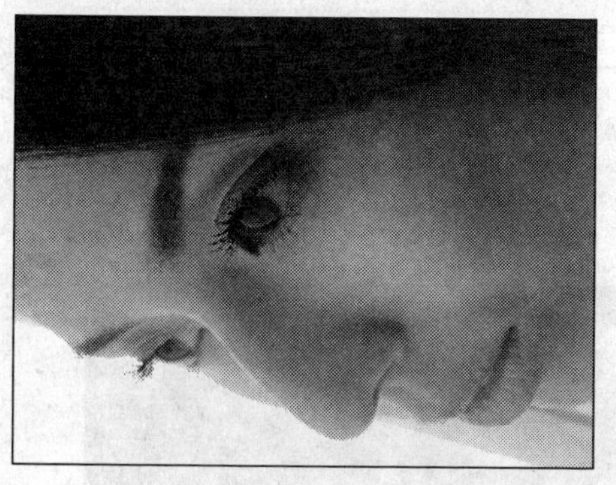

图1-67 图像效果

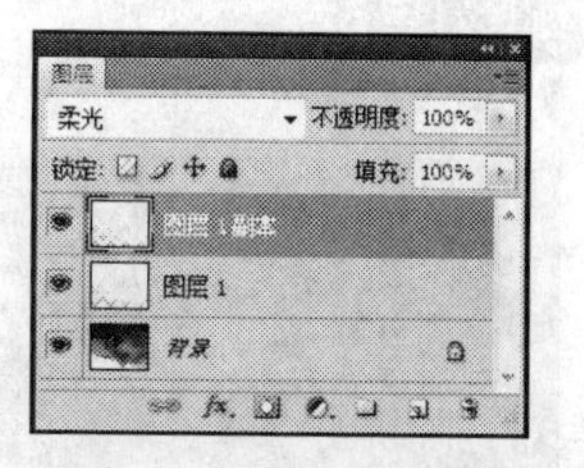

图1-68 复制图层

Step 10 为图层1副本添加图层蒙版，使用黑色画笔涂抹人物头发部分及背景部分，将该图层不透明度调整为83%，如图1-70所示。

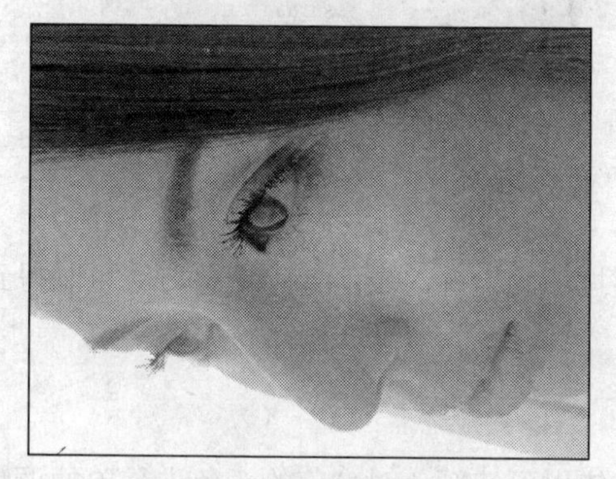

图1-69 复制图层后的效果

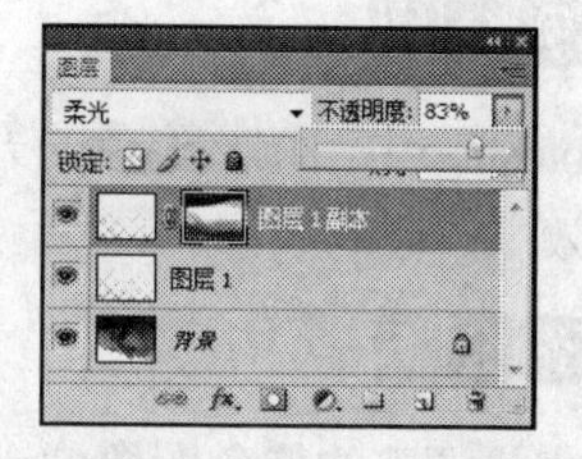

图1-70 添加图层蒙版

Step 11 图像过暗部分得到提高，最终效果如图1-71所示。

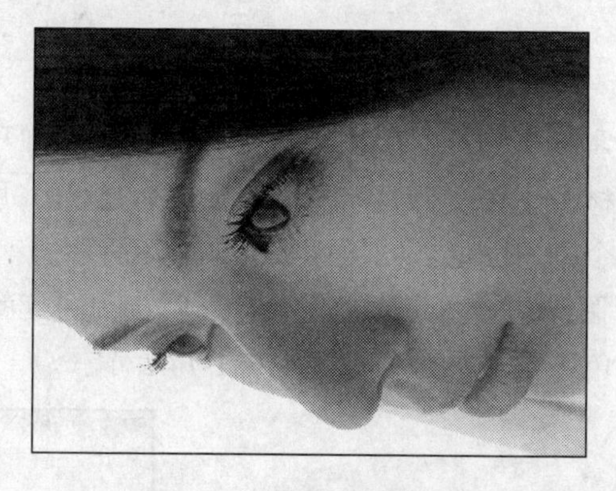

图1-71 调整后的图像效果

知识总结

在本实例的操作过程中，主要通过通道得到需要调整的图像选区，再使用“柔光”图层混合模式混合图像颜色，提高图像效果。“柔光”模式能使颜色变亮或变暗，具体取决于混合色。此效果与发散的聚光灯照在图像上相似。如果混合色（光源）比50%灰色亮，则图像变亮，就像被减淡了一样。如果混合色（光源）比50%灰色暗，则图像变暗，就像被加深了一样。用纯黑色或纯白色绘画会产生明显较暗或较亮的区域，但不会产生纯黑色或纯白色。

修正偏色照片 Example 11

实例效果

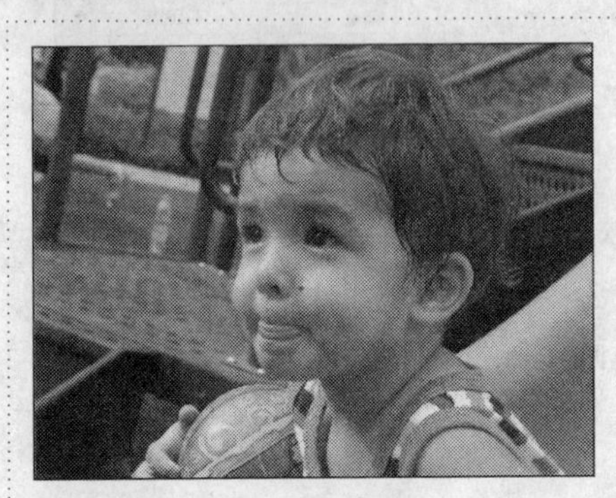

（a）处理前

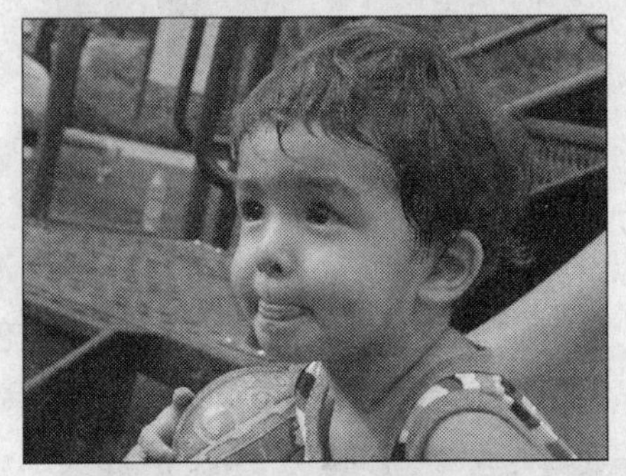

（b）处理后

图1-72 修正偏色照片

实例介绍

在Photoshop中，调整偏色的方法有很多，根据不同情况，灵活运用调整方法可以得到最佳的图像效果。

制作分析

本例需要调整的偏色图像偏于黄色，因此，使用可选颜色对偏色的颜色进行单独调整，最后使用色彩平衡调整照片的整体颜色。

制作步骤

具体操作方法如下：

Step 01 执行“文件”|“打开”命令，弹出“打开”对话框，打开文件名为“偏色图像”的文件（位置：素材\第1章\实例11），效果如图1-72（a）所示。

Step 02 将背景层复制一个副本图层，图层面板如图1-73所示。

Step 03 执行“图像”|“调整”|“可选颜色”命令，弹出“可选颜色”对话框，在颜色下拉列表中选择“黄色”，并调整参数，如图1-74所示。

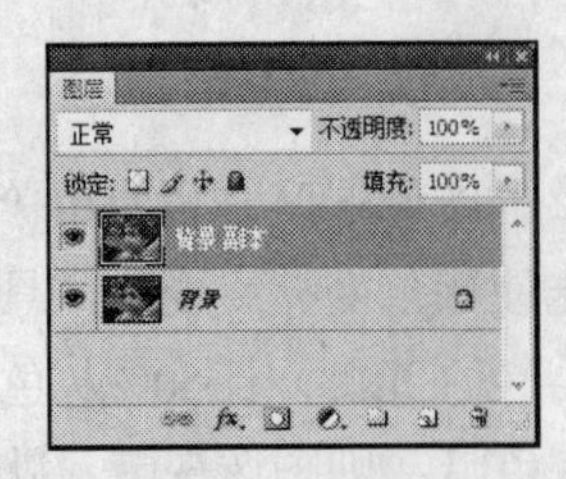

图1-73 复制背景图层

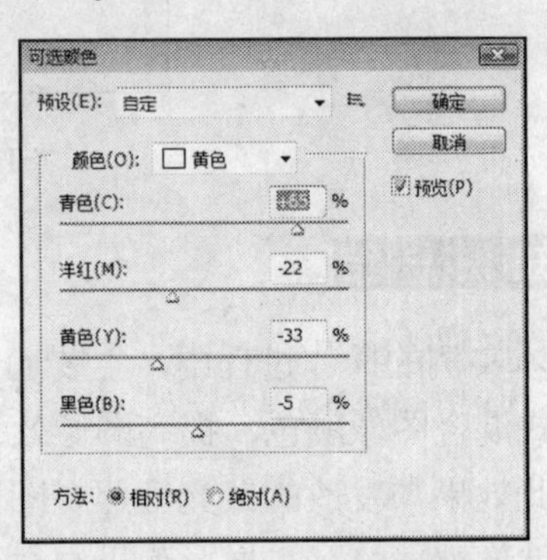

图1-74 设置可选颜色参数

Step 04 单击“确定”按钮，图像偏黄的颜色得到改善，如图1-75所示。

Step 05 按“Ctrl+B”组合键，弹出“色彩平衡”对话框，调整参数，如图1-76所示。

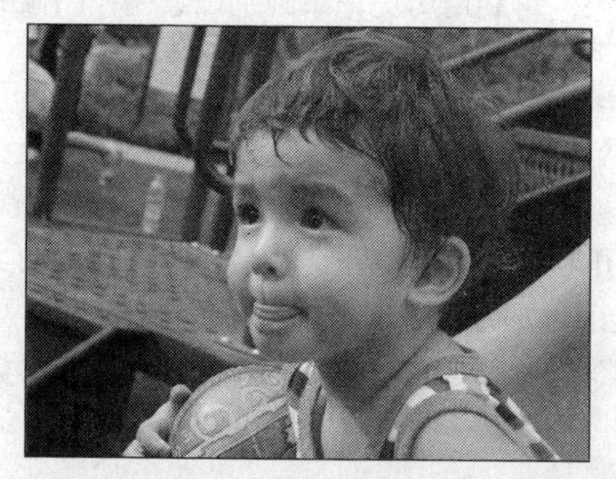

图1-75 调整后的效果

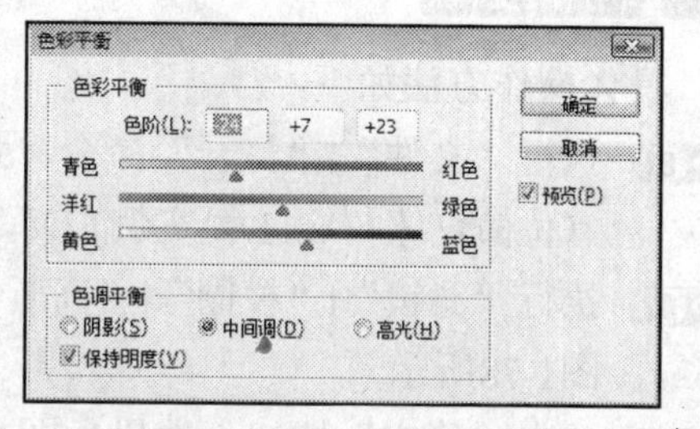

图1-76 调整色彩平衡参数

Step 06 单击“确定”按钮，修正偏色照片完成，最终效果如图1-72（b）所示。

知识总结

在本实例的操作过程中，主要使用“可选颜色”命令调整了整个图像的偏黄效果，“可选颜色”命令可以在某种颜色范围内选择，对其进行针对性的修改，在不影响其他原色的情况下修改图像中某种原色的数量。

制作微距效果 Example 12

实例效果

（a）处理前

（b）处理后

图1-77 制作微距效果

实例介绍

微距摄影是数码相机的特长之一，用微距拍摄可以把很普通的场景拍成戏剧性的场面，微距特别擅长表现花鸟鱼虫等细小的东西，可以充分展示细节，而且可以随心所欲地表现自己在选题、构图、用光方面的创意。由于微距摄影是较难掌握的摄影题材，掌握不好将事与愿违，使用Photoshop可以轻松地达到微距效果。

制作分析

本例主要使用高斯模糊滤镜制作背景景深效果，再利用历史记录画笔工具制作图像的近距离效果。

制作步骤

具体操作方法如下：

Step 01 执行“文件”|“打开”命令，弹出“打开”对话框，打开文件名为“微距”的文件（位置：素材\第1章\实例12），效果如图1-77（a）所示。

Step 02 执行“滤镜”|“模糊”|“高斯模糊”命令，弹出“高斯模糊”对话框，设置参数如图1-78所示。

Step 03 单击“确定”按钮，效果如图1-79所示。

图1-78 设置高斯模糊参数

图1-79 糊糊图像后的效果

Step 04 单击工具箱中的“历史记录画笔”工具，设置其属性栏参数如图1-80所示。

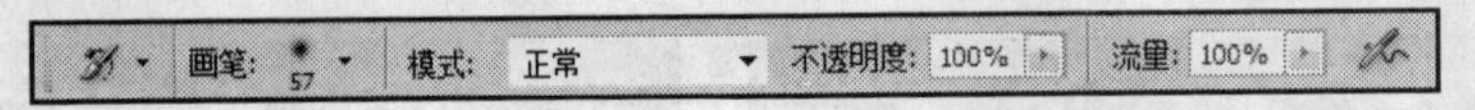

图1-80 设置历史记录画笔参数

Step 05 将背景图层复制一个副本，将该图层的不透明度调整为“63%”，如图1-81所示，图像效果如图1-82所示。

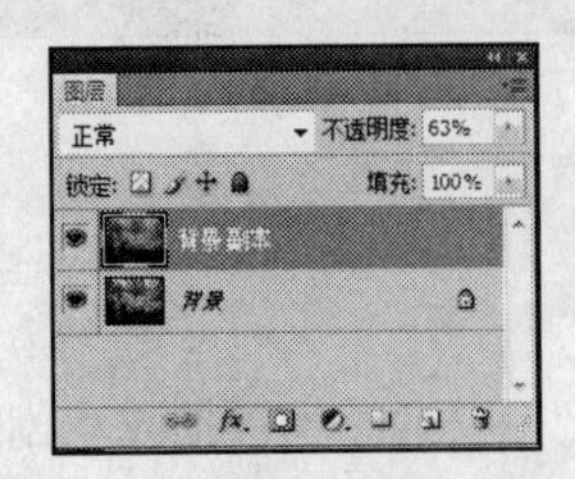

图1-81 复制并调整图层不透明度

图1-82 复制背景图层后的效果

Step 06 使用历史记录画笔工具涂抹最近的一枝桃花和枝杆，将背景副本图层的不透明度调整为“100%”，效果如图1-83所示。

行家提示

历史记录画笔工具可以将图像的一个状态或快照的副本绘制到最初图像状态。

Step 07 观察整体图像颜色太淡，按“Ctrl+U”组合键弹出“色相/饱和度”对话框，调整参数，如图1-84所示。

图1-83　调整效果

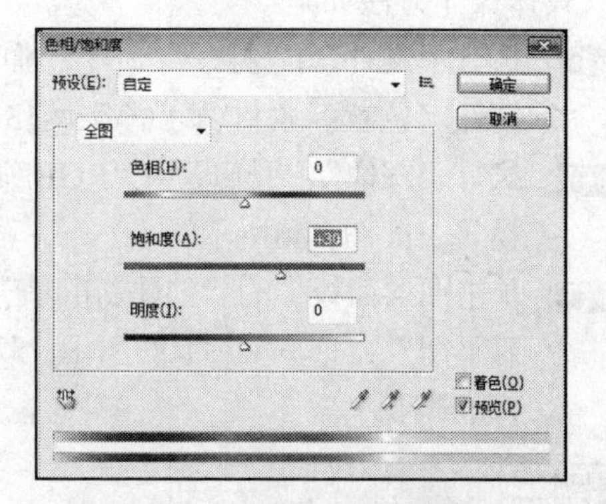

图1-84　调整色相/饱和度参数

Step 08 单击“确定”按钮，微距效果制作完成，最终效果如图1-77（b）所示。

知识总结

在本实例的操作过程中，使用历史记录画笔进行图像涂抹时，可以不断调整画笔笔触，更为方便地涂抹图像边缘。

给黑白图像调出微弱色彩　Example 13

实例效果

（a）处理前

（b）处理后

图1-85　给黑白图像调出微弱色彩

实例介绍

使用Photoshop可以为黑白照片添加巧妙的微弱色彩，方法很简单。

制作分析

使用“色彩平衡”命令可以分别以图像的暗调、中间调以及高光3个层次进行颜色调整。

制作步骤

具体操作方法如下：

Step 01 执行“文件”|“打开”命令，弹出“打开”对话框，打开文件名为“黑白图像”的文件（位置：素材\第1章\实例13），效果如图1-85（a）所示。

Step 02 执行“图像”|“模式”|“RGB颜色模式”命令，将图像由灰度模式转换为RGB颜色模式，如图1-86所示。

Step 03 单击图层面板中的“创建新的填充和调整图层”按钮，在弹出的快捷菜单中选择“色彩平衡”命令，如图1-87所示，切换到调整面板，选择“阴影”选项，调整参数如图1-88所示。

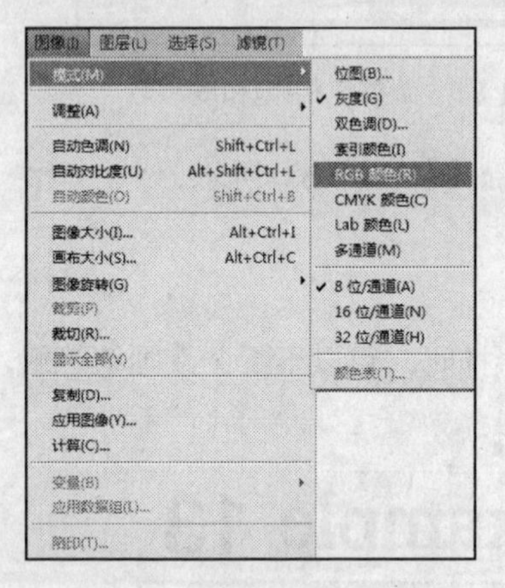

图1-86 转换图像模式

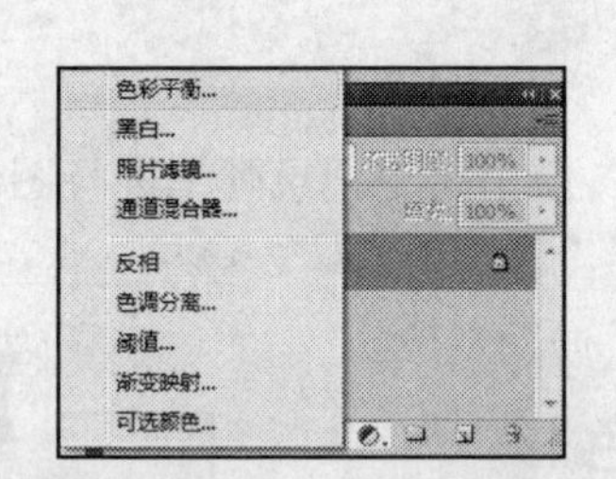

图1-87 选择“色彩平衡”命令

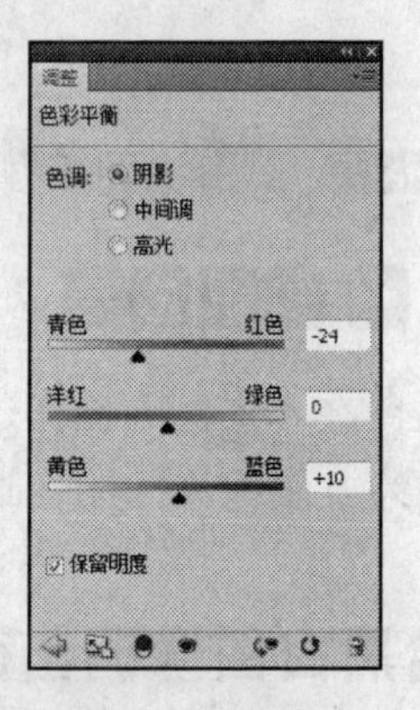

图1-88 调整参数

Step 04 调整“阴影”选项后，图像效果如图1-89所示。

Step 05 选择“高光”选项，调整参数如图1-90所示。

图1-89 调整阴影后的效果

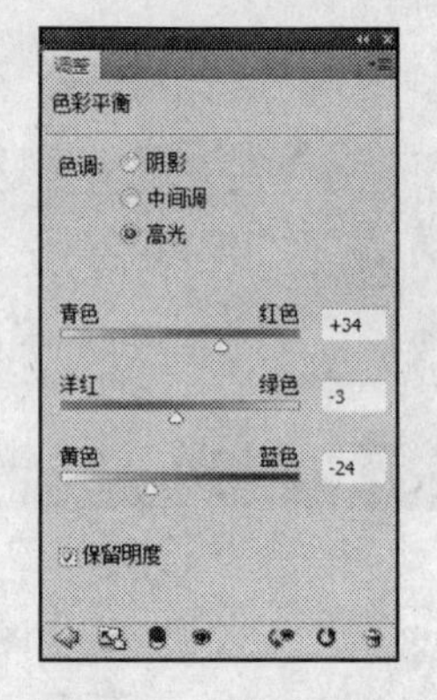

图1-90 调整高光参数

Step 06 此时可以看到，黑白图像调出了微妙色彩，最终效果如图1-85（b）所示。

知识总结

在本实例的操作过程中，主要使用“色彩平衡”命令给黑白图像添加微妙色调，使用色彩平衡调整的图像色调拥有层次感，但需要注意的是，该命令适合于颜色微调。

修复破损的图像 Example 14

实例效果

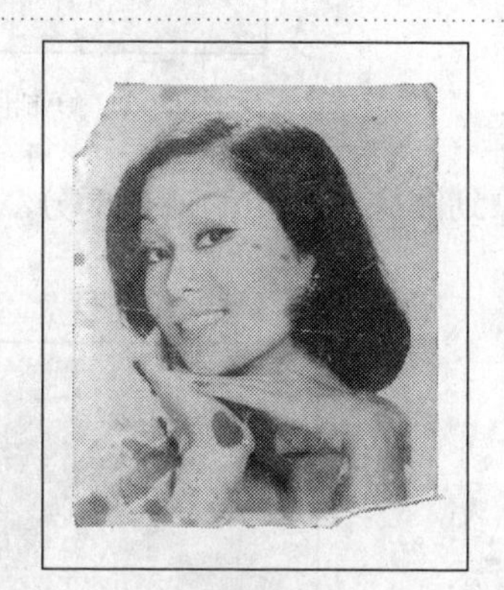

（a）处理前

（b）处理后

图1-91 修复破损的图像

实例介绍

许多人保存了一些珍贵的照片，有时会因保存不当或人为损坏导致照片破损，为此而烦恼。由于没有数码设备，修复一张照片是一件很麻烦的事情，现在通过Photoshop图像处理软件，可以很轻松地把照片修复，最大程度还原照片本来的面貌。

制作分析

首先观察破损的照片，使用复制图像和修补工具为破损处添加图像，确认图片中有破损处类似的图像，选择仿制图章工具在类似的地方取得“取样点”，再对破损处的图像进行覆盖，达到修复的效果。

制作步骤

具体操作方法如下：

Step 01 执行“文件”|“打开”命令，弹出“打开”对话框，打开文件名为“破损的图像”的文件（位置：素材\第1章\实例14），效果如图1-91（a）所示。

Step 02 选择矩形选框工具，在如图1-92所示位置创建一个矩形选区。

Step 03 按“Ctrl+J”组合键，将选区中的图像复制到新图层，产生图层1，图层面板如图1-93所示。

Step 04 按“Ctrl+T”组合键打开自由变换调节框，右击弹出快捷菜单，选择“水平翻转”命令，如图1-94所示，将图层1图像水平翻转。

图1-92　创建矩形选区

图1-93　复制图层

Step 05 按住“Shift”键，水平拖动调节框图像到图像左上角的残损部分，如图1-95所示，按“Enter”键确认变换。

图1-94　水平翻转

图1-95　移动图像

Step 06 选择背景图层，选择矩形选框工具，在如图所示位置创建一个矩形选区，如图1-96所示。

Step 07 按“Ctrl+J”组合键，将选区中的图像复制到新图层，产生图层2，按住键盘上的向上方向键，将图层2图像水平向上移动，效果如图1-97所示。

图1-96　创建矩形选区

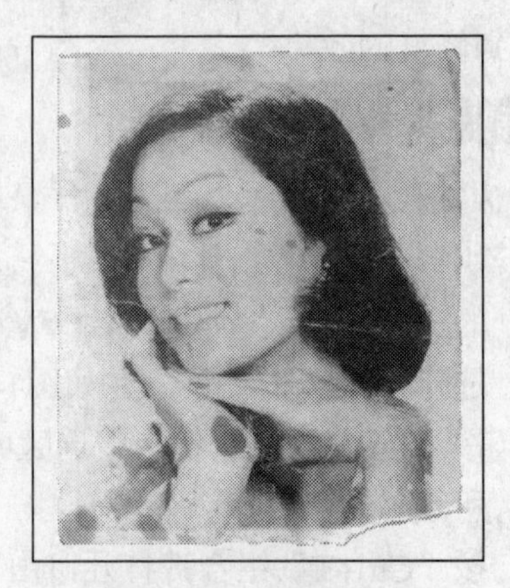

图1-97　移动图像

Step 08 选择“橡皮擦工具”，设置其属性栏参数如图1-98所示。

图1-98　设置橡皮擦工具参数

Step 09 使用橡皮擦工具擦除图层2中的多余图像，如图1-99所示。

Step 10 选择图层1，使用橡皮擦工具擦除图层1中的多余图像，如图1-100所示。

Step 11 按住“Ctrl”键将如图1-101所示的3个图层选中，按“Ctrl+E”组合键将选中的图层合并为一层，图层面板如图1-102所示。

图1-99　擦除图层2

图1-100　擦除图层1

图1-101　选择图层

Step 12 选择工具箱中的修补工具，设置属性栏参数如图1-103所示。

Step 13 使用修补工具在如图1-104所示位置创建选区。

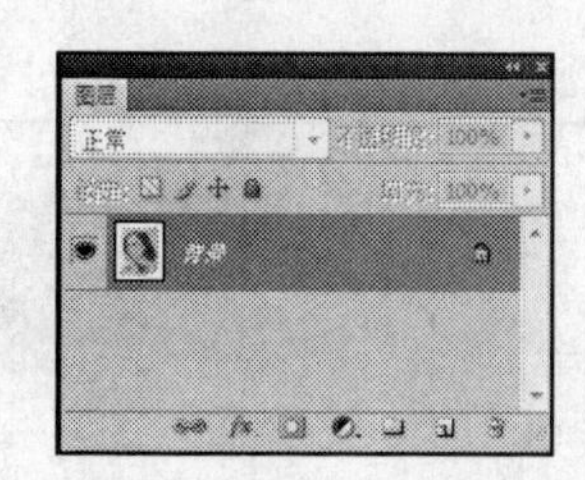

图1-102　合并图层

图1-103　修补工具属性栏

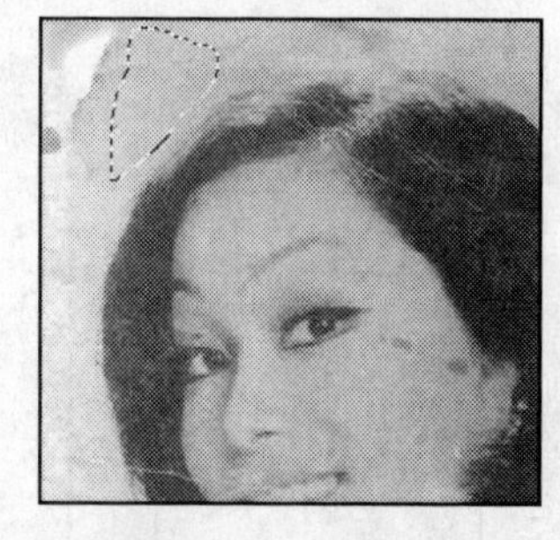

图1-104　创建选区

Step 14 将鼠标移至选区内部，拖动选区图像到图像左上角边缘，如图1-105所示，按“Ctrl+D”组合键取消选区。

Step 15 用类似的方法，在之前图层2中进行图像修补，效果如图1-106所示。

图1-105　修补图像

图1-106　修补图像

Step 16 选择仿制图章工具，设置其属性栏参数如图1-107所示。

画笔: 31 模式: 正常 不透明度: 100% 流量: 100% 对齐 样本: 当前图层

图1-107 设置仿制图章工具属性栏参数

Step 17 按住“Alt”键，在图像中指针部分获取取样点，如图1-108所示。

Step 18 在需要修补的手部单击鼠标，修补图像，效果如图1-109所示。

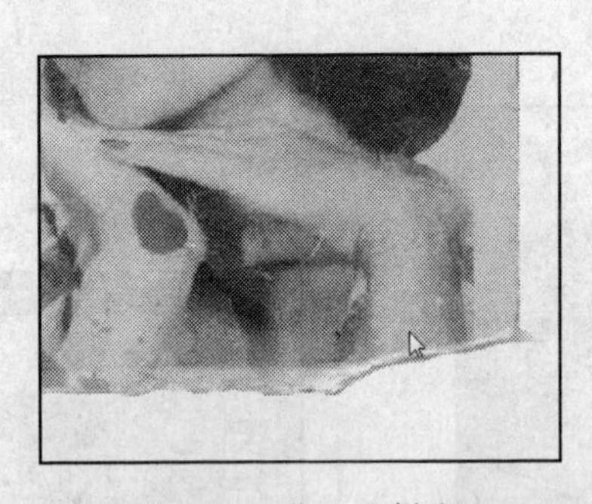

图1-108 获取取样点

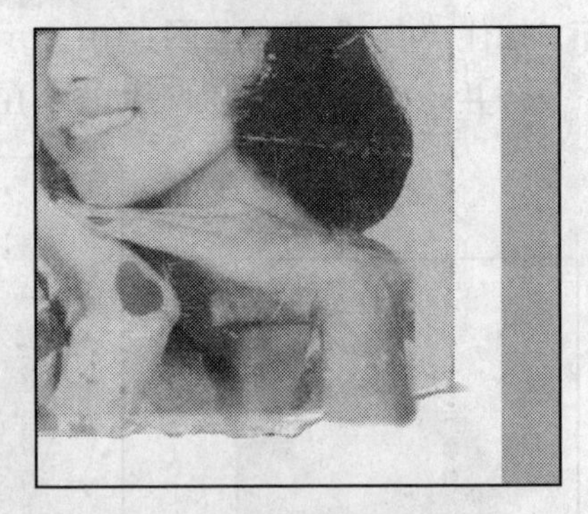

图1-109 修补手部图像

Step 19 按住“Alt”键，在图像右下角边缘部分获取取样点，如图1-110所示。

Step 20 拖动鼠标，使用取样点的图像修补图像右下角图像，如图1-111所示。

Step 21 选择修补工具，在如图1-112所示位置创建源图像选区。

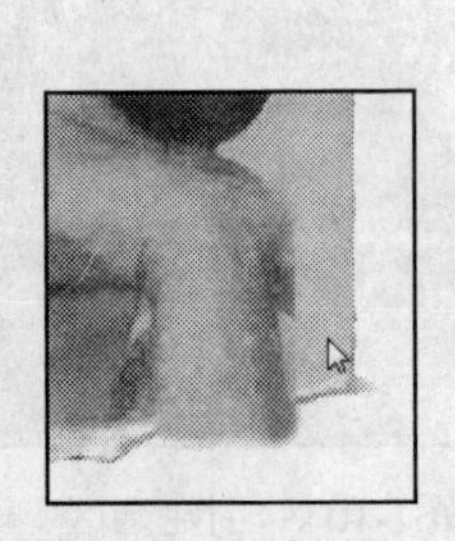

图1-110 获取取样点

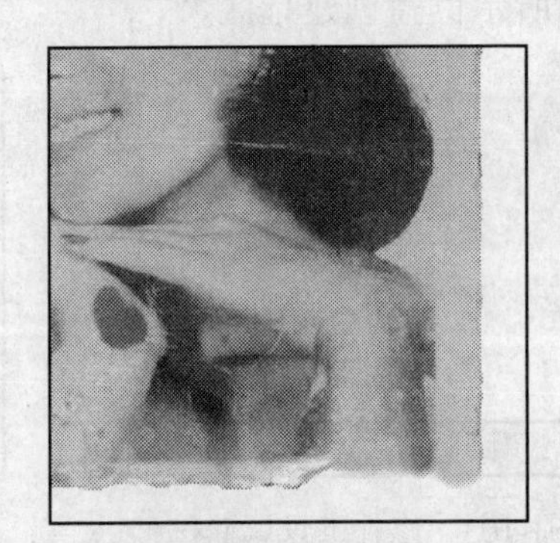

图1-111 修补图像的右下角

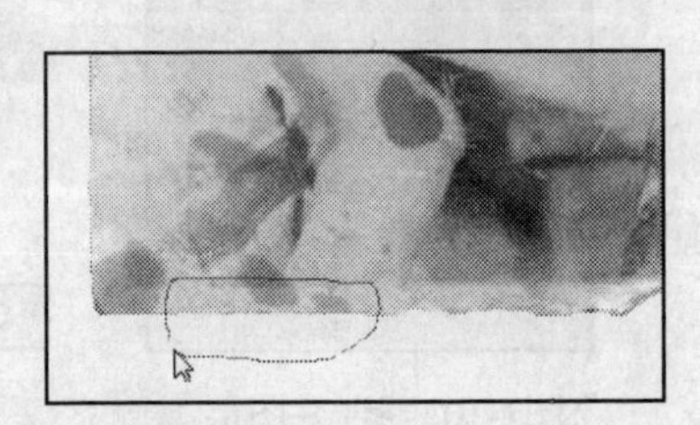

图1-112 创建修补源选区

Step 22 拖动选区图像到需要修补的残损图像上，修补图像，效果如图1-113所示。

Step 23 选择修补工具，在如图1-114所示位置创建源图像选区。

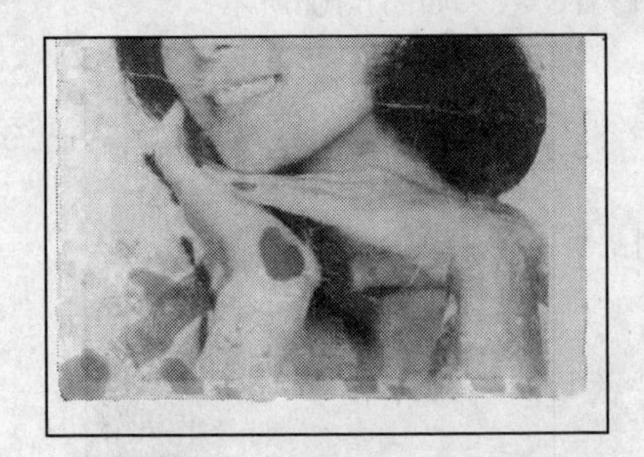

图1-113 修补效果

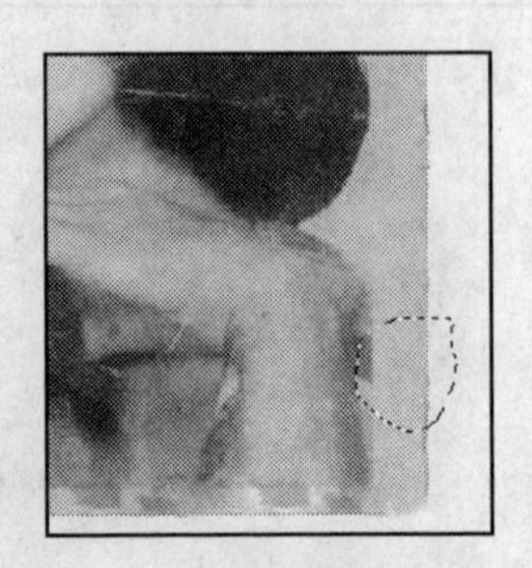

图1-114 创建修补源选区

Step 24 拖动选区图像到需要修补的残损图像上，修补图像右下角的残损部分，修复破损图像效果全部完成，最终效果如图1-91（b）所示。

知识总结

照片修复技术还有很多种，本实例所介绍的是常用的方法，在对图像进行修复时，在获取取样点时，尽量在需要修复的图像周围获取相似的图像对破损图像进行修复。

去除脸上的雀斑 Example 15

实例效果

（a）处理前

（b）处理后

图1-115 去除脸上的雀斑

实例介绍

在实际生活中，有很多人物照片的脸上有一些斑点，为了美化相片效果，可以在Photoshop中对这些进行修复和处理。

制作分析

小面积污垢可以使用污点修复画笔工具进行修复，而大面积的污垢就不能再用该工具了，比如人物脸部的雀斑，这就需要借助一些滤镜命令来完成。

制作步骤

具体操作方法如下：

Step 01 执行“文件”|“打开”命令，弹出“打开”对话框，打开文件名为“人物斑点”的文件（位置：素材\第1章\实例15），效果如图1-115（a）所示。

Step 02 按“Ctrl+J”组合键，复制图像至新的图层1中，图层面板如图1-116所示。然后选择工具箱中的磁性套索工具，并在属性栏中设置羽化值为10，选择人物的脸部区域，效果如图1-117所示。

Step 03 执行“滤镜”|“模糊”|“高斯模糊”命令，弹出“高斯模糊”对话框，在“半径”文本框中，输入模糊半径，如9.5，然后单击“确定”按钮，如图1-118所示。

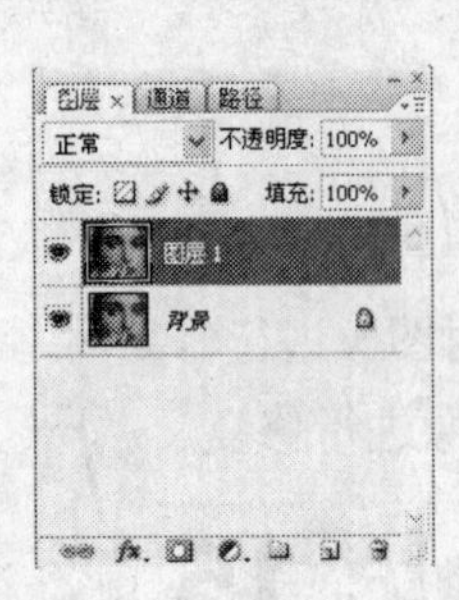

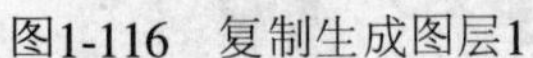

图1-116 复制生成图层1

图1-117 选择脸部区域

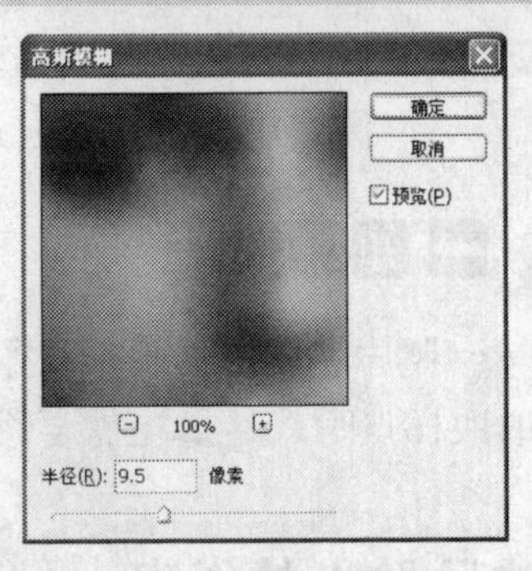

图1-118 “高斯模糊”对话框

Step 04 选择工具箱中的橡皮擦工具，并在属性栏中设置合适的画笔大小，并将“流量”设为6%，然后涂抹图像中的人物眼部，显示出脸部的眼睛图像，效果如图1-119所示。

Step 05 通过同样的方法，对人物图像的鼻子部位和嘴巴部位进行适当的擦除，以得到人物图像相关部位的真实效果，如图1-120所示。

图1-119 擦除图层1中的眼睛

图1-120 擦除其他部位

Step 06 在图层面板中，将图层1的不透明度设置为70%，如图1-121所示。

Step 07 在图层面板中选择背景图层，然后选择工具箱中的模糊工具，设置合适的画笔大小，在背景图层中对有明显斑点处进行模糊处理，如图1-122所示。

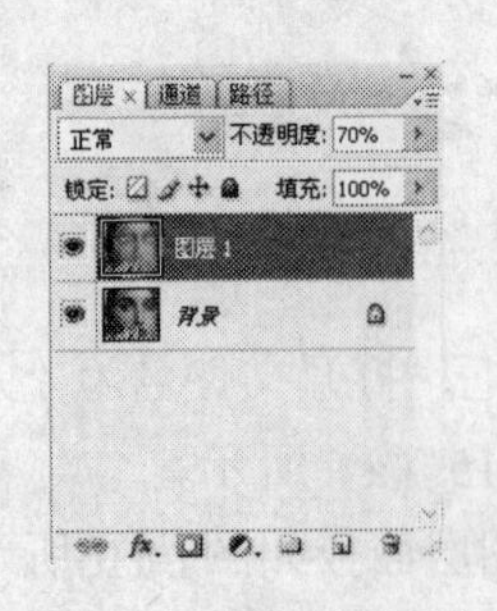

图1-121 调整不透明度

图1-122 模糊背景图层中的斑点

Step 08 对背景图层中人物脸部的斑点进行适当模糊处理后，得到最终效果，如图1-123所示。

图1-123 模糊处理后的效果

知识总结

“高斯模糊”的大小根据图像污垢颜色的深浅来决定，污垢颜色越深，模糊半径值越大效果越好；污垢颜色较浅，则模糊半径值越小效果越好。在用橡皮擦工具擦除眼睛、眉毛、嘴马、鼻子等时，橡皮擦的“流量”值越低，擦除的边缘效果越自然。在擦除的时候，用力要均匀。

Chapter 02 图像色彩校正与美化实例

Photoshop最妙的地方就是可以将欠缺完美的图像，用各种颜色调整命令加以修改，以改善图像的色彩、明亮度或曝光程度，尽量达到完美的效果，这就是所谓的色彩校正，亦称图像修饰。熟悉Photoshop之后，可以根据图片的需要自行进行处理。

本章通过13个综合实例，重点给读者讲解Photoshop CS4中图像色彩调整与美化的相关技能。通过这些实例的学习，读者可以学会利用Photoshop CS4进行图像色彩校正的方法。

调整偏色的图像

Example 01

实例效果

（a）调整前　　　　（b）调整后

图2-1　调整偏色的图像

实例介绍

拍摄的照片常常会有偏色现象，使用Photoshop可以很轻松地去除偏色效果。

制作分析

在本实例的制作过程中，主要利用“可选颜色”和“色阶”命令调整偏色效果。

制作步骤

具体操作方法如下：

Step 01 执行“文件”|“打开”命令，弹出“打开”对话框，打开文件名为“实例1”的文件（素材\第2章\实例1），效果如图2-1（a）所示。

Step 02 执行“图像”|“调整”|“可选颜色”命令，弹出“可选颜色”对话框，因为照片偏黄，所以本例选择“黄色”进行调整，如图2-2所示。

Step 03 选择“青色”，调整天空的颜色，调整参数如图2-3所示，单击“确定”按钮，偏色调整完成，如图2-4所示。

Step 04 按“Ctrl+U”组合键弹出“色相/饱和度”对话框，调整参数如图2-5所示，单击“确定”按钮，照片调整完成，最终效果如图2-1（b）所示。

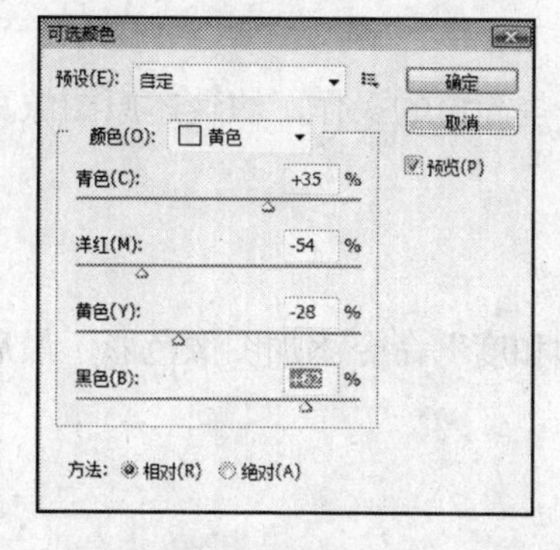

图2-2　调整黄色

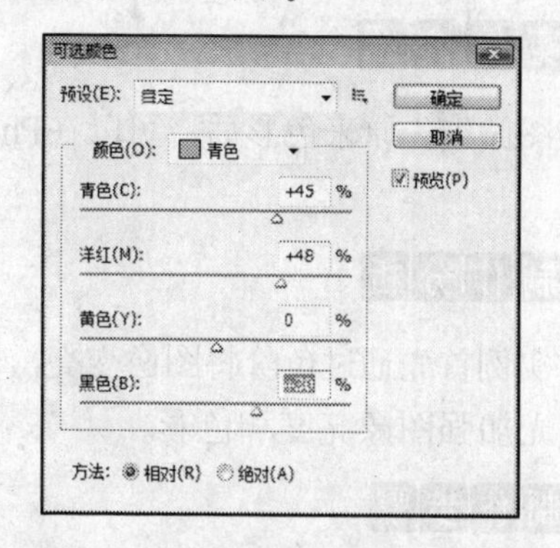

图2-3　调整青色

图2-4 调整颜色效果

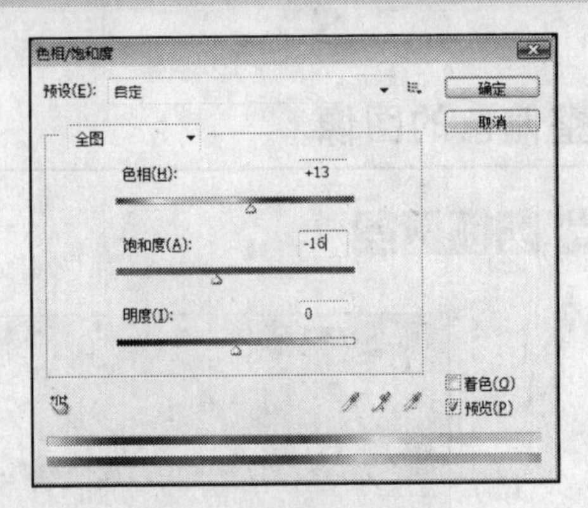

图2-5 调整色相/饱和度

知识总结

在本实例的操作过程中，主要使用Photoshop的“可选颜色”命令对照片偏色进行调整。“可选颜色”命令可以在某种颜色范围内选择，对其进行针对性的修改，在不影响其他原色的情况下修改图像中某种原色的数量。

还原图像的真实色彩 Example 02

实例效果

（a）调整前

（b）调整后

图2-6 还原图像的真实色彩

实例介绍

当图像失去原来色彩后，可以在Photoshop中用一些简单的操作，快速还原图像真实的色彩。

制作分析

本实例首先通过色阶将图像变亮，使用“色相/饱和度”命令添加图像色彩，最后使用阴影和高光加强图像亮度和色彩。

制作步骤

具体操作方法如下：

Step 01 执行“文件”|“打开”命令，弹出“打开”对话框，打开文件名为“实例2”的文件（素材\第2章\实例2），效果如图2-6（a）所示。

Step 02 将背景图层拖至“创建新图层”按钮上，复制一个背景副本图层，如图2-7所示。

Step 03 按“Ctrl+L”组合键，弹出“色阶”对话框，设置参数如图2-8所示。

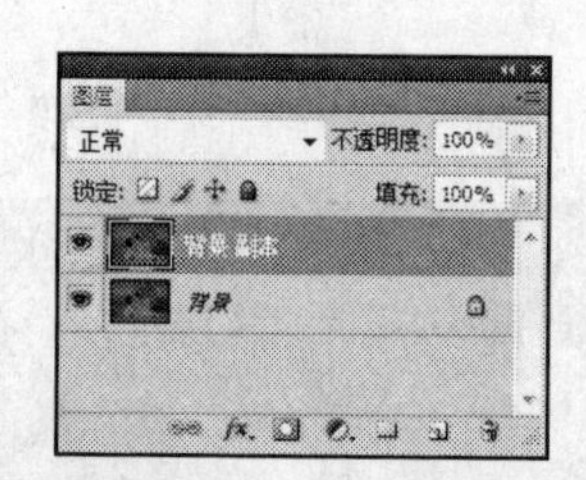

图2-7　复制背景图层

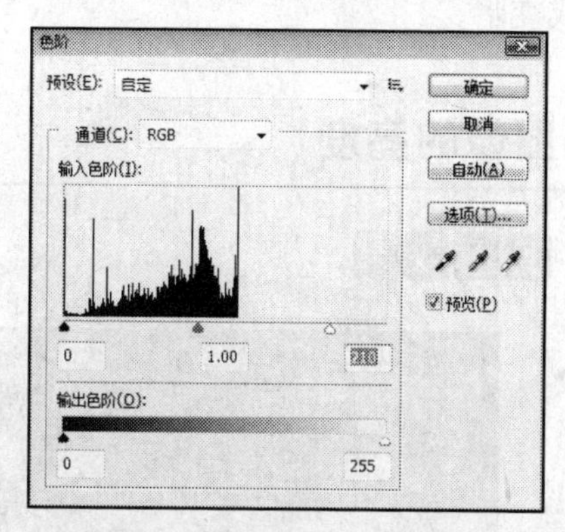

图2-8　设置色阶参数

Step 04 单击“确定”按钮，图像效果如图2-9所示。

Step 05 按“Ctrl+U”组合键，弹出“色相/饱和度”对话框，设置参数如图2-10所示。

图2-9　调整色阶后的效果

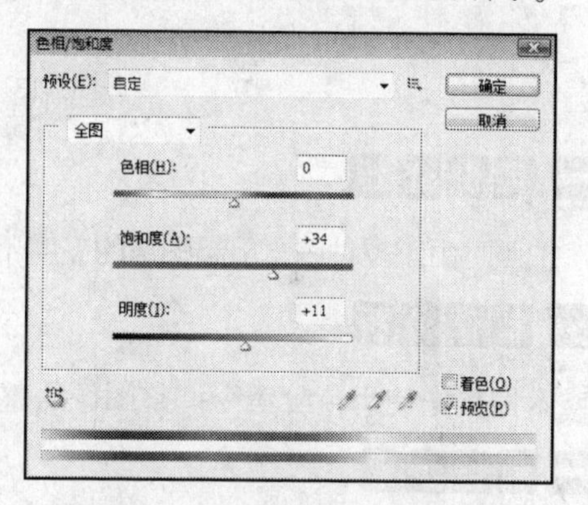

图2-10　设置色相/饱和度参数

Step 06 单击“确定”按钮，其调整效果如图2-11所示。

Step 07 执行“图像”|“调整”|“阴影和高光”命令，弹出“阴影和高光”对话框，设置参数如图2-12所示。

图2-11　调整效果

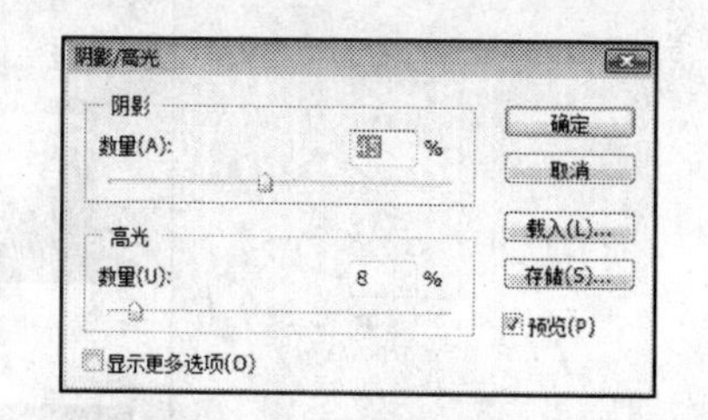

图2-12　设置阴影/高光参数

Step 08 单击“确定”按钮，图像色彩得到还原，最终效果如图2-6（b）所示。

知识总结

在本实例的操作过程中，主要使用“阴影/高光”命令对图像的色彩进行还原。“阴影/高光”命令不是简单地使图像变亮或变暗，它基于阴影或高光中的周围像素（局部相邻像素）增亮或变暗。

还原图像的亮度 Example 03

实例效果

（a）调整前

（b）调整后

图2-13 还原图像的亮度

实例介绍

拍照时由于多种因素引起图像的亮度不够，本例将较暗的图像快速调整到图像原先的亮度。

制作分析

本例首先使用色阶命令调整图像的整体亮度，再使用曲线命令调整图像整体色调范围。

制作步骤

具体操作方法如下：

Step 01 执行“文件”|“打开”命令，弹出“打开”对话框，打开文件名为“实例3”的文件（素材\第2章\实例3），效果如图2-13（a）所示。

Step 02 将背景图层拖至“创建新图层”按钮上，复制一个背景副本图层。按“Ctrl+J”组合键，弹出“色阶”对话框，设置参数如图2-14所示。

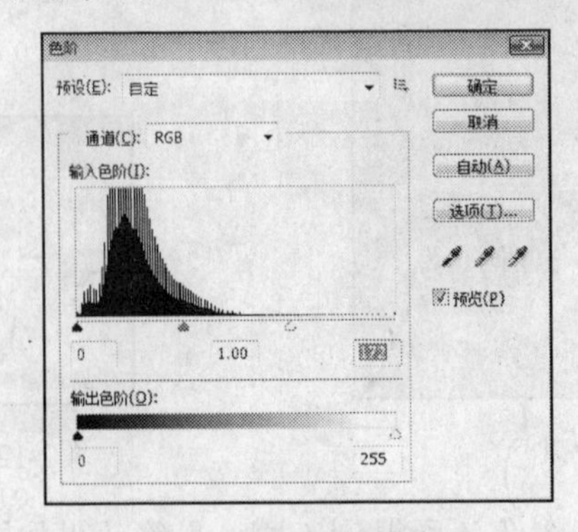

图2-14 调整色阶参数

Step 03 单击“确定”按钮，按“Ctrl+M”组合键，弹出“曲线”对话框，在“通道”下拉列表中，选择“绿”通道，调整曲线如图2-15所示。

Step 04 在“通道”下拉列表中，选择RGB通道，调整曲线如图2-16所示。

行家提示

“曲线”与“色阶”命令不同的是，它可以调整2～255范围内的任意点，而不只是调整暗调、高光和中间调3个变量。

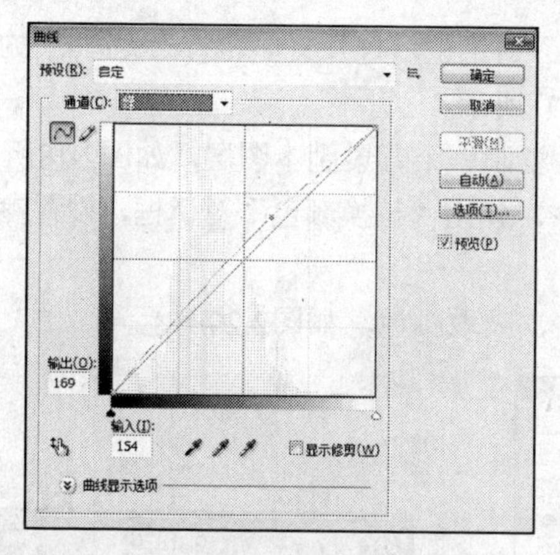

图2-15 调整“绿”通道的曲线参数

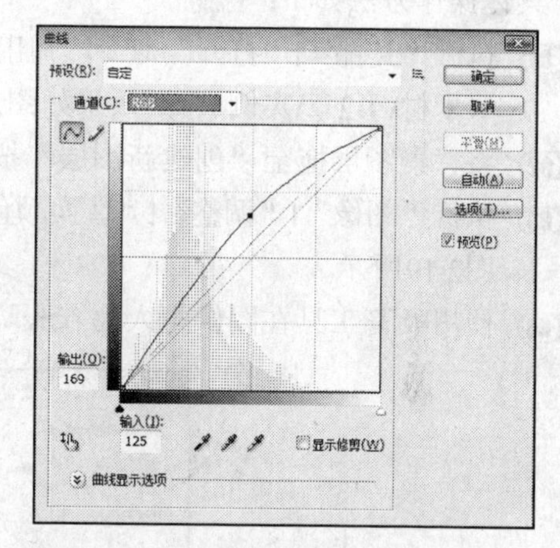

图2-16 调整RGB通道的曲线参数

Step 05 单击“确定”按钮，还原图像亮度完成，最终效果如图2-13（b）所示。

知识总结

“曲线”命令可以在色调范围内对多个不同的点进行调整，最多可调整14个不同的点，可以更有效而更多样地修整图像，改变物体的质感。

替换图像的局部色彩 Example 04

实例效果

（a）调整前

（b）调整后

图2-17 替换图像的局部色彩

实例介绍

在Photoshop中，可以根据自己的喜好改变衣服的颜色。

制作分析

本例主要应用“替换颜色”命令，通过指定颜色替换局部颜色，随意改变衣服的颜色。

制作步骤

具体操作方法如下：

Step 01 执行“文件”|“打开”命令，弹出“打开”对话框，打开文件名为“实例4”的文件（素材\第2章\实例4），效果如图2-17（a）所示。

Step 02 将背景图层拖至“创建新图层”按钮上，复制一个背景副本图层，如图2-18所示。

Step 03 执行“图像”|“调整”|“替换颜色”命令，弹出“替换颜色”对话框，设置参数如图2-19所示。

Step 04 使用吸管工具在图像中人物衣服暗部单击，吸取颜色，如图2-20所示。

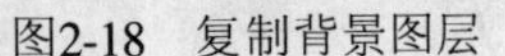

图2-18 复制背景图层

图2-19 设置替换颜色参数

图2-20 吸取颜色

> **行家提示**
>
> 在“替换颜色”对话框中，从左到右3个吸管工具分别用于吸取、增加和减少图像中的颜色。

Step 05 在“替换颜色”对话框中设置替换的颜色为纯洋红，如图2-21所示。

Step 06 单击“确定”按钮，衣服颜色效果如图2-22所示。

Step 07 单击图层面板下方的“添加图层蒙版”按钮，为背景副本图层添加蒙版，如图2-23所示。

Step 08 选择工具箱中的画笔工具，用黑色遮盖多余的颜色，替换图像局部色彩完成，最终效果如图2-17（b）所示。

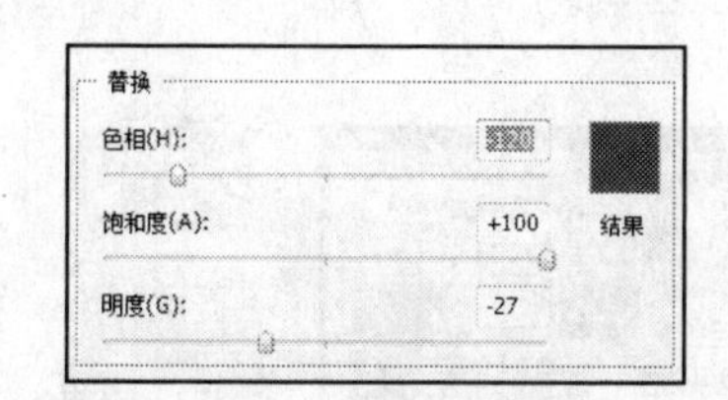

图2-21　设置替换颜色

图2-22　替换颜色后的效果

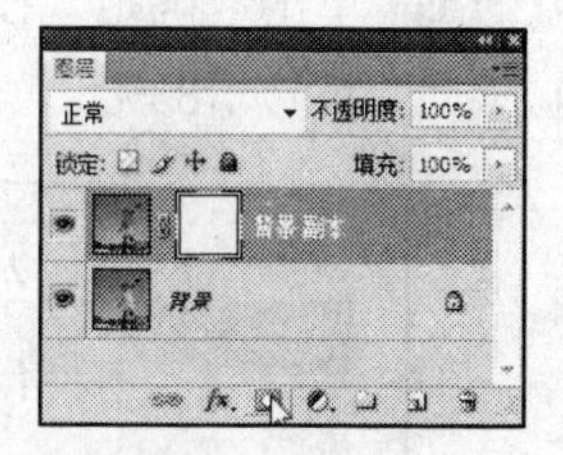

图2-23　添加图层蒙版

知识总结

本例主要使用“替换颜色”命令替换图像的局部颜色，在“替换颜色”对话框中，“颜色容差”文本框中可以直接输入数值或拖动下方的滑块，用于调整替换图像中需要替换的颜色范围。数值越大，替换颜色的图像范围越大。

调出图像的淡雅色调　Example 05

实例效果

(a) 处理前

(b) 处理后

图2-24　调出图像的淡雅色调

实例介绍

本例主要使用渐变映射、图层混合模式以及光照效果滤镜调出图像的淡雅色调。

制作分析

在本实例的制作过程中，主要使用渐变映射和图层混合模式改变图像的色调。再使用高斯模糊滤镜以及光照效果滤镜对图像进行修饰。

制作步骤

具体操作方法如下：

Step 01 执行“文件”|“打开”命令，弹出“打开”对话框，打开文件名为“实例5”的文件（素材\第2章\实例5），效果如图2-24（a）所示。

Step 02 将背景图层复制一个背景副本图层。执行“图像”|“调整”|“渐变映射”命令，设置渐变色由黑色到白色，如图2-25所示。

Step 03 单击“确定”按钮，将背景副本图层的混合模式设置为“叠加”，图层不透明度调整为“83%”，图层面板如图2-26所示。

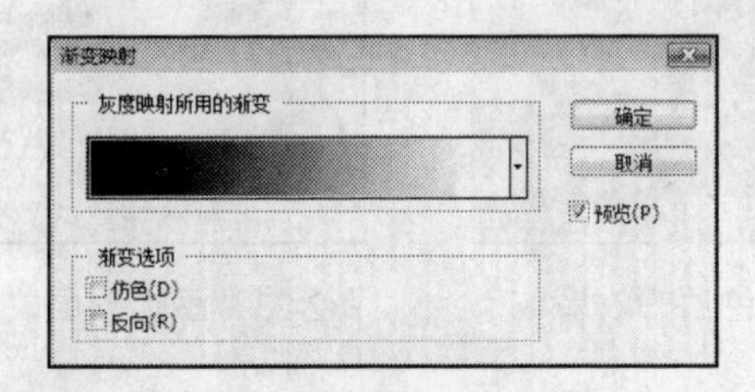

图2-25 设置渐变映射参数

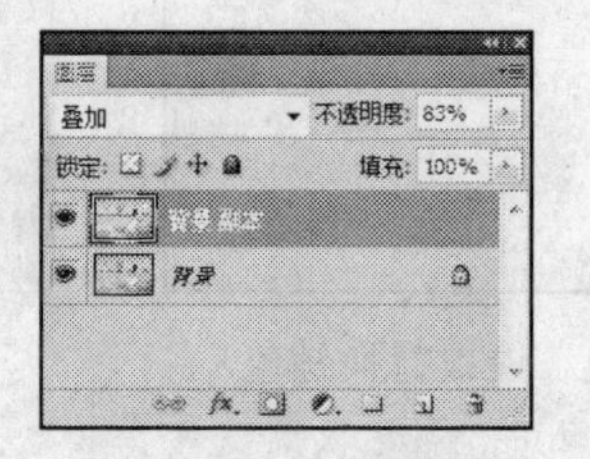

图2-26 设置图层混合模式

Step 04 编辑后的图像效果如图2-27所示。

Step 05 按“Ctrl+J”组合键将背景副本图层复制并粘贴到新图层1中，按“Ctrl+U”组合键，弹出“色相/饱和度”对话框，设置参数如图2-28所示。

图2-27 设置图层混合模式后的效果

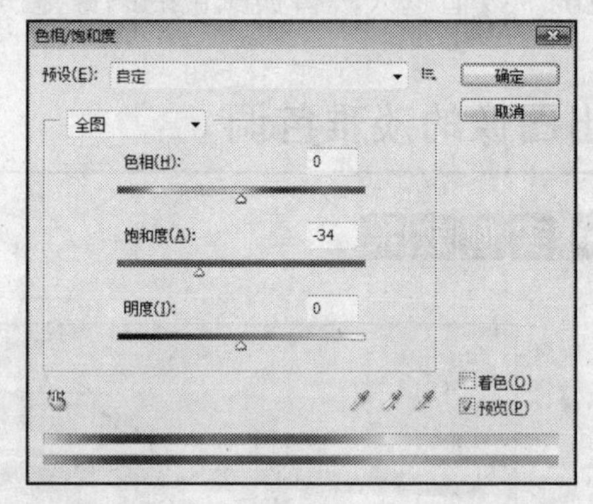

图2-28 设置色相/饱和度参数

Step 06 单击“确定”按钮，效果如图2-29所示。

Step 07 将图层1复制一个图层1副本，执行“滤镜”|“模糊”|“高斯模糊”命令，弹出“高斯模糊”对话框，设置参数如图2-30所示。

图2-29 调整后的图像效果

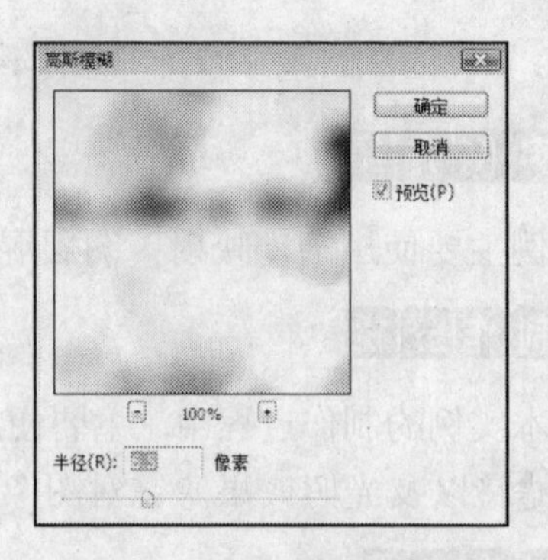

图2-30 设置高斯模糊参数

Step 08 单击“确定”按钮，将图层1副本的图层混合模式设置为“正片叠底”，效果如图2-31所示。

Step 09 执行“滤镜”|“渲染”|“光照效果”命令，弹出“光照效果”对话框，设置参数如图2-32所示。

图2-31　添加滤镜后的效果

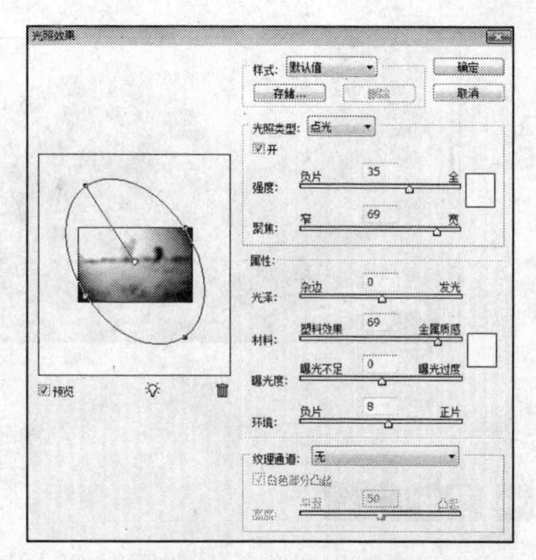

图2-32　设置光照效果参数

Step 10 单击“确定”按钮，按“Ctrl+L”组合键，调整色阶如图2-33所示。

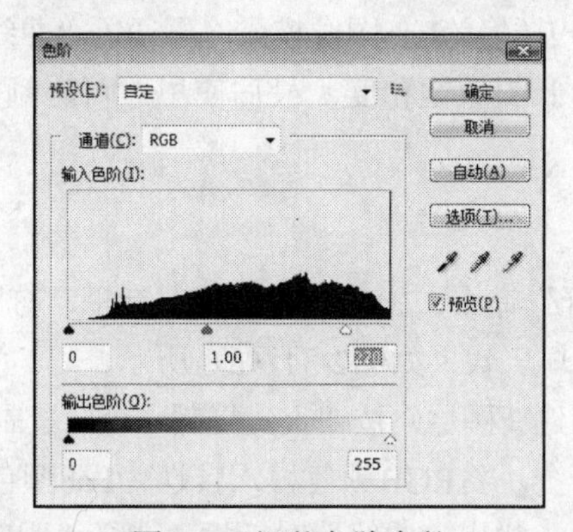

图2-33　调整色阶参数

Step 11 单击“确定”按钮，图像的淡雅色调制作完成，最终效果如图2-24（b）所示。

知识总结

本例主要使用渐变映射改变图像色调，使用“渐变映射”命令可以根据各种渐变颜色对图像颜色进行调整。在“灰度映射所用的渐变”下拉列表中选择要使用的渐变色，并可通过单击中间的颜色框来编辑所需的渐变颜色。

调出金色皮肤 Example 06

实例效果

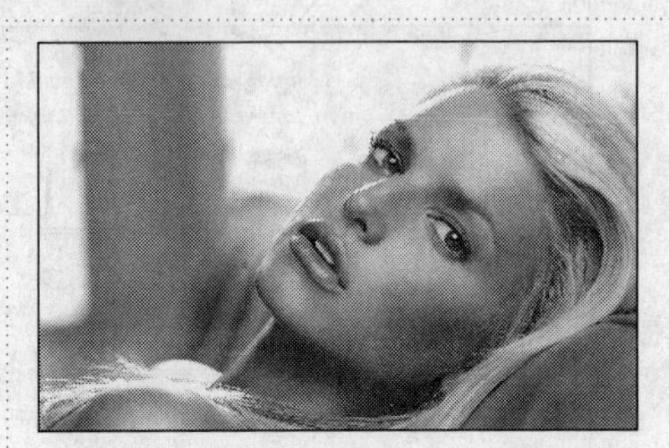

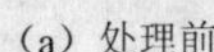

（a）处理前

（b）处理后

图2-34 调出金色皮肤

实例介绍

本例主要运用图像颜色模式的转换，通过多种颜色调整命令调出金色皮肤效果。

制作分析

本例首先将RGB图像模式转换为Lab图像模式，再通过“曲线”命令调整“明度”通道，使用“色相/饱和度”命令降低图像饱和度，最后使用“可选颜色”命令调整皮肤颜色。

制作步骤

具体操作方法如下：

Step 01 执行“文件”|“打开”命令，弹出“打开”对话框，打开文件名为“实例6”的文件（素材\第2章\实例6），效果如图2-34（a）所示。

Step 02 将背景图层拖至“创建新图层”按钮上，复制一个背景副本图层，执行“图像”|“模式”|“Lab颜色”命令，将RGB颜色模式转换为Lab颜色模式。

Step 03 按“Ctrl+M”组合键，弹出“曲线”对话框，选择“明度”通道，调整曲线如图2-35所示。

> **行家提示**
>
> Lab也由3个通道组成，L表示照度，它控制亮度和对比度，a通道包括的颜色从深绿（低亮度值）到灰色（中亮度值）到亮分红色（高亮度值），b通道包括的颜色从亮蓝色（低亮度值）到灰色到焦黄色（高亮度值）。

Step 04 单击“确定”按钮，调整后的图像效果如图2-36所示。

Step 05 按“Ctrl+U”组合键，弹出“色相/饱和度”对话框，设置参数如图2-37所示。

Step 06 单击“确定”按钮，调整后的图像效果如图2-38所示。

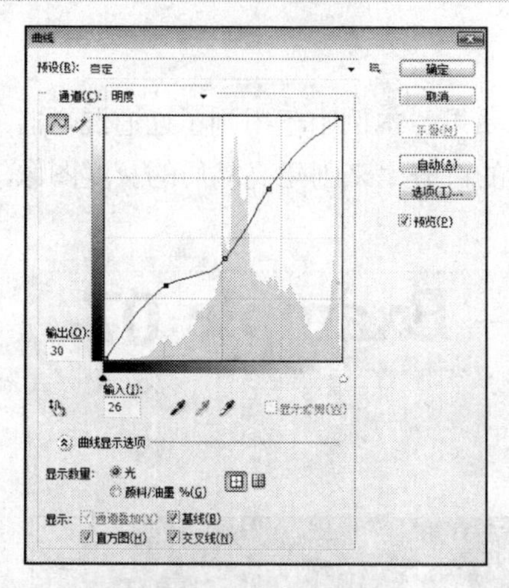

图2-35 调整“明度”通道

图2-36 调整曲线效果

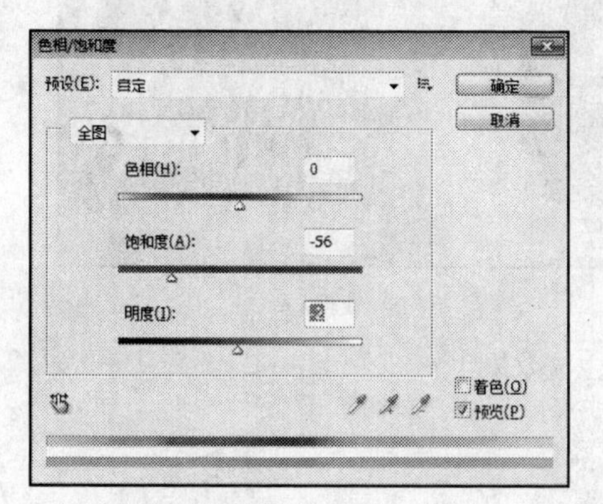

图2-37 设置色相/饱和度参数

图2-38 调整色相/饱和度后的效果

Step 07 执行“图像”|“模式”|“RGB颜色”命令，将Lab颜色模式转换为RGB颜色模式，弹出如图2-39所示提示框，单击“拼合”按钮。

Step 08 所有图层拼合后，执行“图像”|“调整”|“通道混合器”命令，弹出“通道混合器”对话框，选择“蓝”通道，设置参数如图2-40所示。

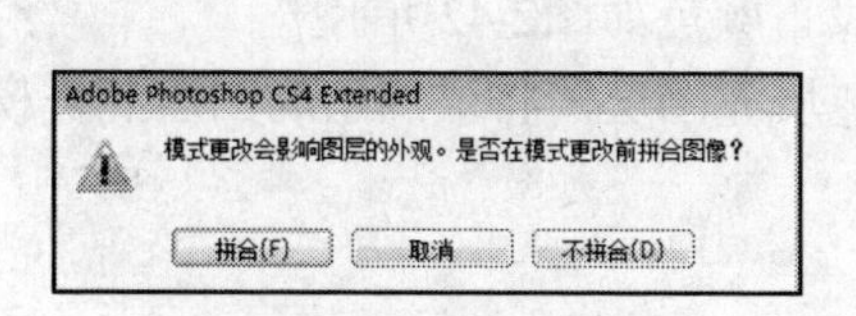

图2-39 拼合图像

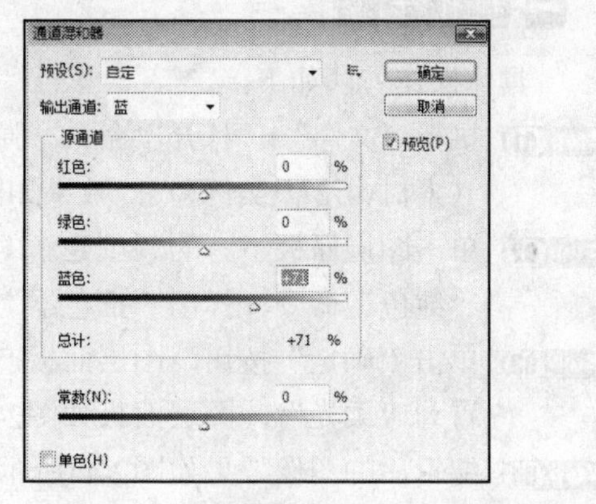

图2-40 设置通道混合器参数

Step 09 单击“确定”按钮，人物图像的金色皮肤效果制作完成，最终效果如图2-34（b）所示。

知识总结

本实例主要通过颜色的模式转换调整特殊图像效果。本例中还用到了通道混合器，使用通道混合器可以通过从每个颜色通道中选取它所占的百分比来创建高品质的灰度图像，还可以创建出其他调整工具不易实现的创意色彩。

唯美非主流效果 Example 07

实例效果

（a）处理前

（b）处理后

图2-41　唯美非主流效果

实例介绍

本例将使用颜色填充图层、“可选颜色”命令等将普通图片调整出非主流颜色效果。

制作分析

在本实例的制作过程中，主要运用颜色填充图层改变图像整体颜色，再使用可选颜色调整图层对颜色进行单独调整。

制作步骤

具体操作方法如下：

Step 01 执行“文件”|“打开”命令，弹出“打开”对话框，打开文件名为“实例7”的文件（素材\第2章\实例7），效果如图2-41（a）所示。

Step 02 单击图层面板下方的“创建新的填充或调整图层”按钮，在弹出的快捷菜单中选择“纯色”命令，弹出“拾色器”对话框，设置颜色如图2-42所示。

Step 03 单击“确定”按钮，图层面板产生新的颜色填充图层，将该图层的图层混合模式设置为“柔光”，图层面板如图2-43所示。

Step 04 编辑后的图像效果如图2-44所示。

Step 05 选择背景图层，新建可选颜色1调整图层，在调整面板中，选择“红色”进行调整，设置参数如图2-45所示。

Step 06 选择“黄色”进行调整，如图2-46所示。

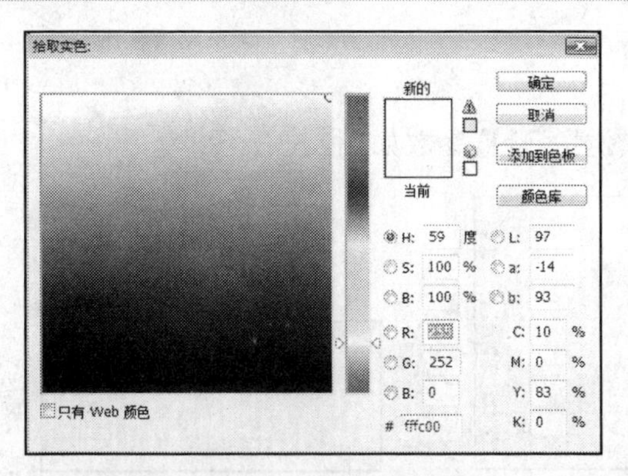

图2-42 设置颜色

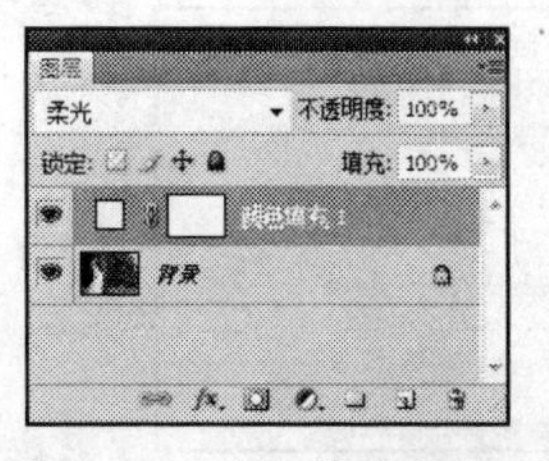

图2-43 添加填充图层

图2-44 添加填充图层后的效果

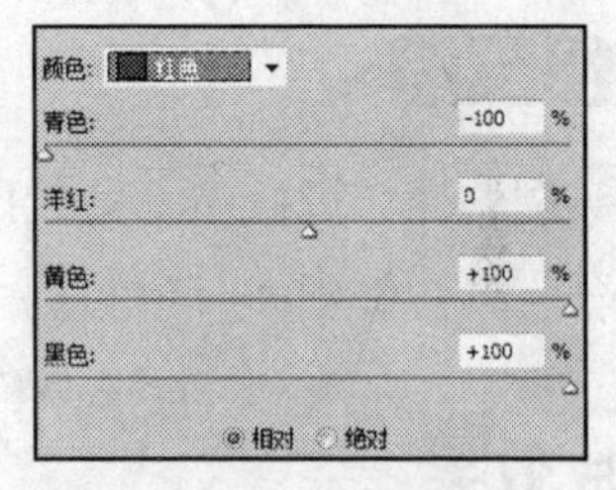

图2-45 设置红色参数

Step 07 选择“洋红”进行调整，如图2-47所示。

Step 08 选择“中性色”进行调整，如图2-48所示。

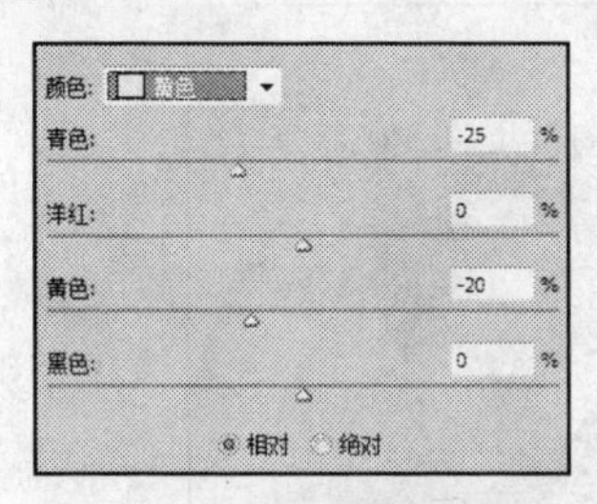

图2-46 设置黄色参数

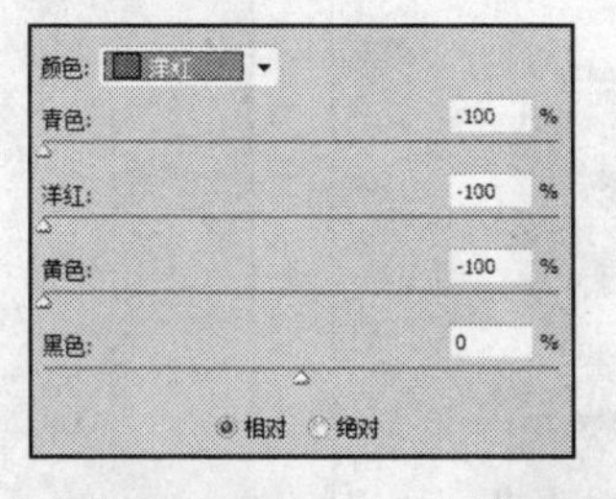

图2-47 设置洋红参数

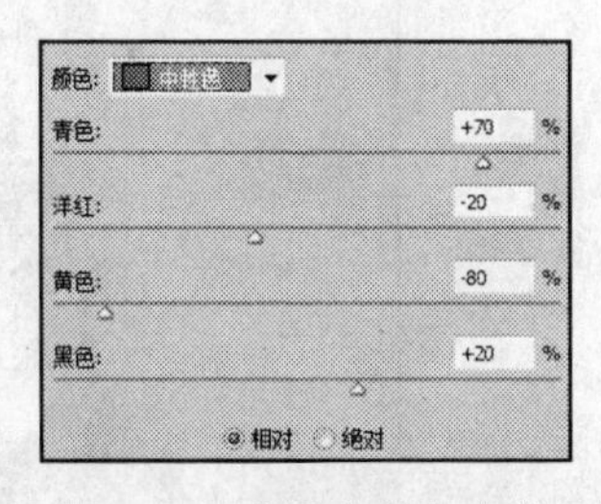

图2-48 设置中性色参数

Step 09 调整颜色后的图像效果如图2-49所示。

Step 10 选择背景图层，新建可选颜色2调整图层，在调整面板中，选择“红色”进行调整，设置参数如图2-50所示。

图2-49 调整颜色效果

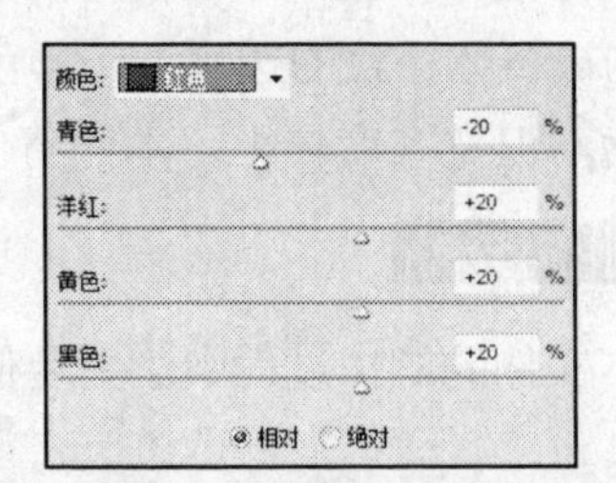

图2-50 设置红色参数

Step 11 选择“黑色”进行调整，如图2-51所示。

Step 12 选择“黄色”进行调整，如图2-52所示。

Step 13 选择背景图层，新建亮度/对比度调整图层，设置参数如图2-53所示。

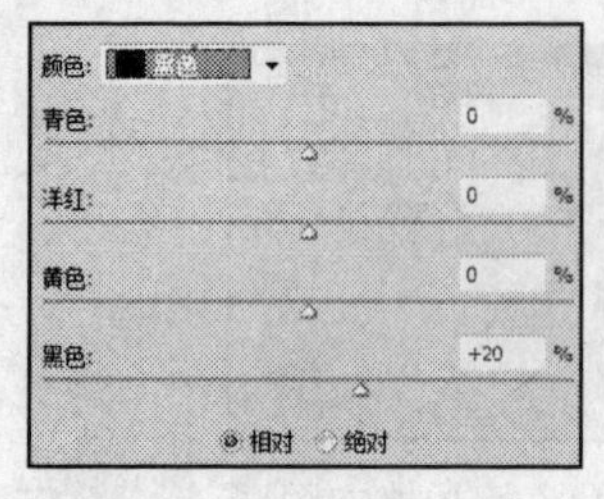

图2-51 设置黑色参数

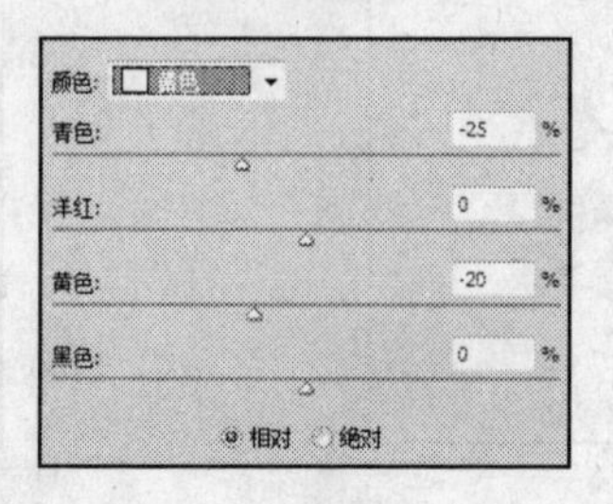

图2-52 设置黄色参数

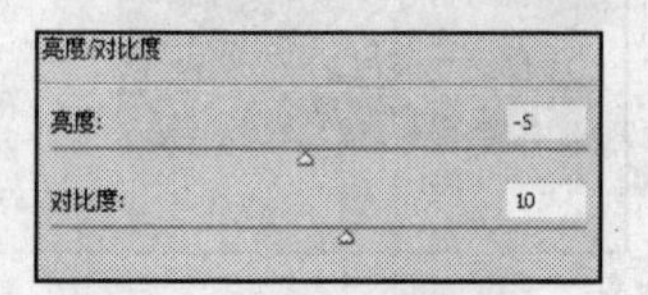

图2-53 设置参数

Step 14 通过以上操作后，唯美非主流效果调整完成，最终效果如图2-41（b）所示。

知识总结

在本实例的操作过程中，颜色调整图层是以图层蒙版的形式存在的颜色填充图层。可以在“拾色器”对话框中随时编辑填充色彩，以改变图像的颜色。

反转胶片效果 Example 08

实例效果

（a）处理前

（b）处理后

图2-54 反转胶片效果

实例介绍

反转片是在拍摄后经反转冲洗直接获得正像的一种感光胶片。黑白反转片可直接获得影像阴暗与被摄体一致的透明片；彩色反转片可直接获得色彩与被摄体相同的透明片，其色彩真实鲜艳，但宽容度较小。本例将使用“应用图像”命令轻松制作反转胶片效果。

制作分析

在本实例的制作过程中，主要使用通道、“应用图像”命令以及“色阶”命令制作反转胶片效果。

制作步骤

具体操作方法如下：

Step 01 执行“文件”|“打开”命令，弹出“打开”对话框，打开文件名为“实例8”的文件（素材\第2章\实例8），效果如图2-54（a）所示。

Step 02 切换到通道面板，选择“蓝”通道，如图2-55所示。

Step 03 执行“图像”|“应用图像”命令，弹出“应用图像”对话框，设置参数如图2-56所示。

图2-55 选择蓝通道

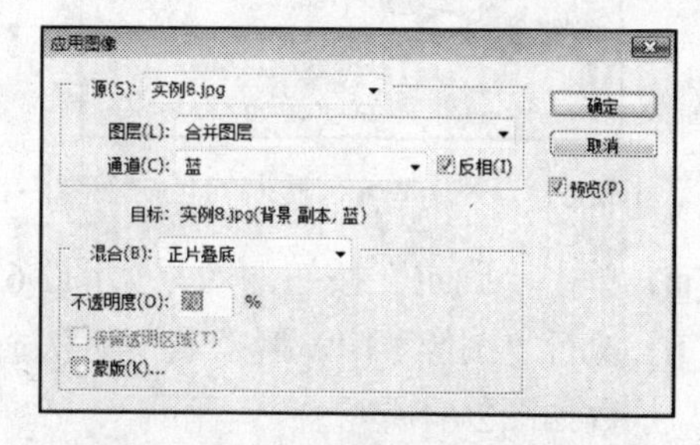

图2-56 设置应用图像参数

Step 04 单击“确定”按钮，在通道面板中选择“绿”通道，执行“图像”|“应用图像”命令，设置参数如图2-57所示。

Step 05 单击“确定”按钮，在通道面板中选择“红”通道，执行“图像”|“应用图像”命令，设置参数如图2-58所示。

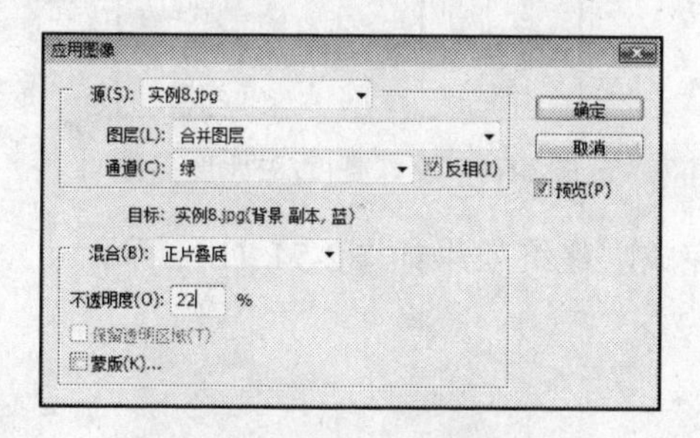

图2-57 设置应用图像参数

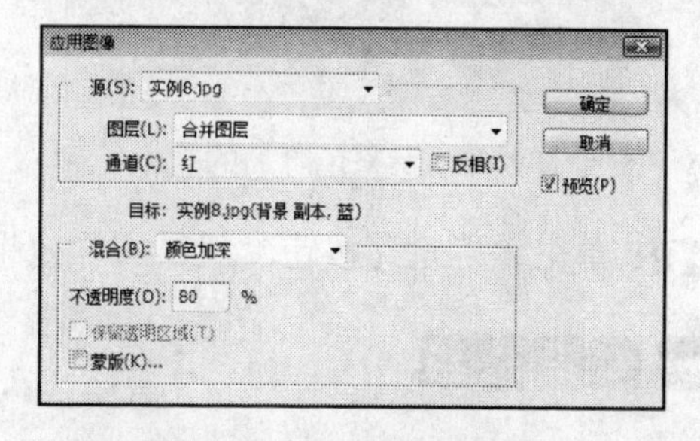

图2-58 设置应用图像参数

Step 06 单击“确定”按钮，在通道面板中单击RGB通道，切换到图层面板，图像效果如图2-59所示。

Step 07 按“Ctrl+L”组合键弹出“色阶”对话框，在“通道”下拉列表中选择“蓝”通道，设置参数如图2-60所示。

Step 08 在“通道”下拉列表中选择“绿”通道，设置参数如图2-61所示。

图2-59 应用图像后的效果

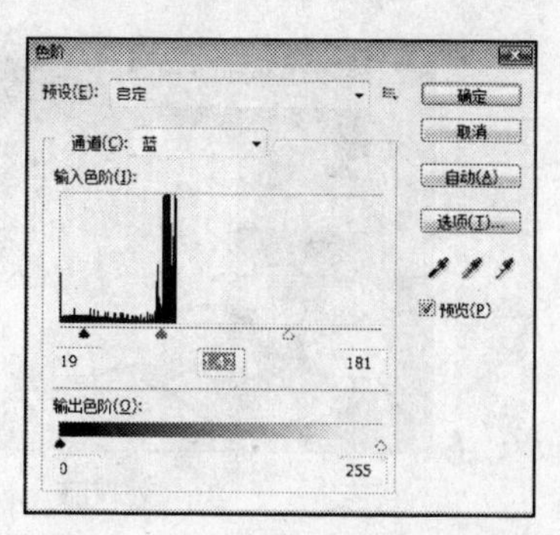

图2-60 设置蓝通道的色阶参数

Step 09 在“通道”下拉列表中选择“红”通道，设置参数如图2-62所示。

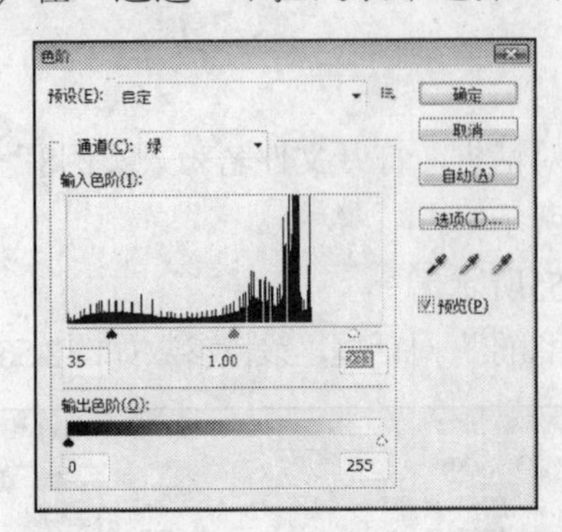

图2-61　设置“绿”通道的色阶参数

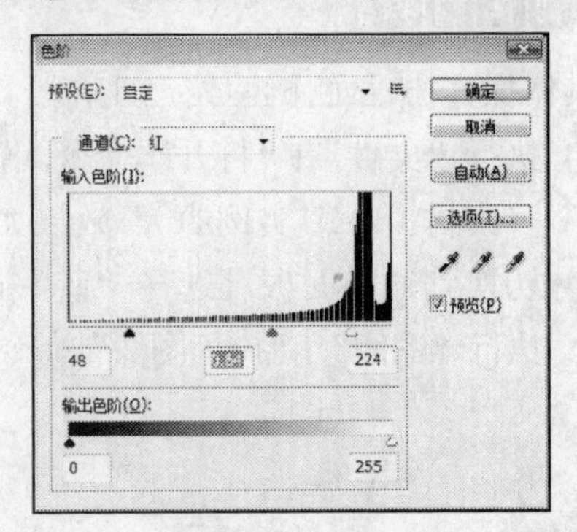

图2-62　设置“红”通道的色阶参数

Step 10 单击“确定”按钮，效果如图2-63所示。

Step 11 执行“图像”|“调整”|“亮度/对比度”命令，弹出“亮度/对比度”对话框，设置参数如图2-64所示。

图2-63　调整色阶后的效果

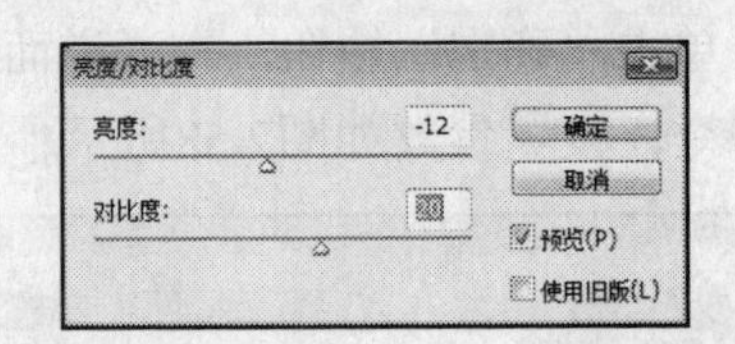

图2-64　设置亮度/对比度参数

Step 12 单击“确定”按钮，反转胶片效果制作完成，最终效果如图2-54（b）所示。

知识总结

在本实例的操作过程中，主要用到图像应用、色阶调整及亮度/对比度调整的相关知识。使用这些命令调整图像效果时，主要通过选择不同的通道来完成。

自然怀旧效果　Example 09

实例效果

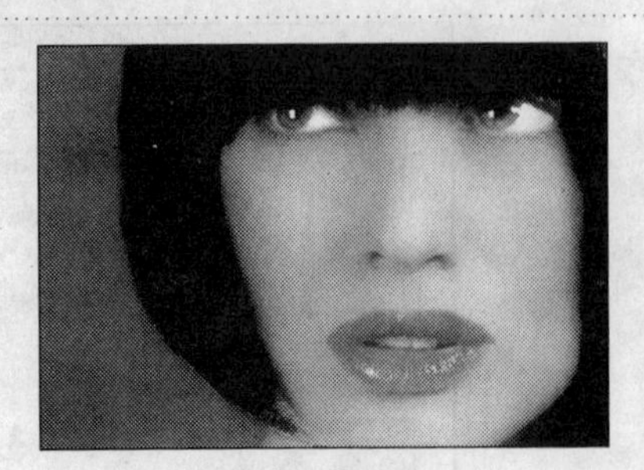
（a）处理前

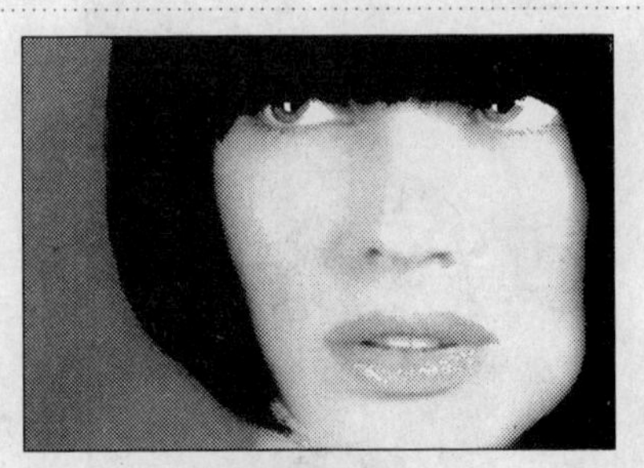
（b）处理后

图2-65　自然怀旧效果

实例介绍

本例将一张彩色照片处理成一张具有自然怀旧色调的效果。

制作分析

制作本实例，主要使用“色彩平衡”命令调整图像颜色，进行图像色调的微调，制作出自然的怀旧效果。

制作步骤

具体操作方法如下：

Step 01 执行“文件”|“打开”命令，弹出“打开”对话框，打开文件名为“实例9”的文件素材\第2章\实例9），效果如图2-65（a）所示。

Step 02 单击图层面板下方的“创建新的填充或调整图层”按钮，选择“色彩平衡”命令，设置中间调参数如图2-66所示。

Step 03 设置阴影参数如图2-67所示，效果如图2-68所示。

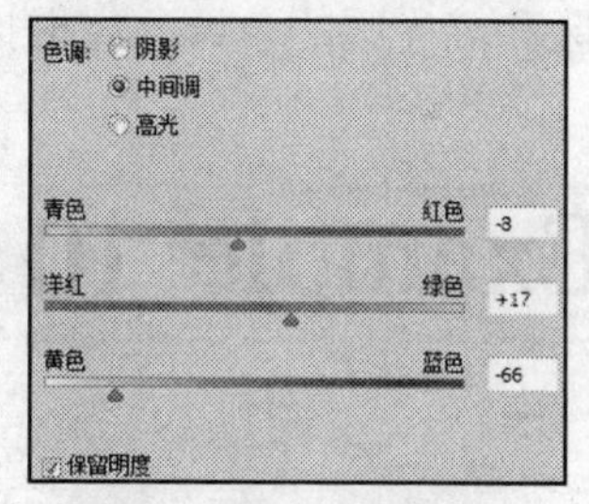

图2-66　调整中间调参数

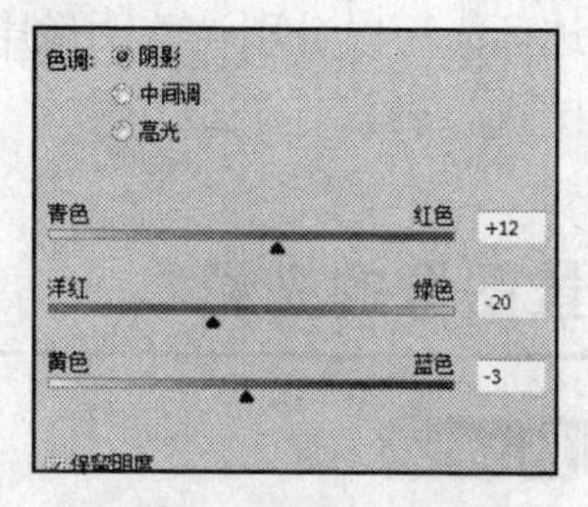

图2-67　设置阴影参数

Step 04 选择“背景”图层，新建“色彩平衡”调整图层，调整中间调参数如图2-69所示。调整阴影参数如图2-70所示，效果如图2-71所示。

图2-68　图像效果

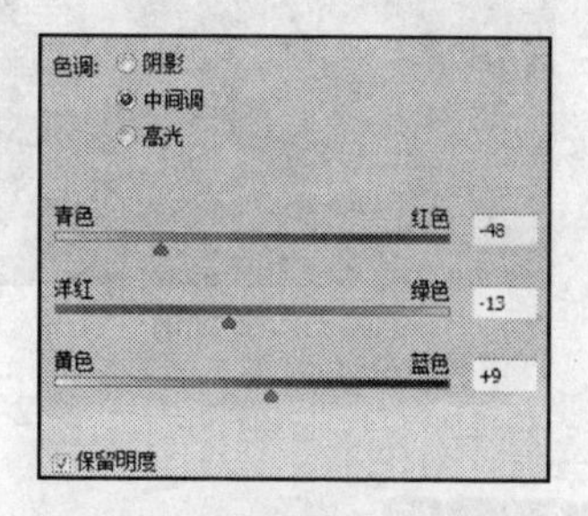

图2-69　设置中间调参数

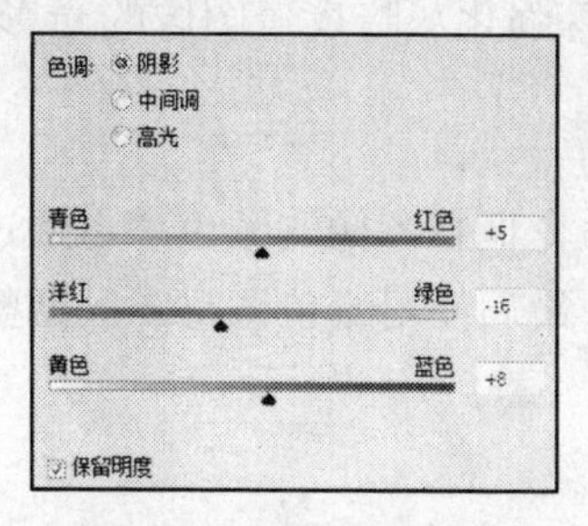

图2-70　调整阴影参数

图2-71　图像效果

Step 05 单击“背景”图层，新建“色彩平衡”调整图层，调整中间调参数如图2-72所示。

Step 06 调整高光参数如图2-73所示。

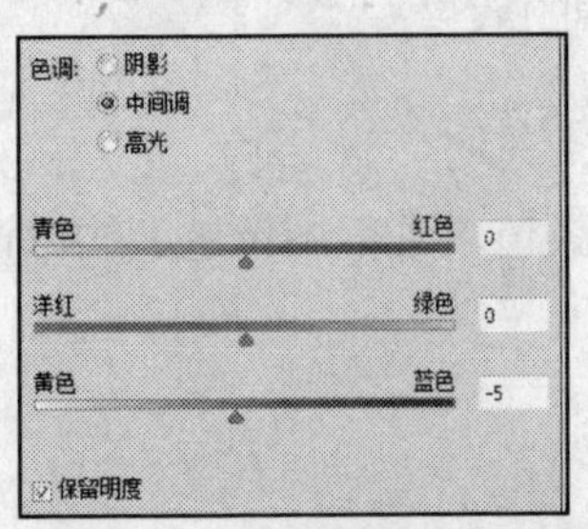

图2-72　调整中间调参数

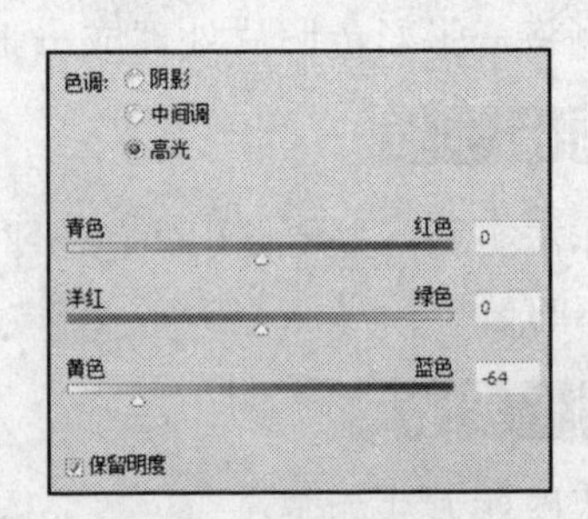

图2-73　设置高光参数

Step 07 怀旧色调效果制作完成，最终效果如图2-65（b）所示。

知识总结

本实例主要使用色彩平衡调整图层进行怀旧效果的处理。在“色彩平衡”对话框中，选中相应的选项，可以分别调整图像中的阴影区、中间调区和高光区的色调，应根据图像中的不同色调区进行针对性调整。

强化夜景图像的光影 Example 10

实例效果

（a）处理前

（b）处理后

图2-74　强化夜景图像的光影

实例介绍

本例将使用“颜色调整”命令以及动感模糊滤镜等强化灰暗夜景图像的光影效果。

制作分析

在本实例的制作过程中，主要使用“色彩平衡”命令调整图像的颜色，再通过获取高光图像区域，使用“径向模糊”命令制作光影散射效果，最后使用颜色调整图层调整整体图像的颜色效果。

制作步骤

具体操作方法如下：

Step 01 执行“文件”|“打开”命令，弹出“打开”对话框，打开文件名为“实例10”（素材\第2章\实例10），效果如图2-74（a）所示。

Step 02 将背景图层拖至“创建新图层”按钮上，复制一个背景副本图层，按“Shift+Ctrl+U”组合键去色，效果如图2-75所示。

Step 03 单击图层面板下方的“创建新的填充或调整图层”按钮，选择“色彩平衡”命令，设置中间调参数如图2-76所示。

图2-75　去色效果

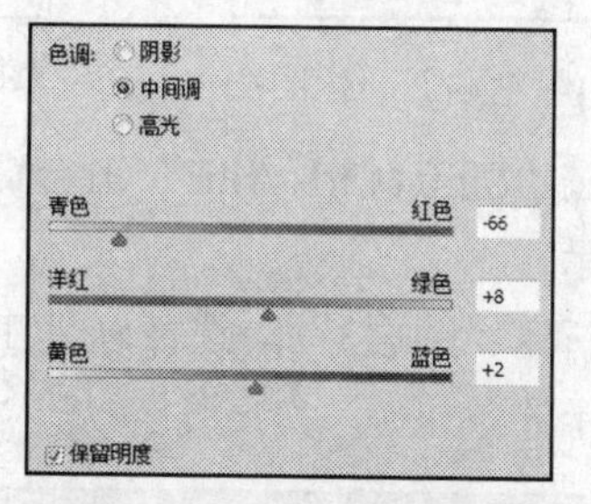

图2-76　设置中间调参数

Step 04 设置阴影参数如图2-77所示。

Step 05 设置高光参数如图2-78所示。

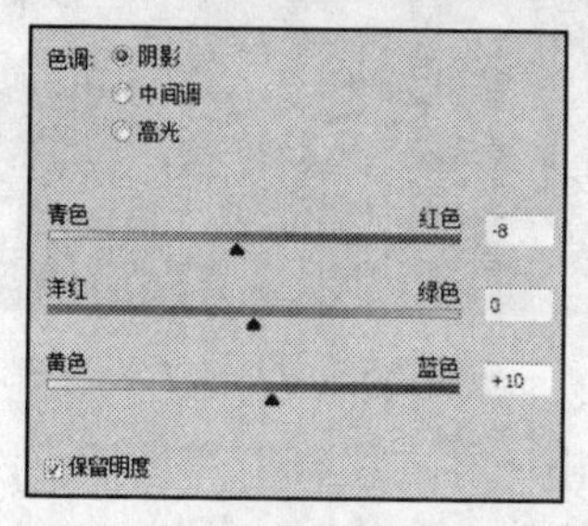

图2-77　设置阴影参数

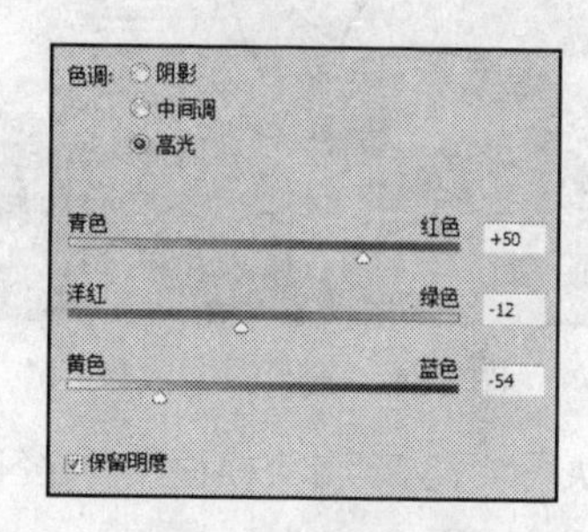

图2-78　设置高光参数

Step 06 调整色彩平衡参数后，图像效果如图2-79所示。

Step 07 选择背景图层，按“Shfit+Ctrl+Alt+2”组合键，显示高光区域，如图2-80所示。

图2-79　调整色彩平衡效果

图2-80　显示高光区域

Step 08 按“Ctrl+J”组合键将选区图像剪切并粘贴到新图层1中，图层面板如图2-81所示。

Step 09 执行“滤镜”|“模糊”|“径向模糊”命令，弹出“径向模糊”对话框，设置参数如图2-82所示。

Step 10 单击“确定”按钮，将“图层1”的混合模式设置为“线性光”，图层面板如图2-83所示。

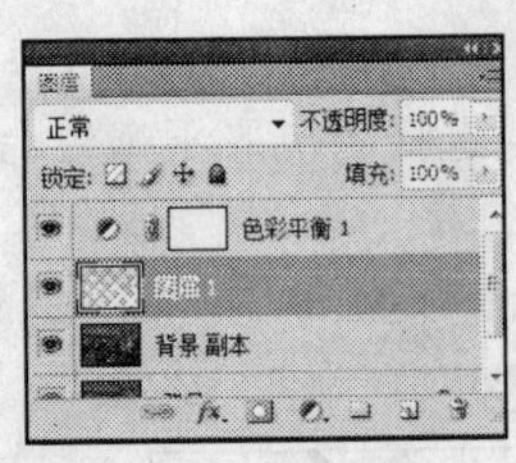

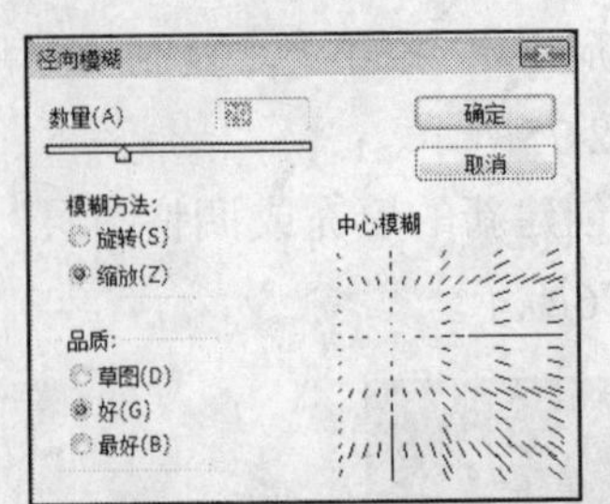

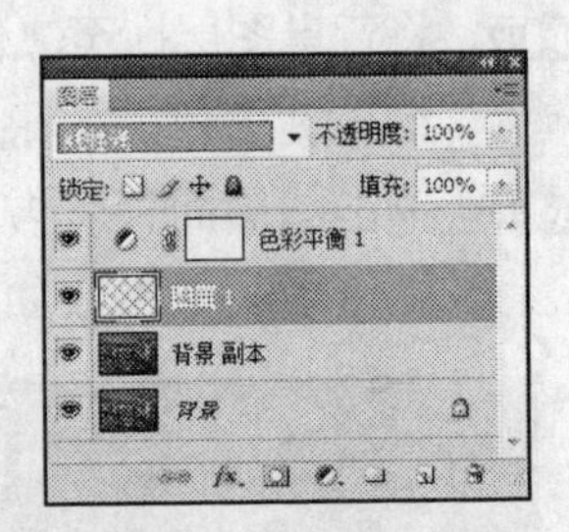

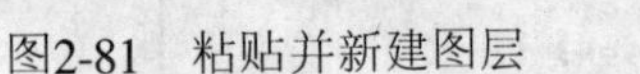

图2-81 粘贴并新建图层　　图2-82 设置径向模糊参数　　图2-83 设置图层混合模式

Step 11 按“Shift+Ctrl+AltE”组合键，将所有图层效果盖印到新图层2中，效果如图2-84所示。

Step 12 新建“图层3”，选择画笔工具，设置前景色为白色，使用画笔工具绘制如图2-85所示的效果。

图2-84 盖印图层效果

图2-85 绘制效果

Step 13 执行“滤镜”|“模糊”|“径向模糊”命令，弹出“径向模糊”对话框，设置参数如图2-86所示。

Step 14 单击“确定”按钮，效果如图2-87所示。

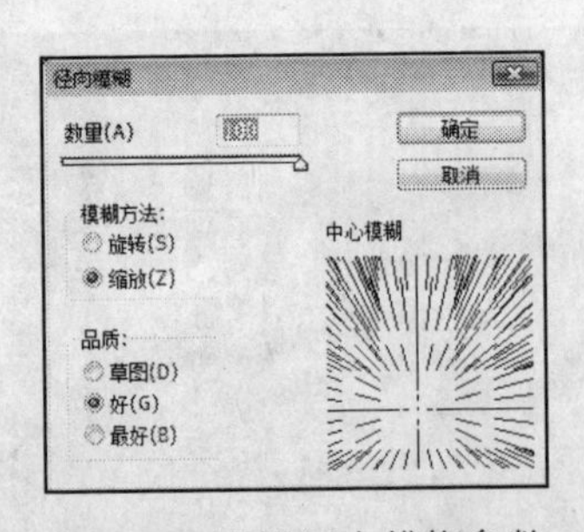

图2-86 设置径向模糊参数

图2-87 径向模糊后的效果

Step 15 将“图层3”的图层混合模式设置为“叠加”，复制生成图层3副本，并按“Ctrl+T”组合键，将图像进行水平翻转，图层面板如图2-88所示。效果如图2-89所示。

Step 16 新建一个颜色填充图层，设置填充色为如图2-90所示颜色。

图2-88 复制并翻转图层

图2-89 图像效果

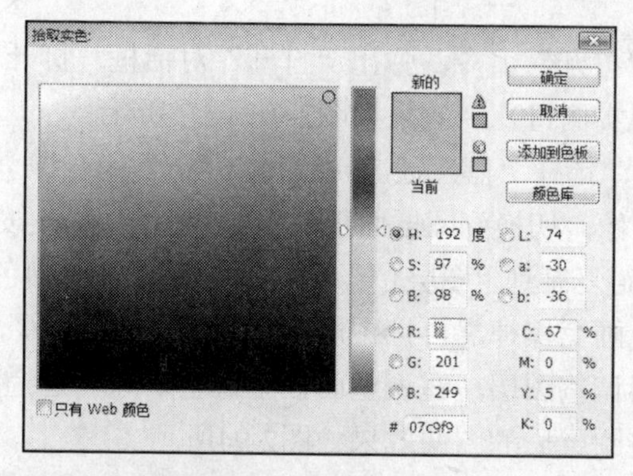
图2-90 设置颜色参数

Step 17 单击“确定”按钮，将颜色填充调整图层的混合模式设置为“颜色”，强化夜景图像的光影效果。最终效果如图2-74（b）所示。

知识总结

本实例主要使用径向模糊滤镜制作放射光影效果。径向模糊滤镜用于模拟前后移动相机或旋转相机操作，以制作柔和模糊效果。

调整图像的神秘色彩 Example 11

实例效果

（a）处理前

（b）处理后

图2-91 调整图像的神秘色彩

实例介绍

黑白的俭约，彩色的艳丽，各不相同，各有味道。色彩是神奇的，不同的方式可以带给人们不同的视觉体验。本例将给图像增加神秘的色彩。

制作分析

制作本实例主要使用通道混合器、曲线、可选颜色改变图像颜色，使用高斯模糊滤镜以及锐化滤镜制作特殊图像效果。

制作步骤

具体操作方法如下：

Step 01 执行“文件”|“打开”命令，弹出“打开”对话框，打开文件名为“实例11”的文件（素材\第2章\实例11），效果如图2-91（a）所示。

Step 02 切换到通道面板，选择“蓝”通道，按“Ctrl+A”组合键全选图像，按“Ctrl+C”组合键复制选区图像，切换到图层面板，新建“图层1”，按“Ctrl+V”组合键进行粘贴，把“蓝”通道复制到“图层1”，添加图层蒙版，用白色画笔涂抹水面以上部分，其他部分用黑色画笔擦掉，再把图层的不透明度改为75%，如图2-92所示。

Step 03 新建通道混合器调整图层，在调整面板中调整“绿”通道，参数如图2-93所示。

Step 04 新建混合器调整图层后的图像效果如图2-94所示。

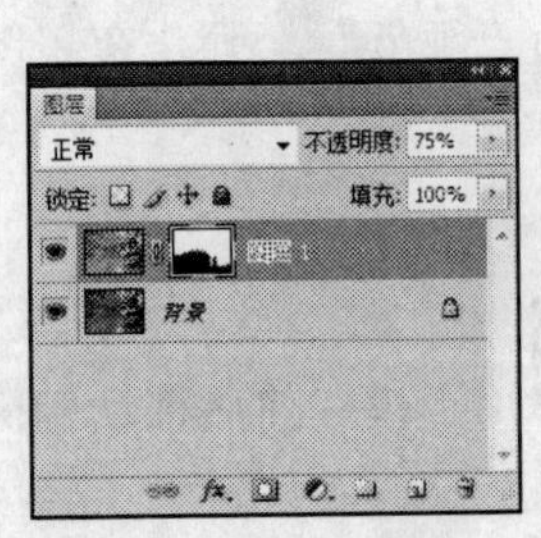

图2-92 编辑图层蒙版

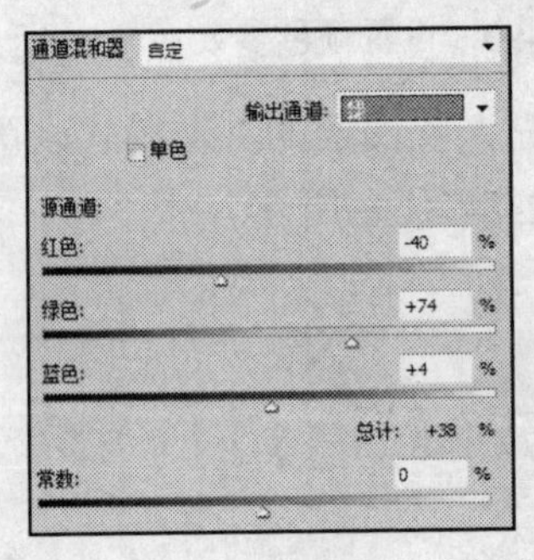

图2-93 设置通道混合器参数

图2-94 图像效果

Step 05 新建曲线调整图层，选择“绿”通道，调整曲线如图2-95所示。

Step 06 选择RGB通道，调整曲线如图2-96所示。

Step 07 按“Shfit+Ctrl+Alt+E”组合键，盖印所有图层效果到新图层2中，执行“滤镜”|“模糊”|“高斯模糊”命令，弹出“高斯模糊”对话框，设置参数如图2-97所示。

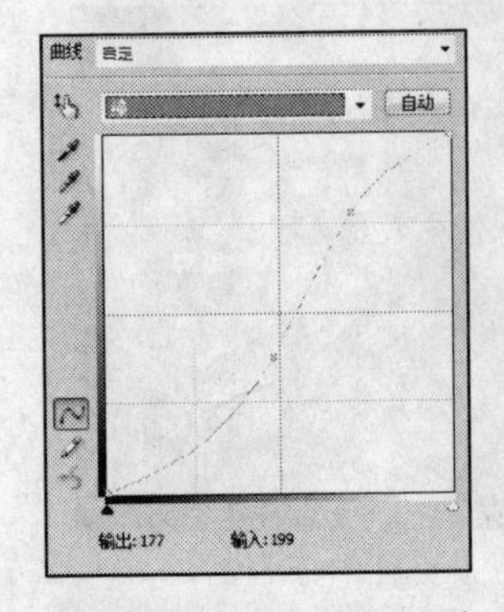

图2-95 调整“绿”通道

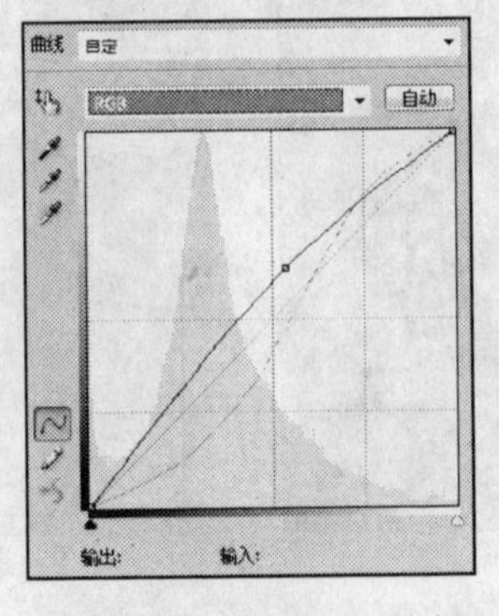

图2-96 调整RGB通道

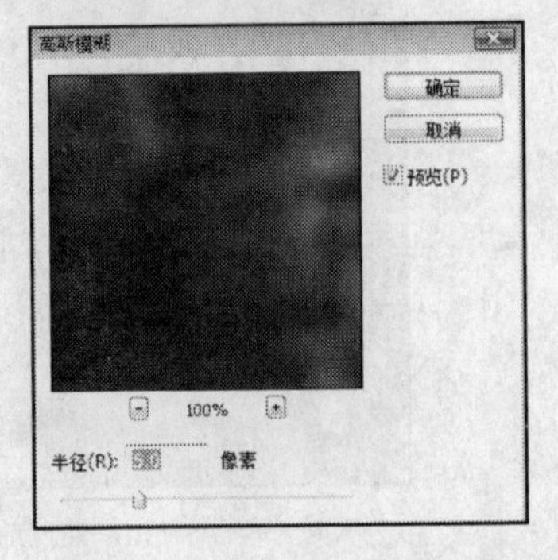

图2-97 设置高斯模糊参数

Step 08 单击“确定”按钮，将“图层2”的混合模式设置为“柔光”，图层面板如图2-98所示。图像效果如图2-99所示。

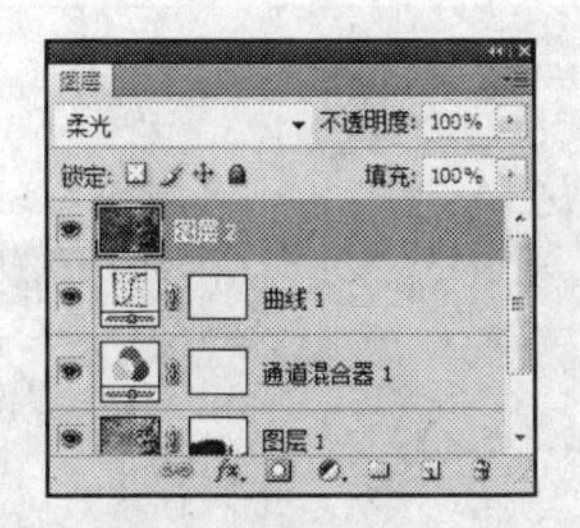

图2-98 设置图层混合模式

图2-99 图像效果

Step 09 新建可选颜色调整图层，设置参数如图2-100所示。

Step 10 单击“确定”按钮，新建“图层3”，按“Ctrl+Alt+2”组合键调出高光选区，用白色填充，将该图层的混合模式设置为“柔光”，图层面板如图2-101所示。

Step 11 按“Shfit+Ctrl+Alt+E”组合键，盖印所有图层效果到新图层4中，新建色彩平衡调整图层，设置参数如图2-102所示。

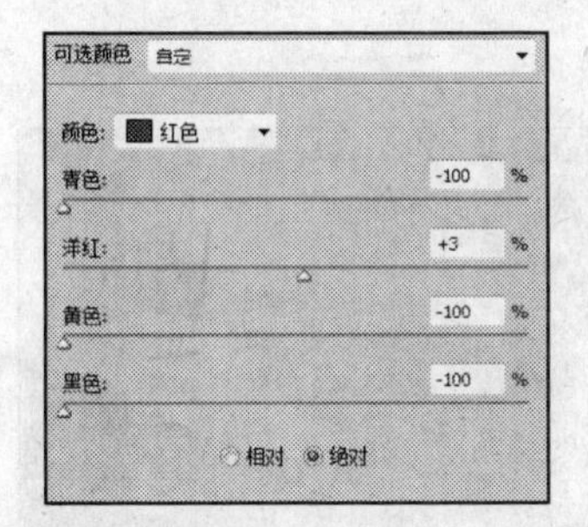

图2-100 设置可选颜色参数

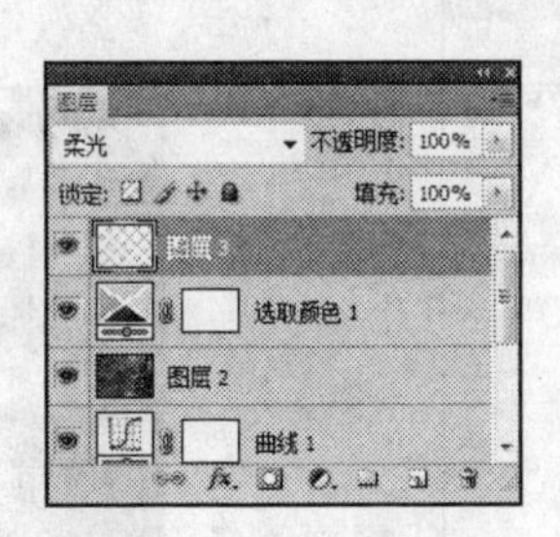

图2-101 设置混合模式

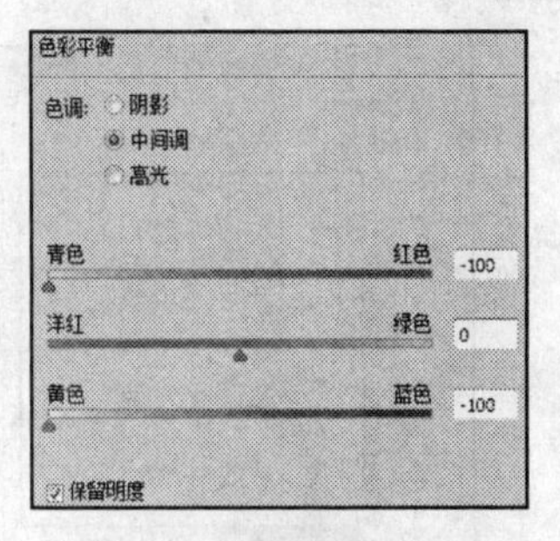

图2-102 调整色彩平衡

Step 12 执行“图像” | “应用图像”命令，设置参数如图2-103所示。

Step 13 单击“确定”按钮，图像效果如图2-104所示。

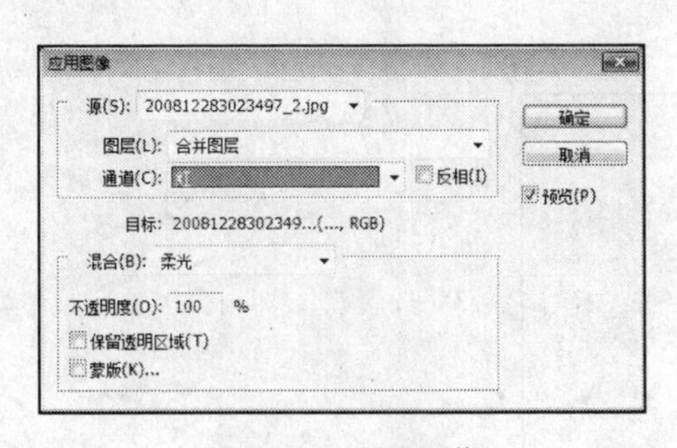

图2-103 应用图像

图2-104 图像效果

Step 14 按“Shfit+Ctrl+Alt+E”组合键，盖印所有图层效果到新图层5中，图层面板如图2-105所示。

Step 15 执行“滤镜”|“杂色”|“蒙尘与划痕”命令，弹出“蒙尘与划痕”对话框，设置参数如图2-106所示。

Step 16 单击“确定”按钮，将“图层5”的图层混合模式设置为“柔光”，图像效果如图2-107所示。

图2-105 盖印图层

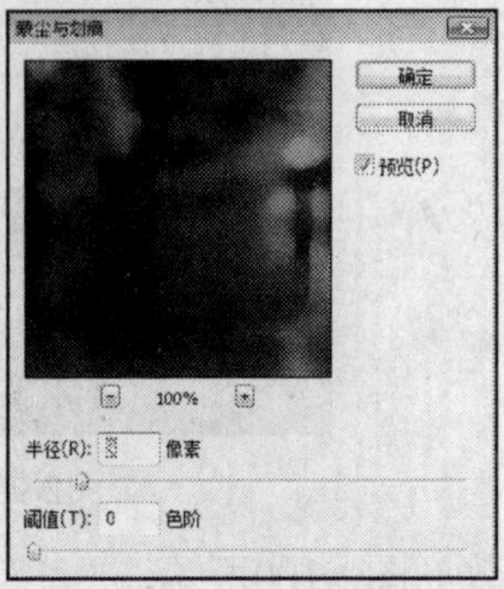

图2-106 设置蒙尘与划痕参数

图2-107 图像效果

Step 17 按“Shfit+Ctrl+Alt+E”组合键，盖印所有图层效果到新图层6中，按“Ctrl+M”组合键，弹出“曲线”对话框，调整曲线如图2-108所示。

Step 18 单击“确定”按钮，图像效果如图2-109所示。

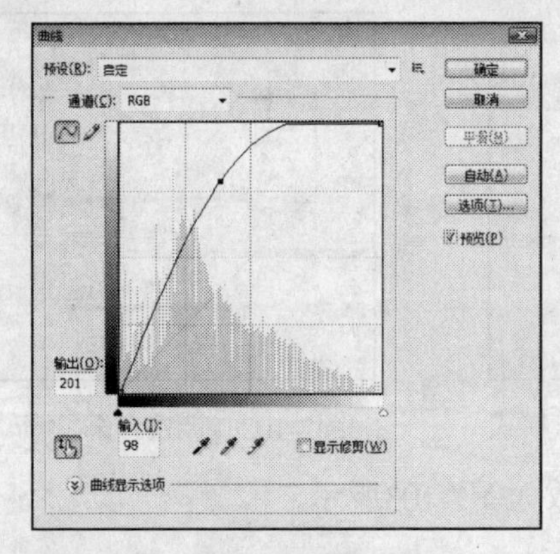

图2-108 调整曲线参数

图2-109 图像效果

Step 19 执行“滤镜”|“锐化”|“智能锐化”命令，弹出“智能锐化”对话框，设置参数如图2-110所示。

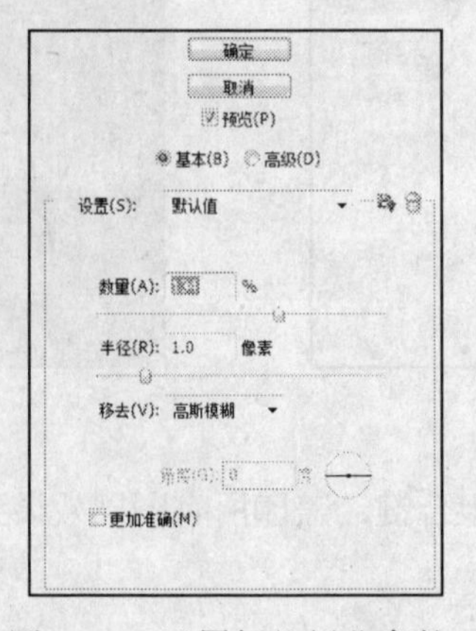

图2-110 设置智能锐化参数

Step 20 单击“确定”按钮，调整图像的神秘色彩过程完成，最终效果如图2-91（b）所示。

知识总结

制作本实例时，主要使用调整图层结合蒙版调整出图像的特殊色彩，使用多种滤镜制作特殊图像效果。对于Photoshop的功能掌握越娴熟，充分结合各命令的运用，越能制作出意想不到的图像效果。

调出水嫩皮肤效果 Example 12

实例效果

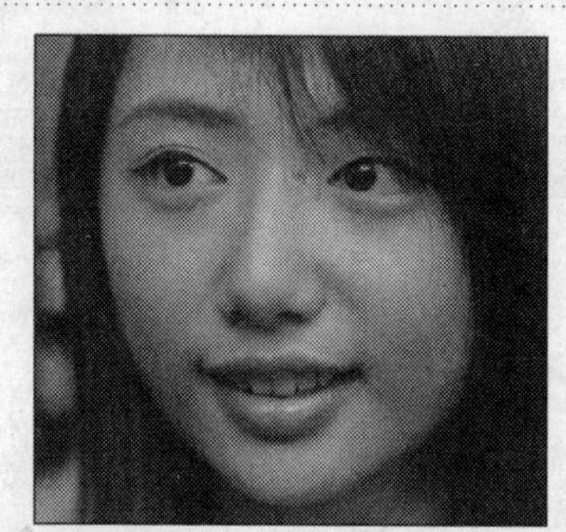
（a）处理前

（b）处理后

图2-111 调出水嫩皮肤效果

实例介绍

当拍摄出的照片中人物皮肤发黄时，可以使用Photoshop快速调整肌肤，制作出理想的水嫩皮肤效果。

制作分析

本实例首先使用“可选颜色”命令调整图像偏黄效果，再使用“曲线”命令分别调整各通道的颜色，调整出最后的图像效果。

制作步骤

具体操作方法如下：

Step 01 执行“文件”|“打开”命令，弹出“打开”对话框，打开文件名为“实例12”的文件（素材\第2章\实例12），效果如图2-111（a）所示。

Step 02 单击图层面板下方的“创建新的填充或调整图层”按钮，在弹出的菜单中选择“可选颜色”命令，在对话框中的“颜色”下拉列表中选择“红色”，调整参数如图2-112所示。

Step 03 在对话框的“颜色”下拉列表中选择“黄色”，调整参数如图2-113所示。

Step 04 单击“确定”按钮，图层面板生成颜色调整图层，皮肤颜色偏色得到大体调整。

Step 05 创建色彩平衡调整图层，在对话框中调整参数如图2-114所示。

图2-112 调整可选颜色“红色”参数

图2-113 调整可选颜色“黄色”参数

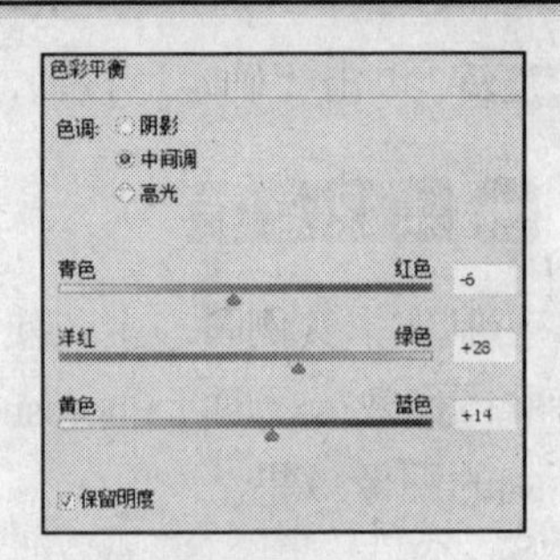

图2-114 调整色彩平衡参数

Step 06 创建曲线调整图层，调整曲线，在“通道”下拉列表中选择“红”通道，调整曲线如图2-115所示。选择“绿”通道，调整曲线如图2-116所示。选择“蓝”通道，调整曲线如图2-117所示。

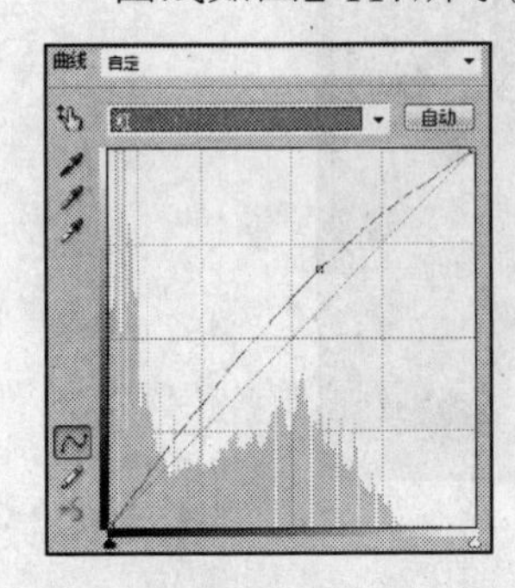

图2-115 调整“红”通道

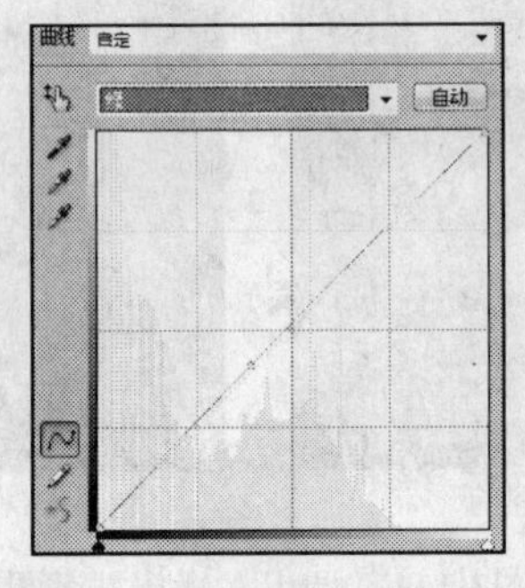

图2-116 调整“绿”通道

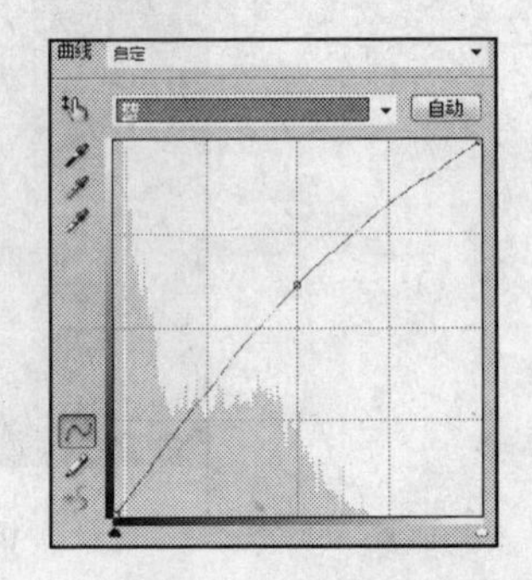

图2-117 调整“蓝”通道

Step 07 单击“确定”按钮，皮肤变得粉嫩，效果如图2-111（b）所示。

知识总结

使用调整命令对图像进行颜色或色调调整时，需要注意的是，要根据图像的颜色来调整相应的参数，进行针对性的修改，这样才能调整出所需要的色彩效果。

增强图像的通透感和质感 Example 13

实例效果

（a）处理前

（b）处理后

图2-118 增强图像的通透感和质感

实例介绍

本例将使用简单的方法，快速为图像增强通透感和质感。

制作分析

本实例的制作主要使用通道、查找边缘滤镜以及“色阶”命令为图像增强通透感和质感。

制作步骤

具体操作方法如下：

Step 01 执行“文件”|“打开”命令，弹出“打开”对话框，打开文件名为“实例13”的文件（素材\第2章\实例13），效果如图2-118（a）所示。

Step 02 将背景图层拖至“创建新图层”按钮上，复制一个背景副本图层，按“Ctrl+A”组合键全选图像，再按“Ctrl+C”组合键复制图像，如图2-119所示。

Step 03 切换到通道面板，新建Alpha 1通道，如图2-120所示。

图2-119　全选并复制图像

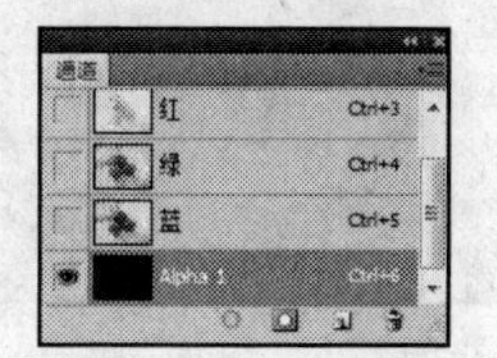

图2-120　新建通道

Step 04 按“Ctrl+V”组合键粘贴图像到新通道中，如图2-121所示。

Step 05 执行“滤镜”|“风格化”|“查找边缘”命令，图像效果如图2-122所示。

Step 06 按“Ctrl+L”组合键弹出“色阶”对话框，调整参数，去除图像中的灰色部分，如图2-123所示。

图2-121　粘贴图像

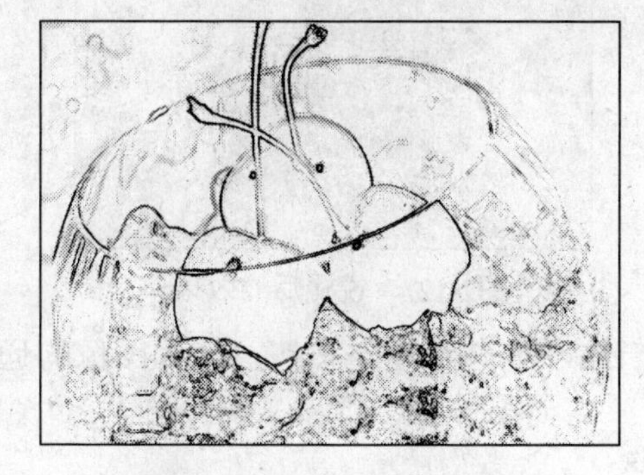

图2-122　查找边缘效果

Step 07 单击“确定”按钮，效果如图2-124所示。

Step 08 按住“Ctrl”键单击Alpha 1通道，将其选区浮出，如图2-125所示。按“Sifht+Ctrl+I”组合键反选选区，并切换到图层面板。

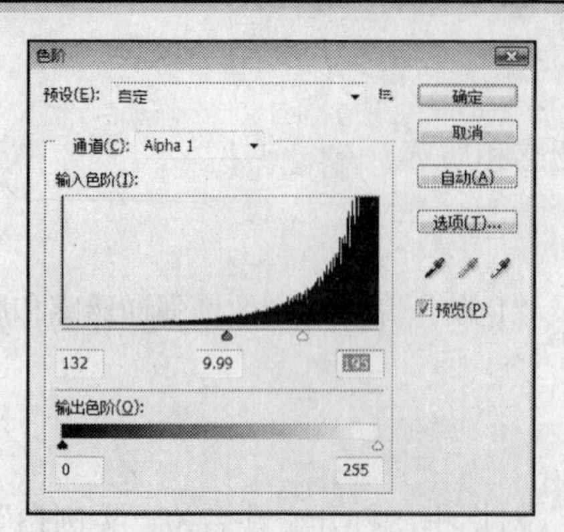

图2-123 调整色阶

图2-124 调整色阶效果

Step 09 执行“滤镜”|“锐化”|“USM锐化”命令，弹出“USM锐化”对话框，设置参数如图2-126所示。

图2-125 载入选区

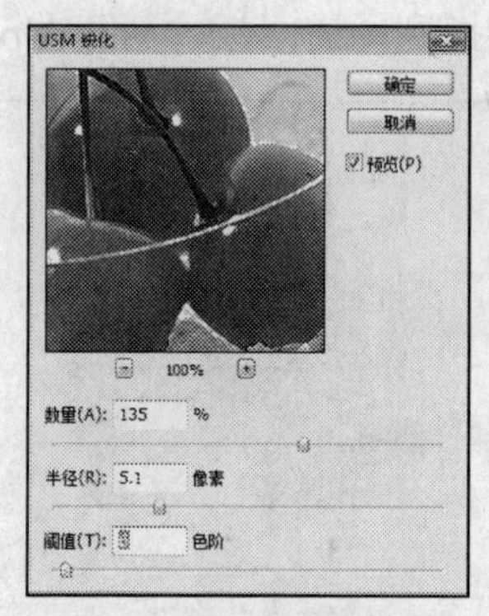

图2-126 设置锐化参数

Step 10 单击“确定”按钮，图像效果如图2-127所示。

Step 11 按“Ctrl+L”组合键弹出“色阶”对话框，调整参数如图2-128所示。

图2-127 锐化后的效果

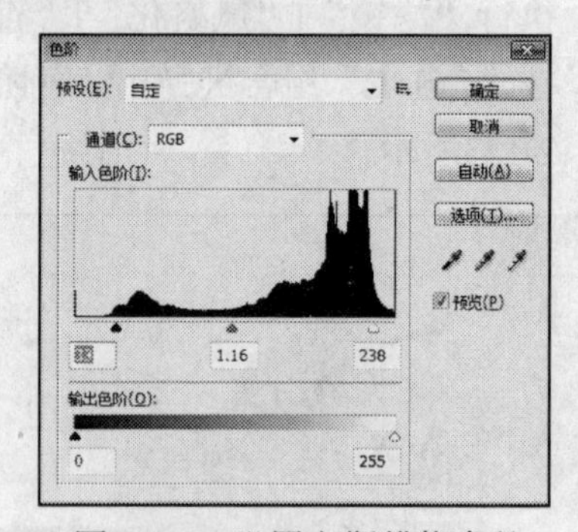

图2-128 设置高斯模糊参数

Step 12 单击“确定”按钮，增强图像的通透感和质感效果制作完成，最终效果如图2-118（b）所示。

知识总结

制作本实例时，通过复制图像到通道中进行滤镜处理，可以不损坏源图像效果，又可以保存处理后的图像，随时根据需要调用。在处理图像时，要灵活结合Photoshop的各种功能，达到事半功倍的效果。

Chapter 03 图层特效实例

图层是组成图像的基本元素，是Photoshop的精髓所在。灵活运用各种图层功能，可以制作出极富视觉效果的各种图像特效。

本章通过8个实例的讲解，综合讲解图层知识，希望读者能熟练运用所学知识创造出完美的图像效果。

韵律花朵效果 Example 01

实例效果

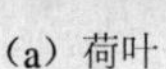

(a) 荷叶　　(b) 荷花　　(c) 设计效果

图3-1　韵律花朵效果

实例介绍

本例主要运用浮雕滤镜、波浪滤镜、图层混合模式制作韵律花朵效果。

制作分析

本例主要使用云彩滤镜、浮雕滤镜制作底纹效果，使用波浪滤镜扭曲图像，通过多种图层混合模式完成图像融合效果。

制作分析

具体操作方法如下：

Step 01 执行“文件”|“新建”命令，弹出“新建”对话框，设置参数如图3-2所示。

Step 02 打开“拾色器”对话框，设置背景色的RGB值如图3-3所示，单击“确定”按钮。

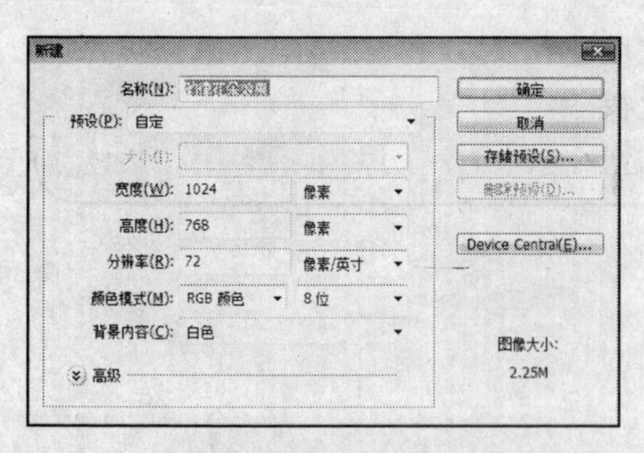

图3-2　设置新建文件参数

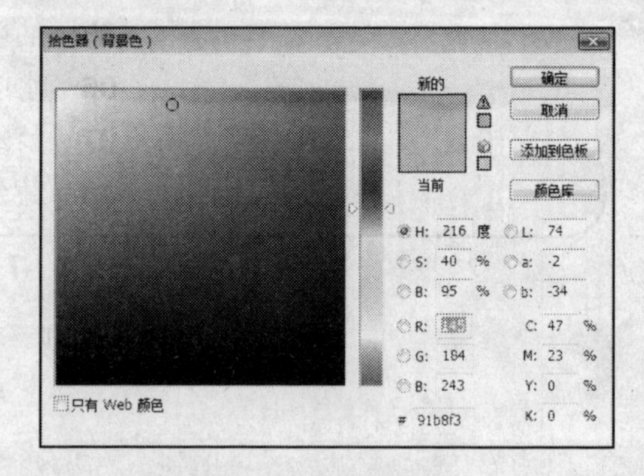

图3-3　设置前景色

Step 03 设置背景色为白色，执行“滤镜”|“渲染”|“云彩”命令，得到如图3-4所示的云彩效果。

Step 04 打开如图3-5所示的荷叶素材（位置：素材\第3章\实例1），将其拖入当前工作区中，产生“图层1”。

Step 05 执行“滤镜”|“风格化”|“浮雕效果”命令，弹出“浮雕效果”对话框，设置参数如图3-6所示。

图3-4 云彩效果

图3-5 荷叶

Step 06 单击“确定”按钮，将“图层1”的图层混合模式设置为“强光”，图层的不透明度设置为49%，图像效果如图3-7所示。

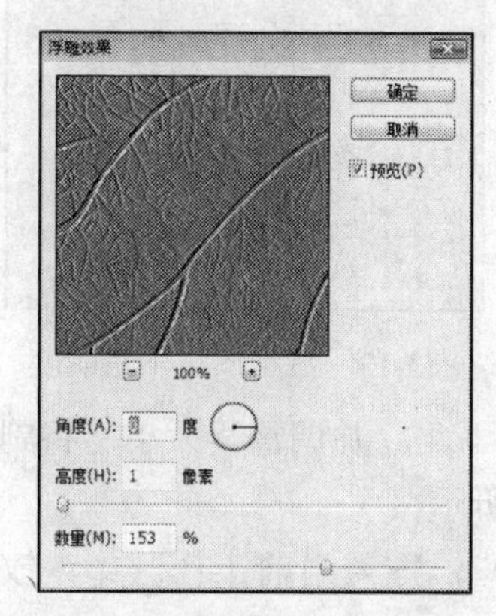

图3-6 设置浮雕效果参数

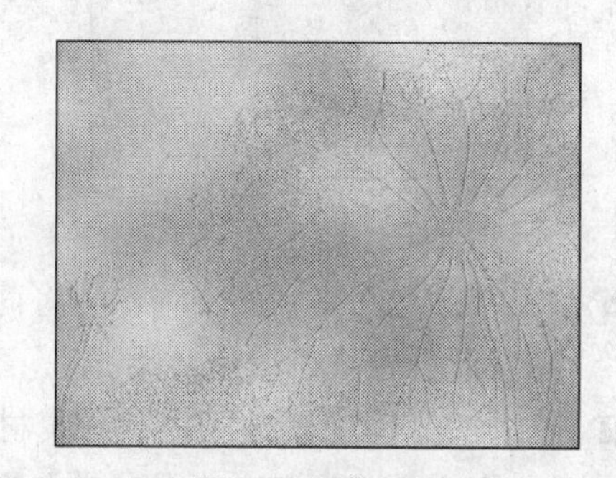

图3-7 图像效果

Step 07 打开如图3-8所示的荷花素材（位置：素材\第3章\实例1）。

Step 08 使用磁性套索工具沿着荷花创建选区，如图3-9所示。

图3-8 荷花

图3-9 创建选区

Step 09 将选区中的荷花拖入当前工作区中，产生“图层2”，调整该图层图像的大小及位置如图3-10所示。

Step 10 按住“Ctrl”键，单击“图层2”，将其选区浮出，如图3-11所示。

Step 11 执行“选择”|“变换选区”命令，弹出调节框，将选区等比例放大，如图3-12所示。

Step 12 按“Enter”键确认变换，在“图层2”之下新建“图层3”，用黑色填充，将该图层的不透明度调整为16%，得到如图3-13所示效果，取消选区。

图3-10 调整图像大小及位置

图3-11 载入选区

图3-12 等比例放大选区

图3-13 调整图层不透明度

Step 13 将“图层2”复制一个副本，将荷花移至文件左下角，并调整其大小，将副本图层的图层混合模式设置为“柔光”，效果如图3-14所示。

Step 14 打开一张莲子素材（位置：素材\第3章\实例1），拖入当前工作区中，放置到“图层3”之下，调整大小及位置如图3-15所示。

图3-14 设置“柔光”混合模式

图3-15 调整图像大小及位置

Step 15 执行“滤镜”|“扭曲”|“波浪”命令，弹出“波浪”对话框，设置参数如图3-16所示。

Step 16 单击“确定”按钮，将该图层的图层混合模式设置为“差值”，得到如图3-17所示效果。

Step 17 将莲子图层再复制一个副本，效果如图3-18所示。

Step 18 在莲子图层之下新建图层，设置前景色为白色，选择画笔工具，设置其画笔形状及属性如图3-19所示。

Step 19 使用画笔工具绘制如图3-20所示效果。

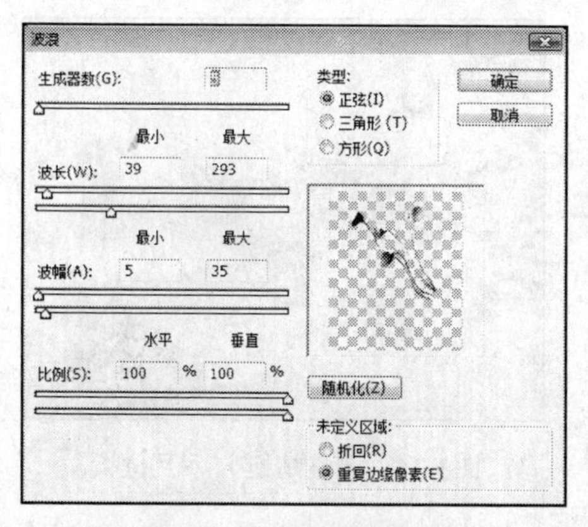

图3-16　设置波浪参数

图3-17　设置“差值”混合模式

图3-18　复制图层效果

图3-19　设置画笔属性

Step 20 打开光线素材（位置：素材\第3章\实例1），并拖入当前工作区中，将该图层图层的混合模式设置为“正片叠底”，图层的不透明度设置为75%，如图3-21所示。

Step 21 此时光线效果如图3-22所示。

图3-20　画笔绘制效果

图3-21　图层位置

图3-22　拖入光线素材

Step 22 再使用暗红色和白色画笔绘制星光效果，如图3-23所示。

Step 23 打开蜻蜓素材（位置：素材\第3章\实例1），将其拖入当前工作区中，调整大小及位置如图3-24所示。

Step 24 在图像中任意输入一些文字，将文字图层混合模式设置为“正片叠底”，韵律花朵效果完成，如图3-1（c）所示。

图3-23 绘制星光效果

图3-24 调整蜻蜓大小及位置

知识总结

在本实例的操作过程中，使用到的云彩滤镜使用前景色和背景色相融合，随机生成柔和的云彩图案，因此制作云彩效果时，需要设置好所需要的前、背景色。使用波浪滤镜时可按指定的波长、波幅、类型来扭曲图像。

十字天空 Example 02

实例效果

（a）天空素材

（b）处理效果

图3-25 十字天空

实例介绍

本例主要使用圆角矩形工具、高斯模糊滤镜、径向模糊滤镜、内发光图层样式以及图层剪辑组制作十字天空效果。

制作分析

本例通过圆角矩形工具制作十字形状，使用高斯模糊和径向模糊滤镜以及内发光图层样式制作十字发光效果，最后通过图层剪辑组制作十字天空形状。

制作步骤

具体操作方法如下：

Step 01 执行“文件”|“打开”命令，弹出“打开”对话框，打开文件名为“乌云天空”的

文件（素材\第3章\实例2），效果如图3-25（a）所示。

Step 02 新建“图层1”，选择工具箱中的圆角矩形工具绘制如图3-26所示的黑色十字架。

Step 03 在“背景”图层之上新建“图层2”，载入十字架选区，用黄色填充，然后取消选区。

Step 04 执行“滤镜”|“模糊”|“高斯模糊”命令，设置参数如图3-27所示。

Step 05 执行“滤镜”|“模糊”|“径向模糊”命令，设置参数如图3-28所示。单击“确定”按钮，效果如图3-29所示。

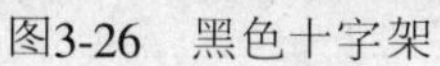

图3-26　黑色十字架

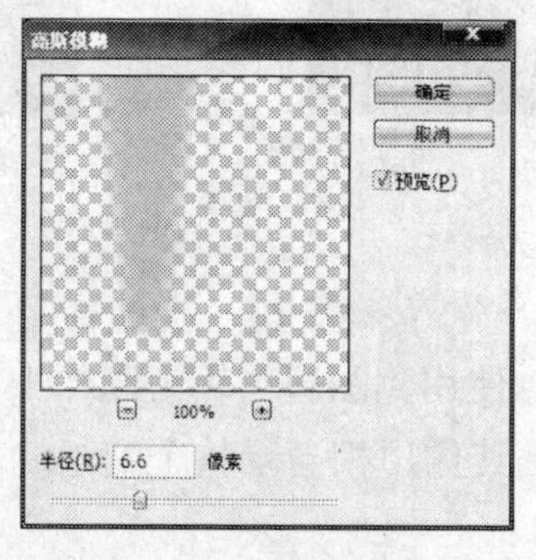

图3-27　设置高斯模糊参数

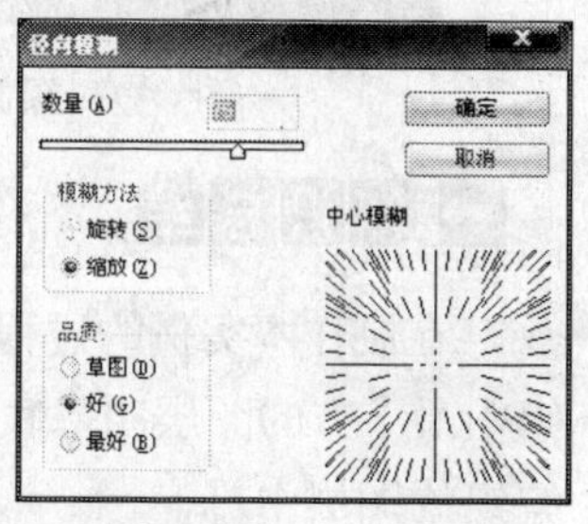

图3-28　设置径向模糊参数

Step 06 双击“图层1”，弹出“图层样式”对话框，选择“内发光”样式，设置参数如图3-30所示。其中内发光颜色为“金黄色”。

图3-29　模糊后的效果

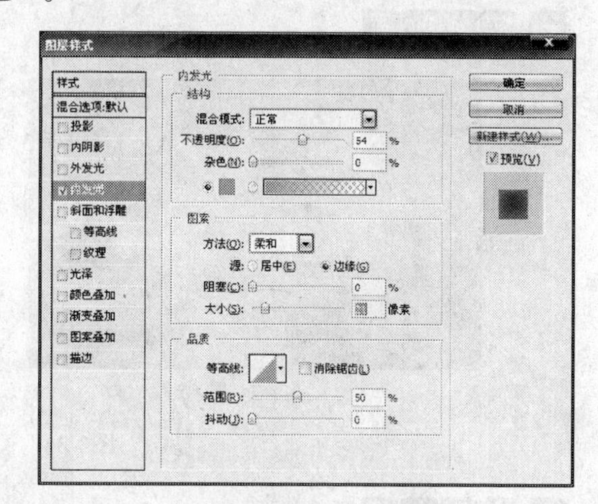

图3-30　设置内发光参数

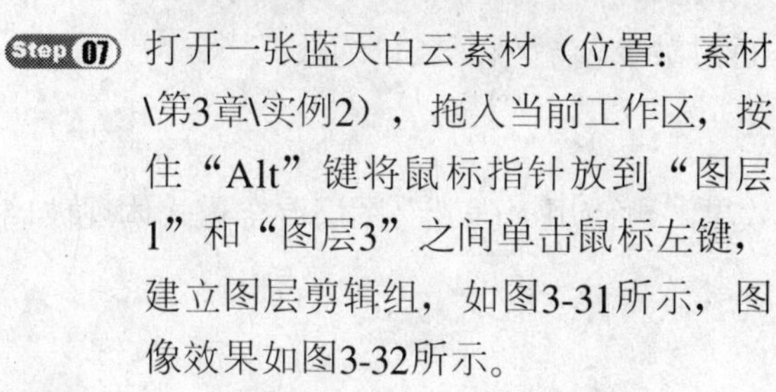

Step 07 打开一张蓝天白云素材（位置：素材\第3章\实例2），拖入当前工作区，按住“Alt”键将鼠标指针放到“图层1”和“图层3”之间单击鼠标左键，建立图层剪辑组，如图3-31所示，图像效果如图3-32所示。

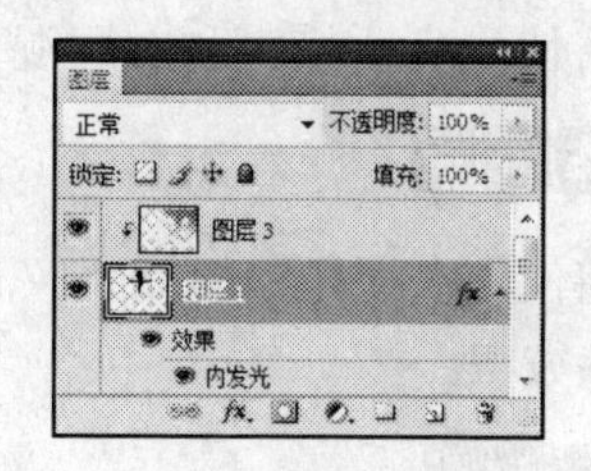

图3-31　图层剪辑组

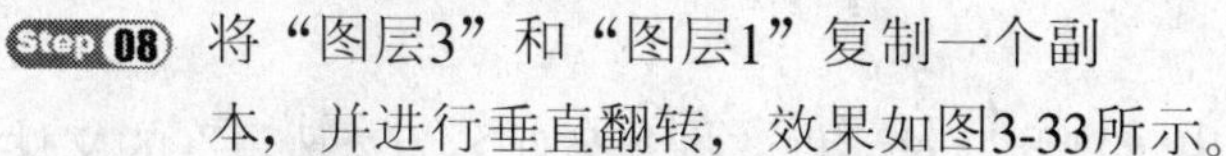

Step 08 将“图层3”和“图层1”复制一个副本，并进行垂直翻转，效果如图3-33所示。

Step 09 最后选择“背景”图层，对其进行径向模糊操作，十字天空制作完成，最终效果如图3-25（b）所示。

图3-32 图像效果

图3-33 垂直翻转

知识总结

在制作本实例的过程中，使用到图层剪辑组制作十字天空形状，需要注意的是，在剪贴组中最下方的图层叫基底层，其作用相当于整个编组的蒙版。基底层上的形状将显示在上面编组的图层中。

窗外效果 Example 03

实例效果

（a）窗外素材

（b）处理效果

图3-34 窗外效果

实例介绍

本例将使用高斯模糊和图层混合模式制作透过玻璃窗看外面风景的效果。

制作分析

本例将使用高斯滤镜模糊图像，制作朦胧效果，再使用“强光”图层混合模式体现玻璃窗上的水珠效果。

制作步骤

具体操作方法如下：

Step 01 执行“文件”|“打开”命令，弹出“打开”对话框，打开文件名为“风景”的文件（位置：素材\第3章\实例3），效果如图3-34（a）所示。

Step 02 将“背景”图层复制一个“背景副本”图层，执行“滤镜”|“模糊”|“高斯模糊”

命令，设置参数如图3-35所示。

Step 03 打开如图3-36所示水珠素材（位置：素材\第3章\实例3），拖入当前工作区中，调整大小及位置如图3-37所示。

Step 04 将水珠图层的混合模式设置为“强光”，窗外最终效果如图3-34（b）所示。

图3-35 设置高斯模糊参数

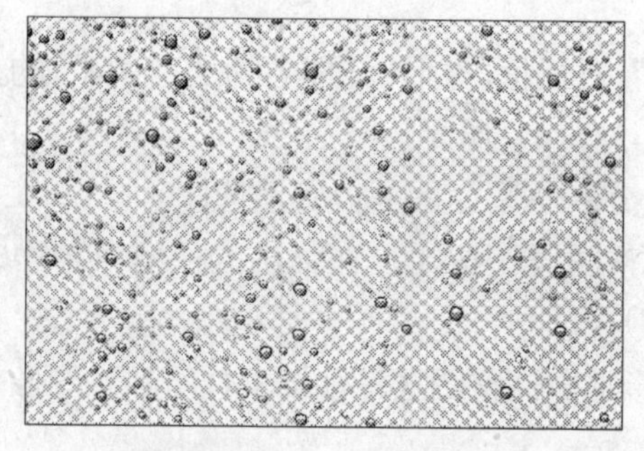

图3-36 水珠素材

图3-37 复制并调整大小

知识总结

本例中运用的“强光”图层混合模式，用于复合或过滤颜色，具体取决于混合色。此效果与耀眼的聚光灯照在图像上相似。如果混合色（光源）比50%灰色亮，则图像变亮，就像过滤后的效果，这对于向图像中添加高光非常有用。如果混合色（光源）比50%灰色暗，则图像变暗，就像复合后的效果，这对于向图像添加暗调非常有用。用纯黑色或纯白色绘画会产生纯黑色或纯白色。

真假双脚 Example 04

实例效果

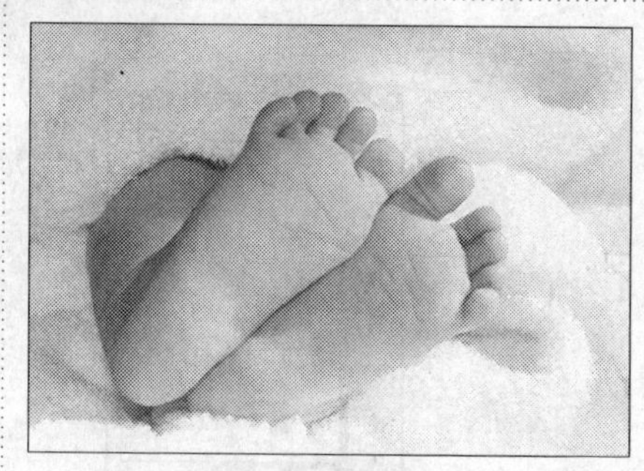

（a）脚素材

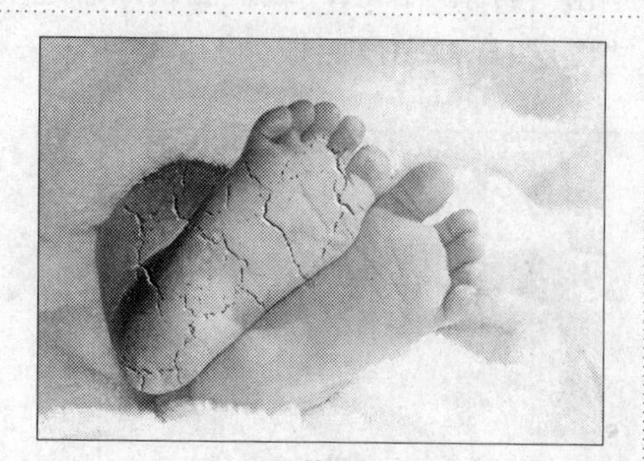

（b）处理效果

图3-38 真假双脚

实例介绍

本例将一双真脚制作成一只裂开的假脚和一只真脚的效果，主要使用到魔棒工具、“色彩平衡”命令、“曲线”命令、“添加杂色”命令、塑料包装滤镜以及斜面和浮雕图层样式。

制作分析

本例首先使用魔棒工具选择需要处理的图像部分，使用调色命令调整选取图像的颜色，使用塑料包装滤镜制作图像边缘塑料效果，再使用斜面和浮雕图层样式体现假脚裂纹效果。

制作步骤

具体操作方法如下：

Step 01 执行“文件”|“打开”命令，弹出“打开”对话框，打开文件名为“实例4”的文件（位置：素材\第3章\实例4），效果如图3-38（a）所示。

Step 02 选择“魔棒工具”，单击双脚比较深的部分，获取如图3-39所示选区。

Step 03 单击图层面板下方的“创建新的填充和调整图层”按钮，在弹出的快捷菜单中，选择“色彩平衡”选项，设置参数如图3-40所示。

Step 04 单击“确定”按钮，图层面板新建一个色彩平衡调整图层，如图3-41所示，图像效果如图3-42所示。

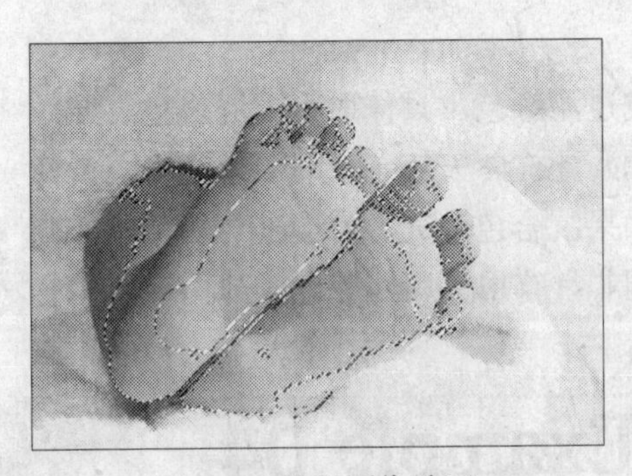

图3-39 选择图像选区

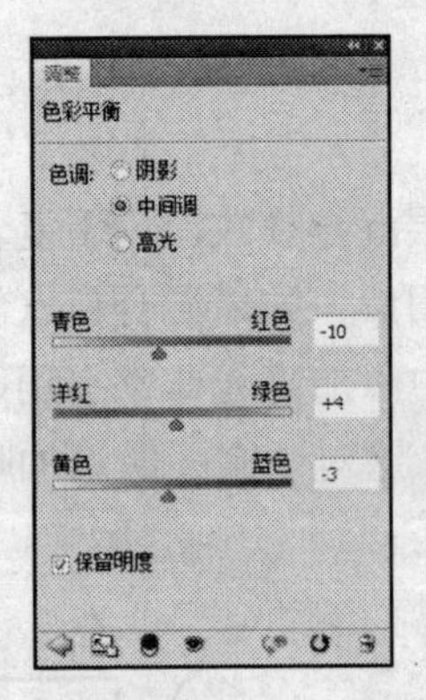

图3-40 调整色彩平衡参数

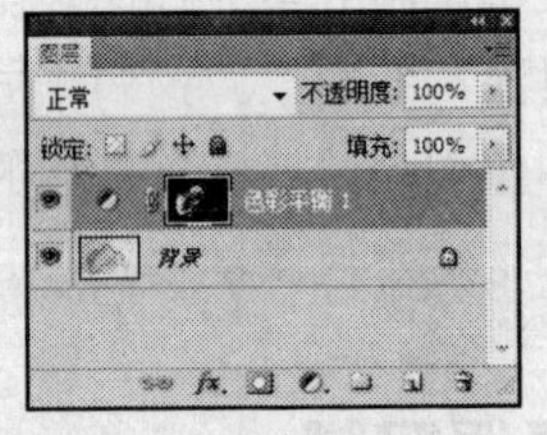

图3-41 新建调整图层

Step 05 新建曲线调整图层，调整曲线如图3-43所示。调整效果如图3-44所示。

Step 06 单击“背景”图层，载入曲线图层选区，按“Ctrl+J”组合键复制并粘贴选区图像到“图层1”，图层面板如图3-45所示。

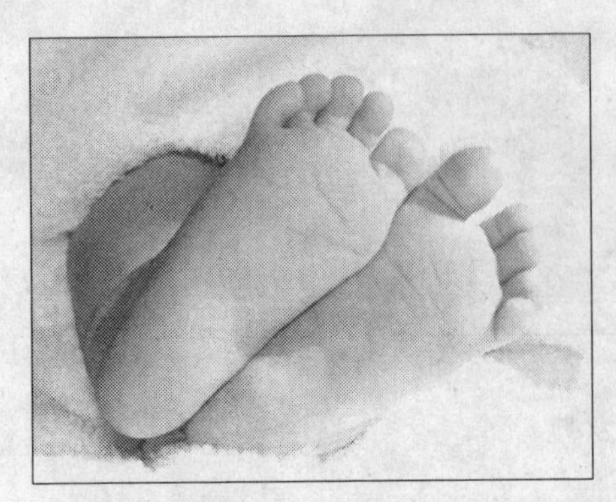

图3-42 图像效果

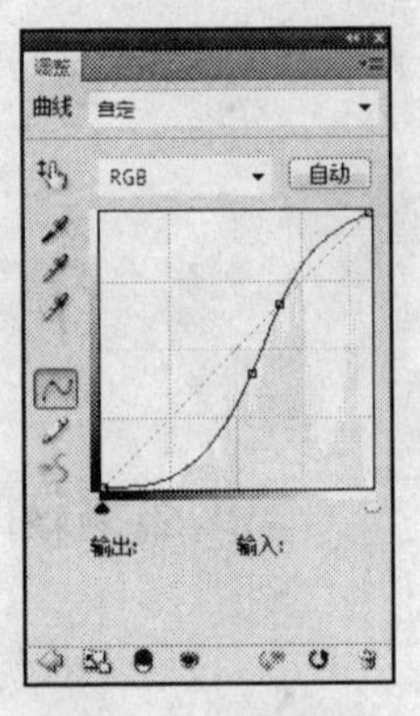

图3-43 调整曲线

Step 07 执行“滤镜”|“杂色”|“添加杂色”命令，设置参数如图3-46所示。应用滤镜后的图像效果如图3-47所示。

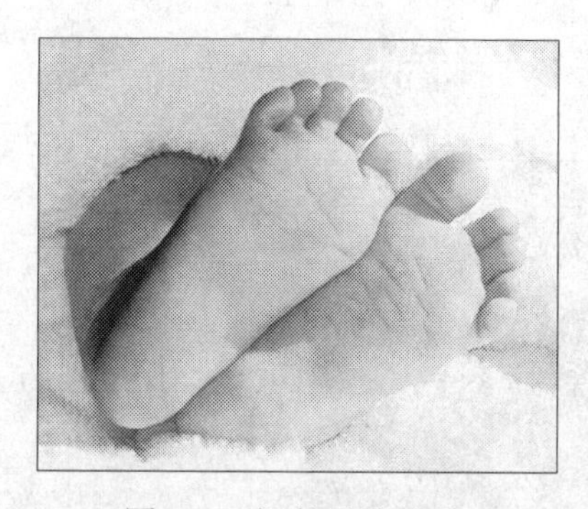

图3-44　调整后的效果

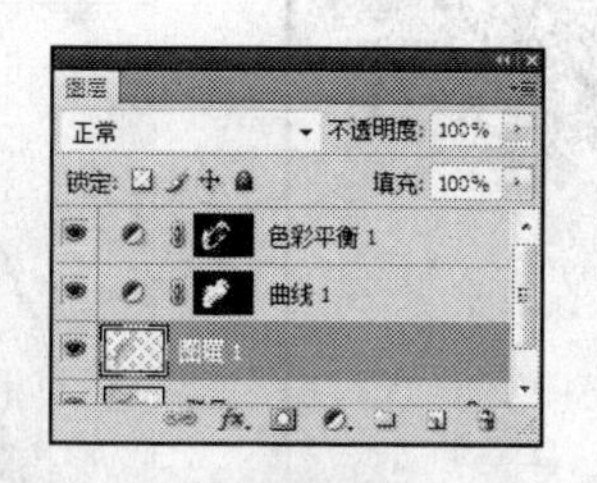

图3-45　复制并新建图层

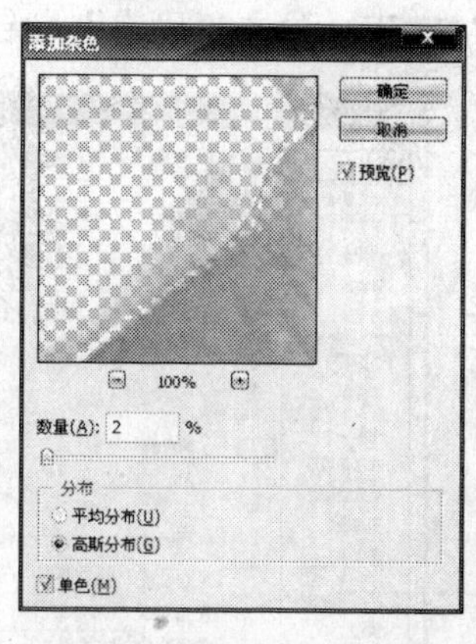

图3-46　设置添加杂色参数

Step 08 执行“滤镜”|“艺术效果”|“塑料包装”命令，设置参数如图3-48所示。效果如图3-49所示。

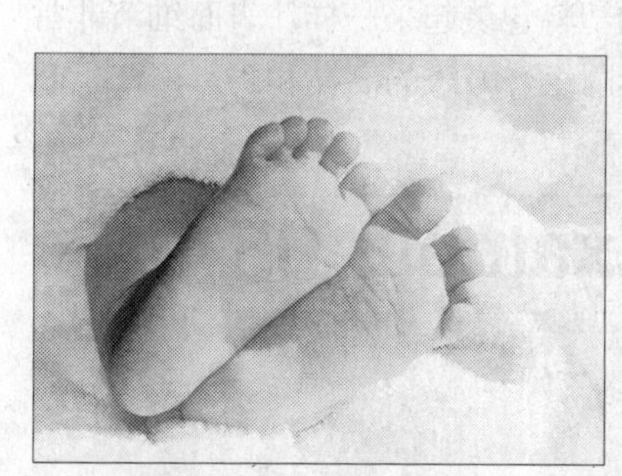

图3-47　应用后的效果

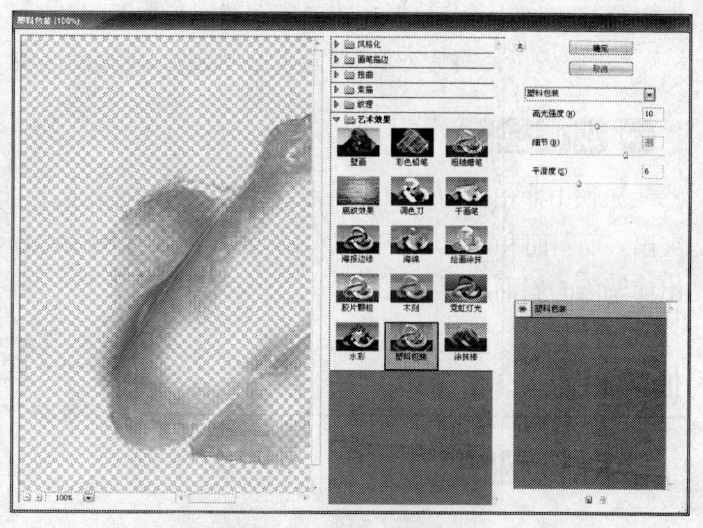

图3-48　设置塑料包装参数

Step 09 打开如图3-50所示的纹理素材（位置：素材\第3章\实例4），拖入当前工作区。

Step 10 用“魔棒工具”单击黑色部分，获取选区，反选选区，删除选区图像，取消选区，效果如图3-51所示。

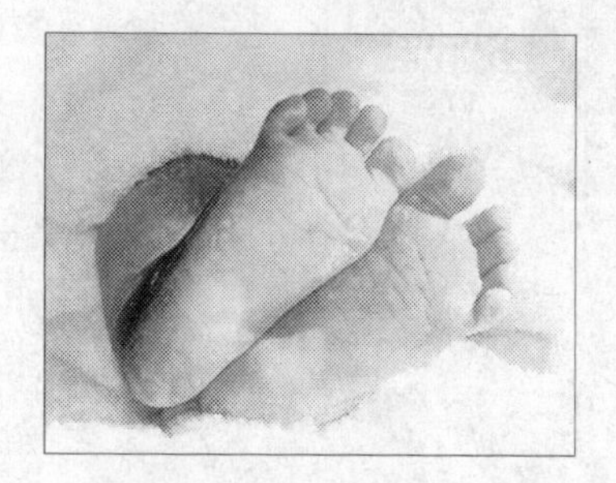

图3-49　应用效果

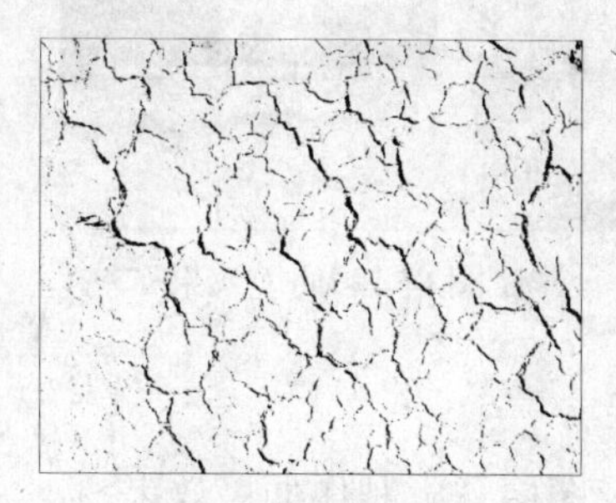

图3-50　纹理素材

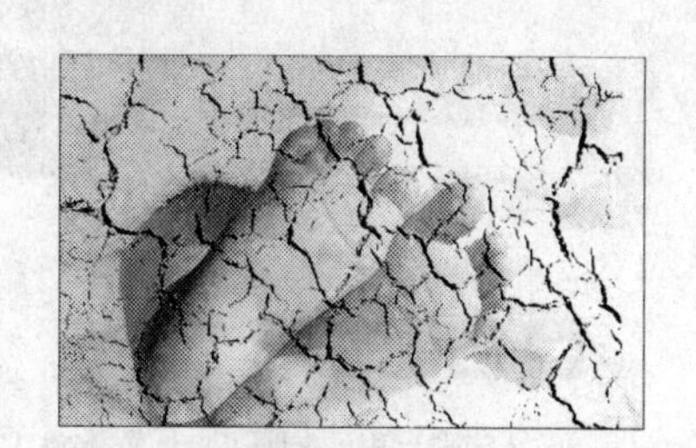

图3-51　删除多余图像

Step 11 双击纹理所在图层，打开“图层样式”对话框，选择“斜面和浮雕”样式，设置参数如图3-52所示。

Step 12 单击“确定”按钮，效果如图3-53所示。

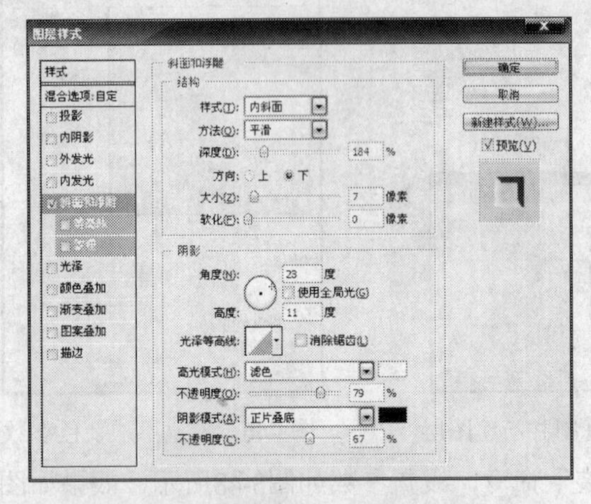

图3-52 设置斜面和浮雕样式参数

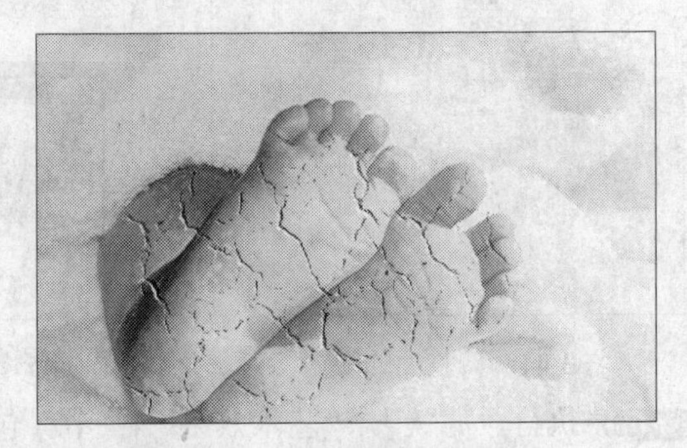

图3-53 应用图层样式后的效果

Step 13 最后为“图层1”和纹理所在图层添加图层蒙版，使用柔角白色画笔工具去掉右脚所有效果，真假双脚制作完成，最终效果如图3-38（b）所示。

知识总结

本例中使用的塑料包装滤镜可以使图像好像用闪亮的塑料包装起来一样，表面细节非常突出。而斜面和浮雕图层样式可以为图层中的对像添加不同组合方式的高亮和阴影，产生凸出或凹陷的斜面和浮雕效果。

仙境效果 Example 05

实例效果

图3-54 仙境效果

实例介绍

本例主要运用自由变换以及图层蒙版制作仙境效果。

制作分析

本例首先将电视机图像拖入背景图像中，再使用扭曲变换命令调整图像，制作屏幕效果，最后使用图层蒙版完美结合图像。

制作步骤

具体操作方法如下：

Step 01 执行“文件”|“打开”命令，弹出“打开”对话框，打开文件名为“背景”的文件（位置：素材\第3章\实例5），效果如图3-55所示。

Step 02 打开电视素材（位置：素材\第3章\实例5），使用“魔棒工具”获取电视选区，如图3-56所示。

图3-55　背景素材

图3-56　电视素材

Step 03 将选区图像拖入图3-55所示素材中，调整大小及位置如图3-57所示。

Step 04 打开画面素材（位置：素材\第3章\实例5），拖入当前工作区中，对其进行如图3-58所示的扭曲变换。

图3-57　调整图像大小及位置

图3-58　扭曲变换

Step 05 打开人物素材（位置：素材\第3章\实例5），拖入当前工作区中，调整位置如图3-59所示。

Step 06 打开荷花素材（位置：素材\第3章\实例5），拖入当前工作区中，调整位置如图3-60所示。

Step 07 添加图层蒙版，去除多余图像，仙境制作完成，最终效果如图3-54所示。

图3-59　合成人物素材

图3-60　合成荷花素材

知识总结

本实例主要运用图层蒙版制作电视机中人物飘出的效果。在蒙版中要隐藏效果，可用黑色在蒙版中绘制，要显示图像，可用白色在蒙版中绘制，要去掉部分效果，可以灰色在蒙版中绘制。

水中之城　Example 06

实例效果

图3-61　水中之城

实例介绍

本例主要使用图层混合模式、选择工具以及镜头光晕滤镜制作水中之城效果。

制作分析

制作本实例，主要使用选择工具选择不同的素材拖入主体图像中，再使用图层混合模式混合图像，最后通过镜头光晕滤镜为图像添加光线效果。

制作步骤

具体操作方法如下：

Step 01 执行“文件”|“打开”命令，弹出“打开”对话框，打开文件名为“高楼”的文件

（位置：素材\第3章\实例6），效果如图3-62所示。

Step 02 打开几张热带鱼素材（位置：素材\第3章\实例6），拖入“高楼”图像中，调整大小及位置，并复制鱼，得到如图3-63所示效果。

图3-62 高楼素材

图3-63 调整鱼大小

Step 03 打开一张水泡素材（位置：素材\第3章\实例6），拖入“背景”图层之上，得到如图3-64所示效果。

Step 04 使用“磁性套索工具”将“水泡”图片中的“黄色鱼”选中，并复制多个副本，调整大小及位置如图3-65所示。

图3-64 载入水泡素材

图3-65 复制鱼

Step 05 将水泡图层的混合模式设置为“柔光”，得到如图3-66所示效果。

Step 06 打开海底世界素材（位置：素材\第3章\实例6），拖入当前工作区中，将此层的图层混合模式设置为“柔光”，得到如图3-67所示效果。

图3-66 柔光效果

图3-67 柔光效果

Step 07 打开水珠素材（位置：素材\第3章\实例6），使用“套索工具”选择如图3-68所示水珠。拖入当前工作区中，将其图层混合模式设置为“正片叠底”，得到如图3-69所示效果。

Step 08 按“Shift+Ctrl+Alt+E”组合键盖印图层，执行“滤镜”|“渲染”|“镜头光晕”，调整参数如图3-70所示，单击“确定”按钮。

图3-68 选择水珠

图3-69 正片叠底

图3-70 设置镜头光晕参数

Step 09 重复执行“镜头光晕”命令，将光晕中心移动位置，单击“确定”按钮，水中之城制作完成，最终效果如图3-61所示。

知识总结

本实例用到的“柔光”图层混合模式可以使颜色变亮或变暗，具体取决于混合色。此效果与发散的聚光灯照在图像上相似。如果混合色（光源）比50%灰色亮，则图像变亮，就像被减淡了一样。如果混合色（光源）比50%灰色暗，则图像变暗，就像被加深了一样。用纯黑色或纯白色绘画会产生明显较暗或较亮的区域，但不会产生纯黑色或纯白色。

梦幻之夜 Example 07

实例效果

图3-71 梦幻之夜

实例介绍

本例将使用“色彩平衡”命令、加深工具、高斯模糊滤镜等制作梦幻之夜效果。

制作分析

制作本例首先使用“色彩平衡”命令调整图像颜色，使用加深工具加深倒影图像效果，使用高斯模糊滤镜模糊倒影图像。

制作步骤

具体操作方法如下：

Step 01 按“Ctrl+N”键，新建一个文件，如图3-72所示，执行“文件”|“打开”命令，弹出“打开”对话框，打开文件名为“夜景”的文件（位置：素材\第3章\实例7）。

Step 02 选择工具箱中的“移动工具”，将打开的文件拖入“迷人的魔幻之夜.psd”文件中，生成“图层1”，选择工具箱中的“矩形选框工具”，创建选框，按“Delete”键删除，如图3-73所示，然后复制“图层1”，生成“图层1副本”，执行“编辑”|“变换”|“垂直翻转”命令，得到如图3-74所示效果。

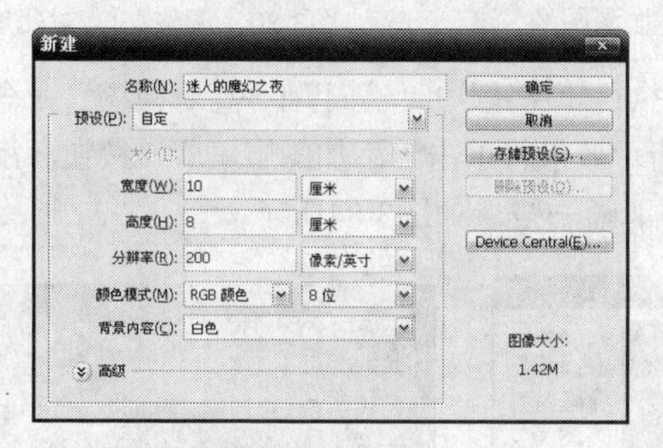

图3-72　新建文件

图3-73　删除图像

Step 03 选择“图层1副本”，执行“图像”|“调整”|“色彩平衡”命令，设置参数如图3-75至图3-77所示，得到效果如图3-78所示。

图3-74　垂直翻转图像

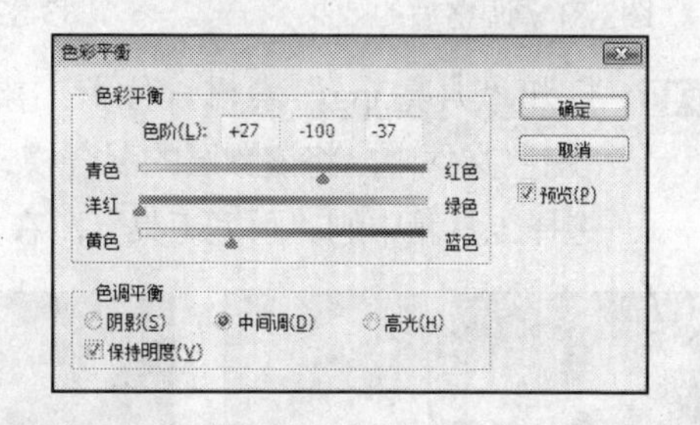

图3-75　调整中间调

Step 04 将“图层1”和“图层1副本”合并为“图层1”。选择工具箱中的“加深工具”，加深两张图片的连接处，得到如图3-79所示效果。

Step 05 执行“图像”|“调整”|“亮度/对比度”命令，设置参数如图3-80所示，得到如图3-81所示效果。

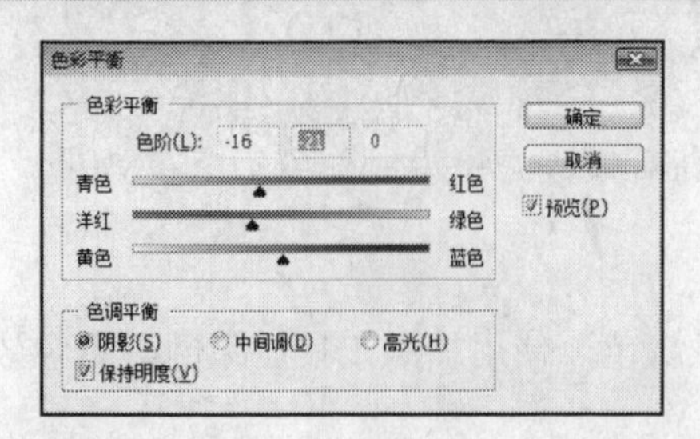

图3-76　调整阴影

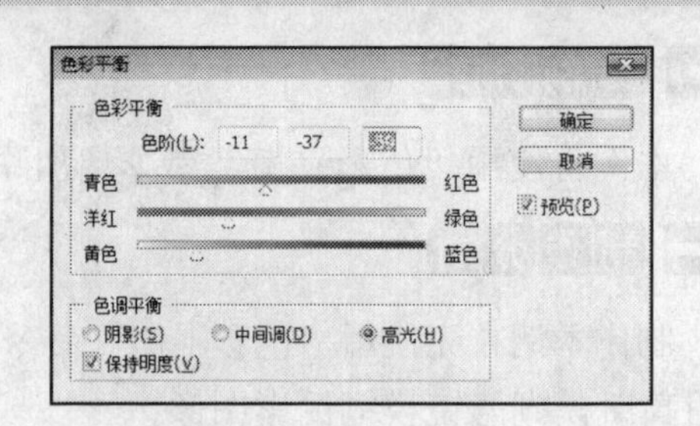

图3-77　调整高光

图3-78　调整效果

图3-79　加深图像

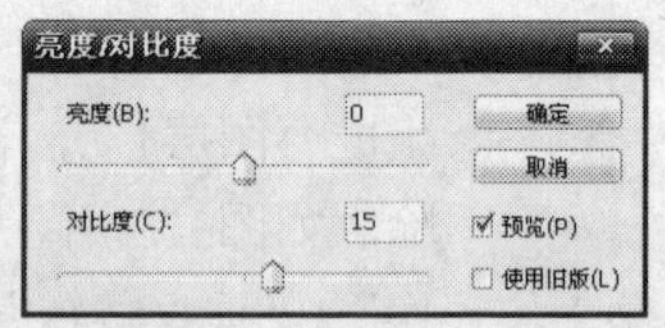

图3-80　调整亮度/对比度

Step 06 复制“图层1”，生成“图层1副本”，执行“滤镜”|“模糊”|“高斯模糊”命令，设置参数如图3-82所示，得到如图3-83所示效果。单击“添加图层蒙版”按钮，添加蒙版后再在蒙版中涂抹黑色，使山变得清晰一些，如图3-84所示。

图3-81　调整后的效果

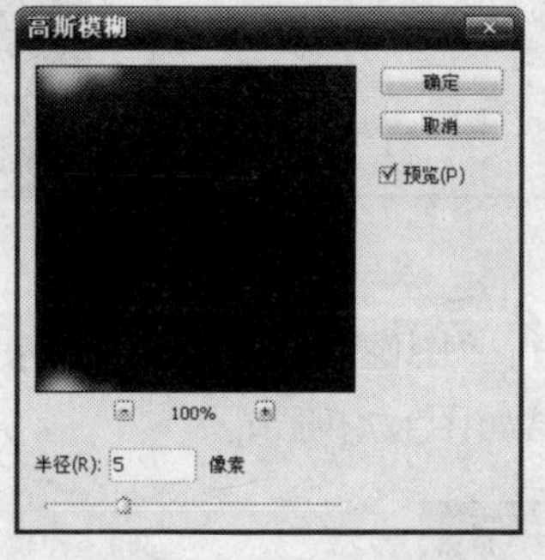

图3-82　高斯模糊参数

图3-83　模糊效果

Step 07 打开“月亮.jpg”素材（位置：素材\第3章\实例7），将月亮拖入“迷人的魔幻之夜.psd”文件中，将该图层的混合模式设置为“滤色”，效果如图3-85所示。再新建一层，选择工具箱中的“画笔工具”，在月亮外面涂抹，添加发光效果，效果如图3-86所示。

图3-84　图层蒙版效果

图3-85　添加月亮图像

图3-86　发光效果

Step 08 将月亮复制一个副本，执行“编辑”|“变换”|“垂直翻转”命令，并调整其位置，效果如图3-87所示。

Step 09 打开“云彩.jpg”素材（位置：素材\第3章\实例7），将云彩拖入“迷人的魔幻之夜.psd”文件中，将该图层的混合模式设置为“叠加”，不透明度设置为“30%”，效果如图3-88所示。

图3-87 复制月亮

图3-88 云彩效果

Step 10 选择工具箱中的“画笔工具”添加星光效果，制作出如图3-71所示的特殊效果。

知识总结

在本实例制作过程中，使用到加深工具以及画笔工具，在使用这两个工具时，注意调整画笔的大小及笔触，这样才能得到满意的图像效果。

黄金城堡 Example 08

实例效果

图3-89 黄金城堡

实例介绍

本例将使用颜色调整命令、自定形状工具以及画笔工具等，制作黄金效果的城堡图像。

制作分析

制作本实例时使用添加杂色滤镜和亮度/对比度命令制作背景效果，使用色彩平衡命令调整图像黄金效果，最后使用自定形状工具以及画笔工具制作装饰图像效果。

制作步骤

具体操作方法如下：

Step 01 按“Ctrl+N”键，新建一个文件。

Step 02 新建“图层1”，填充黑色（R：0，G：0，B：0），执行“滤镜”|“杂色”|“添加杂色”命令，设置参数如图3-90所示，得到如图3-91所示效果。

Step 03 执行“图像”|“调整”|“亮度/对比度”命令，设置参数如图3-92所示，得到如图3-93所示效果。

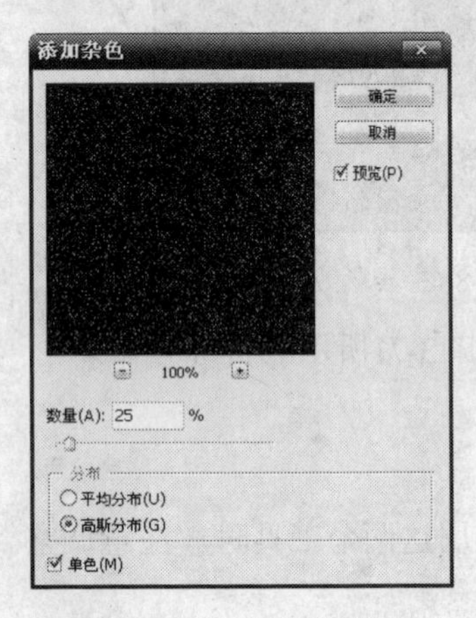

图3-90　添加杂色滤镜

图3-91　添加杂色效果

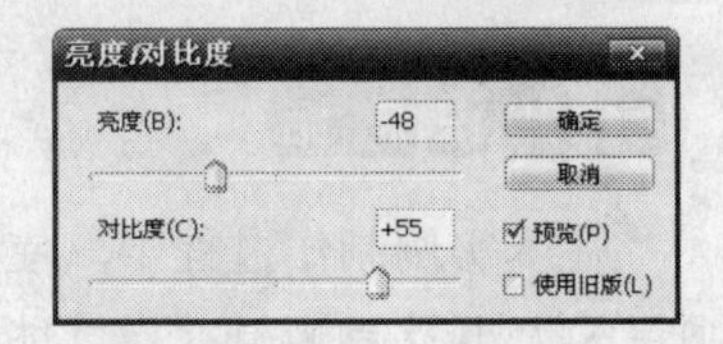

图3-92　调整亮度/对比度

Step 04 打开“建筑”素材（位置：素材\第3章\实例8），选择工具箱中的“移动工具”，将打开的文件拖入“黄金城堡.psd”文件中，生成“图层2”，如图3-94所示。

Step 05 执行“图像”|“调整”|“色彩平衡”命令，设置参数如图3-95至图3-97所示，得到如图3-98所示效果。

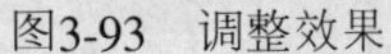

图3-93　调整效果

图3-94　添加图像

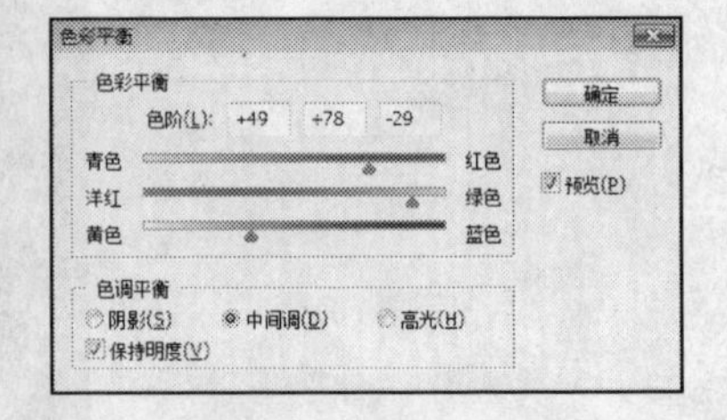

图3-95　设置中间调

Step 06 执行“图像”|“调整”|“色阶”命令，设置参数如图3-99所示，效果如图3-100所示。

Step 07 用相同的方法将其他的素材也放置在画面中，如图3-101所示。

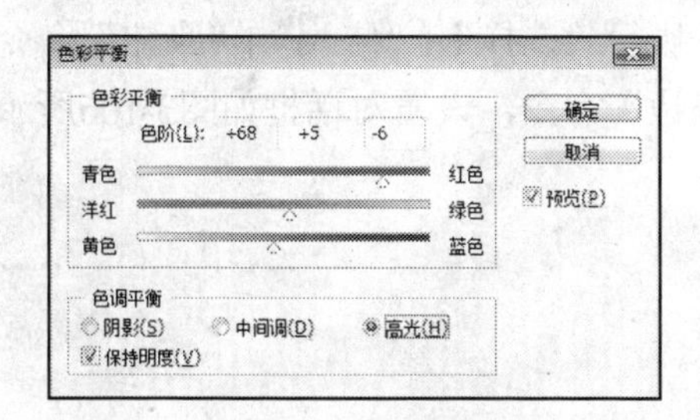

图3-96　设置高光

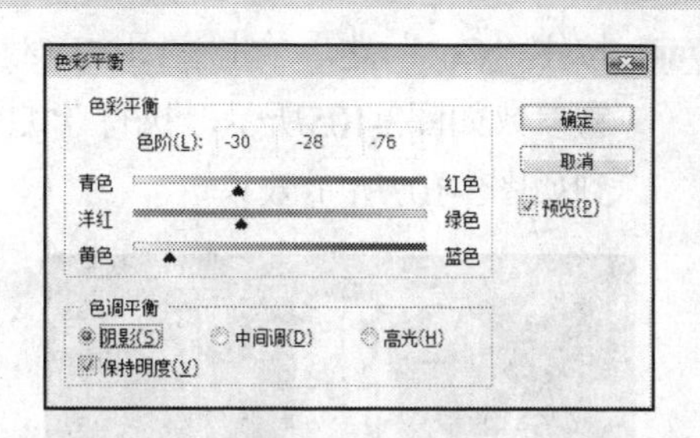

图3-97　设置阴影

图3-98　调整后的效果

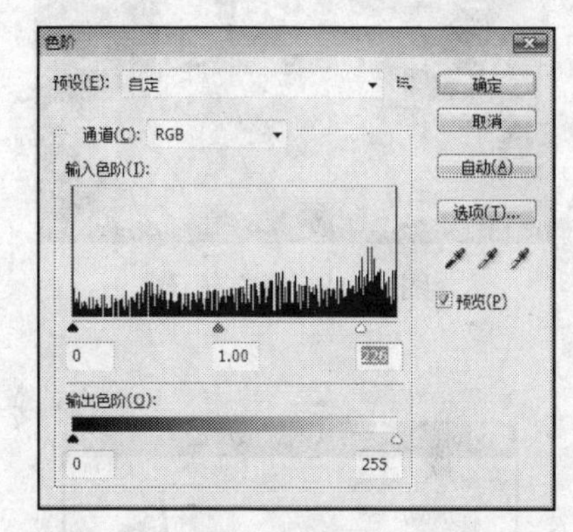

图3-99　调整色阶

Step 08 选择工具箱中的“自定形状工具”，设置工具属性栏如图3-102所示，创建路径，如图3-103所示。按“Ctrl+Enter”键转换为选区后，填充黄绿色（R：210，G：208，B：136），并将该图层的不透明度设置为“80%”，效果如图3-104所示。

图3-100　调整色阶后的效果

图3-101　放置效果

图3-103　创建路径

图3-102　设置自定形状工具

Step 09 按住“Ctrl”键，单击该图层，载入选区，执行“选择”|“修改”|“收缩”命令，设置参数如图3-105所示，执行“编辑”|“描边”命令，设置对话框如图3-106所示，得到如图3-107所示效果。

图3-104　填充颜色

图3-105　收缩选区

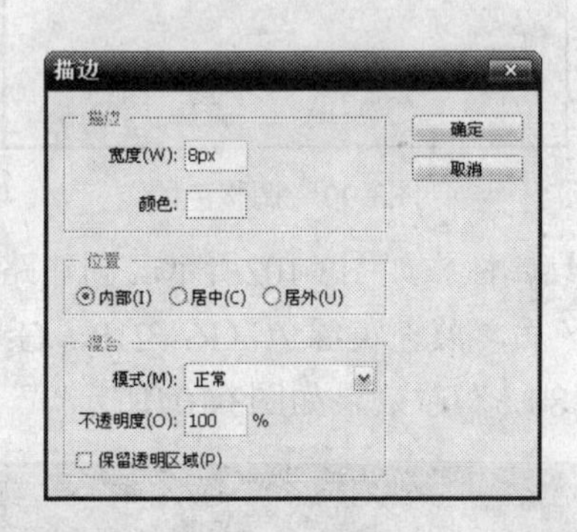

图3-106　描边参数

图3-107　描边效果

Step 10 单击“添加图层样式”按钮，参照如图3-108所示，添加“斜面和浮雕”样式，得到如图3-109所示效果。

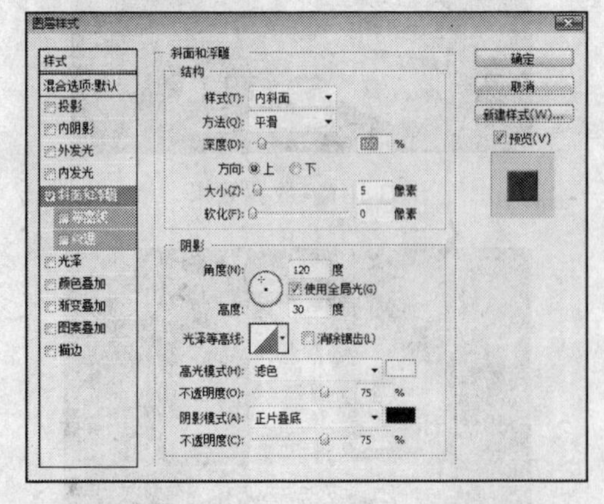

图3-108　斜面和浮雕参数

图3-109　样式效果

Step 11 选择“横排文字工具”，输入文字内容，并添加“斜面和浮雕”样式，得到的效果如图3-110所示。

Step 12 选择工具箱中的“画笔工具”，绘制效果如图3-89所示，完成本实例的制作。

图3-110 文字效果

知识总结

本实例使用“色彩平衡”命令调整图像黄金效果，注意在调整时，要根据不同的图像调整不同的参数，才能得到理想的颜色。

Chapter 04 蒙版应用实例

蒙版是Photoshop图像处理中非常强大的功能，常常用于抠图、图像边缘淡化效果、图层间的融合等情况。在蒙版的作用下，Photoshop中的各项调整功能才真正发挥到极致。

本章通过6个实例，重点给读者讲解在蒙版中调整与编辑图像的相关操作与技巧。

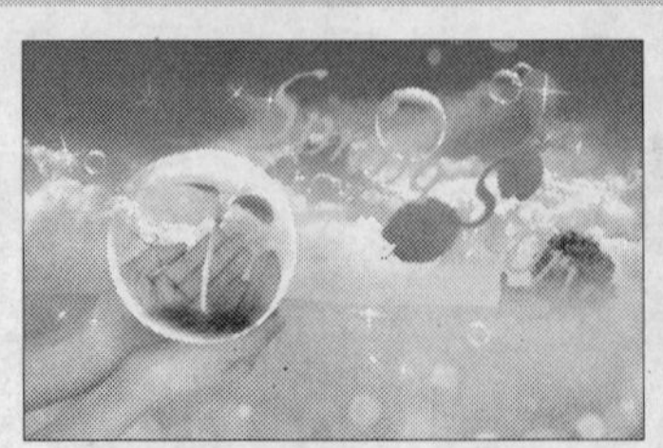

水晶球

Example 01

实例效果

图4-1 水晶球

实例介绍

本例主要运用磁性套索工具、“色阶”命令、球面化滤镜、图层蒙版以及图层混合模式制作水晶球效果。

制作分析

制作本例首先使用磁性套索工具选择球体，再使用“色阶”命令调整球体亮度，最后使用球面化滤镜、图层蒙版以及图层混合模式制作水晶球内部图像以及发光效果。

制作步骤

具体操作方法如下：

Step 01 执行“文件”|“打开”命令，打开文件名为“球体”的文件（位置：素材\第4章\实例1），效果如图4-2所示。

Step 02 选择“磁性套索工具”，设置属性栏参数如图4-3所示。

图4-2 “球体”素材

图4-3 设置“磁性套索工具”属性栏参数

Step 03 沿着球体拖动鼠标创建选区，如图4-4所示。按“Ctrl+J”组合键将选区图像复制并粘贴到新的“图层1”中。

Step 04 按“Ctrl+L”组合键弹出“色阶”对话框，调整参数如图4-5所示，效果如图4-6所示。

图4-4 创建选区

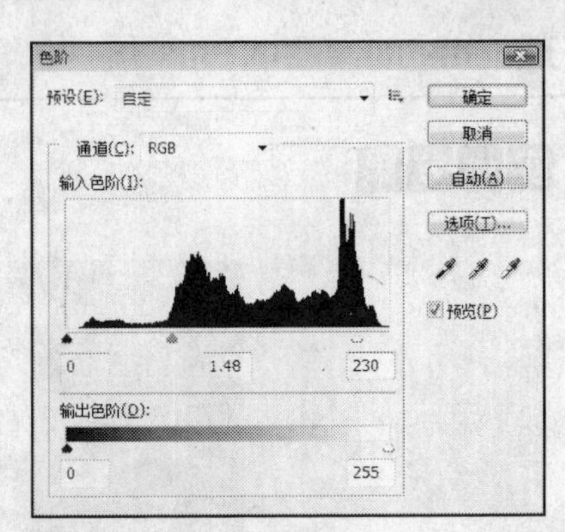

图4-5 调整色阶

Step 05 打开如图4-7所示的“蓝调”素材（位置：素材\第4章\实例1）。

图4-6 调整效果

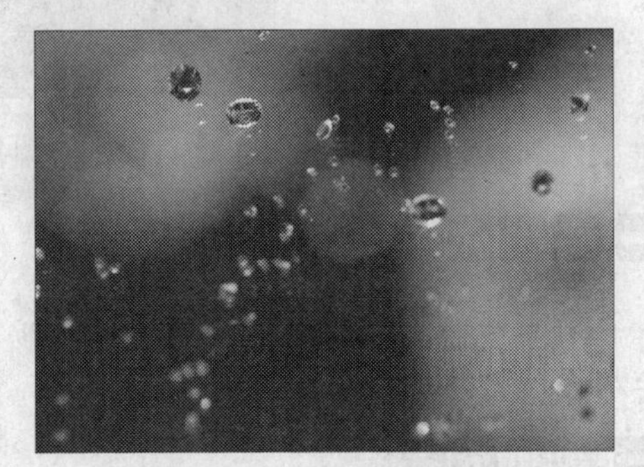

图4-7 “蓝调”素材

Step 06 选择“移动工具”将素材拖入当前工作区中，生成“图层2”，放置到如图4-8所示的位置。

Step 07 载入“图层1”选区，按“Shfit+Ctrl+I”组合键反选选区，按“Delete”键删除选区，效果如图4-9所示，然后按“Ctrl+D”组合键取消选区。

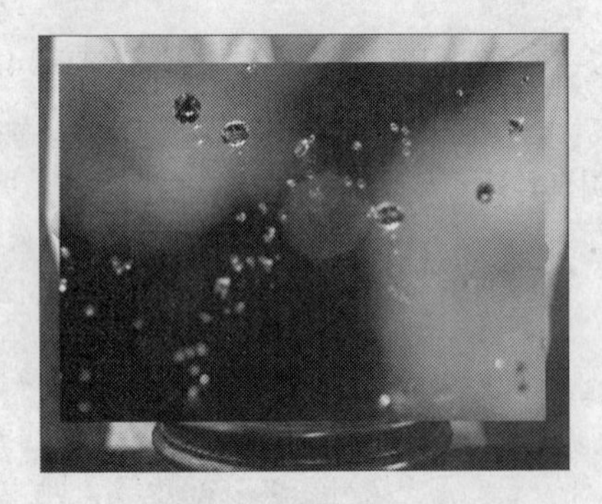

图4-8 添加图像

图4-9 删除选区图像

Step 08 将图层混合模式设置为“叠加”，效果如图4-10所示，再复制一个“图层2副本”图层，将图层不透明度调整为“75%”，效果如图4-11所示。

Step 09 打开如图4-12所示的“人物”素材（位置：素材\第4章\实例1），拖动到当前工作区中，生成“图层3”图层，载入“图层1”选区，反选选区并删除选区图像，得到如图4-13所示效果。

图4-10　叠加效果

图4-11　复制图像效果

图4-12　“人物”素材

图4-13　删除多余图像效果

Step 10 载入选区，执行“滤镜”|“扭曲”|“球面化”命令，设置参数如图4-14所示，效果如图4-15所示。

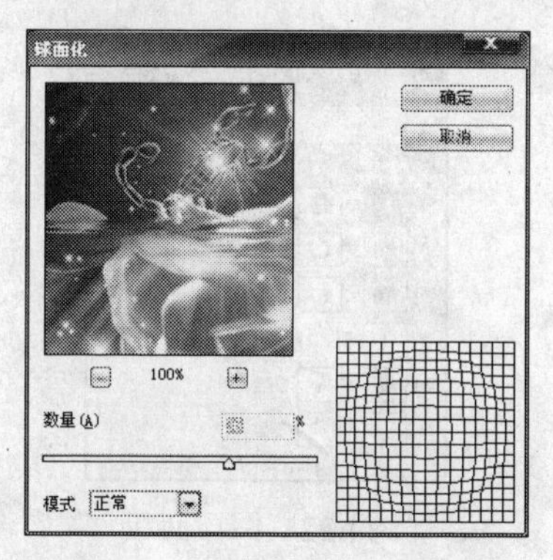

图4-14　设置球面化参数

图4-15　球面化效果

Step 11 将图层混合模式设置为“柔光”，再复制一个副本图层，效果如图4-16所示。

Step 12 选择“图层1”，单击图层面板下方的“添加图层蒙版”按钮，为图层添加图层蒙版，使用白色画笔工具在蒙版中擦去一些图像，图层面板如图4-17所示。

Step 13 用类似的方法为其他图层添加图层蒙版，在蒙版中用画笔工具进行绘制，图层面板如图4-18所示，图像效果如图4-19所示。

Step 14 打开如图4-20所示的“闪光”素材（位置：素材\第4章\实例1），拖入当前工作区中，产生“图层4”，将图层混合模式设置为“柔光”，效果如图4-21所示。

图4-16 柔光效果

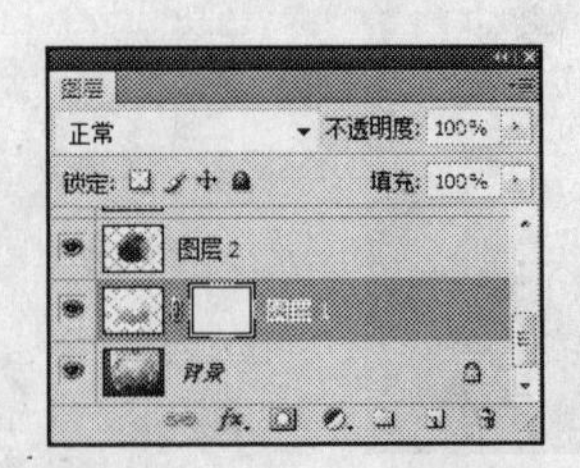

图4-17 添加图层蒙版

图4-18 图层面板

图4-19 图像效果

图4-20 “闪光”素材

Step 15 为图层添加图层蒙版，使用画笔工具在蒙版中将球体部分擦去，图层面板如图4-22所示，水晶球制作完成，最终效果如图4-1所示。

图4-21 柔光效果

图4-22 图层面板

知识总结

在本例的制作过程中运用到的球面化滤镜可使图像沿球形、圆管的表面凸起或凹下，形成三维效果。在使用该滤镜时，需要注意数量以及模式参数的设置。参数设置的不同，得到的效果也大不相同。

希望

Example 02

实例效果

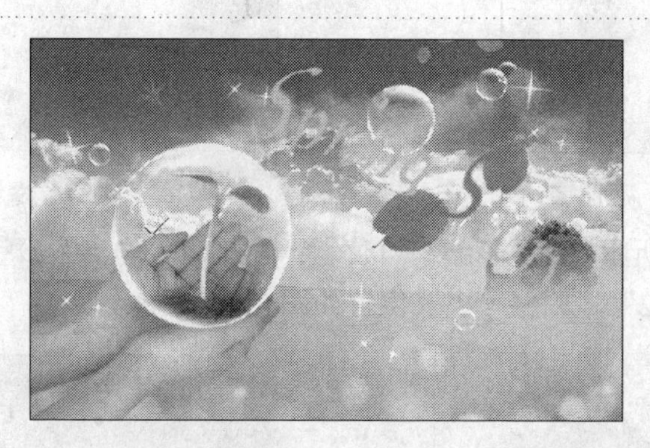

图4-23 希望

实例介绍

本例主要使用图层蒙版，图层的复制以及图像的自由变换制作图像效果。

制作分析

本例首先使用图层蒙版无痕组合两幅不同的图像，制作朦胧的背景效果，使用多次的图层复制以及图像的自由变换制作水珠和树叶旋转效果。

制作步骤

具体操作方法如下：

Step 01 按“Ctrl+N”组合键，打开两张名为“天空”和“色调”的素材（位置：素材\第4章\实例2），效果如图4-24所示和图4-25所示。

图4-24 “天空”素材

图4-25 “色调”素材

Step 02 使用“移动工具”将“色调”素材拖入“天空”素材中，图层面板新生成“图层1”，如图4-26所示。

Step 03 为“图层1”添加图层蒙版，用白色柔角画笔在蒙版上半部分绘制，得到如图4-27所示效果。

图4-26 新图层

图4-27 添加蒙版效果

Step 04 打开如图4-28所示的“手”素材（位置：素材\第4章\实例2），拖入当前工作区中，新生成“图层2”，调整大小及位置如图4-29所示。

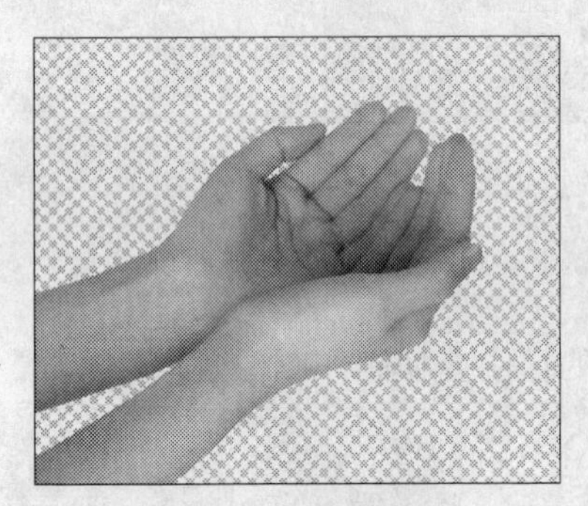

图4-28 “手”素材

图4-29 调整图像位置

Step 05 打开如图4-30所示的“小苗”素材（位置：素材\第4章\实例2），拖入当前工作区中，新生成“图层3”，调整大小及位置如图4-31所示。

图4-30 “小苗”素材

图4-31 调整图像位置

Step 06 为“图层3”添加图层蒙版，去除多余图像，得到如图4-32所示效果。

Step 07 打开如图4-33所示的“透明”素材（位置：素材\第4章\实例2），拖入当前工作区中，新生成“图层4”，将图层4拖至图层3之下，调整位置后效果如图4-34所示。

Step 08 将“图层4”复制多个副本图层，并分别调整大小及位置，得到如图4-35所示效果。

Step 09 打开如图4-36所示的“绿叶”素材（位置：素材\第4章\实例2）。

Step 10 将素材拖入当前工作区中，调整大小及位置如图4-37所示。

图4-32 图像效果

图4-33 “透明”素材

图4-34 调整图像位置

图4-35 水珠效果

图4-36 “绿叶”素材

图4-37 调整图像位置

Step 11 按“Ctrl+B”组合键弹出“色彩平衡”对话框，调整参数如图4-38所示。单击“确定”按钮，调整效果如图4-39所示。

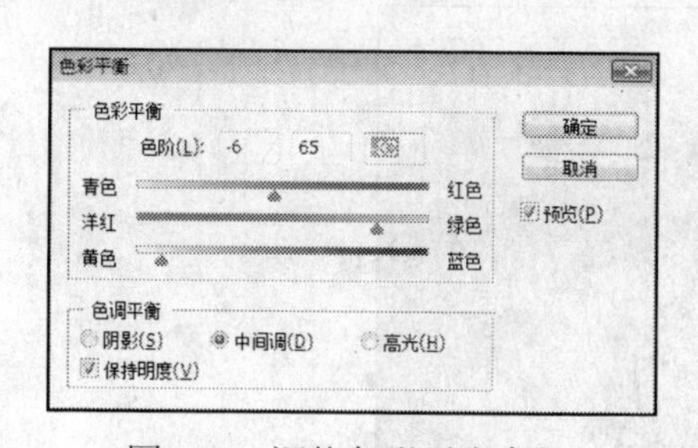

图4-38 调整色彩平衡参数

图4-39 调整效果

Step 12 将树叶复制一个副本，按“Ctrl+T”组合键打开自由变换调节框，将树叶等比例缩小，并旋转一定角度，调整效果如图4-40所示。

Step 13 按“Shfit+Ctrl+Alt+T”组合键多次复制并变换图像，得到如图4-41所示效果。

图4-40 变换树叶

图4-41 复制并变换效果

Step 14 使用白色画笔工具绘制出如图4-42所示的星光效果，最后为图像添加文字，最终效果如图4-23所示。

图4-42 绘制星光

知识总结

在本实例的操作过程中，使用到的“自由变换”命令，可以完成缩放、旋转、斜切以及扭曲图像的操作。

沙漠中的绿洲 Example 03

实例效果

图4-43 沙漠中的绿洲

实例介绍

本例主要使用“匹配颜色”命令，以及图层蒙版功能来制作沙漠中的绿洲效果。

制作分析

本例首先使用“匹配颜色”命令将两个不相同颜色的图像匹配接近颜色，再使用图层蒙版结合图像，达到整体自然的图像效果。

制作步骤

具体操作方法如下：

Step 01 按“Ctrl+O”组合键打开两幅分别为“草地”和“沙漠”的素材图像（位置：素材\第4章\实例3），如图4-44和图4-45所示。

图4-44 “草地”素材

图4-45 “沙漠”素材

Step 02 将图4-45所示图像拖至图4-44中，生成“图层1”，图层面板如图4-46所示。

Step 03 单击“背景”图层，执行“图像”|“调整”|“匹配颜色”命令，弹出对话框设置参数如图4-47所示。单击“确定”按钮，效果如图4-48所示。

图4-46 图层面板

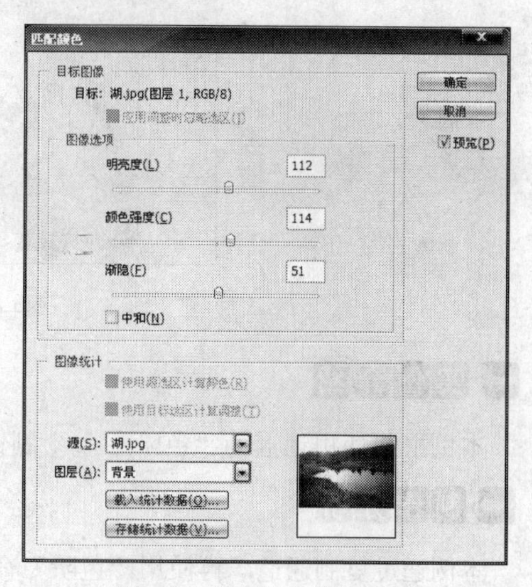

图4-47 设置匹配颜色参数

Step 04 单击图层面板下方的“添加图层蒙版”按钮，为“图层1”添加蒙版。

Step 05 选择“画笔工具”，设置前景色为黑色，选择一个较大的笔刷进行涂抹，图像合成完成，最终效果如图4-43所示。

图4-48 蒙版效果

知识总结

本例中使用的“匹配颜色”命令可以使多个图像文件、多个图层、多个色彩选区之间进行颜色匹配。使用该命令，注意将颜色模式设置为“RGB颜色”。

瓶中舞 Example 04

实例效果

图4-49 瓶中舞

实例介绍

本例主要使用通道、“色阶”命令制作瓶中舞效果。

制作分析

本例通过复制通道，再使用“色阶”命令调整通道图像，载入调整后的白色图像选区，抠取透明玻璃瓶，最后将人物、背景和透明的玻璃瓶结合完成瓶中舞效果。

制作步骤

具体操作方法如下：

Step 01 按“Ctrl+O”组合键打开“瓶子”素材图像（位置：素材\第4章\实例4），效果如图4-50所示。

Step 02 切换到通道面板，将“红”通道复制生成“红副本”通道，按“Ctrl+I”组合键反选图像，按住“Ctrl”键单击“红副本”通道，将其选区浮出，如图4-51所示。

Step 03 单击“RGB”通道，切换到图层面板，按“Ctrl+J”组合键将选区图像复制并粘贴到新的“图层1”中，隐藏“背景”图层，效果如图4-52所示。

图4-50 “瓶子”素材

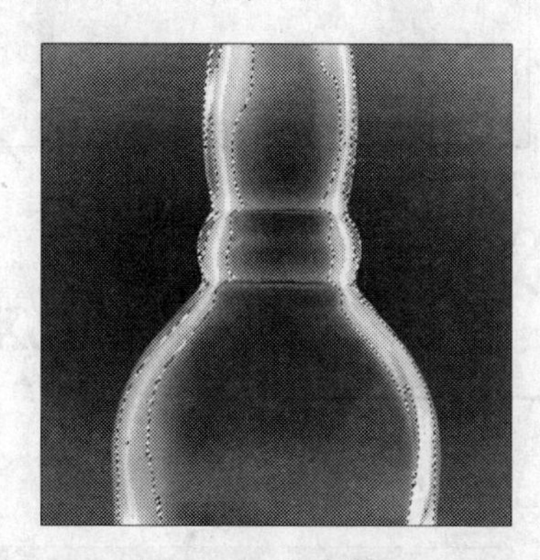

图4-51 载入选区

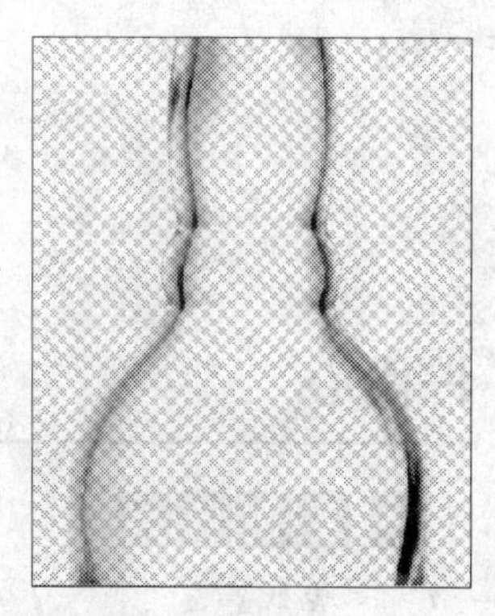

图4-52 “图层1”效果

Step 04 切换到通道面板，单击“红副本”通道，按“Ctrl+L”组合键弹出“色阶”对话框，调整参数如图4-53所示。

Step 05 载入“红副本”通道选区，如图4-54所示。切换到图层面板，显示“背景”图层，按“Ctrl+J”组合键将选区图像复制并粘贴到新的“图层2”中，将“图层1”和“图层2”合并为一层，合并后的图层命名为“酒瓶”。

Step 06 打开“海边”素材，将酒瓶拖入，调整大小及位置如图4-55所示。

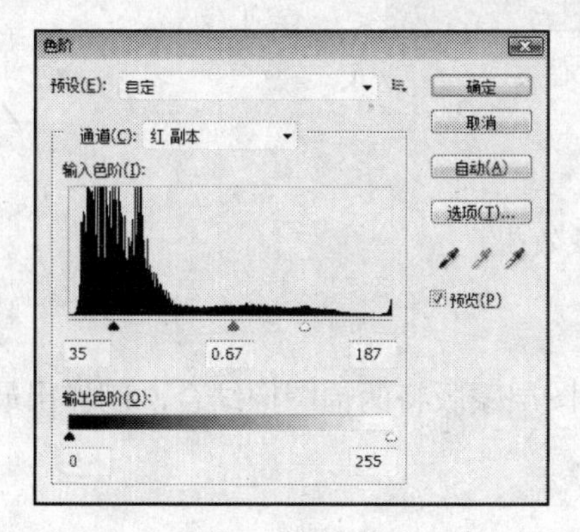

图4-53 调整色阶

图4-54 载入选区

Step 07 打开“跳舞”素材，拖入当前工作区，置于“背景”图层和“酒瓶”图层之间，添加蒙版，去除多余的图像，瓶中舞制作完成，最终效果如图4-49所示。

知识总结

在通道中抠取图像时，需要注意的是复制通道时要选择黑白图像分明的通道，这样才便于编辑通道图像，获取最终的图像区域。

图4-55 拖动酒瓶

柠檬心

Example 05

实例效果

图4-56 柠檬心

实例介绍

本例主要使用通道、图层蒙版制作柠檬心图像效果。

制作分析

本例使用通道获取心形透明图像效果，再使用图层蒙版将两幅图像结合，制作出最后的柠檬心图像效果。

制作步骤

具体操作方法如下：

Step 01 按“Ctrl+O”键，打开两张分别为“心”和“柠檬”的素材图片（位置：素材\第4章\实例5），如图4-57和图4-58所示。

Step 02 按“Ctrl+A”组合键将心形素材全选，按“Ctrl+C”组合键复制选区图像，单击柠檬图像文件，按“Ctrl+V”组合键粘贴图像，图层面板产生新的“图层1”，图层面板如图4-59所示。

Step 03 按“Ctrl+T”组合键将“图层1”旋转到如图4-60所示位置。

图4-57　“心”素材

图4-58　“柠檬”素材

Step 04 切换到通道面板，复制“红”通道，如图4-61所示，按“Ctrl+L”组合键弹出“色阶”对话框，调整参数如图4-62所示。

图4-59　新图层

图4-60　调整图像位置及大小

图4-61　复制通道

Step 05 按住“Ctrl”键单击“红副本”通道，获取如图4-63所示选区。

Step 06 保持选区不变，切换到图层面板，单击“添加图层蒙版”按钮，图层面板效果如图4-64所示。

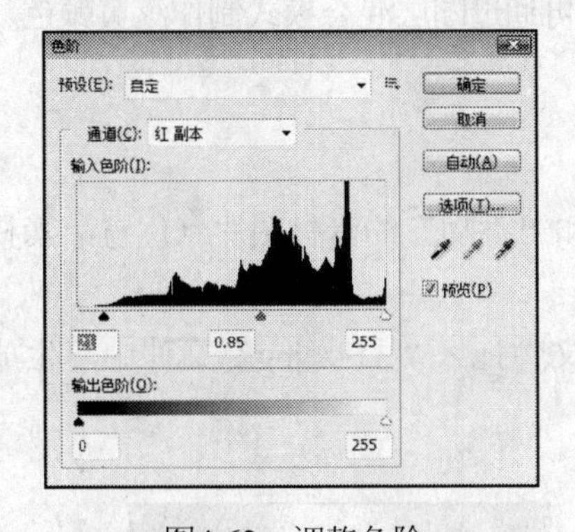

图4-62　调整色阶

图4-63　获取选区

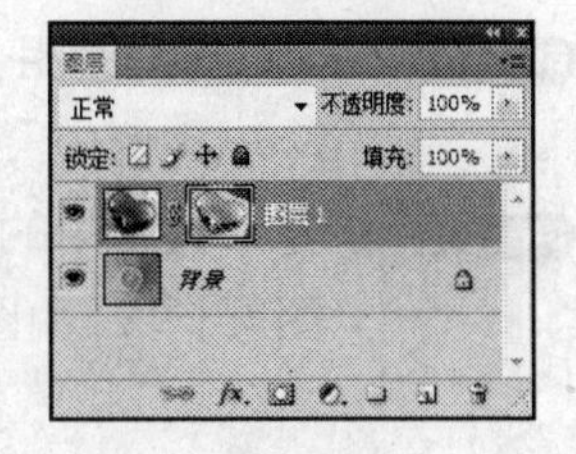

图4-64　添加图层蒙版

Step 07 添加蒙版后图像效果如图4-65所示。

Step 08 使用画笔工具编辑蒙版图像，柠檬心制作完成，最终效果如图4-56所示。

图4-65　添加蒙版效果

知识总结

在通道中，载入的选区是白色图像区域，因此利用通道抠取图像。编辑通道时，注意所要抠取的图像是什么颜色，如果是黑色，可以使用“反相”命令将图像反相后再进行编辑操作。

浪漫记忆 Example 06

实例效果

图4-66 浪漫记忆

实例介绍

本例主要运用图层蒙版、“去色”命令以及“添加杂色”命令制作浪漫记忆效果。

制作分析

本例首先为图层添加图层蒙版，结合两幅图像效果，使用“去色”命令制作黑白图像效果，使用“添加杂色”命令添加少许杂色，制作陈旧效果，再通过图层混合模式制作泛黄颜色。

制作步骤

具体操作方法如下：

Step 01 按“Ctrl+O”组合键，打开两张分别为“海边”和“香吻”的素材图片（位置：素材\第4章\实例6），如图4-67和图4-68所示。

Step 02 选择工具箱中的“移动工具”，将“海边.jpg”文件拖入“香吻.jpg”文件中，生成“图层1”，如图4-69所示。

图4-67 “海边”素材

图4-68 “香吻”素材

Step 03 选择“图层1”，单击“添加图层蒙版”按钮，选择工具箱中的“渐变工具”，在蒙版中填充渐变色，如图4-70所示，得到的效果如图4-71所示。

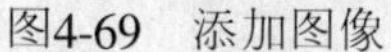

图4-69　添加图像

图4-70　添加图层蒙版

图4-71　添加蒙版后的效果

Step 04 按“Ctrl+E”键，将两个图层合并，执行“图像”|“调整”|“去色”命令，得到如图4-72所示效果。

Step 05 执行“滤镜”|“杂色”|“添加杂色”命令，设置参数如图4-73所示，得到如图4-74所示效果。

图4-72　去色效果

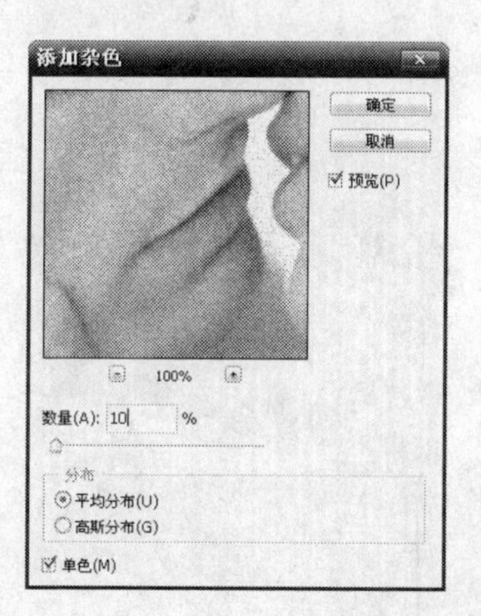

图4-73　添加杂色滤镜

图4-74　杂色效果

Step 06 新建“图层2”，填充桔黄色（R：228，G：175，B：84），将该图层的混合模式设置为“正片叠底”，效果如图4-75所示。

Step 07 选择工具箱中的“横排文字工具”，输入相关文字内容，完成“浪漫记忆”实例的制作。最终效果如图4-66所示。

图4-75　添加颜色

知识总结

本实例中运用到的杂色滤镜，可以在图像上添加随机像素，以添加杂色。使用该滤镜时，设置杂色的数量越大效果越明显；设置杂色的分布方式时，选择“平均分布”则颜色杂点统一平均分布；选择“高斯分布”则颜色杂点按高斯曲线分布；设置单色复选框，决定是否添加单色色素，杂点只影响原图像像素的亮度而不改变其颜色。

Chapter 05 通道应用实例

也许对于初学者，通道的运用很神秘，当完全理解通道的真正作用后，才知道通道在图像处理中的运用是多么方便。

本章通过6个实例，重点给读者讲解Photoshop CS4中通道的具体运用方法及技巧。

01 斑斓纹理
02 烟
03 美女森林
04 美女灯炮
05 透视光晕效果
06 残损边缘

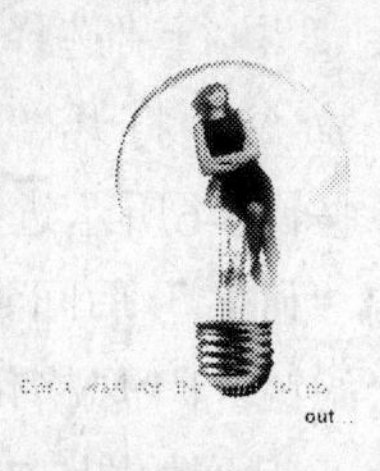

斑斓纹理 Example 01

实例效果

图5-1 斑斓纹理

实例介绍

本例主要使用染色玻璃滤镜、通道以及风格化滤镜制作斑斓纹理效果。

制作分析

在本实例的制作过程中，首先使用染色玻璃滤镜制作网状效果，再载入通道选区，获取白色图像区域后扩展选区，利用查找边缘滤镜制作选区的边缘效果，最后通过渐变填充制作特殊图像颜色。

制作步骤

具体操作方法如下：

Step 01 执行“文件”|“打开”命令，弹出“打开”对话框，打开文件名为“礼品”的文件（位置：素材\第5章\实例1），效果如图5-2所示。

图5-2 “礼品”素材

Step 02 按“Ctrl+J”组合键，将“背景”层复制一层，执行“滤镜”|“纹理”|“染色玻璃”命令，设置参数如图5-3所示，单击“确定”，得到如图5-4所示效果。

Step 03 切换到通道面板，按住“Ctrl”键单击“蓝”通道，载入通道选区，如图5-5所示，执行“选择”|“修改”|“扩展”命令，打开“扩展选区”对话框，按图5-6所示进行设置。

Step 04 单击“确定”后回到图层面板，再执行“滤镜”|“风格化”|“查找边缘”命令，得到如图5-7所示效果。

Step 05 新建“图层2”，选择工具箱中的“渐变工具”，设置属性栏如图5-8所示，在画面中从左到右拖动鼠标，填充渐变色，并将“图层2”的图层混合模式设置为“叠加”，如图5-9所示。最终效果如图5-1所示。

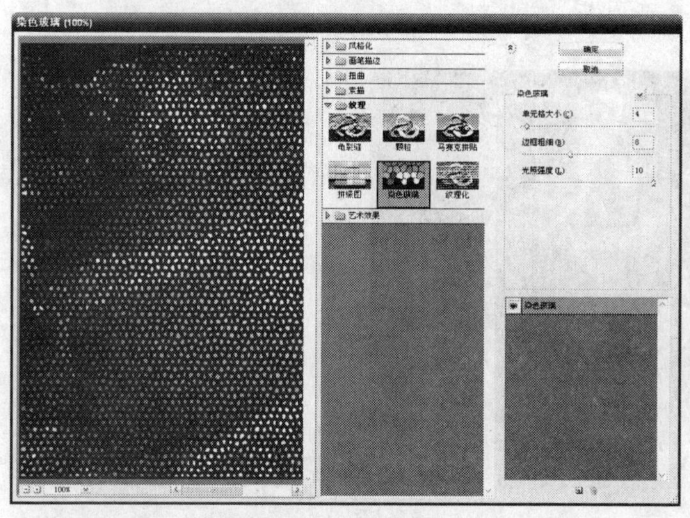

图5-3　染色玻璃滤镜

图5-4　染色玻璃效果

图5-5　载入选区

图5-6　扩展选区

图5-7　查找边缘效果

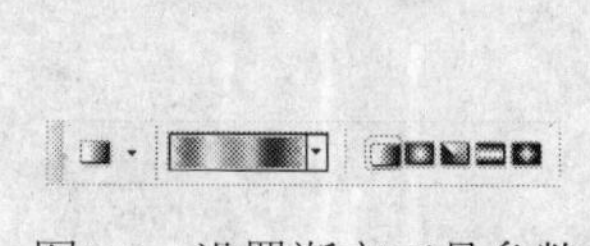

图5-8　设置渐变工具参数

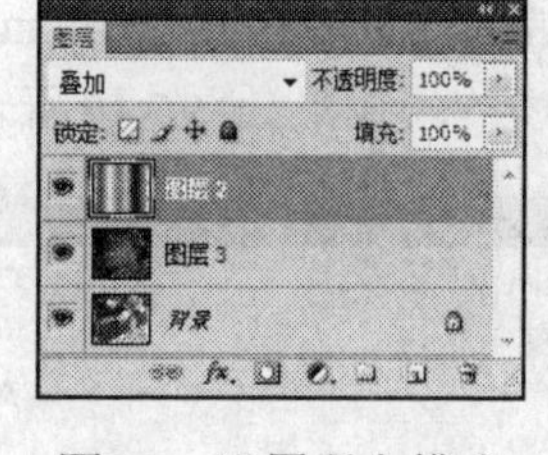

图5-9　设置混合模式

知识总结

本例中使用到的染色玻璃滤镜，可以将图像重绘，并且用前景色勾画单色的相邻单元格，在使用本滤镜过程中，注意设置“单元格大小”参数以及“边框粗细”参数。

烟

Example 02

实例效果

图5-10　烟

实例介绍

本例主要运用通道、高斯模糊滤镜、涂抹工具制作烟效果。

制作分析

制作本例首先新建通道，在通道中绘制图形后，使用高斯模糊滤镜以及涂抹工具制作烟雾效果，再到图层面板中制作背景色效果，载入通道选区，并填充白色，得到最终的烟效果。

制作步骤

具体操作方法如下：

Step 01 执行“文件”|“新建”命令，弹出“新建”对话框，设置参数如图5-11所示。

Step 02 在通道面板中新建“Alpha1”通道，选择工具箱中的“画笔工具”在通道中绘制白色的线条，效果如图5-12所示。

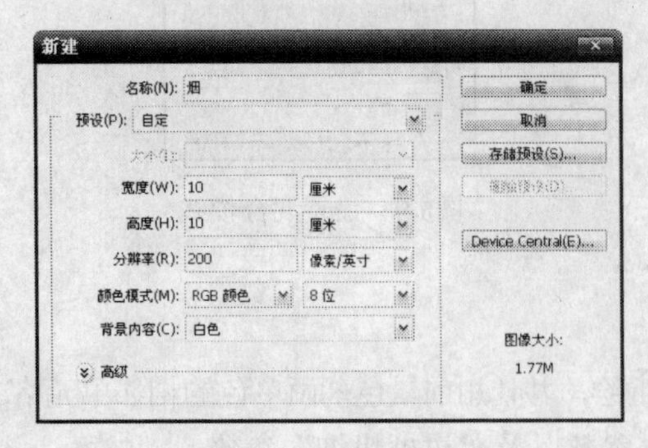

图5-11　新建文件

图5-12　绘制白色线条

Step 03 执行“滤镜”|“模糊”|“高斯模糊”命令，设置参数如图5-13所示，效果如图5-14所示。

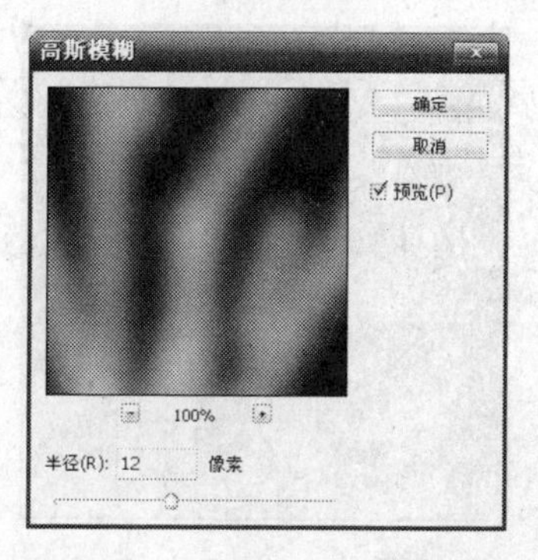

图5-13　“高斯模糊”对话框

图5-14　滤镜效果

Step 04 选择工具箱中的“涂抹工具”，设置属性栏如图5-15所示，在通道中涂抹，得到如图5-16所示效果。

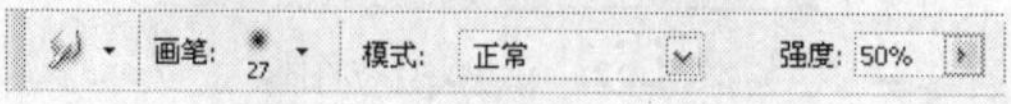

画笔: 27　模式: 正常　强度: 50%

图5-15　设置涂抹工具参数

图5-16　涂抹效果

Step 05 继续选择“涂抹工具”，将图形涂抹至如图5-17所示效果。

Step 06 切换到图层面板，选择工具箱中的“渐变工具”，设置渐变色从黑色到黑绿青到浅灰色，填充渐变色，效果如图5-18所示。

Step 07 执行“滤镜”|“杂色”|“添加杂色”命令，设置参数如图5-19所示，得到如图5-20所示效果。

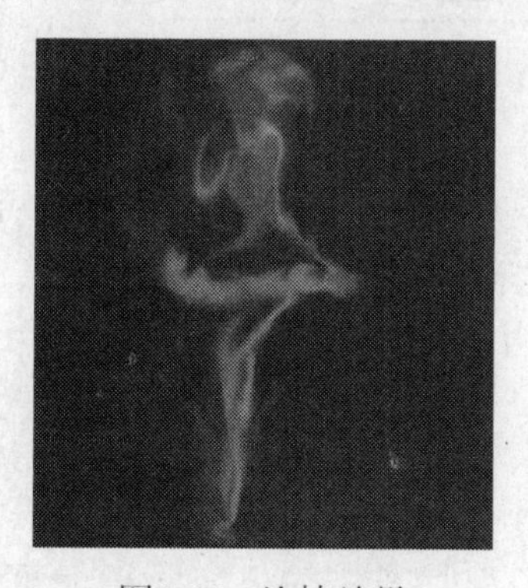

图5-17　涂抹效果

图5-18　填充渐变色

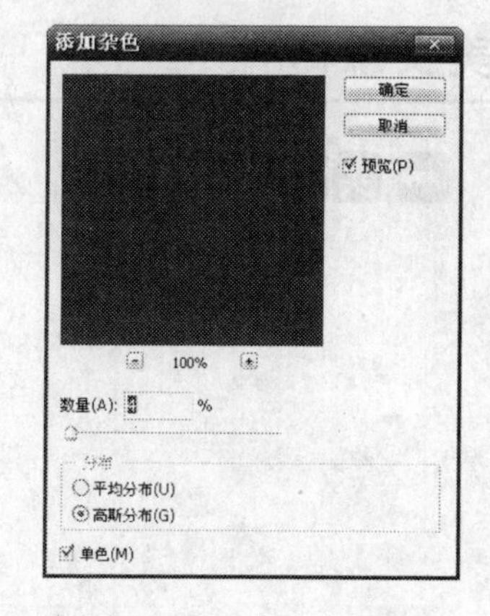

图5-19　添加杂色滤镜

Step 08 按住“Ctrl”键单击“Alpha1”通道，载入选区，新建“图层1”，填充白色（R: 255，G: 255，B: 255），效果如图5-21所示。

Step 09 将“图层1”复制几个，使其颜色增强一些，效果如图5-22所示。

Step 10 打开“香烟.jpg”文件，拖入“烟.psd”文件中，效果如图5-23所示。

图5-20 滤镜效果

图5-21 填充白色

图5-22 图像效果

图5-23 添加相应图像

Step 11 添加上文字，图像最终效果如图5-10所示。

知识总结

本例运用“涂抹工具”涂抹出烟雾效果，“涂抹工具”可以模拟在未干的画布上拖动手指的效果，该工具以鼠标单击位置的颜色为初始颜色，然后沿拖动鼠标的方向扩张。

美女森林 Example 03

实例效果

图5-24 美女森林

实例介绍

本例主要使用“色彩平衡”命令、通道、“曲线”命令、塑料包装滤镜以及画笔工具制作美女森林效果。

制作分析

本例首先使用“色彩平衡”命令调整背景图像颜色，再通过调整通道图像的颜色，去除多余图像，使用塑料包装滤镜突出人物高光效果，最后使用画笔工具添加星光与天使效果。

制作步骤

具体操作方法如下：

Step 01 执行“文件”|“打开”命令，弹出“打开”对话框，打开文件名为“森林”的文件（位置：素材\第5章\实例3），效果如图5-25所示。

Step 02 按“Ctrl+J”组合键复制生成“图层1”，按“Ctrl+B”组合键，在弹出的对话框中设置参数如图5-26所示，单击“确定”按钮。

图5-25 “森林”素材

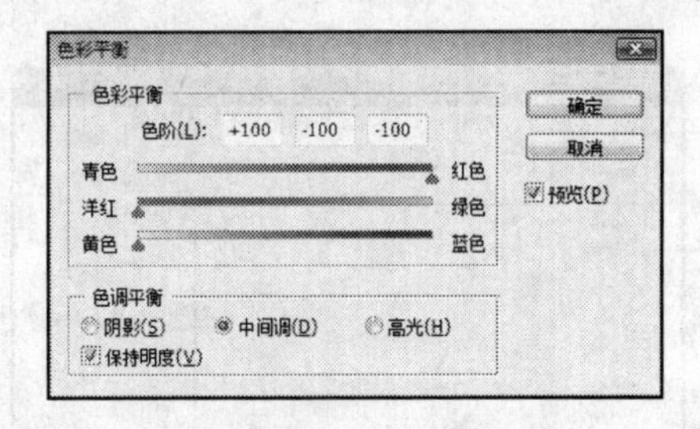

图5-26 调整色彩平衡

Step 03 再次按“Ctrl+B”组合键，在弹出的对话框中设置参数如图5-27所示。单击“确定”按钮，得到如图5-28所示效果。

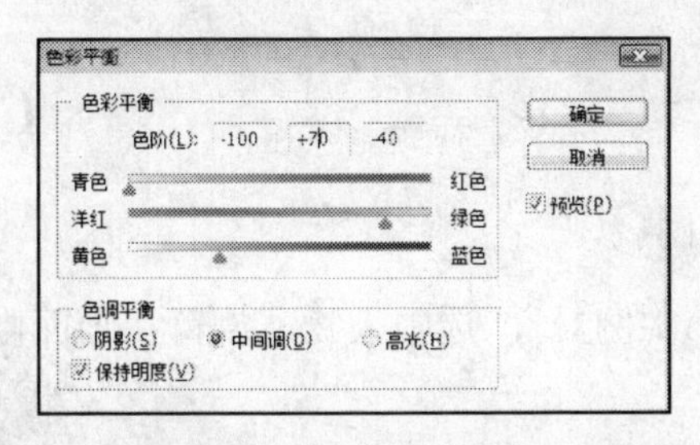

图5-27 调整色彩平衡

图5-28 色彩平衡效果

Step 04 按“Ctrl+Shift+Alt+E”组合键，将图像盖印到“图层1”中，切换到“通道”面板，复制“蓝”通道，生成“蓝副本”通道，执行“图像”|“调整”|“色阶”命令，设置参数如图5-29所示，得到如图5-30所示效果。

Step 05 按住“Ctrl”键单击“蓝副本”通道，载入选区，切换到图层面板，单击“添加图层蒙版”按钮，得到如图5-31所示效果。

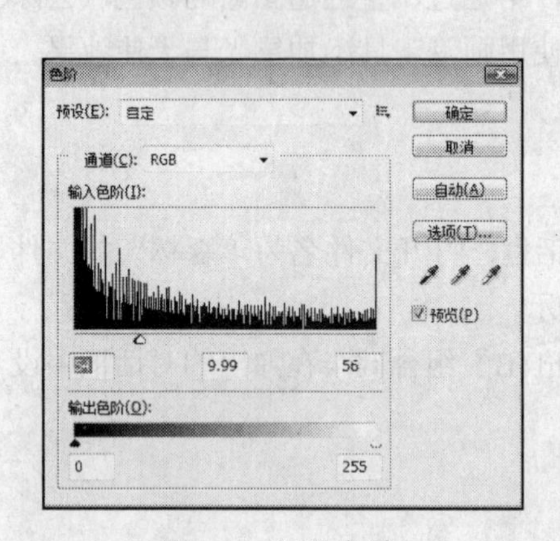

图5-29 调整色阶

图5-30 调整效果

图5-31 添加蒙版效果

Step 06 执行“图像”|“调整”|“曲线”命令，设置参数如图5-32所示，得到如图5-33所示效果。

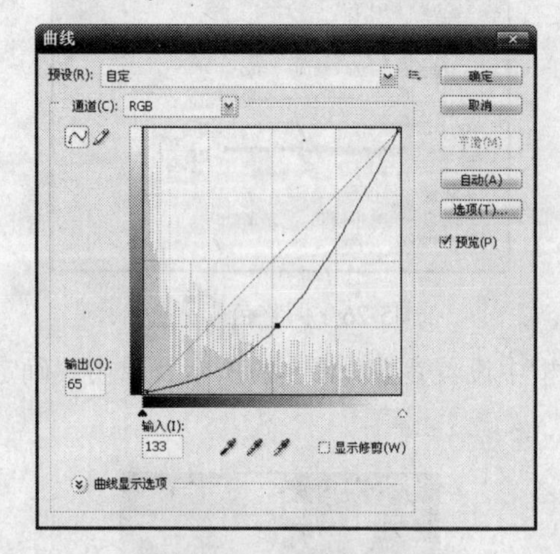

图5-32 调整曲线

图5-33 调整效果

Step 07 选择工具箱中的“渐变工具”，设置属性栏如图5-34所示，新建一层，填充渐变色，得到如图5-35所示效果。

图5-34 设置渐变工具参数

Step 08 打开“美女.jpg”素材（位置：素材\第5章\实例3），选中人物，放置在画面中，得到如图5-36所示效果。

Step 09 将人物复制一个，执行“滤镜”|“艺术效果”|“塑料效果”命令，得到如图5-37所示效果。

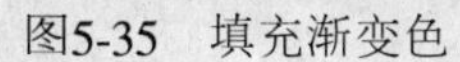

图5-35　填充渐变色

图5-36　添加图像

图5-37　塑料效果滤镜

Step 10 切换到通道面板，复制“蓝”通道，生成“蓝副本2”通道，执行“图像”|“调整”|“色阶”命令，设置参数如图5-38所示，得到如图5-39所示效果。

Step 11 按住“Ctrl”键单击“蓝副本2”通道，载入选区，返回图层面板，暂时隐藏添加了滤镜效果的人物，单击“创建新的填充或调整图层”按钮，选择“曲线”命令，如图5-40所示进行调整，调整后得到如图5-41所示效果。

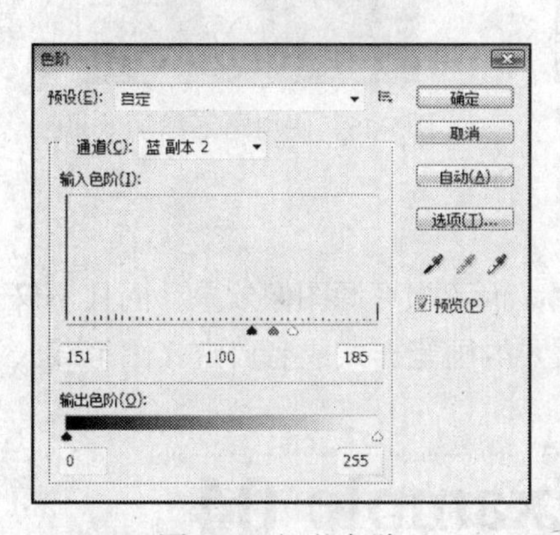

图5-38　调整色阶

图5-39　调整效果

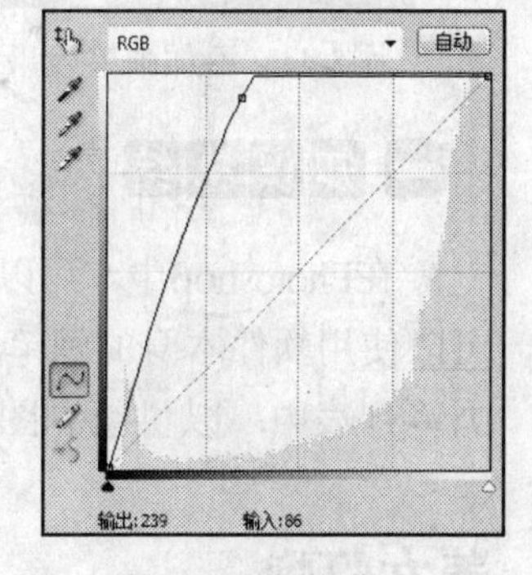

图5-40　调整曲线

Step 12 打开“火.jpg”素材（位置：素材\第5章\实例3），将其放置在画面中，并将图层混合模式设置为“变亮”，得到如图5-42所示效果。

Step 13 在工具箱中选择“画笔工具”，在火上添加画笔效果，如图5-43所示。

Step 14 在工具箱中选择“画笔工具”，将前景色设置为绿灰色（R：153，G：210，B：206），添加画笔效果如图5-44所示。

Step 15 打开“精灵.jpg”素材（位置：素材\第5章\实例3），添加在画面中，如图5-45所示。

Step 16 新建图层，选择“画笔工具”在画面中添加各种画笔，得到如图5-46所示效果。

图5-41　调整曲线效果

图5-42　添加火图像

图5-43　添加画笔效果

图5-44　添加画笔效果

图5-45　添加精灵

图5-46　使用画笔添加效果

知识总结

在Photoshop中，可以通过通道载入图像选区进行编辑，而不损坏源图像效果。而且不仅可以使用软件本身的画笔样式，还可以在网上下载一些需要的画笔样式或者自定义画笔载入画笔列表中，以供绘制图像时使用。

美女灯炮 Example 04

实例效果

图5-47　美女灯炮

实例介绍

本例使用“色阶”命令、球面化滤镜制作美女灯炮效果。

制作分析

本例主要使用“椭圆选框工具”选择需要编辑的图像，再使用球面化滤镜制作出图像球面化效果，最后使用蒙版隐藏多余图像。

制作步骤

具体操作方法如下：

Step 01 执行“文件”|“新建”命令，弹出“新建”对话框，设置参数如图5-48所示。

Step 02 执行“文件”|“打开”命令，弹出“打开”对话框，打开文件名为“灯泡.jpg”的文件（位置：素材\第5章\实例4），效果如图5-49所示。

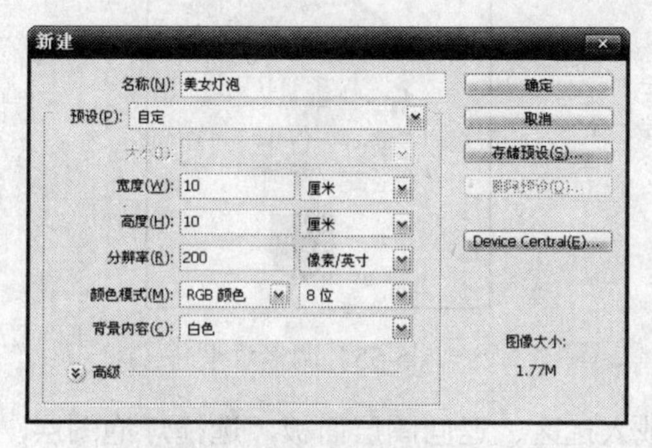

图5-48　新建文件

图5-49　“灯泡”素材

Step 03 打开“人物.jpg”文件（位置：素材\第5章\实例4），拖入“美女灯泡.jpg”文件中，调整大小，效果如图5-50所示。

Step 04 选择工具箱中的“椭圆选框”工具，创建选区，如图5-51所示。

图5-50　添加图像

图5-51　创建选区

Step 05 执行“滤镜”|“扭曲”|“球面化”命令，设置参数如图5-52所示，得到如图5-53所示效果。

Step 06 将人物图层隐藏，切换到通道面板，复制“红”通道，生成“红副本”通道，执行“图像”|“调整”|“色阶”命令，设置参数如图5-54所示，得到如图5-55所示效果。

图5-52 球面化滤镜

图5-53 滤镜效果

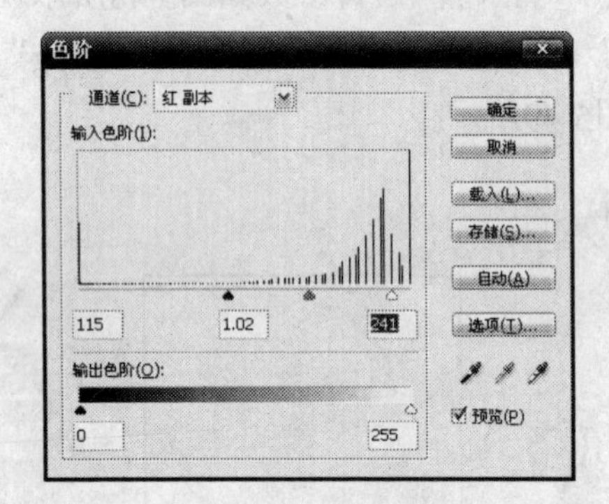

图5-54 调整色阶

图5-55 调整效果

Step 07 按住“Ctrl”键单击“红副本”通道，载入选区。返回图层面板，选择灯泡图层，按“Ctrl+J”组合键，将选区中的图像复制到新图层中，将该图层放置在最上面，得到如图5-56所示效果。

Step 08 选择工具箱中的“橡皮擦工具”，将人物身上的灯芯擦除，得到如图5-57所示效果。

图5-56 复制图像

图5-57 擦除图像

Step 09 添加文字和黑色的线条，完成实例的制作，最终效果如图5-47所示。

知识总结

本例使用到的球面化滤镜通过将选定范围包在球面上来扭曲图像。并且可以伸展图像以适合所选曲线，为对象制作三维效果。“球面化”对话框中的“数量”选项，用于调整图像不同的球面化程度，数值越大球面化程度越明显，当数值为负数时，图像向内凹陷。

透视光晕效果　Example 05

实例效果

图5-58　透视光晕效果

实例介绍

本例通过多种调色命令、复制通道以及动感模糊滤镜制作透视光晕效果。

制作分析

本例首先在通道中选择颜色比较细腻、层次感丰富的通道进行复制，再使用“色阶”命令调整色阶，去除背景多余图像，将图像反相，然后复制通道并粘贴通道，得到特殊颜色，最后使用动感模糊滤镜制作光晕效果。

制作步骤

具体操作方法如下：

Step 01 执行“文件”|“打开”命令，弹出“打开”对话框，打开文件名为“酒瓶”的文件（位置：素材\第5章\实例5），效果如图5-59所示。

Step 02 切换到通道面板，分别查看“红、绿、蓝”3个通道，可以看到“绿”通道中两个瓶子的颜色比较细腻，层次感丰富，灰度色调平衡，复制“绿”通道，如图5-60所示。

行家提示

在彩色模式下看到的不同颜色，是其他通道灰度含量不同而导致的，加深或减淡通道，都会影响到图片的色彩。

图5-59　“酒瓶”素材

图5-60　“绿”通道效果

Step 03 为了去掉背景不需要的图像元素，执行“图像”|“调整”|“色阶”命令，调整参数如图5-61所示。单击“确定”按钮，得到如图5-62所示的图像。

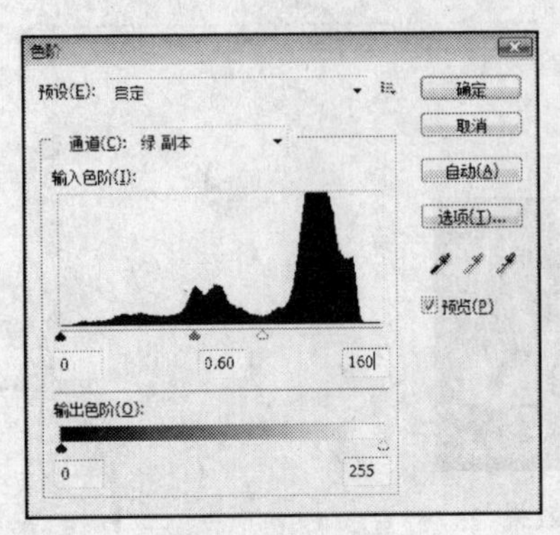

图5-61　调整色阶

图5-62　调整效果

Step 04 执行“图像”|“调整”|“曲线”命令，调整曲线形状大致如图5-63所示，单击“确定”按钮，得到如图5-64所示的高对比度、背景干净的图像。

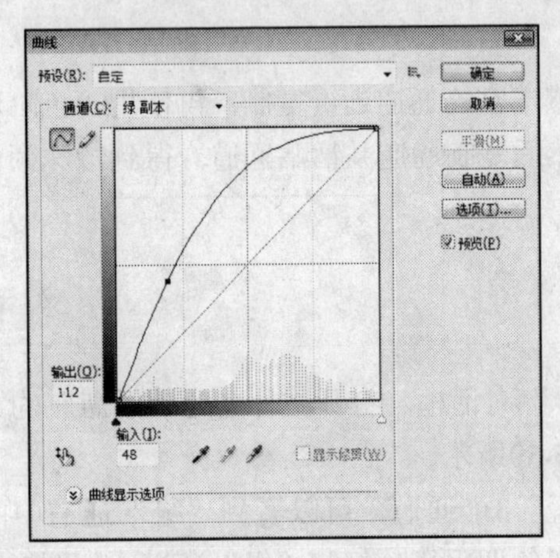

图5-63　调整曲线

图5-64　调整效果

Step 05 由于最终发光瓶子的玻璃体部分应该是透视的，但经过前面步骤处理的通道图像，瓶子中央的玻璃体部分依然存在一些淡灰色痕迹。使用工具箱中的“减淡工具”，将图像中的瓶子中央的玻璃部分进行一定的“减淡”处理，得到如图5-65所示的效果。

行家提示

“减淡”处理的程度不同，得到的最终效果在边缘和光晕上会存在一些差异，本例效果仅作为参考。

Step 06 按“Ctrl+I”组合键反相图像，效果如图5-66所示。

Step 07 执行“图像”|“调整”|“亮度/对比度”命令，设置参数如图5-67所示。单击“确定”按钮，得到如图5-68所示的效果。

Step 08 按“Ctrl+A”组合键全选图像，按“Ctrl+C”组合键复制图像，选择通道面板中的“绿”和“蓝”通道，按“Ctrl+V”组合键将“绿副本”通道粘贴到“绿”通道和“蓝”通道中，通道面板如图5-69所示，得到如图5-70所示的透视的青色边缘图像效果。

图5-65 减淡效果

图5-66 反相效果

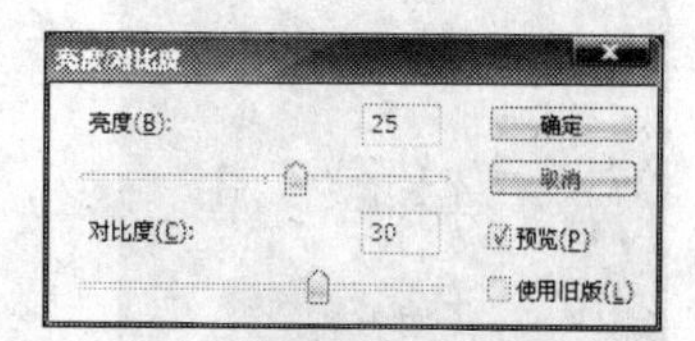

图5-67 设置亮度/对比度参数

行家提示

一定要将“绿副本”通道都复制到“绿”和“蓝”两个通道上，否则得不到最终的效果。

图5-68 调整效果

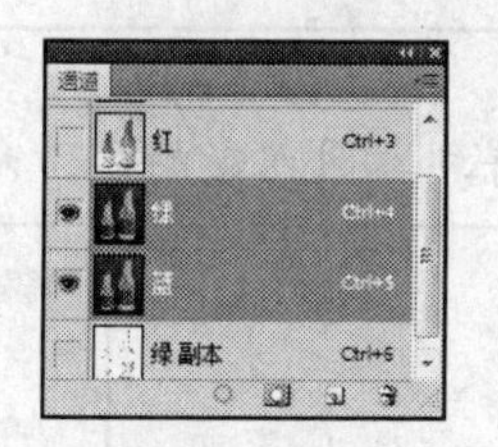

图5-69 粘贴复制的通道

图5-70 透视的青色边缘图像

Step 09 按“Ctrl+A”组合键将当前图像完全选中，按“Ctrl+Shift+C”组合键复制当前可见的所有图像元素。回到图层面板，按“Ctrl+V”组合键粘贴生成一个新图层，如图5-71所示。复制该图层，生成“图层1副本”，将副本图层的混合模式设置为“滤色”，如图5-72所示。

Step 10 执行“滤镜”|“模糊”|“动感模糊”命令，打开“动感模糊”对话框，设置参数如图5-73所示，效果如图5-74所示。

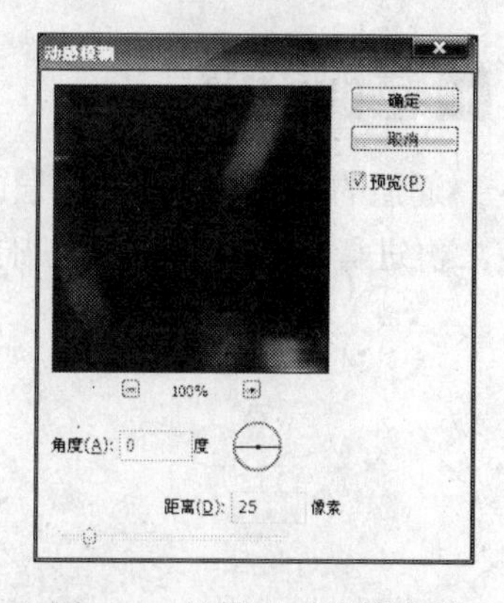

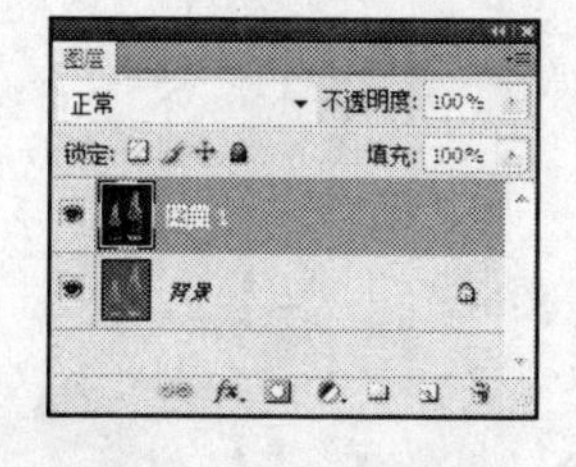

图5-71 粘贴生成新图层

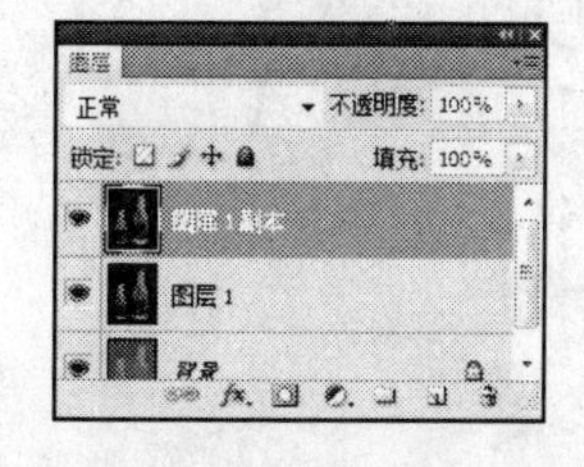

图5-72 设置图层混合模式

图5-73 设置动感模糊参数

Step 11 执行“滤镜”|“模糊”|“高斯模糊”命令，设置参数如图5-75所示。

Step 12 执行“图像”|“调整”|“亮度/对比度”命令，调整参数如图5-76所示。单击“确定”按钮，得到如图5-77所示的透视光晕图像效果。

图5-74 模糊效果

图5-75 调整高斯模糊参数

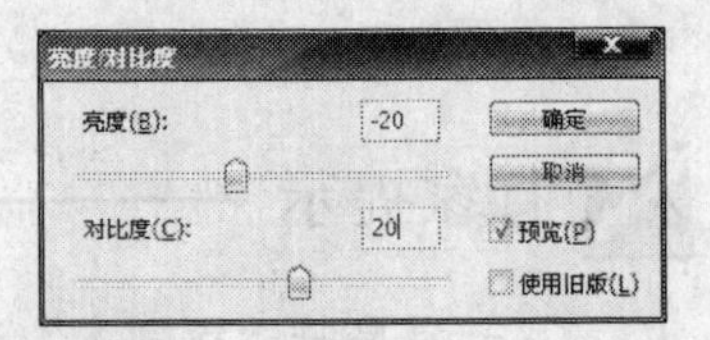

图5-76 设置亮度/对比度参数

Step 13 合并所有图层，使用工具箱中的“矩形选框工具”，框选图像中左边的小瓶子，执行“图像”|“调整”|“色相/饱和度”命令，设置参数如图5-78所示，单击“确定”按钮，得到最终的图像效果，如图5-58所示。

行家提示

色相值设定的不同，可以得到不同色彩的瓶子光晕效果图。

图5-77 透视光晕效果

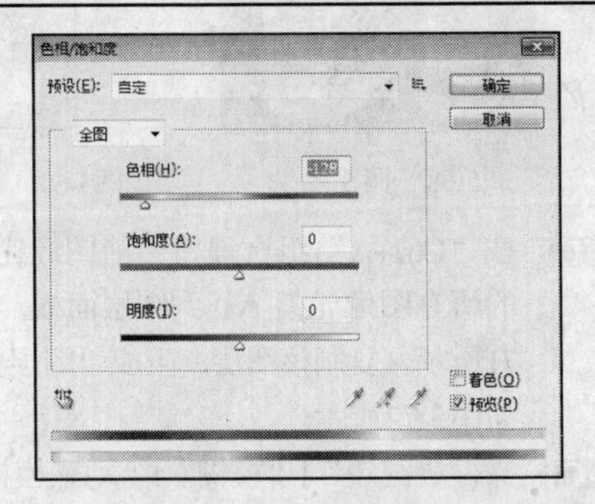

图5-78 设置色相/饱和度参数

知识总结

通道的复制和粘贴与图层的复制和粘贴方法相同，复制通道图像后，选择需要粘贴的通道，再进行粘贴操作，可以得到不同的颜色效果。

残损边缘 Example 06

实例效果

图5-79 残损边缘

实例介绍

本例使用通道和“喷色描边”命令制作残损边缘效果。

制作分析

首先新建通道，在通道中创建选区，并使用“喷色描边”命令编辑选区。在图层面板中载入编辑后的通道选区，填充选区，制作残损边缘效果。

制作步骤

具体操作方法如下：

Step 01 执行“文件”|“打开”命令，弹出“打开”对话框，打开文件名为“照片”的文件（位置：素材\第5章\实例6），效果如图5-80所示。

Step 02 切换到通道面板，新建“Alpha 1”通道，如图5-81所示。

图5-80 “照片”素材

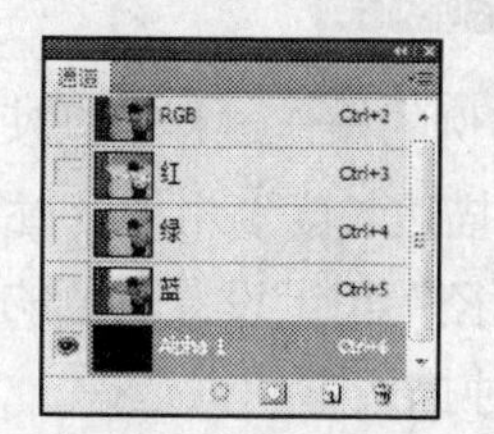

图5-81 新建通道

Step 03 选择“套索工具”，创建如图5-82所示选区。

Step 04 用白色填充选区，效果如图5-83所示。

图5-82 创建选区

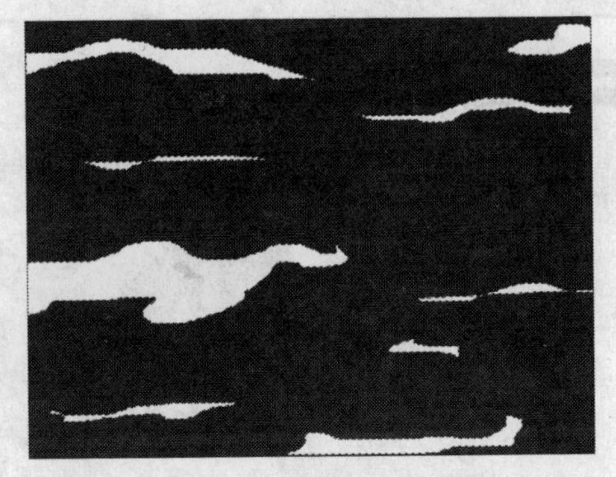

图5-83 用白色填充选区

Step 05 取消选区，执行“滤镜”|“画笔描边”|“喷色描边”命令，弹出“喷色描边”对话框，设置参数如图5-84所示。

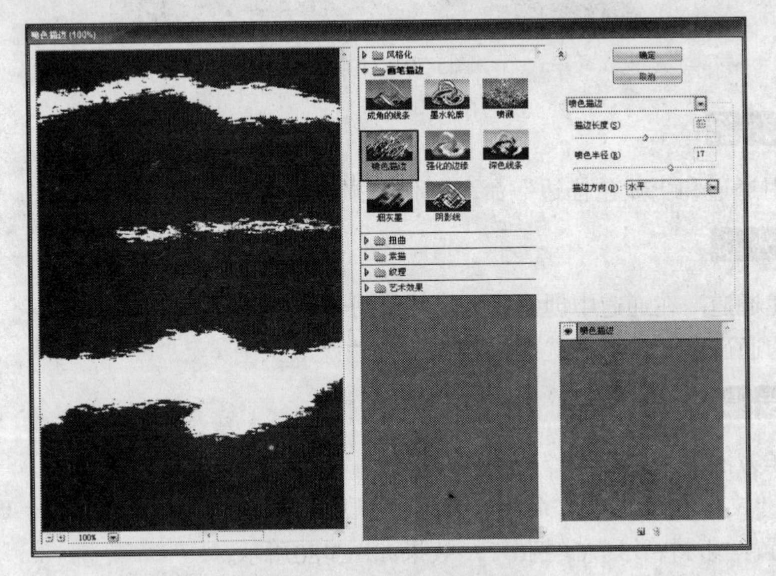

图5-84 设置喷色描边参数

Step 06 单击“确定”按钮，按住“Ctrl”键单击“Alpha 1”通道，将其选区浮出，单击“RGB”通道。切换到图层面板，新建“图层1”，用白色填充选区，然后取消选区，最终效果如图5-79所示。

知识总结

在本实例的操作过程中，使用到的喷色描边滤镜使用带有角度的喷色线条的主色重绘图像，其中“描边长度”用于设置笔划长度，参数设置在3以下，图像才能够产生一定的效果；而“喷色半径”用于设置喷色的范围，值越大喷色范围越广；共有右对角线、水平、左对角线和垂直4种描边方向供选择。

Chapter 06 路径应用实例

路径是Photoshop中的重要工具，其主要用于光滑图像选择区域及辅助抠图，绘制光滑线条，定义画笔等工具的绘制轨迹，输入、输出路径以及和选择区域之间进行转换。

本章通过8个实例，重点给读者讲解Photoshop CS4中的路径绘制及操作技巧，熟练掌握路径的使用，读者还可以自己发挥想象制作更好的效果。

01 暧昧的距离
02 绿色世界
03 香水瓶
04 跳舞的心情
05 迷幻森林
06 漂流
07 面具
08 透明的回忆

暧昧的距离

Example 01

实例效果

图6-1 暧昧的距离

实例介绍

本例使用自定形状工具、画笔工具等绘制暧昧的距离图像效果。

制作分析

在本实例的制作过程中，主要使用自定形状工具绘制图形，再使用渐变工具、图层样式以及画笔工具等修饰图像。

制作步骤

具体操作方法如下：

Step 01 按“Ctrl+N”组合键，新建一个文件，如图6-2所示。将“背景”图层填充为灰色（R：171，G：171，B：171）。

Step 02 执行“文件”|“打开”命令，弹出“打开”对话框，打开文件名为“纹理”的文件（位置：素材\第6章\实例1），执行“图像”|“调整”|“去色”命令，将其拖入“暧昧的距离.psd”文件中，生成“图层1”，放大一些后将其混合模式设置为“颜色加深”，效果如图6-3所示。

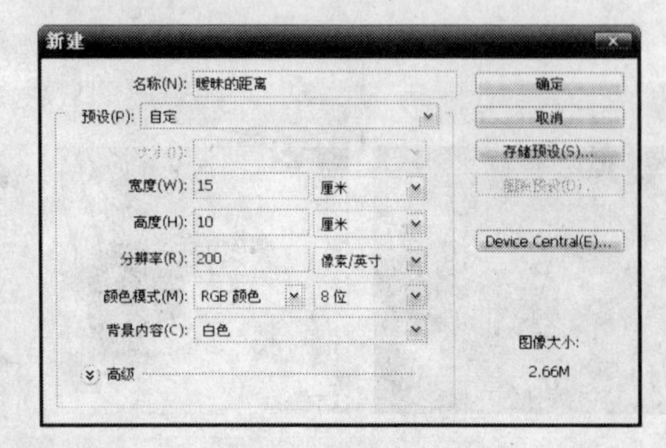

图6-2 新建文件

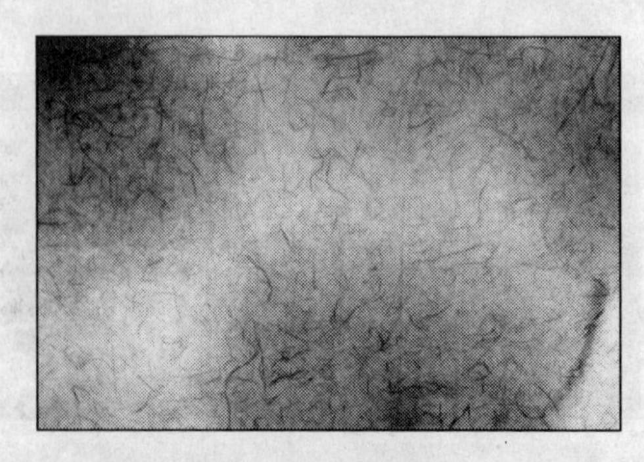

图6-3 添加纹理

Step 03 按“Ctrl+Alt+Shift”组合键，将图像盖印到“图层2”中，执行“图像”|“反相”命令，效果如图6-4所示。删除“图层1”，将“图层2”的混合模式设置为“变亮”，效果如图6-5所示。

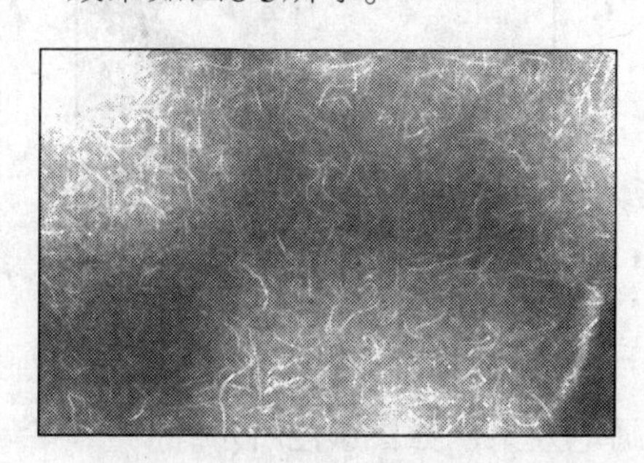

图6-4　盖印图层

图6-5　设置混合模式

Step 04 打开“花纹.jpg”文件（位置：素材\第6章\实例1），执行“图像”|“调整”|“去色”命令，将其拖入“暧昧的距离.psd”文件中，生成“图层1”，放大一些后将其混合模式设置为“变亮”，效果如图6-6所示。

Step 05 选择工具箱中的“自定形状工具”，设置属性栏如图6-7所示，新建“图层3”，绘制心型图形后，选择工具箱中的“渐变工具”，将心型填充为渐变色，效果如图6-8所示。

Step 06 选择工具箱中的“画笔工具”，将前景色设置为黑色（R：0，G：0，B：0），添加画笔效果，然后选择工具箱中的“涂抹工具”，涂抹添加的画笔效果如图6-9所示。

图6-6　添加纹理

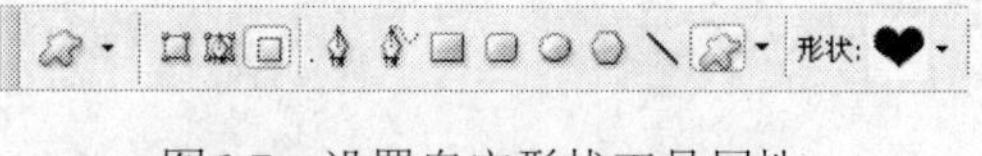

图6-7　设置自定形状工具属性

图6-8　绘制渐变心型

图6-9　画笔效果

Step 07 选择心型所在的图层，单击“添加图层蒙版”按钮，选择工具箱中的“画笔工具”，将不需要的心型遮盖起来，效果如图6-10所示。

Step 08 打开“蝴蝶1.jpg”和“蝴蝶2.jpg”文件（位置：素材\第6章\实例1），调整它们的大小后，放置在画面中，效果如图6-11所示。

图6-10 添加图层蒙版

图6-11 添加蝴蝶图像

Step 09 选择工具箱中的“画笔工具”，添加一些画笔效果，如图6-12所示。

Step 10 选择工具箱中的“横排文字工具”，输入文字，如图6-13所示。

图6-12 添加画笔效果

图6-13 输入文字

Step 11 选择工具箱中的“横排文字工具”，输入文字“暧昧的距离”，如图6-14所示，单击“添加图层样式”按钮 fx.，参照图6-15添加“描边”样式，效果如图6-16所示。

Step 12 选择工具箱中的“自定形状工具”，在文字下面绘制出合适的形状，如图6-17所示。

图6-14 输入文字

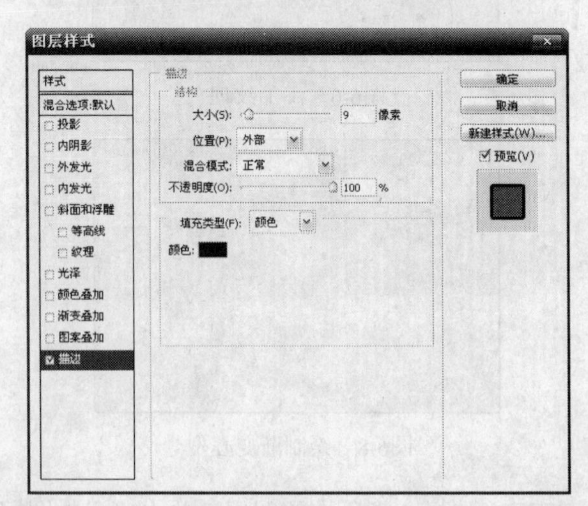

图6-15 描边样式设置

Step 13 选择工具箱中的“横排文字工具”，输入文字，如图6-1所示，完成实例的制作。

图6-16 样式效果

图6-17 绘制形状

知识总结

在本实例的操作过程中，使用的自定形状工具用于绘制自定义的图形，在其属性栏中设置形状样式后，在图像中拖动鼠标创建自定义形状。画笔工具的参数设置不同，绘制出的图像效果也不同。

绿色世界 Example 02

实例效果

图6-18 绿色世界

实例介绍

本例主要使用多边形套索工具、椭圆工具、直线工具绘制绿色世界的图像效果。

制作分析

本例首先使用多边形套索工具绘制光束形状。使用椭圆工具以及画笔工具绘制草地效果，使用自定形状工具和直线工具绘制装饰图案。

制作步骤

具体操作方法如下：

Step 01 按“Ctrl+N”组合键，新建一个文件，如图6-19所示。

Step 02 新建“图层1”，填充为绿色（R：143，G：195，B：31），如图6-20所示。

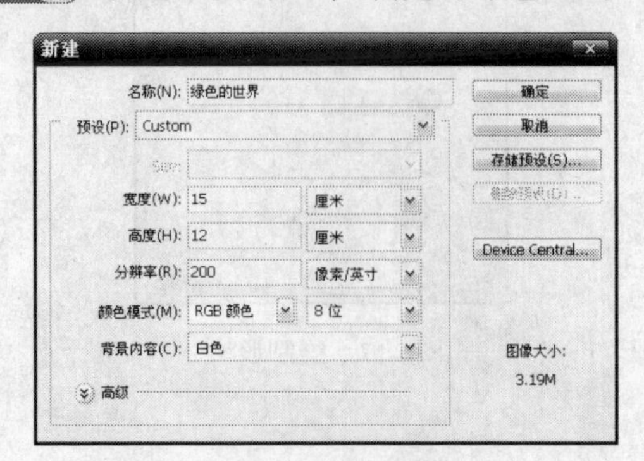

图6-19 新建文件

图6-20 填充绿色

Step 03 选择工具箱中的“多边形套索工具”，创建选区，新建“图层2”，填充淡绿色（R：180，G：212，B：102），如图6-21所示。

Step 04 选择工具箱中的“椭圆选框工具”，创建选区后新建“图层3”，填充黑色（R：0，G：0，B：0），如图6-22所示。

图6-21 绘制图形

图6-22 绘制图形

Step 05 选择工具箱中的“画笔工具”，单击属性栏中的“切换画笔面板”按钮，设置对话框如图6-23所示，在画面中添加画笔效果如图6-24所示。

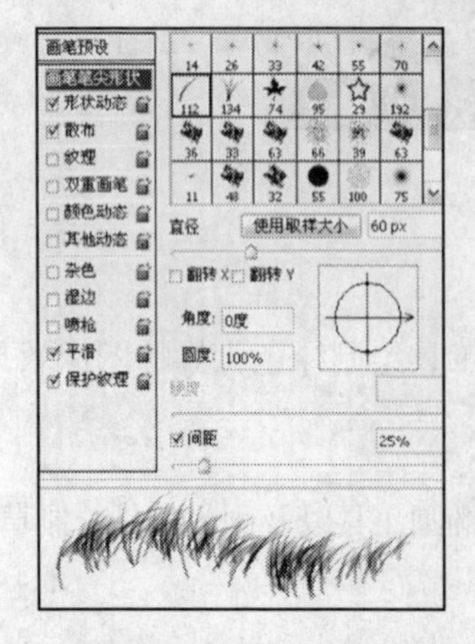

图6-23 设置画笔工具

图6-24 画笔效果

Step 06 选择工具箱中的“画笔工具”，绘制树形状，如图6-25所示。

Step 07 执行“文件”|“打开”命令，弹出“打开”对话框，打开文件名为“彩虹”的文件

（位置：素材\第6章\实例2），调整大小后，放置在画面中，并将其不透明度设置为“60%”，如图6-26所示。

图6-25 画笔效果

图6-26 添加图像

Step 08 选择工具箱中的“自定形状工具”，选择不同的形状，绘制图形如图6-27所示，并将其不透明度设置为“70%”，如图6-28所示。

图6-27 绘制图形

图6-28 设置不透明度

Step 09 选择工具箱中的“直线工具”，设置属性栏如图6-29所示，绘制直线如图6-30所示。

图6-29 设置直线工具

图6-30 绘制直线

Step 10 选择工具箱中的“自定行状工具”，选择不同的形状，绘制图形如图6-31所示。

Step 11 选择工具箱中的“画笔工具”，添加星光效果，如图6-32所示。

Step 12 打开“云彩.jpg”文件（位置：素材\第6章\实例2），将其放置在画面中，调整大小后将其混合模式设置为“叠加”，得到如图6-33所示效果，完成实例的制作。

图6-31　绘制图形

图6-32　画笔效果

图6-33　添加云彩图案

知识总结

在本实例的操作过程中，使用到的直线工具用于绘制直线或带有箭头的线段，在其属性栏中，在“粗细”文本框中可以输入直线的粗细值。

香水瓶 Example 03

实例效果

图6-34　香水瓶

实例介绍

本例主要使用钢笔工具、“自由变换”命令、“色相/饱和度”命令以及“变化”命令绘制香水瓶效果。

制作分析

本例主要使用钢笔工具绘制香水瓶各个部分的路径形状。通过填充路径以及色彩调整命令调出玻璃瓶透明质感，使用加深和减淡工具制作玻璃瓶的高光和暗调效果，最后使用“变化”命令为香水瓶着色。

制作步骤

具体操作方法如下：

Step 01 按“Ctrl+N”组合键，弹出“新建”对话框，新建一个“1000×800”像素的图像文件，背景色为白色，单击“确定”按钮。

Step 02 使用“渐变工具”在“背景”图层创建浅灰色到深灰色的垂直线性渐变色，选择“钢笔工具”，创建如图6-35所示路径。

Step 03 将路径转换为选区，用白色填充该选区。先按“Ctrl+Alt”组合键，再按“Shift”键，水平拖动选区，将填充的色块复制一个到其右边，如图6-36所示。

Step 04 执行“编辑”|“变换”|“水平翻转”命令，将复制的色块水平镜像翻转，并把它与左边的色块拼接起来，如图6-37所示。

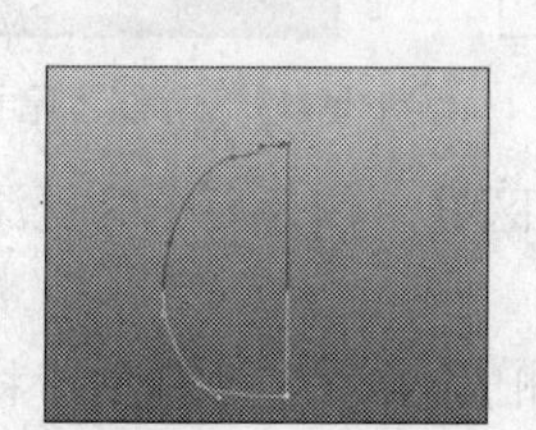
图6-35 勾勒瓶子半个轮廓路径

图6-36 复制填充选区

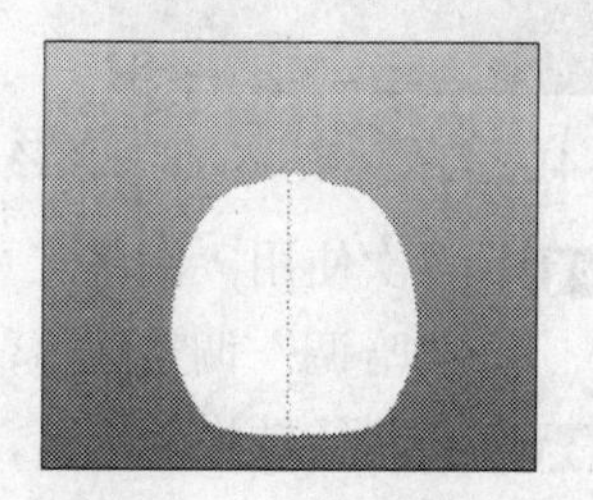
图6-37 拼接两个色块

行家提示

勾勒对称图像的外轮廓，不用费神去画好整个外形，通常勾勒出一半的外形，再经过复制和镜像变换，便可形成最终的外形轮廓。

Step 05 在图层面板中将“图层1”的不透明度调整为“35%”，效果如图6-38所示。

Step 06 按住“Ctrl”键，单击“图层1”的缩览图，生成图像外形轮廓的选区，执行“选择”|“存储选区”命令，在出现的“存储选区”对话框中，设置名称为“瓶子”，单击“确定”按钮。

Step 07 在图层面板中将“背景”图层和“图层1”合并，在工具箱中选择“钢笔工具”，在瓶身中间勾勒如图6-39所示路径；将路径转换成选区，按“Ctrl+U”组合键，弹出“色相/饱和度”对话框，调整参数如图6-40所示。

Step 08 使用“钢笔工具”沿着瓶身的边缘棱角的走向，勾勒出如图6-41所示路径，用来制作瓶子的“暗调”部分，以增加其立体效果。

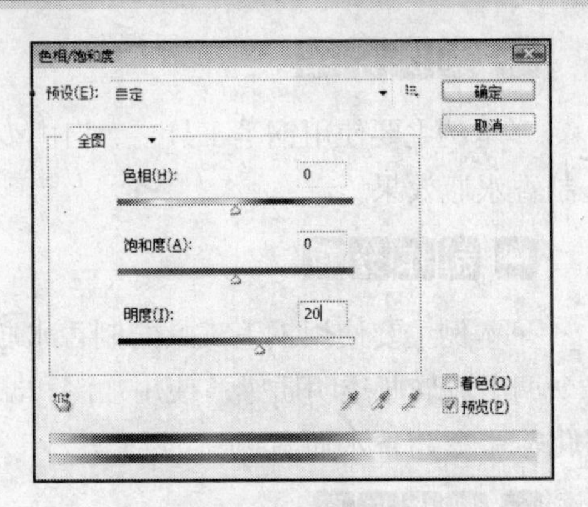

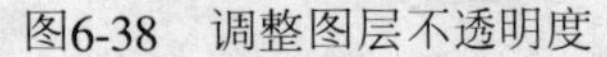

图6-38 调整图层不透明度　　图6-39 勾勒路径　　图6-40 调整明度

Step 09 将勾勒出的路径转换成选区，按“Ctrl+U”组合键，弹出“色相/饱和度”对话框，将明度设置为“-12”，如图6-42所示，得到如图6-43所示效果。

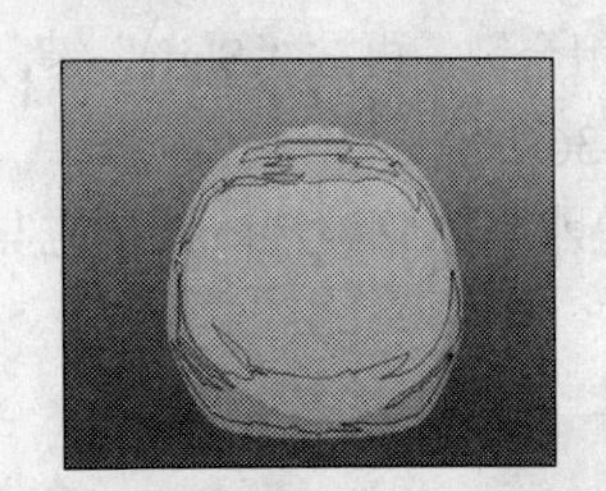

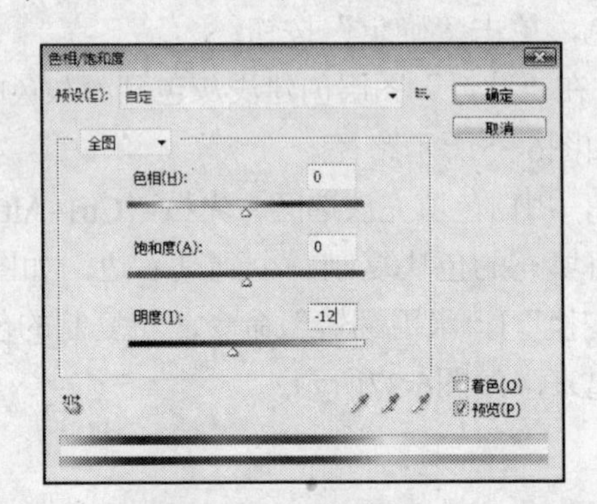

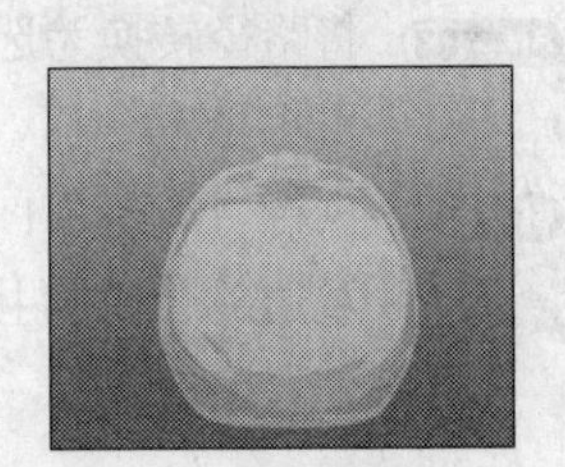

图6-41 勾勒“暗调”区域路径　　图6-42 设置明度　　图6-43 调整“暗调”效果

Step 10 再次使用“钢笔工具”，在瓶身上勾勒出更小的路径区域，作为瓶子的更深层次的“暗调”调整区域，如图6-44所示。

Step 11 将路径转换为选区，按“Ctrl+U”组合键，弹出“色相/饱和度”对话框，将明度设置为“-25”，不取消选区，使用工具箱中的“加深工具”随机对选区的局部进行如图6-45所示的加深处理。

行家提示

加深的程度和范围以画面整体效果自然为重，没有固定的要求。

Step 12 重复上面的步骤，用“钢笔工具”勾勒出瓶子的局部高光区域路径，这里没有固定的标准，可以根据情况随意添加，如图6-46所示。

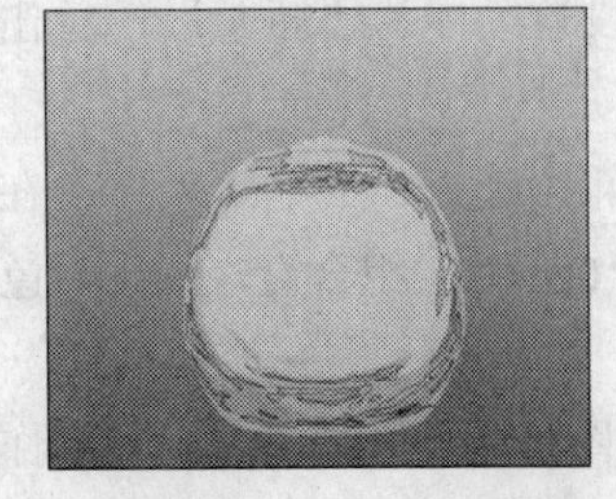

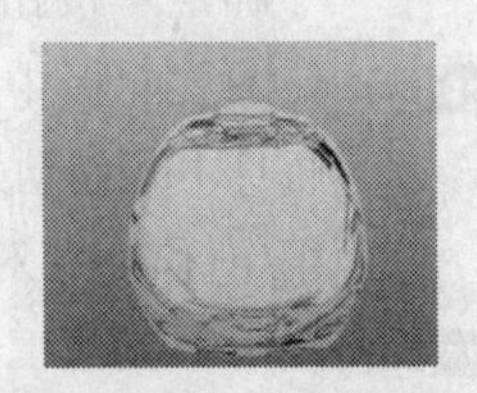

图6-44 创建“暗调”区域路径　　图6-45 局部加深处理　　图6-46 勾勒局部高光区域路径

Step 13 将路径转化为选区，使用“减淡工具”，对局部高光选区进行减淡处理，得到的效果如图6-47所示。

Step 14 使用“钢笔工具” 再次勾勒出瓶身中部两侧的主要高光部分路径，如图6-48所示。

Step 15 将路径转化为选区，打开“色相/饱和度”对话框，将明度设置为“21”。

Step 16 暂不取消选区，选择“加深工具”，在其属性栏中将“曝光度”设置为“20%”，在选区边缘稍稍进行一些加深处理，以便更好地融合图像。这里没有固定的模式，还是以图像效果自然为主，如图6-49所示。

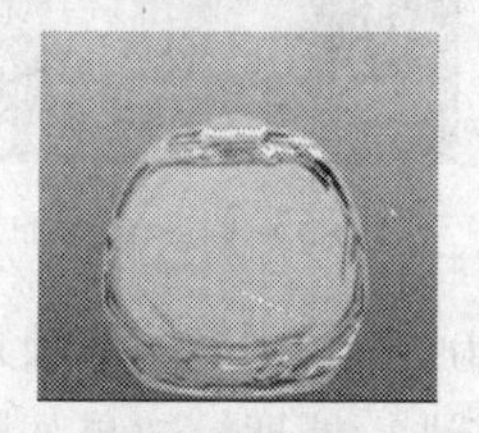
图6-47 局部高光区减淡处理效果

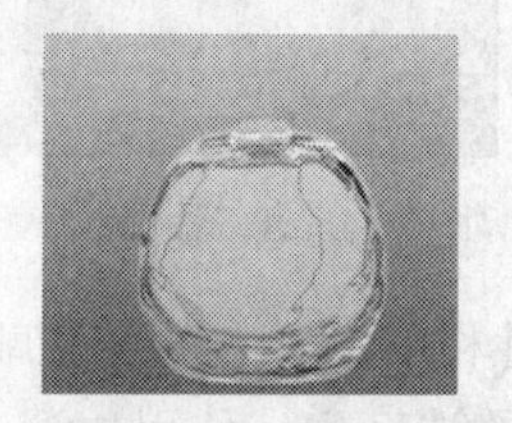
图6-48 勾勒瓶身主要高光区域路径

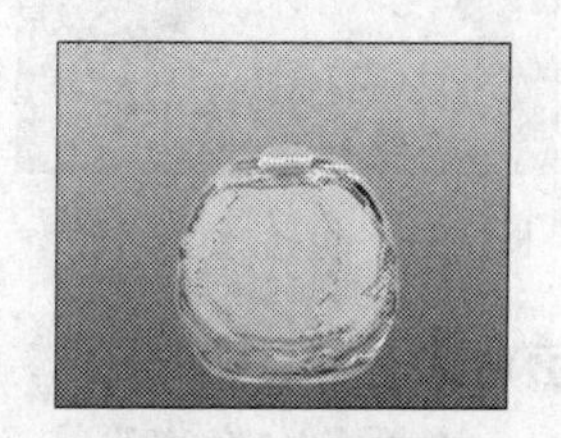
图6-49 加深处理高光边缘

Step 17 使用“钢笔工具”在瓶子上勾勒出棱角部分的高光区域。和前面的步骤类似，将路径转换成选区，调节明度为“28”，得到如图6-50所示效果。

Step 18 最后，使用“钢笔工具”勾勒出一些轮廓，用来表达瓶身表面的棱角边缘的暗调区域。转换路径成选区，使用“加深工具”，“曝光度”设置为“10%”，对选区稍做加深处理，其中选区的边缘处应该多进行几次加深处理，如图6-51所示。这样，整个瓶身就绘制完毕了，最终的效果如图6-52所示。

行家提示

要表现玻璃的真实质感，需要清楚知道玻璃水晶制品的棱角通常会在光线下同时存在高光区和暗调区，将二者有机地结合在一起，才能够让图像惟妙惟肖。

图6-50 瓶身棱角高光效果

图6-51 加深处理暗调区域

图6-52 瓶身最终效果

Step 19 接下来绘制香水瓶瓶盖。新建“图层1”，使用“钢笔工具”勾勒出瓶盖的轮廓路径，如图6-53所示。

Step 20 将路径转换成选区，使用“渐变工具”，在属性栏中，单击编辑渐变色的下拉按钮，在弹出的面板中，选择“铜色”渐变，在瓶盖选区使用“渐变工具”从左至右填充铜色的渐变，如图6-54所示。

Step 21 使用“加深工具”，在属性栏中将“曝光度”调整至“20%”，画笔的笔触大小选择“柔角45像素”。在瓶盖的选区内，使用“加深工具”对其进行处理，效果如图6-55所示。

图6-53 勾勒瓶盖路径

图6-54 填充铜色渐变

图6-55 加深处理瓶盖

Step 22 使用“减淡工具”，在属性栏中将“曝光度”调整至“20%”，画笔的笔触大小选择“柔角45像素”。在瓶盖的选区内，使用加深工具对其进行处理，效果如图6-56所示。

Step 23 执行“滤镜”|“杂色”|“添加杂色”命令，设置参数如图6-57所示。

Step 24 执行“图像”|“调整”|“色彩平衡”命令，设置参数如图6-58所示。

图6-56 减淡处理瓶盖

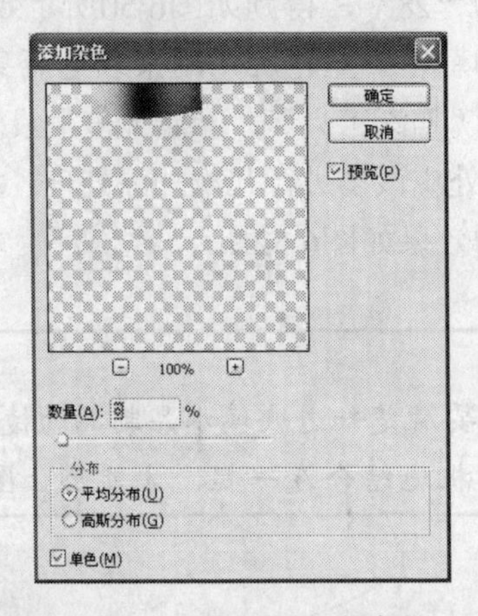

图6-57 设置添加杂色参数

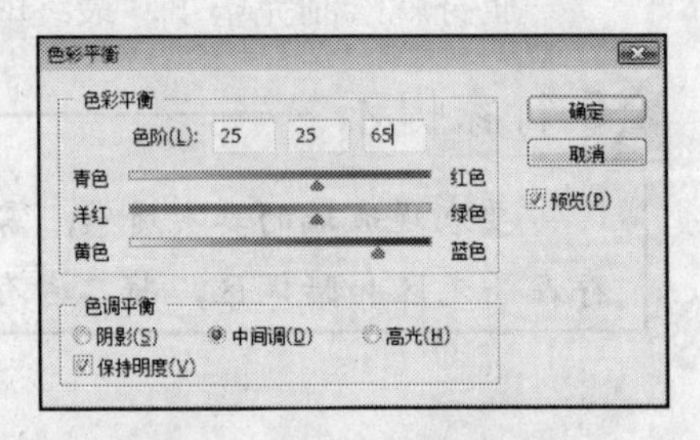

图6-58 设置色彩平衡参数

Step 25 执行“图像”|“调整”|“亮度/对比度”命令，设置参数如图6-59所示。

Step 26 复制瓶盖所在图层“图层1”，将“图层1副本”放置在“图层1”的下方，用（R：0，G：10，B：0）颜色填充“图层1副本”中的瓶盖。

Step 27 按“Ctrl+T”组合键调出“自由变形工具”，单击鼠标右键，在弹出的菜单中选择“变形”命令。使用鼠标拖动变形框架上方的两个曲率调整点，改变“图层1副本”的形状如6-60所示，并按“Enter”键确认操作。

Step 28 使用“减淡工具”涂抹“图层1副本”的边缘，效果如图6-61所示。

Step 29 新建“图层2”，使用“椭圆工具”创建圆路径，如图6-62所示。

Step 30 将路径转换为选区，使用（R：101，G：101，B：101）颜色填充选区，并大致在选区内使用“画笔工具”，用（R：75，G：75，B：75）颜色绘制一些暗调区域，如图6-63所示。

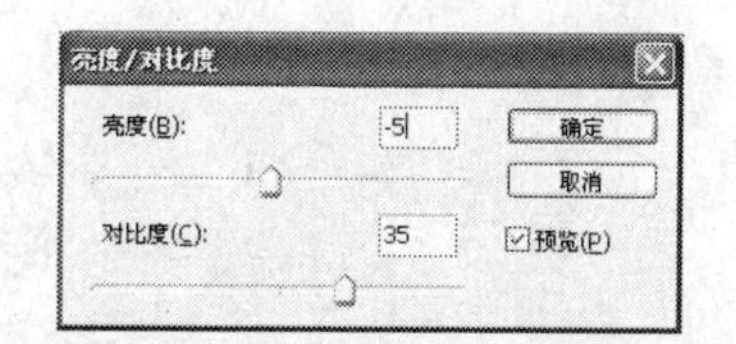

图6-59 设置亮度/对比度参数

图6-60 改变外形

图6-61 减淡瓶盖副本的边缘色彩

Step 31 使用“钢笔工具”勾勒出高光面的轮廓路径。将路径转换为选区，填充为比瓶身稍微一深点的灰色（R：180，G：180，B：180），如图6-64所示。

图6-62 创建圆路径

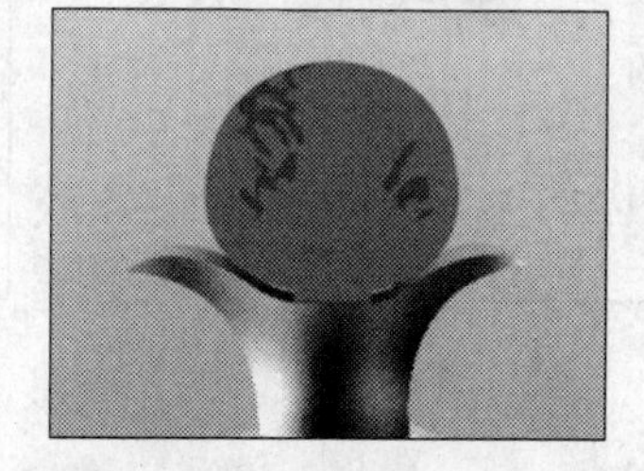
图6-63 绘制暗调区域

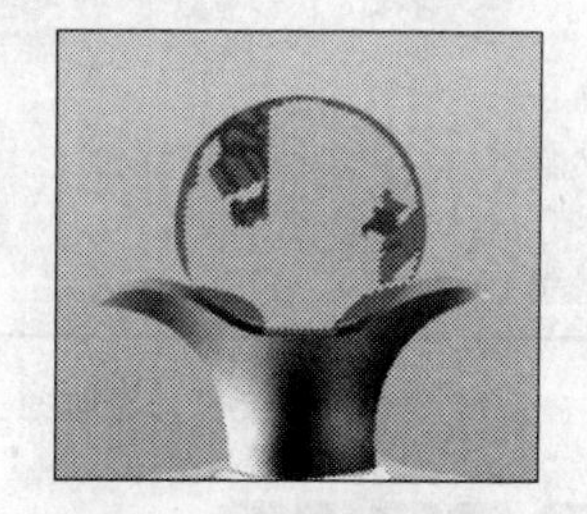
图6-64 填充瓶盖高光区

Step 32 使用工具箱中的“钢笔工具”勾勒出瓶盖上面的菱形抛光区域路径，将其转换为选区，填充为比高光稍微浅一点的灰色（R：195，G：195，B：195），如图6-65所示。

Step 33 使用“钢笔工具”将玻璃上棱角的高反光面区域的路径勾勒出来，将其转换为选区，填充（R：250，G：250，B：250）颜色，玻璃瓶塞便绘制完成，效果如图6-66所示。

Step 34 单击“背景”图层，执行“选择”|“载入选区”命令，在“载入选区”对话框中，选择之前存储的“瓶子”，单击“确定”按钮。

Step 35 整个瓶身被选中，复制后重新粘贴，再将“背景”图层填充为“白色”，效果如图6-67所示。

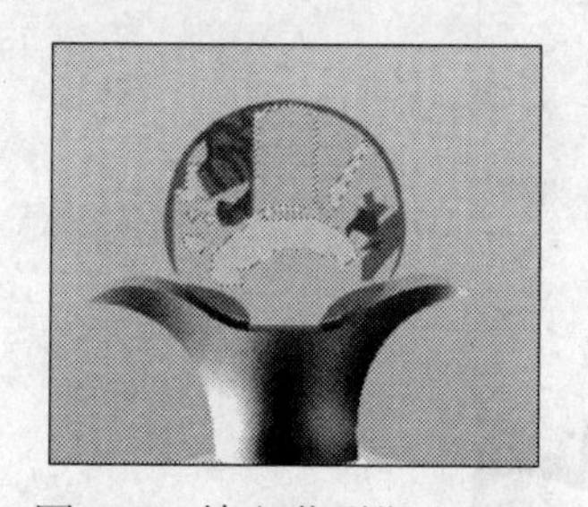
图6-65 填充菱形抛光区域

图6-66 瓶塞效果

图6-67 背景填充白色

Step 36 下面为瓶身上色。选择粘贴生成的瓶身图层，执行“图像”|“调整”|“变化”命令，在“变化”对话框中，分别单击3次“加深青色”和“加深蓝色”选框，然后单击“确定”按钮，如图6-68所示。

Step 37 采用同样的步骤，为玻璃瓶塞上色，得到图6-69所示效果。

Step 38 最后为香水瓶添加阴影效果，香水瓶绘制完成，最终效果如图6-34所示。

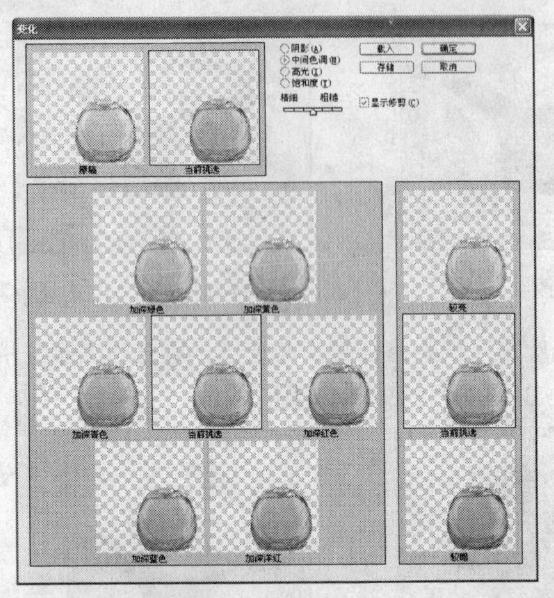

图6-68　为瓶身上色

图6-69　为瓶塞上色

知识总结

在Photoshop中，路径不能直接在图像的像素上产生作用，主要用于精细调整或修改路径的形状，确定之后再进行处理。用户可以在路径与选区之间相互转换，还可以保存在多种格式的图像文件中，这样可以在重新载入图像文件后，快速地选中图像中特定的区域。

跳舞的心情　Example 04

实例效果

图6-70　跳舞的心情

实例介绍

本例主要使用钢笔工具、画笔工具、直线工具以及椭圆工具等绘制跳舞的心情图像效果。

制作分析

本例主要使用路径工具以及画笔工具绘制图案效果，使用渐变工具制作背景色。

制作步骤

具体操作方法如下：

Step 01 按“Ctrl+N”组合键，新建一个文件，如图6-71所示。

Step 02 选择工具箱中的“钢笔工具”，创建选区，新建“图层1”，填充黑色（R：0，G：0，B：0），如图6-72所示。

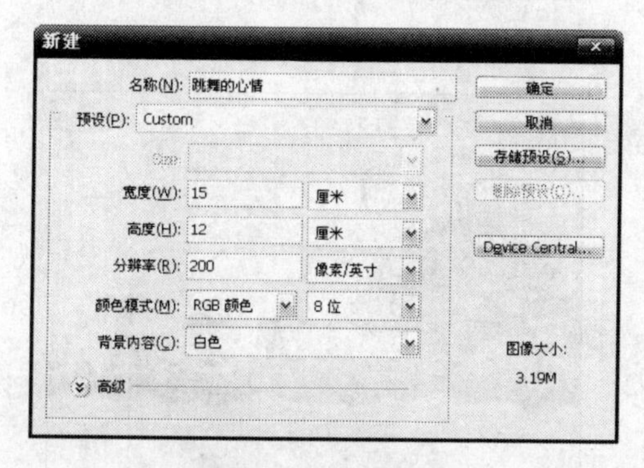

图6-71　新建文件

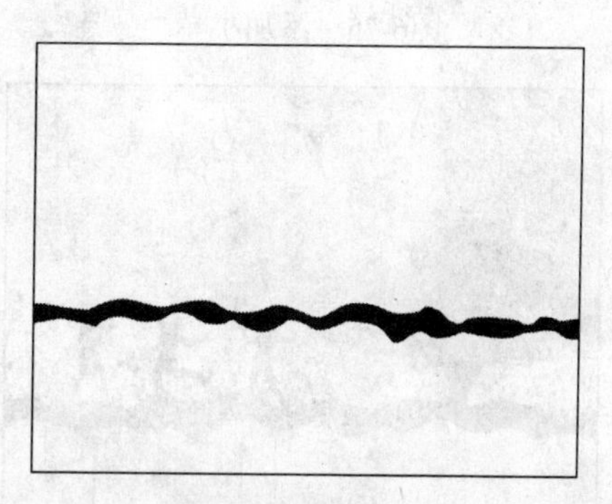

图6-72　绘制图形

Step 03 选择工具箱中的“矩形选框工具”，创建选区，选择工具箱中的“渐变工具”，新建图层填充渐变色，如图6-73所示。

Step 04 选择工具箱中的“画笔工具”，添加大树，再选择工具箱中的“自定形状工具”，添加人物剪影，效果如图6-74所示。

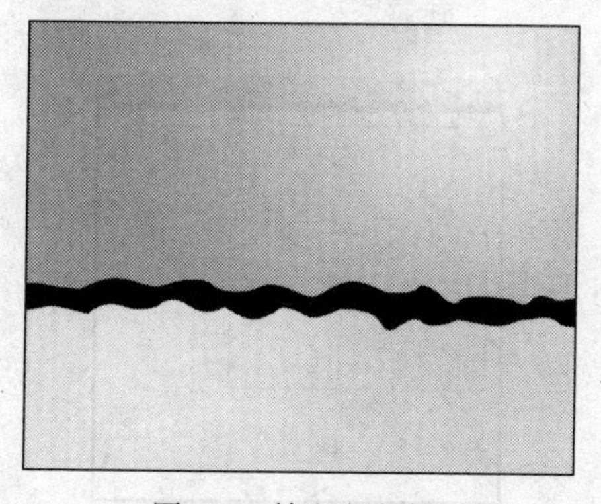

图6-73　填充渐变色

图6-74　添加图像

Step 05 选择工具箱中的“画笔工具”，添加小草，效果如图6-75所示。

Step 06 选择工具箱中的“直线工具”，绘制直线，再选择工具箱中的“自定形状工具”，绘制各种形状，如图6-76所示。

Step 07 选择工具箱中的“钢笔工具”，绘制山图形，如图6-77所示，将其不透明度设置为“30%”，效果如图6-78所示。

图6-75　添加小草

图6-76　绘制直线

图6-77　绘制山图形

图6-78　降低不透明度

Step 08 选择工具箱中的“椭圆工具”，绘制太阳，如图6-79所示。将太阳复制一个，执行“滤镜”|“模糊”|“高斯模糊”命令，设置参数如图6-80所示，将模糊了的图形多复制几个，得到如图6-81所示效果。

图6-79　绘制太阳

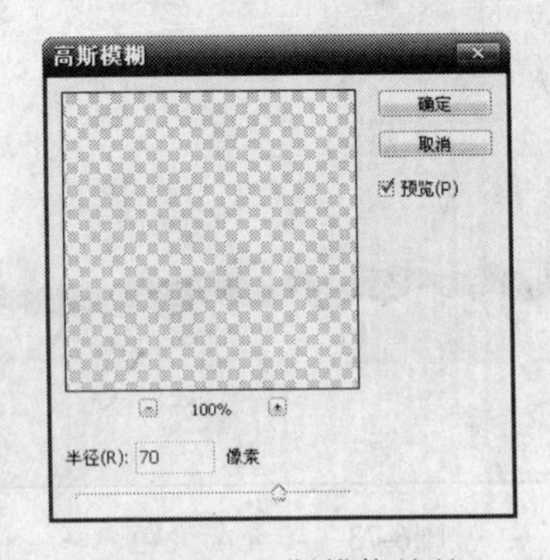

图6-80　高斯模糊滤镜

Step 09 选择工具箱中的“自定形状工具”，绘制云朵，如图6-82所示，将其不透明度设置为“30%”，得到如图6-83所示效果。

Step 10 选择工具箱中的“自定形状工具”，绘制喜欢的图案，将其图层混合模式设置为“叠加”，得到如图6-84所示效果。

Step 11 选择工具箱中的“自定形状工具”，绘制鸟的图案，将其图层混合模式设置为“叠加”，得到如图6-70所示效果，完成实例的制作。

图6-81 复制图形

图6-82 绘制云朵

图6-83 降低不透明度

图6-84 绘制其他图案

知识总结

使用路径工具绘制路径时，使用"钢笔工具"可以直接生成直线路径和曲线路径。结合转换点工具可以使路径在平滑曲线和直线之间相互转换，还可以调整曲线的形状，这样绘制的路径形状更精确。

迷幻森林 Example 05

实例效果

图6-85 迷幻森林

实例介绍

本例使用图层复制、图层混合模式、描边路径以及图层样式制作迷幻森林效果。

制作分析

本例首先使用图像复制、图层混合模式、高反差保留滤镜、渲染滤镜以及“渐变填充”命令处理背景图像效果。再使用“钢笔工具”绘制路径，通过画笔描边路径以及图层样式制作环绕神秘光线效果。

制作步骤

具体操作方法如下：

Step 01 执行“文件”|“打开”命令，弹出“打开”对话框，打开文件名为“森林”的文件（位置：素材\第6章\实例5）。

Step 02 按“Ctrl+J”组合键复制生成“图层1”，设置混合模式为“差值”，不透明度为“35%”，图层面板如图6-86所示，得到的效果如图6-87所示。

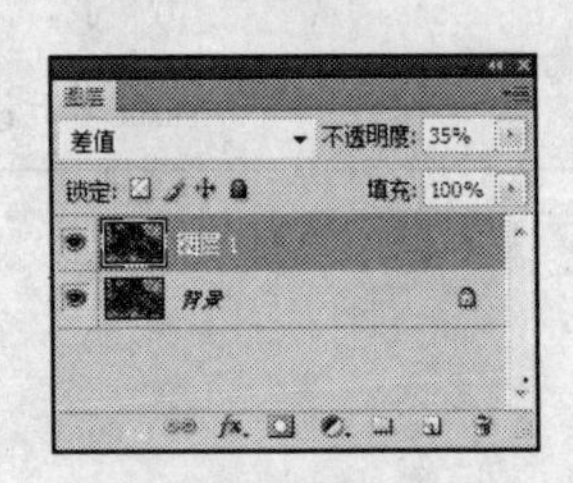

图6-86 图层面板

图6-87 差值效果

Step 03 复制“背景”图层，生成“背景副本”图层，设置混合模式为“正片叠底”，不透明度为“45%”，如图6-88所示，得到的效果如图6-89所示。

图6-88 复制图层

图6-89 正片叠底效果

Step 04 复制“背景”图层，生成“背景副本2”图层，设置混合模式为“叠加”，如图6-90所示，得到的效果如图6-91所示。

Step 05 复制“背景”图层，生成“背景副本3”图层，执行“滤镜”|“其他”|“高反差保留”命令，设置参数如图6-92所示。然后将该图层的混合模式设置为“叠加”，得到的效果如图6-93所示。

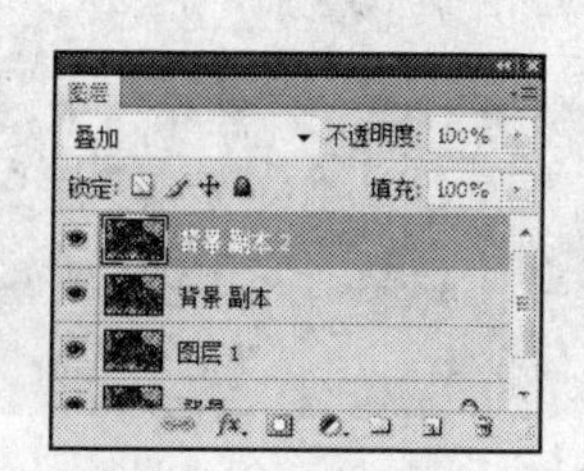

图6-90 复制图层

图6-91 叠加效果

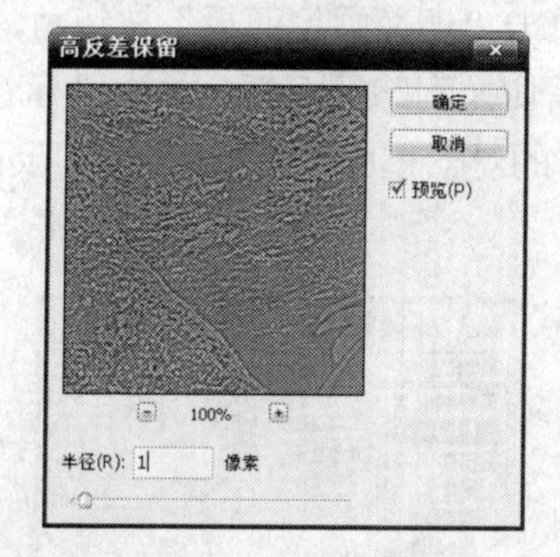

图6-92 高反差保留滤镜

图6-93 滤镜效果

Step 06 在“背景”图层上新建“图层2”，执行“滤镜”|“渲染”|“云彩”命令，再执行“滤镜”|“渲染”|“分层云彩”命令，图层面板如图6-94所示，得到的效果如图6-95所示。

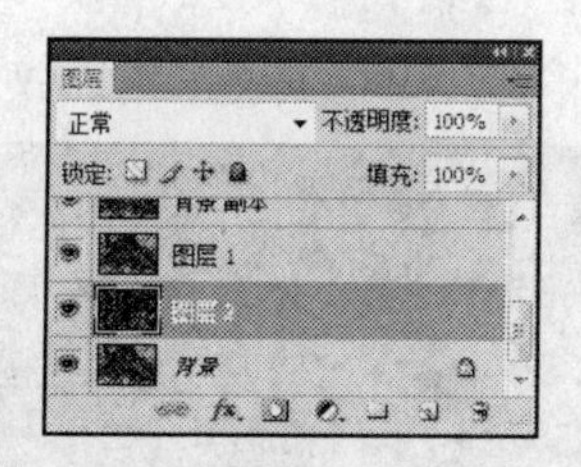

图6-94 图层面板

图6-95 滤镜效果

Step 07 选择图层面板最上面的图层，单击“创建新的填充或调整图层”按钮 ，选择“渐变”命令，设置参数如图6-96所示，并将该图层的混合模式设置为“柔光”，不透明度设置为“65%”，效果如图6-97所示。

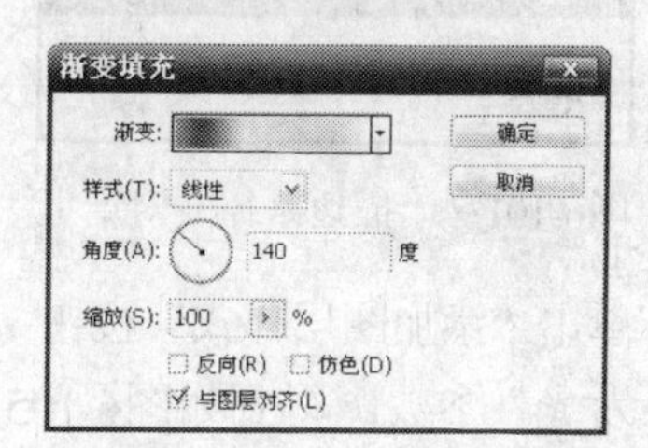

图6-96 “渐变填充”对话框

Step 08 选择工具箱中的“钢笔工具”，创建路径，如图6-98所示。

图6-97　柔光效果

图6-98　创建路径

Step 09 在工具箱中选择“画笔工具”，在属性栏中单击“切换画笔面板”按钮，参照图6-99至图6-100所示进行设置。新建图层，然后切换到路径面板，单击鼠标右键，在弹出的菜单中选择“描边路径”命令，在打开的对话框中设置如图6-101所示参数，得到的效果如图6-102所示。

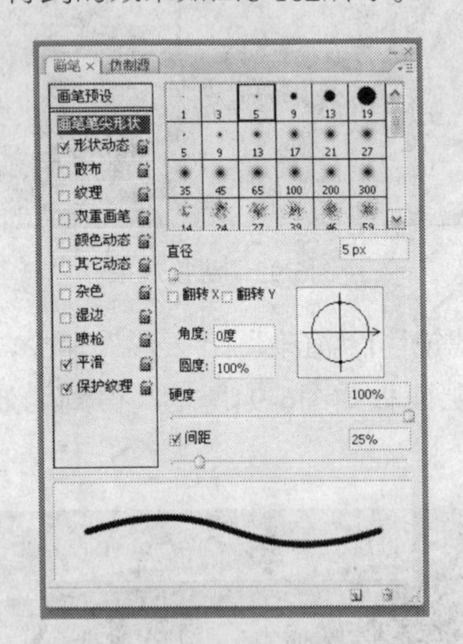

图6-99　设置画笔笔尖形状

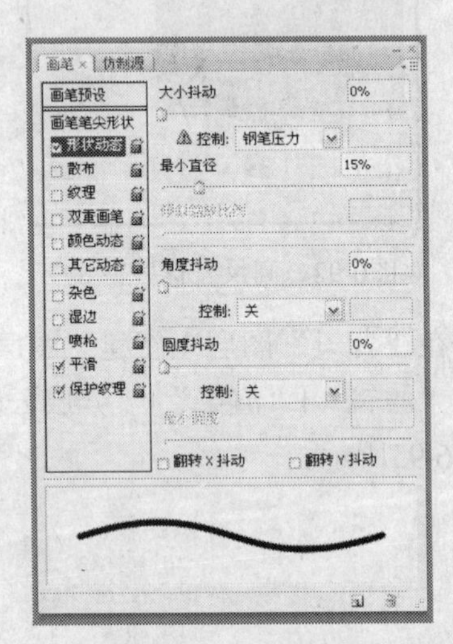

图6-100　设置形状动态

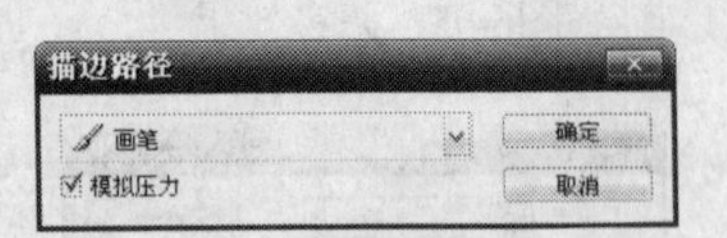

图6-101　“描边路径”对话框

图6-102　描边效果

Step 10 单击“添加图层样式”按钮 fx.，参照图6-103至图6-104所示，设置“内阴影”、“外发光”参数，得到如图6-105所示效果。

Step 11 选择工具箱中的“画笔工具”，添加画笔效果，如图6-106所示。单击“添加图层样式”按钮 fx.，参照图6-107至图6-108所示，设置“内阴影”、“外发光”命令，得到如图6-109所示效果。

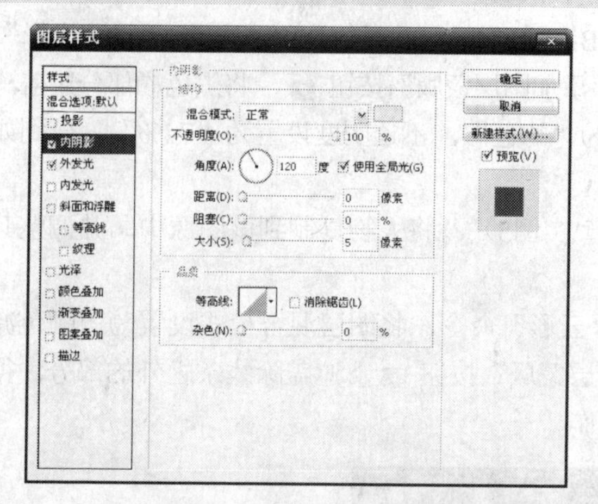

图6-103 内阴影参数

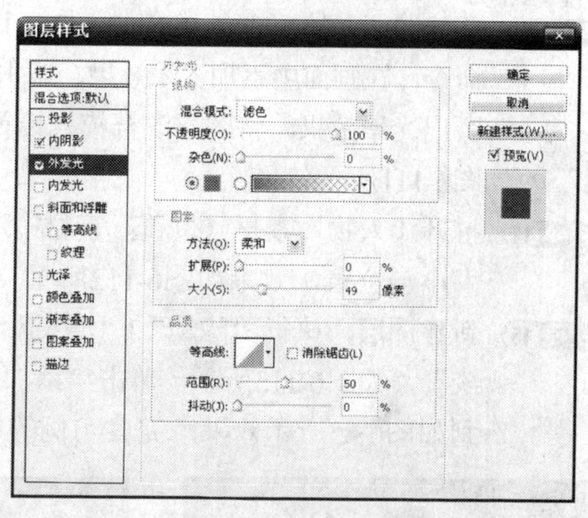

图6-104 外发光参数

图6-105 样式效果

图6-106 添加画笔效果

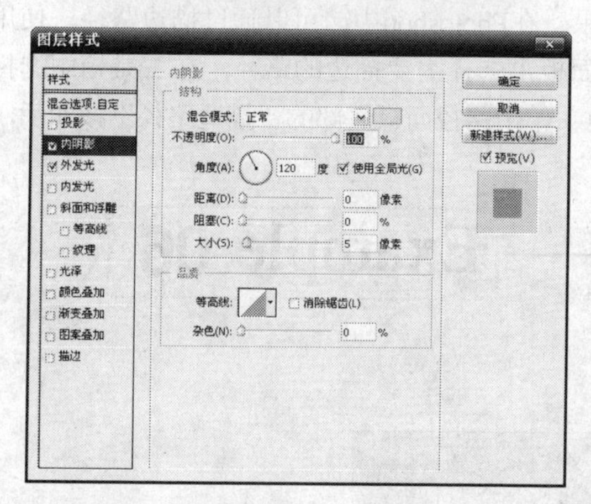

图6-107 内阴影参数

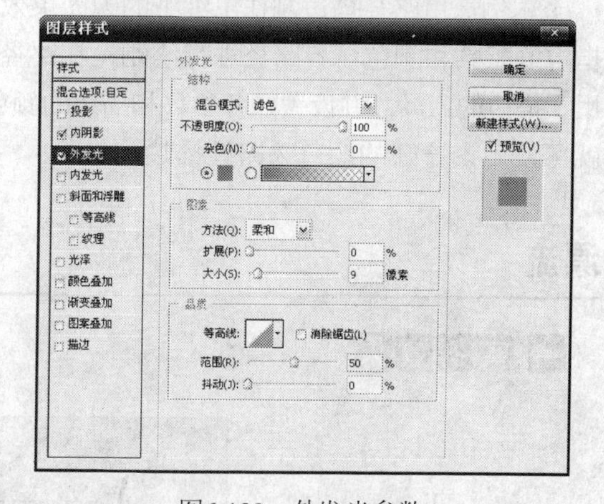

图6-108 外发光参数

Step 12 新建图层，选择工具箱中的“画笔工具”，在画面中添加各种颜色，将该图层的混合模式设置为“柔光”，得到如图6-110所示效果。

图6-109 样式效果

图6-110 柔光效果

Step 13 新建图层，填充黑色（R：0，G：0，B：0），执行“滤镜”|“渲染”|“镜头光晕”命令，在画面中添加光晕效果，单击“添加图层蒙版”按钮，将黑色的部分遮盖，留出光晕效果，将图层混合模式设置为“滤色”，不透明度设置为“74%”，得到如图6-111所示效果。

Step 14 打开“人物”素材（位置：素材\第6章\实例5），将人物复制到该图像中，并调整其大小与位置，效果如图6-112所示。

Step 15 新建图层，执行“滤镜”|“渲染”|“云彩”命令，将图层混合模式设置为“颜色减淡”，如图6-113所示，单击“添加图层蒙版”按钮，遮盖除线条之外的部分，得到如图6-85所示效果，完成实例的制作。

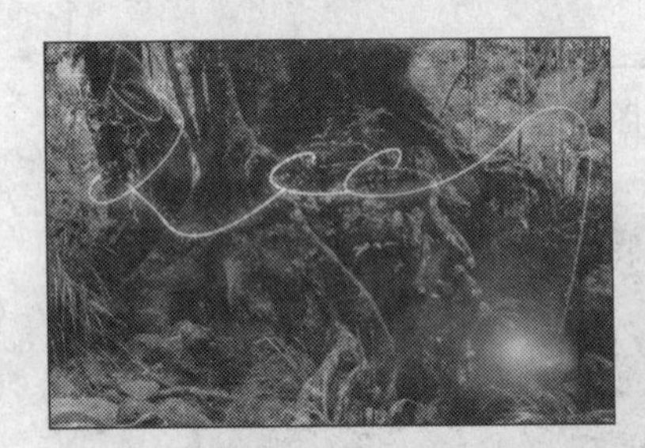

图6-111　光晕效果

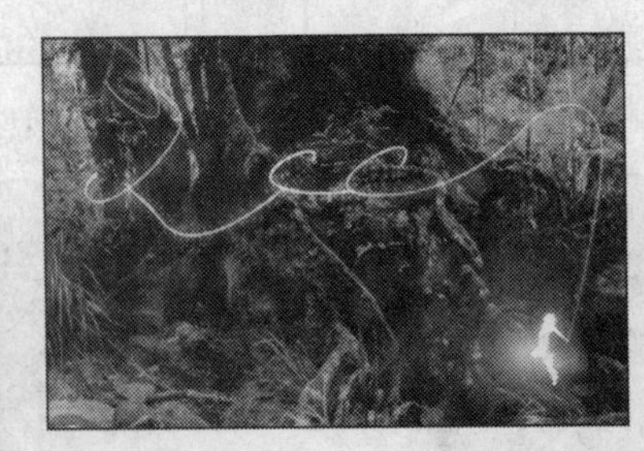

图6-112　添加人物

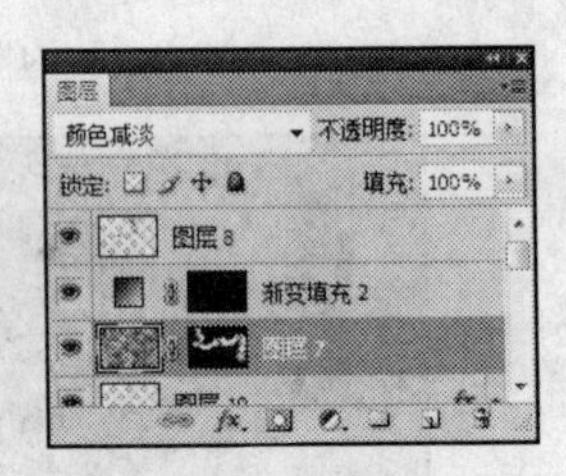

图6-113　设置图层

知识总结

本例运用路径描边制作出细细的闪光束效果。在Photoshop中，可以通过描边路径，使用指定的工具和颜色沿着路径进行绘制。在路径面板上选择需要描边的路径，在工具箱中选择用于描边的工具，并设置好各参数和描边的颜色。单击路径面板底部的“描边路径”按钮后，就可使用设置好的颜色为路径描边。

漂流　Example 06

实例效果

图6-114　漂流

实例介绍

本例主要运用钢笔工具、液化滤镜制作漂流图像效果。

制作分析

本例首先使用钢笔工具选择不需要的图像，并删除，再通过“照片滤镜”命令、“去色”命令调整面孔颜色，使用液化滤镜制作飘舞的头发效果。

制作步骤

具体操作方法如下：

Step 01 按“Ctrl+N”组合键，新建一个文件名为“漂流”的空白文件，执行“文件”|“打开”命令，弹出“打开”对话框，打开文件名为“面具”的文件（位置：素材\第6章\实例6），拖入“漂流.psd”文件中，如图6-115所示。

Step 02 选择工具箱中的“钢笔工具”，框选眼睛和嘴唇，执行“滤镜”|“模糊”|“特殊模糊”命令，设置参数如图6-116所示，再执行“图像”|“调整”|“照片滤镜”命令，设置参数如图6-117所示，得到的效果如图6-118所示。

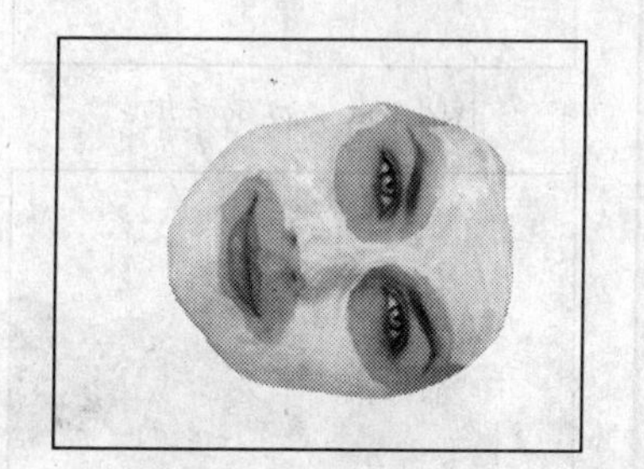

图6-115 新建文件

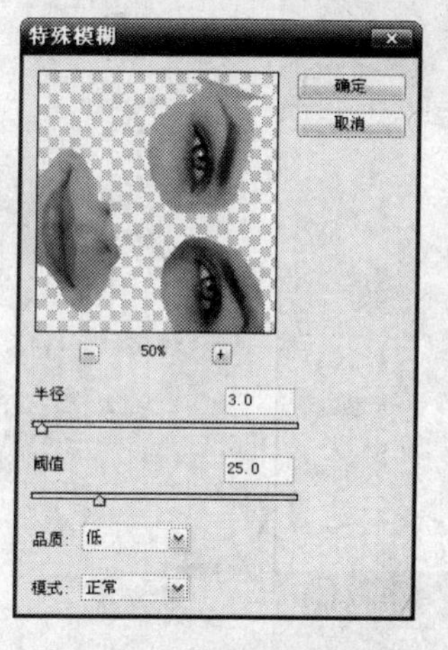

图6-116 特殊模糊滤镜

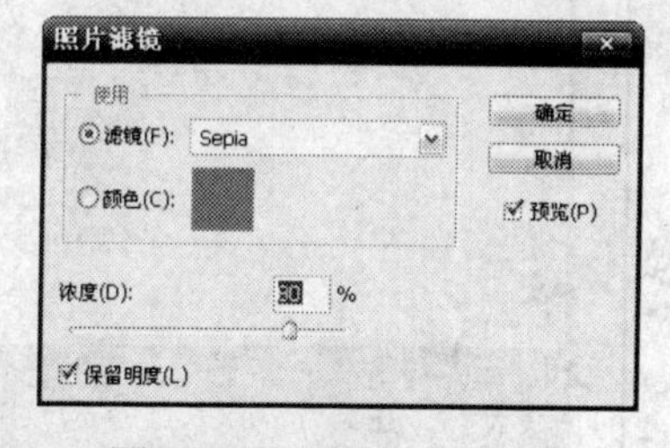

图6-117 调整照片滤镜

Step 03 选择面膜所在的图层，复制一个，执行“图像”|“调整”|“照片滤镜”命令，设置参数如图6-119所示，效果如图6-120所示。

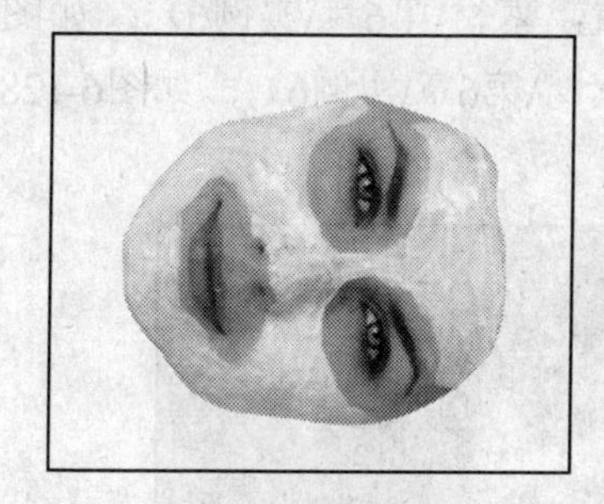

图6-118 调整效果

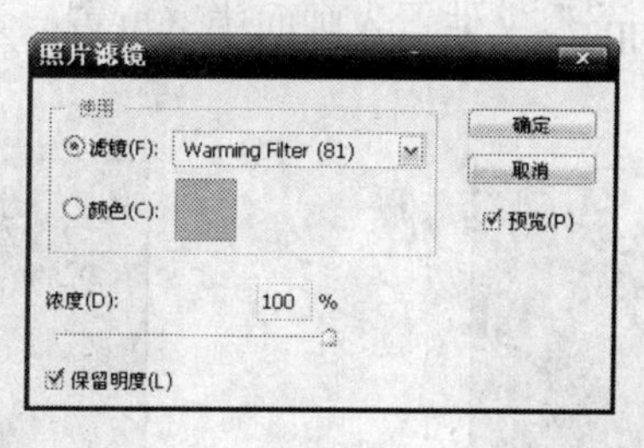

图6-119 调整照片滤镜

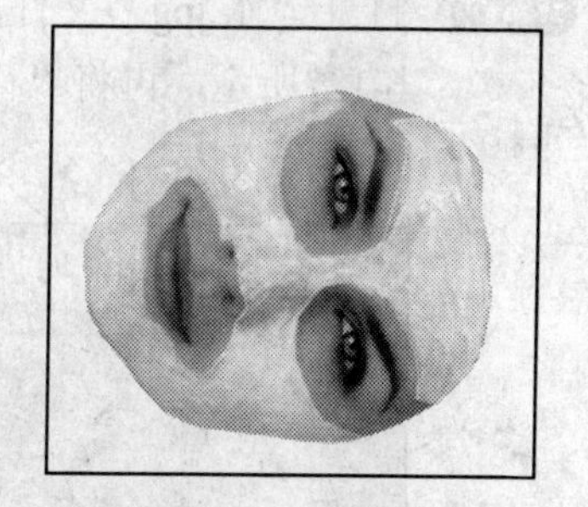

图6-120 调整效果

Step 04 选择脸的部分，执行“图像”|“调整”|“去色”命令，选择工具箱中的“减淡工具”，将眼睛和嘴唇颜色减淡，并将白色的面膜放置在黄色的面膜上，如图6-121所示。选择工具箱中的“画笔工具”，在脸上添加颜色，如图6-122所示。

Step 05 选择工具箱中的“直线工具”，绘制头发，如图6-123所示。执行“滤镜”|“液化”命令，设置参数如图6-124所示，得到如图6-125所示效果。将眼睛处也制作出相同的效果，如图6-126所示。

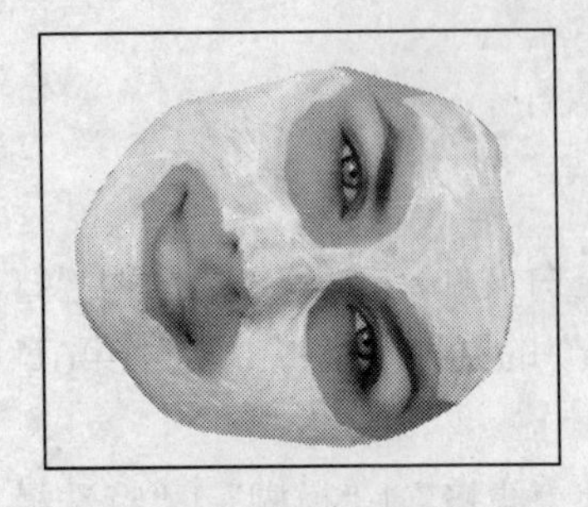

图6-121 去色

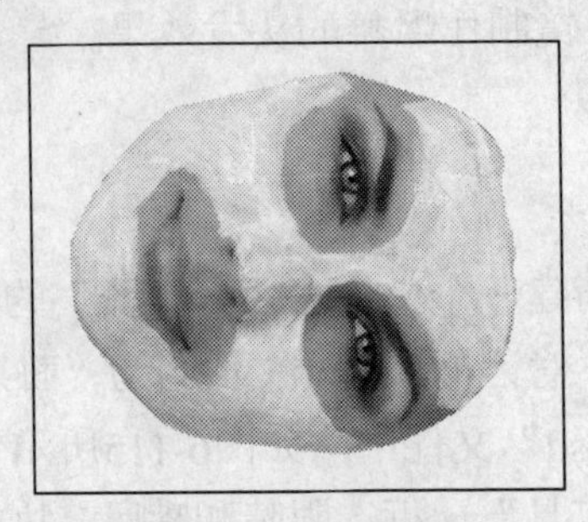

图6-122 添加颜色

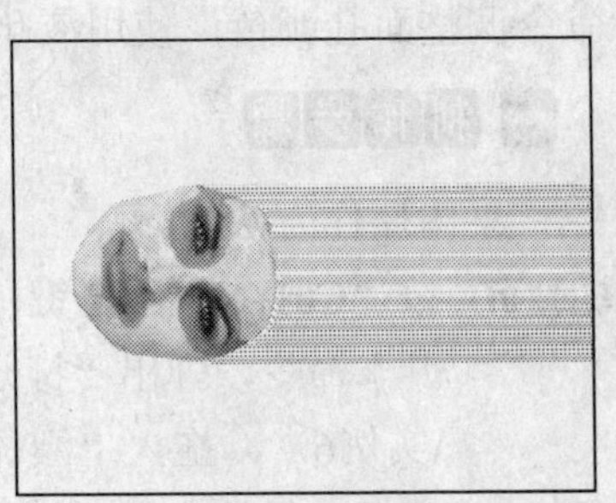

图6-123 绘制头发

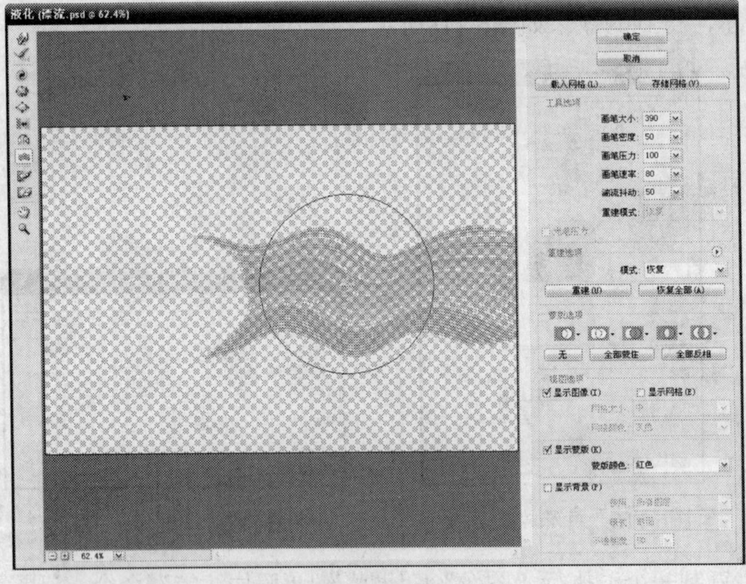

图6-124 液化滤镜

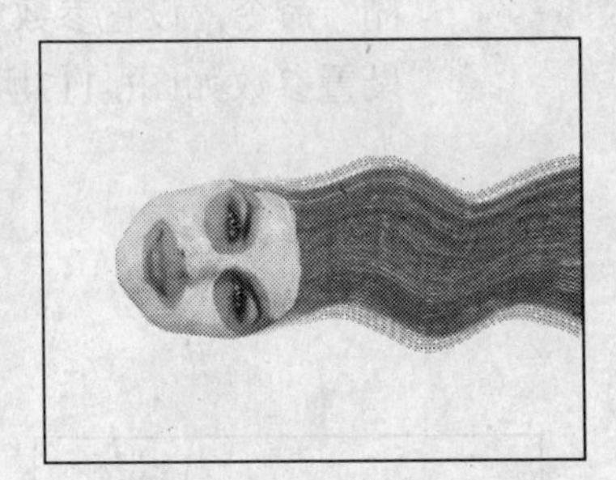

图6-125 液化效果

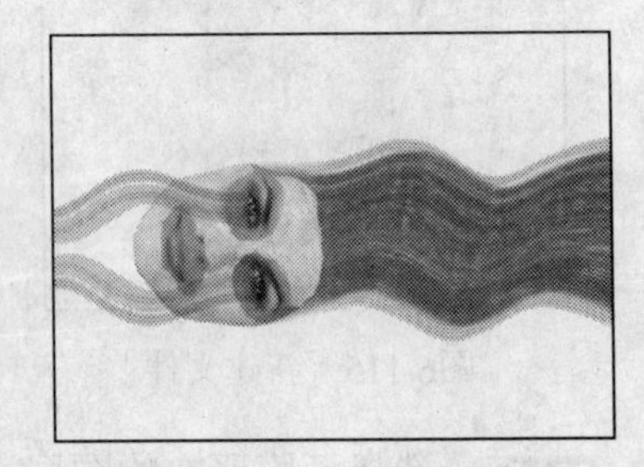

图6-126 添加睫毛效果

Step 06 打开“水.jpg”文件，拖入“漂流.psd”文件中（位置：素材\第6章\实例6），如图6-127所示，再将“花.jpg”文件置入画面中（位置：素材\第6章\实例6），如图6-128所示。

图6-127 添加水效果

图6-128 添加花效果

Step 07 选择工具箱中的“画笔工具”，新建一层后涂抹橘红色（R：235，G：97，B：0），如图6-129所示。执行“滤镜”|“模糊”|“高斯模糊”命令，将图层的不透明度设置

为“83%”，效果如图6-130所示，完成实例的制作。

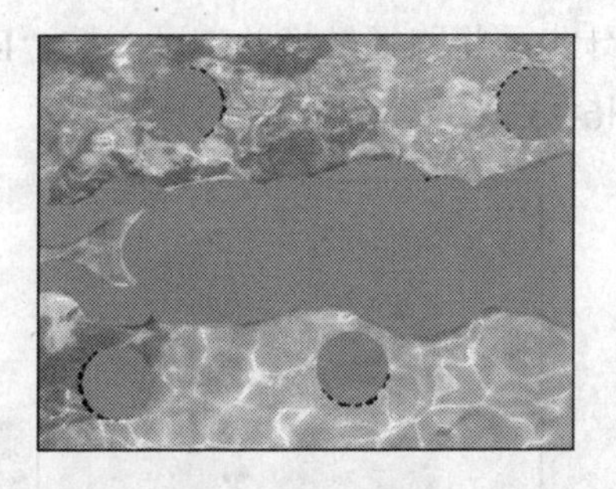

图6-129 添加画笔效果

图6-130 模糊效果

知识总结

本实例使用到的液化滤镜可使图像比较自然地变形。在使用该滤镜时，注意变形工具的参数设置。

面具 Example 07

实例效果

图6-131 面具

实例介绍

本例将使用钢笔工具、液化滤镜、绘画涂抹、最大值以及色彩调整命令制作金属面具效果。

制作分析

在本实例的制作过程中，主要使用钢笔工具抠取不需要的图像，使用液化滤镜对面具进行变形，通过绘画涂抹、最大值以及色彩调整命令制作金属面具效果。

制作步骤

具体操作方法如下：

Step 01 按“Ctrl+N”组合键，新建一个文件名为“面具”的空白文件，执行“文件”|“打开”命令，弹出“打开”对话框，打开文件名为“头像.jpg”的文件（位置：素材\第

6章\实例7），拖入“面具.psd”文件中，如图6-132所示。

Step 02 选择工具箱中的“钢笔工具”，框选眼睛和牙齿，将路径转换为选区，按“Delete”键删除选区内的图像，取消选区，效果如图6-133所示。

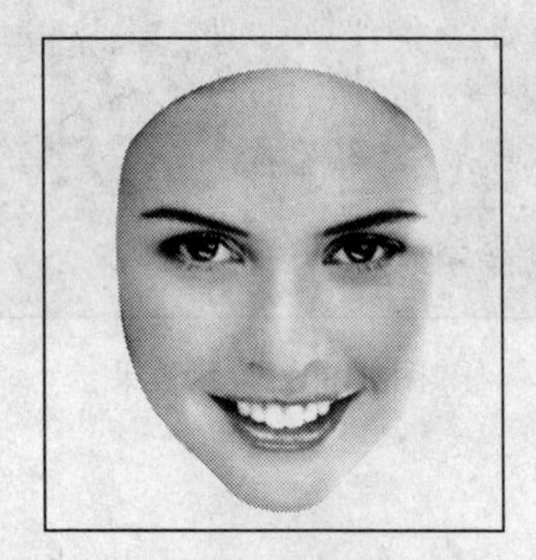

图6-132 添加图像

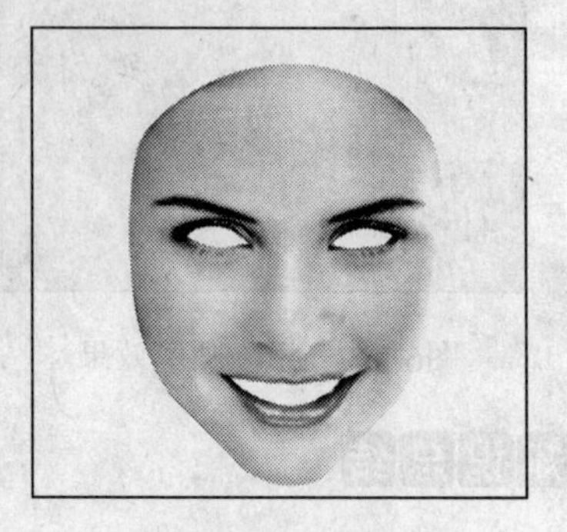

图6-133 删除图像

Step 03 执行“滤镜”|“液化”命令，设置对话框参数，选择向前变形按钮，对脸部进行变形，如图6-134所示。

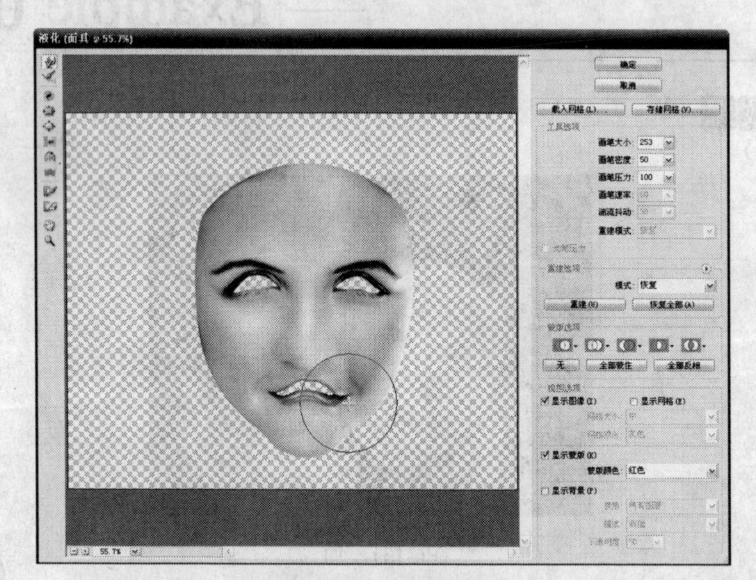

图6-134 液化滤镜

Step 04 执行“滤镜”|“艺术效果”|“绘画涂抹”命令，设置对话框参数如图6-135所示。

Step 05 执行“滤镜”|“其他”|“最大值”命令，设置对话框参数如图6-136所示。

Step 06 执行“图像”|“调整”|“亮度/对比度”命令，设置对话框参数如图6-137所示。

Step 07 执行“图像”|“调整”|“色相/饱和度”，设置对话框参数如图6-138所示，得到如图6-139所示效果。

Step 08 将面具复制一个副本，执行“图像”|“调整”|“渐变映射”命令，选择如图6-140所示渐变色，得到如图6-141所示效果。

Step 09 将图层混合模式设置为“点光”，不透明度设置为“70%”，得到如图6-142所示效果，并将两个面具图层合并。

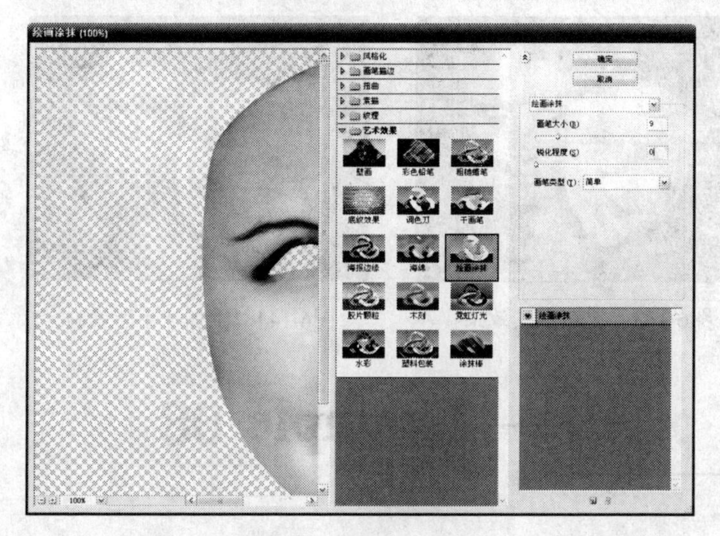

图6-135　绘画涂抹滤镜

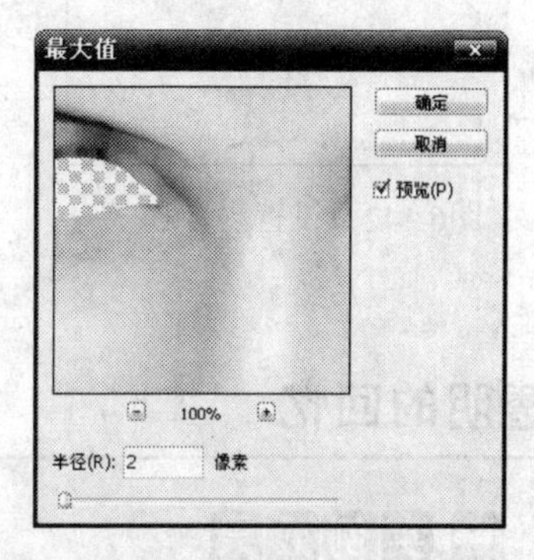

图6-136　最大值滤镜

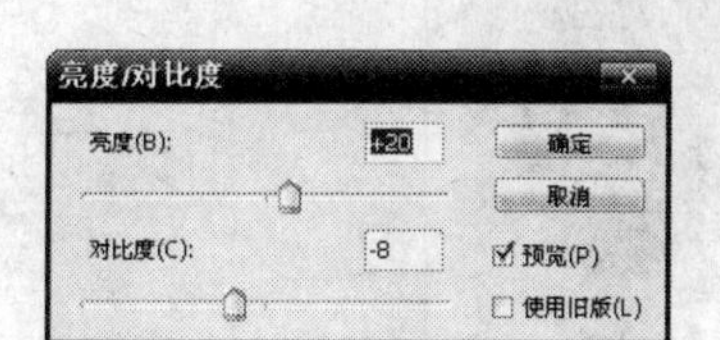

图6-137　调整亮度/对比度

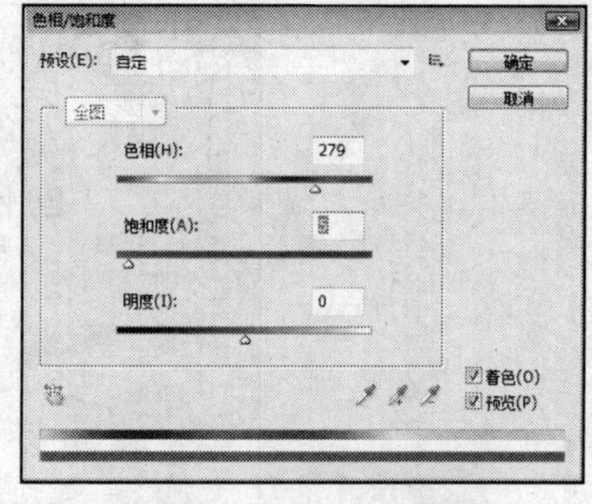

图6-138　调整色相/饱和度

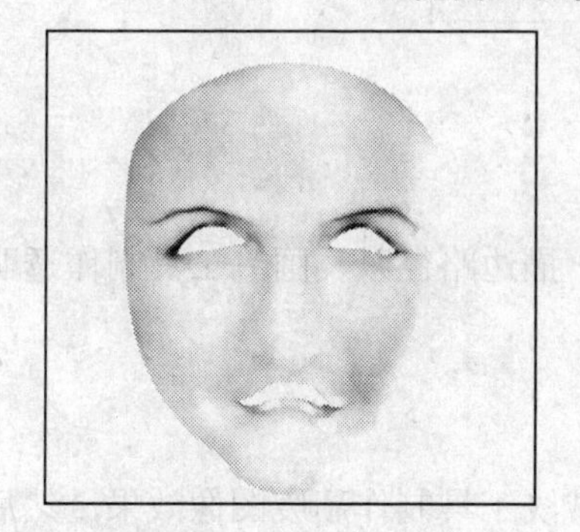

图6-139　调整后的效果

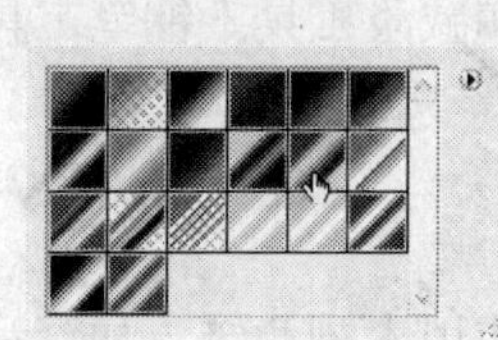

图6-140　选择渐变色

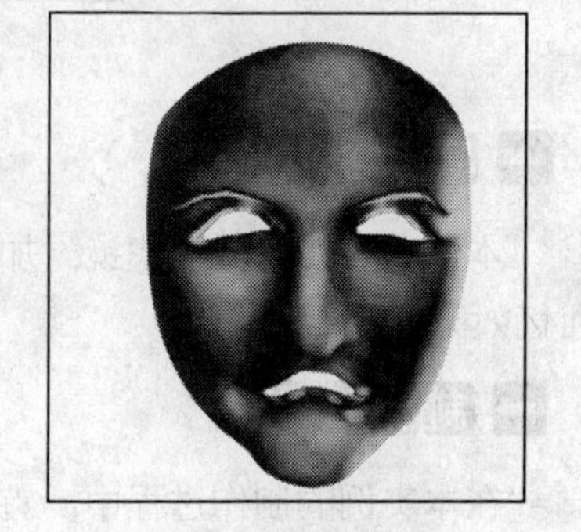

图6-141　渐变填充效果

Step 10　打开“人物.jpg”文件，将面具拖入（位置：素材\第6章\实例7），如图6-143所示，再添加“手.jpg”文件（位置：素材\第6章\实例7），并对位置及大小进行调整，效果如图6-144所示，完成实例的制作。

知识总结

本例中使用到的最大值滤镜通过查看图像中的单个像素，在指定半径内，用周围像素中最大的亮度值替换当前像素的亮度值。最大值滤镜具有收缩的效果，即向外扩展区域并收缩黑色区域。

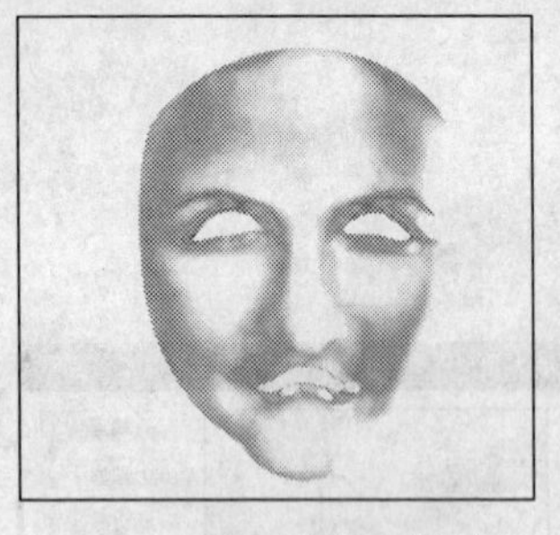

图6-142 设置混合模式

图6-143 放置面具效果

图6-144 添加“手”素材

透明的回忆 Example 08

实例效果

图6-145 透明的回忆

实例介绍

本例主要使用木刻滤镜、加深和减淡工具、钢笔工具、描边路径以及画笔工具制作透明回忆效果。

制作分析

在本实例的制作过程中，首先使用木刻滤镜、加深和减淡工具制作颓废图像效果，然后使用钢笔工具以及描边路径制作绳子效果，最后使用画笔工具修饰图像效果。

制作步骤

具体操作方法如下：

Step 01 按“Ctrl+N”组合键，新建一个文件，如图6-146所示。

Step 02 执行“文件”|“打开”命令，弹出“打开”对话框，打开文件名为“鞋”的文件（位置：素材\第6章\实例8），将其放置在“透明的回忆.psd”文件中，并调整大小，效果如图6-147所示。

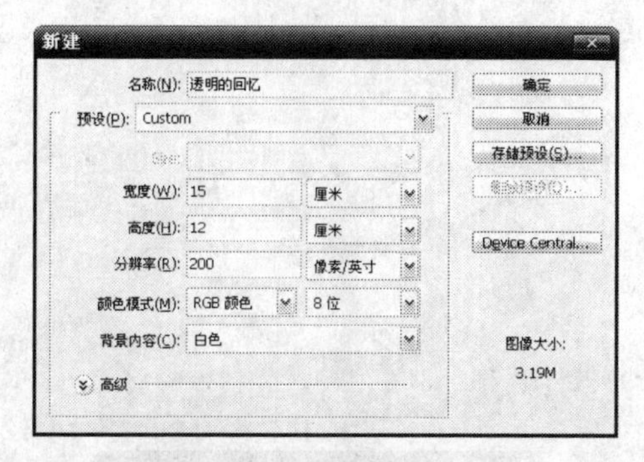

图6-146　新建文件

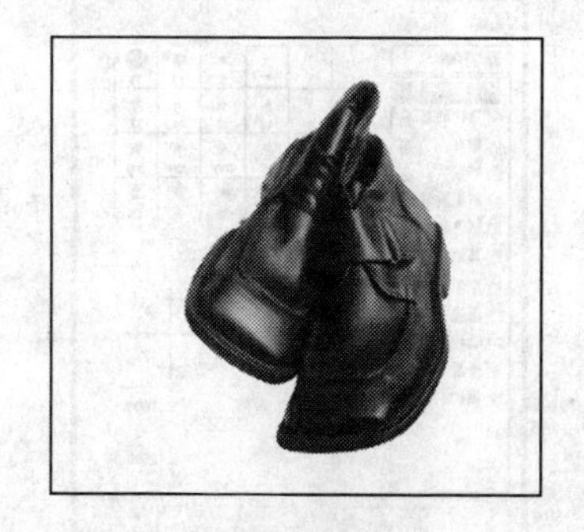
图6-147　添加图像

Step 03 执行“滤镜”|“艺术效果”|“木刻”命令，设置参数如图6-148所示，得到如图6-149所示效果。

Step 04 选择工具箱中的“加深工具”和“减淡工具”，对鞋子做加深和减淡处理，效果如图6-150所示。

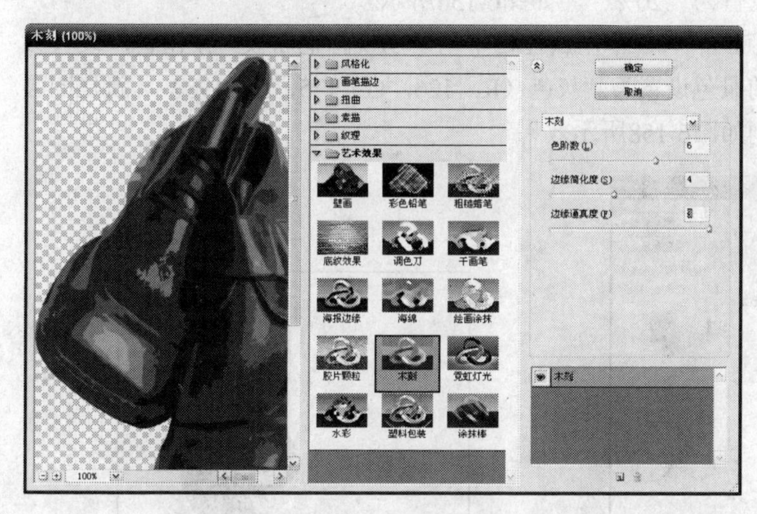

图6-148　木刻滤镜

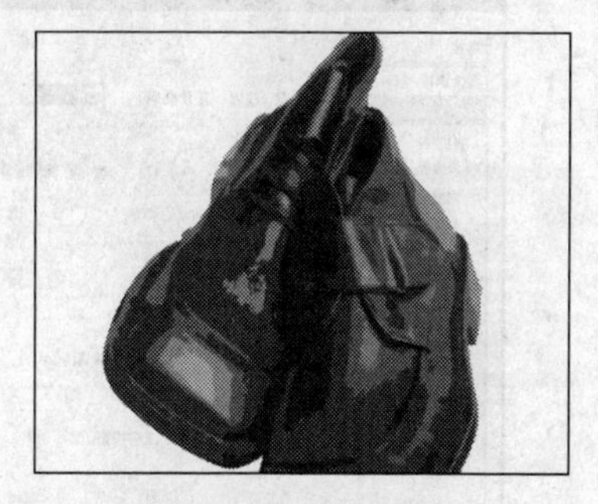
图6-149　滤镜效果

Step 05 选择工具箱中的“钢笔工具”，绘制如图6-151所示路径。选择工具箱中的“画笔工具”，单击属性栏中的“切换画笔面板”按钮，设置参数如图6-152所示。然后选择工具箱中的“钢笔工具”，在画面中单击鼠标右键，选择“描边路径”命令，设置对话框如图6-153所示。然后单击“添加图层样式”按钮 fx.，参照如图6-154所示，添加“投影”样式，效果如图6-155所示。

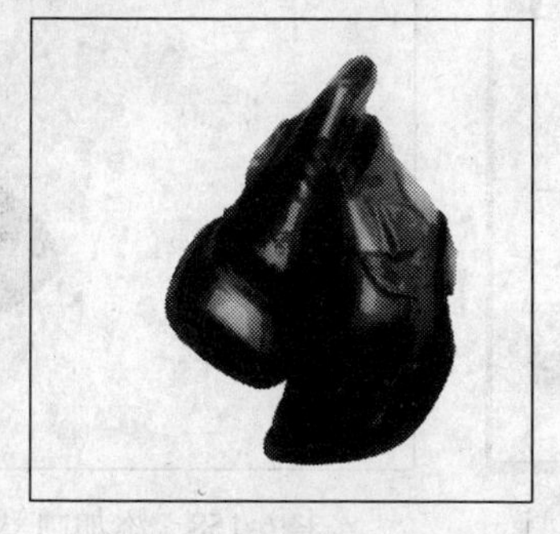
图6-150　加深和减淡效果

图6-151　创建路径

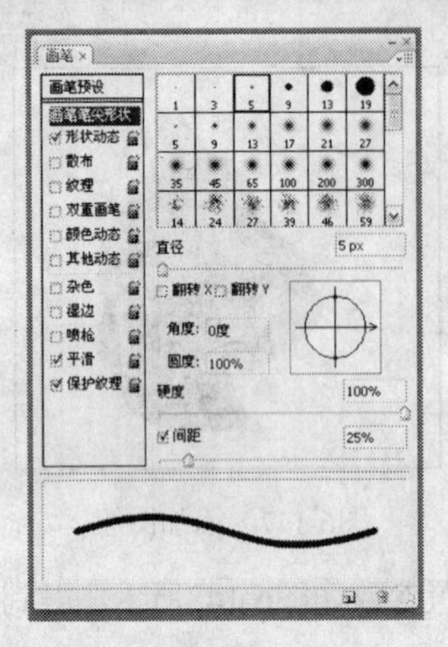

图6-152 设置画笔工具

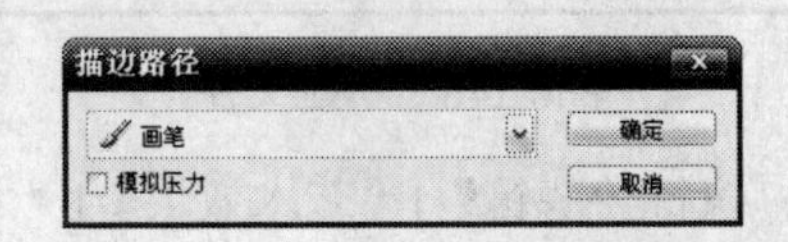

图6-153 描边路径

Step 06 打开“背景”文件（位置：素材\第6章\实例8），将其放置在“透明的回忆.psd”文件中，并将不透明度设置为“20%”，如图6-156所示。

Step 07 选择工具箱中的“画笔工具”，单击属性栏中的“切换画笔面板”按钮，设置参数如图6-157所示，将前景色设置为蓝灰色（R：126，G：175，B：198），新建图层后在画面中涂抹，得到如图6-158所示效果。

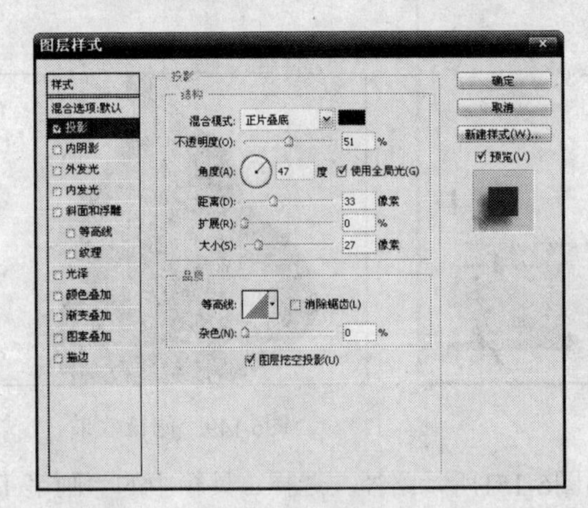

图6-154 投影参数

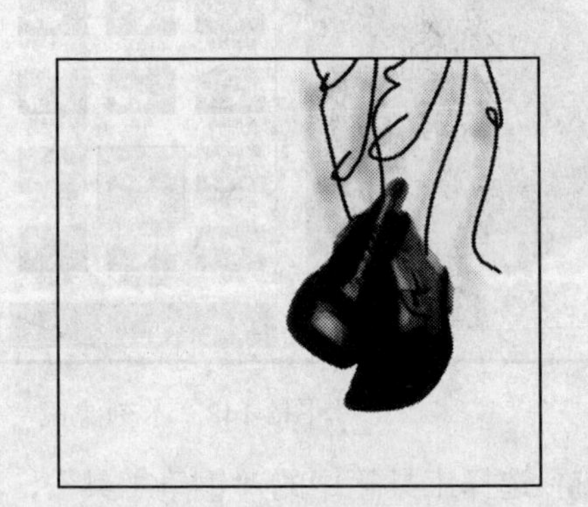

图6-155 样式效果

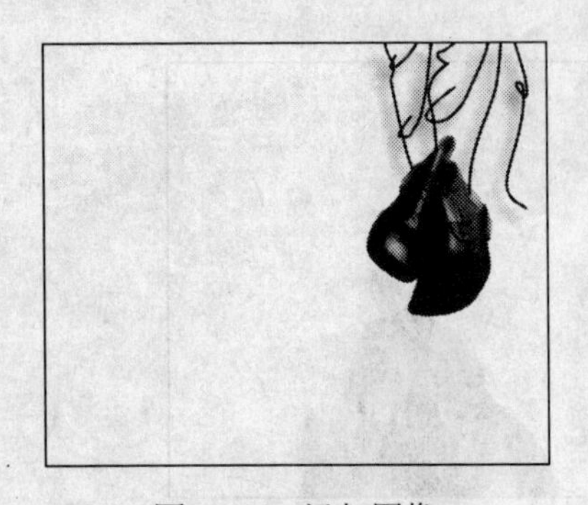

图6-156 添加图像

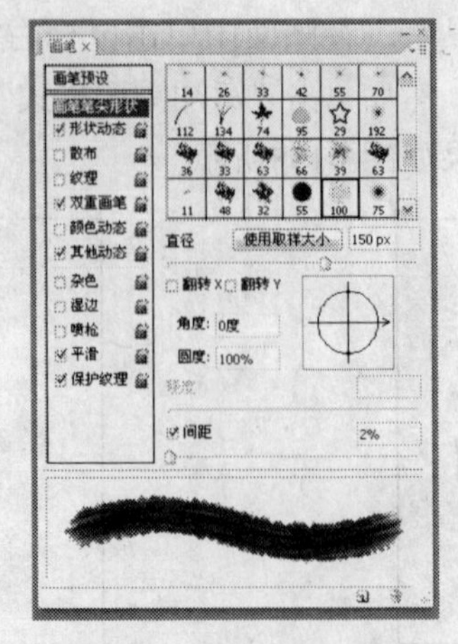

图6-157 设置画笔工具

图6-158 添加画笔效果

Step 08 选择工具箱中的“椭圆工具”，绘制圆环，如图6-159所示。选择工具箱中的“横排文字工具”，输入文字，效果如图6-160所示。

Step 09 将文字和圆环合并为一层，然后旋转圆环如图6-161所示。选择工具箱中的“画笔工具”，添加画笔效果，如图6-162所示。

图6-159 绘制圆环

图6-160 输入文字

图6-161 旋转圆环

Step 10 选择工具箱中的“横排文字工具”，输入文字，完成实例的制作，最终效果如图6-145所示。

图6-162 添加画笔效果

知识总结

本例中使用到的木刻滤镜使图像好像由粗糙剪切的彩纸组成的效果。在高对比度的图像中应用，效果好像是黑色剪影，在彩色图像中应用，看起来好像是由几层彩纸构成。

Chapter 07 滤镜特效应用实例

滤镜来源于摄影中的滤光镜，应用滤光镜的功能可以改进图像和产生特殊的效果。Photoshop中的滤镜同样可以到达以上效果，但是没有哪一种实际中的滤光镜可以和Photoshop中的滤镜媲美。应用滤镜菜单提供的功能，可以产生令人惊叹的效果之一。Photoshop中提供了一百多种不同的滤镜。

本章通过7个综合实例，重点给读者讲解Photoshop CS4中滤镜的应用方法，通过多种滤镜的结合使用来得到综合的图像效果。

星空壁纸 Example 01

实例效果

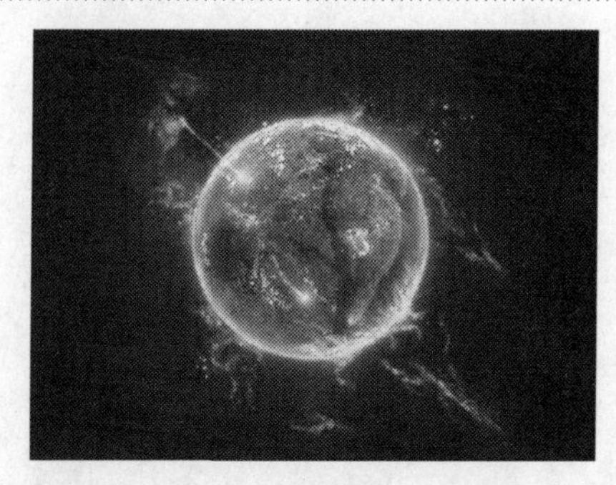

（a）素材　　（b）处理后的效果

图7-1　星空壁纸

实例介绍

星空壁纸图像是综合应用多种滤镜，制作出星空中的云朵效果。本实例主要通过渲染滤镜来制作云彩图像效果，应用铜板雕刻滤镜来制作星星图像，综合运用滤镜之间的切换和结合得到最终的效果如图7-1（b）所示。

制作分析

在本实例的制作过程中，主要应用渲染滤镜和像素化滤镜，渲染滤镜可以制作出云彩图像，并通过设置模拟出星空的云朵效果，而像素化滤镜则可以制作出点点星光，所有的滤镜都可以通过在滤镜菜单中单击相关命令进行设置，并注意设置不同参数时图像的变化。

制作步骤

具体操作方法如下：

Step 01 执行“文件”|“新建”菜单命令，弹出“新建”对话框，在对话框中设置所创建文件的大小和背景颜色，如图7-2所示，设置完成后单击“确定”按钮。

Step 02 所创建的图像窗口如图7-3所示。

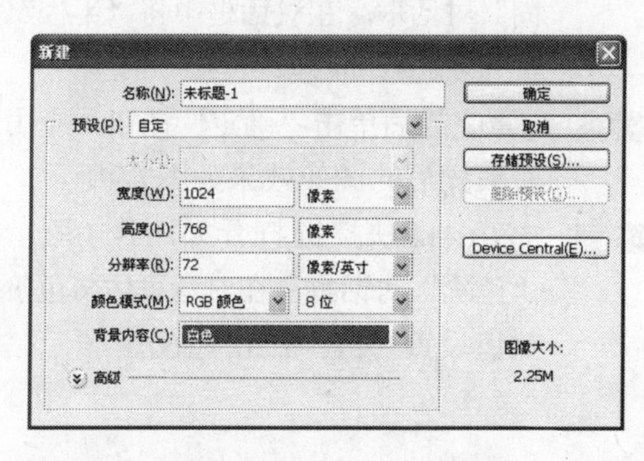

图7-2　“新建”对话框

图7-3　新建图像

Step 03 将前景色设置为黑色，然后按Ctrl+Delete快捷键将背景填充为黑色，效果如图7-4所示。

Step 04 打开“图层”面板，并单击底部的“创建新图层”按钮，建立一个新的图层，如图7-5所示，将图层1也填充为黑色。

图7-4 填充图像

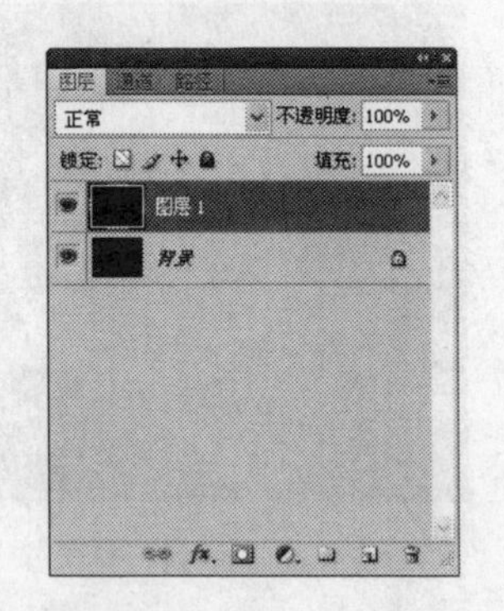

图7-5 创建新图层

Step 05 执行“滤镜”|“像素化”|“铜板雕刻”命令，弹出如图7-6所示的“铜板雕刻”对话框，在对话框中将“类型”设置为“粗网点”。

Step 06 设置完成后单击“确定”按钮，应用铜板雕刻后的效果如图7-7所示。

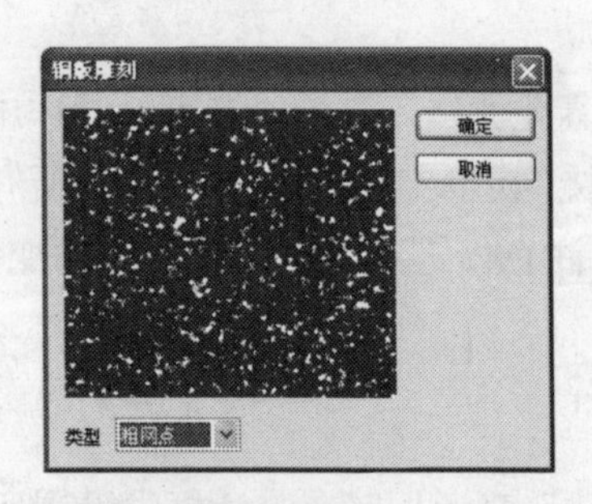

图7-6 “铜板雕刻”对话框

图7-7 应用铜板雕刻后的效果

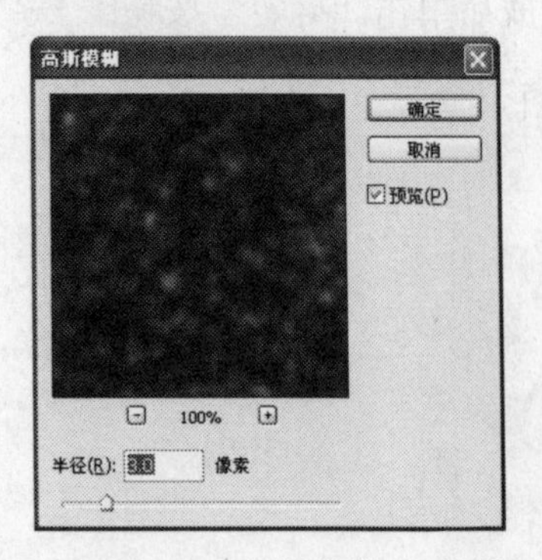

图7-8 “高斯模糊”对话框

Step 07 执行“滤镜”|“模糊”|“高斯模糊”命令，弹出如图7-8所示的“高斯模糊”对话框，在对话框中将“半径”设置为“3.0”像素。

Step 08 设置完成后单击“确定”按钮，应用高斯模糊后的图像效果如图7-9所示。

Step 09 按Ctrl+L快捷键打开如图7-10所示的“色阶”对话框，在对话框中将色阶的数值设置为51、2.20、160。

图7-9 应用高斯模糊后的图像

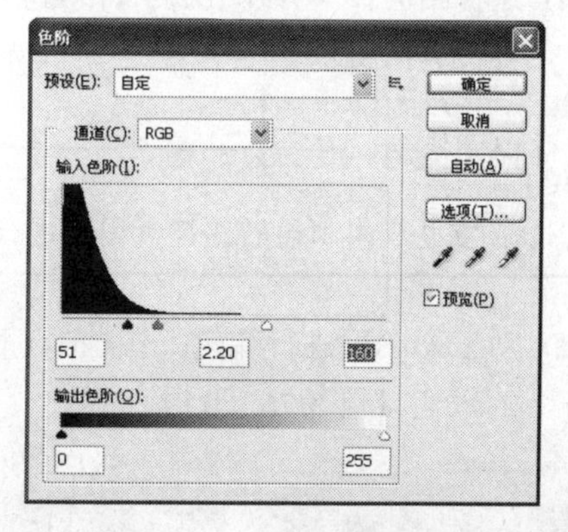

图7-10 “色阶”对话框

Step 10 设置完成后单击“确定”按钮，调整后图像中的白色圆点图像更突出，效果如图7-11所示。

Step 11 打开“图层”面板，创建一个新的图层，系统自动将其命名为“图层2”，如图7-12所示。

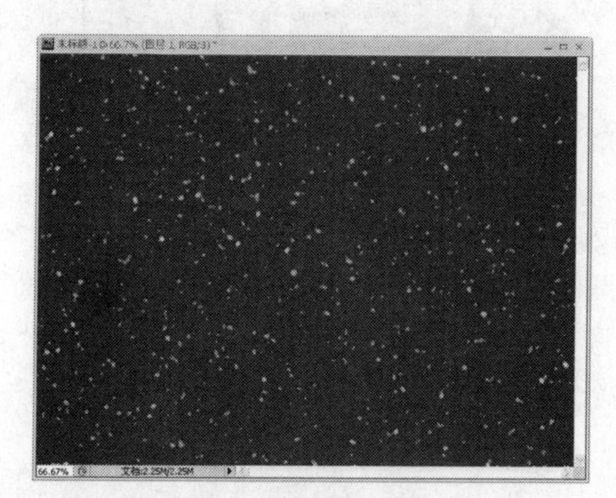

图7-11 编辑后的图像

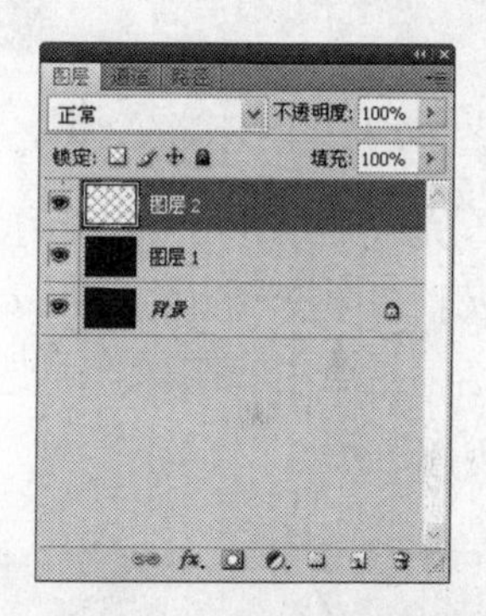

图7-12 创建新图层

Step 12 将上步所创建的新图层填充为白色，效果如图7-13所示。

Step 13 将前景色和背景色分别设置为黑色和白色，然后执行“滤镜”|“渲染”|“云彩”命令，可以重复按Ctrl+F快捷键直至得到满意的效果，如图7-14所示。

图7-13 填充为白色

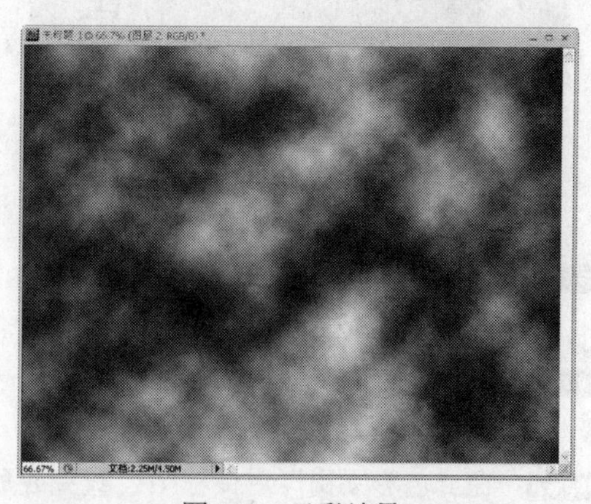

图7-14 云彩效果

Step 14 选择图层1，将该图层的“混合模式”设置为“滤色”，设置后可以显示出星星图像，如图7-15所示。

行家提示

在重复应用相同的滤镜对图像进行编辑时，可以按Ctrl+F键，直至得到满意的效果。

Step 15 对云彩图层进行编辑，按Ctrl+L快捷键打开如图7-16所示的“色阶”对话框，将色阶的数值设置为76、0.81、244。

图7-15　设置后的效果

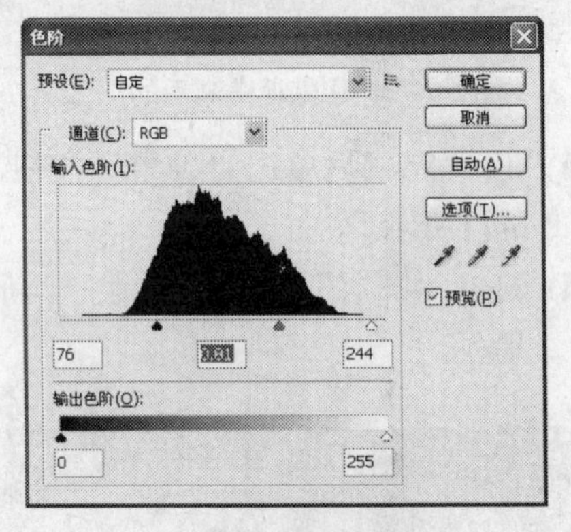

图7-16　“色阶”对话框

Step 16 设置完成后单击“确定”按钮，调整后云彩图像变暗，效果如图7-17所示。

Step 17 对云彩图像设置颜色，执行“图像”|“调整”|“色彩平衡”命令，打开“色彩平衡”对话框，单击“阴影”单选按钮，然后将“色阶”数值设置为-100、+100、+98，如图7-18所示。

图7-17　调整后的效果

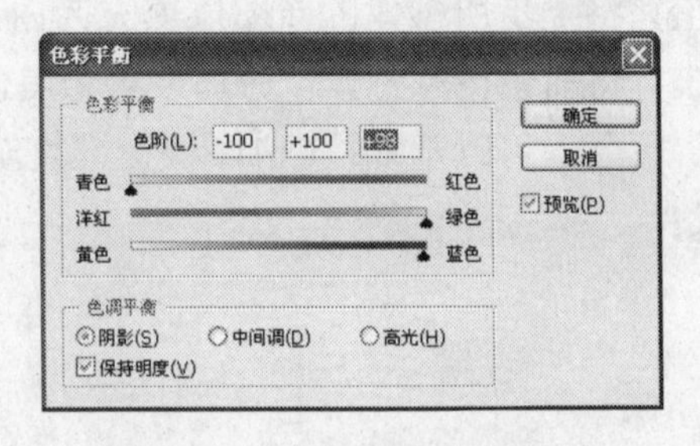

图7-18　“色彩平衡”对话框

Step 18 继续在对话框中设置参数，单击“中间调”单选按钮，然后将“色阶”数值设置为-100、0、+66，如图7-19所示。

Step 19 下面设置高光区域的颜色，单击“高光”单选按钮，将“色阶”数值设置为-21、0、0，如图7-20所示。

Step 20 在“色彩平衡”对话框中设置完成后单击“确定”按钮，调整后的图像效果如图7-21所示。

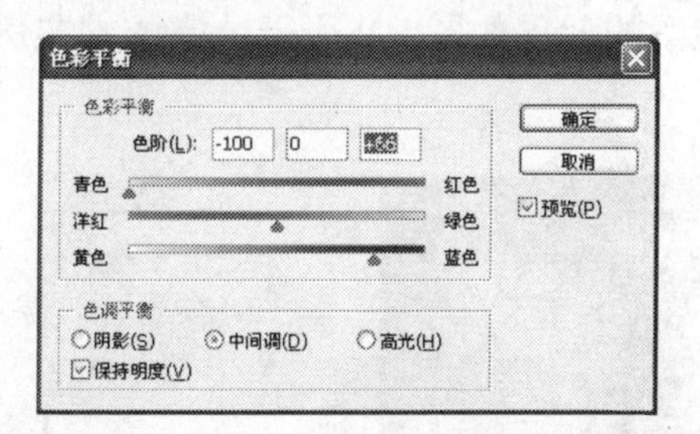

图7-19 设置中间调效果

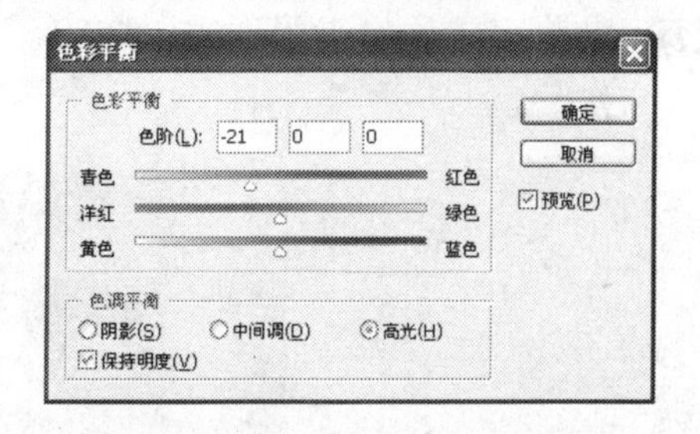

图7-20 设置高光效果

Step 21 执行“文件”|“打开”命令，弹出“打开”对话框，打开文件名为“星球”的文件（位置：素材\第7章\实例1），效果如图7-22所示。

图7-21 设置后的图像

图7-22 打开素材图像

Step 22 将上步所打开的图像拖动到所创建的图像窗口中，并将地球图像调整到合适的大小，放置到图像的中间位置，将图层的“混合模式”设置为“滤色”，并查看合成后的效果，如图7-23所示。

Step 23 选择图层1，并执行“滤镜”|“渲染”|“镜头光晕”命令，打开“镜头光晕”对话框，在对话框中单击“105毫米聚焦”单选按钮，将“亮度”设置为“130%”，如图7-24所示。

图7-23 设置后的效果

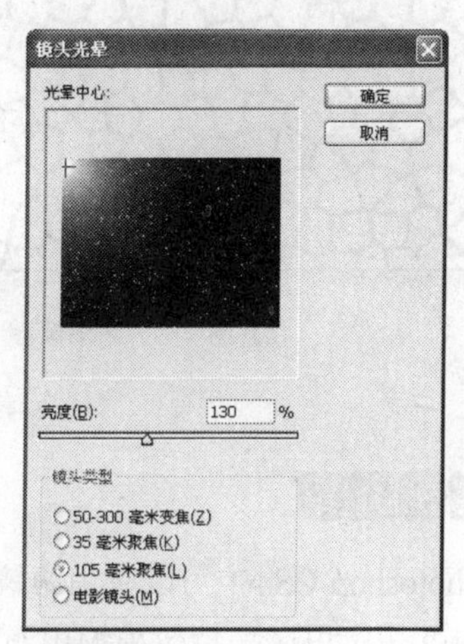

图7-24 “镜头光晕”对话框

Step 24 设置完成后单击“确定”按钮，应用滤镜后的效果如图7-25所示，完成本实例的操作。

图7-25 完成后的效果

知识总结

在本实例的操作过程中，主要使用Photoshop的滤镜进行操作。值得用户注意的是，在应用渲染滤镜制作云彩图像时，可以通过重复按Ctrl+F快捷键来得到最合适的云彩图像效果，然后将提供的素材通过设置放置到云彩图像中，制作成综合效果。

仿真石墙特效 Example 02

实例效果

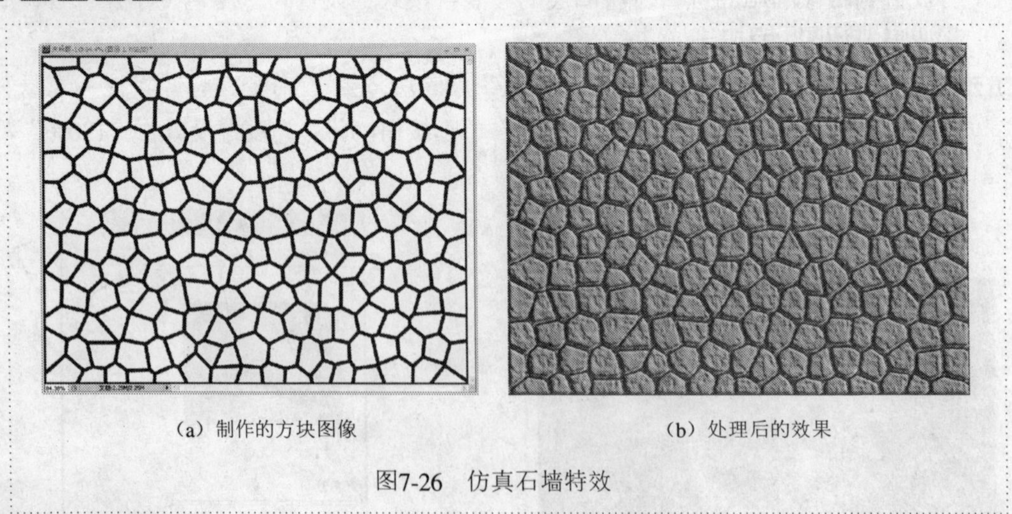

（a）制作的方块图像　　（b）处理后的效果

图7-26 仿真石墙特效

实例介绍

在Photoshop CS4中可以应用滤镜模拟出各种自然界中的图像，包括水、塑料、墙壁等，本实例中就是应用这一特效模拟出石墙图像效果，主要通过应用纹理滤镜来模拟出墙壁的块状，然后将各个区域应用添加图层样式的方法制作成立体效果，如图7-26（b）所示。

制作分析

在本实例的制作过程中，首先应用纹理滤镜制作成墙面形状，通过载入选区的方法，将墙壁的缝隙和墙壁区域生成不同的图层，然后对各个图层进行编辑，并对缝隙和墙壁叠加上不同的颜色。

制作步骤

具体操作方法如下。

Step 01 执行“文件”|“新建”菜单命令，弹出“新建”对话框，如图7-27所示，在该对话框中将“宽度”设置为“1024”像素，将“高度”设置为“768”像素。

Step 02 设置完成后单击“确定”按钮，并打开“图层”面板，单击底部的“创建新图层”按钮，建立一个新的图层，如图7-28所示。

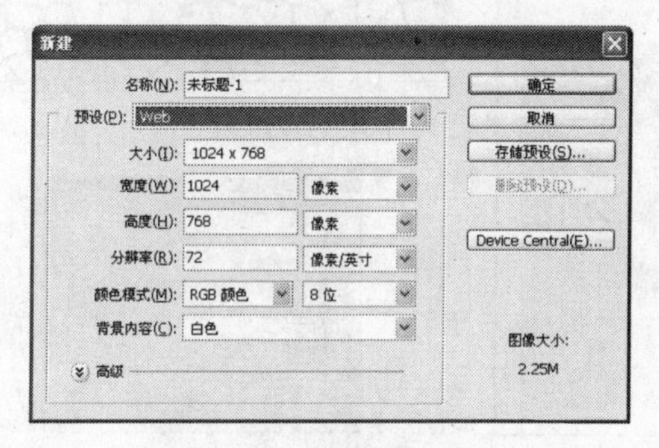

图7-27 “新建”对话框

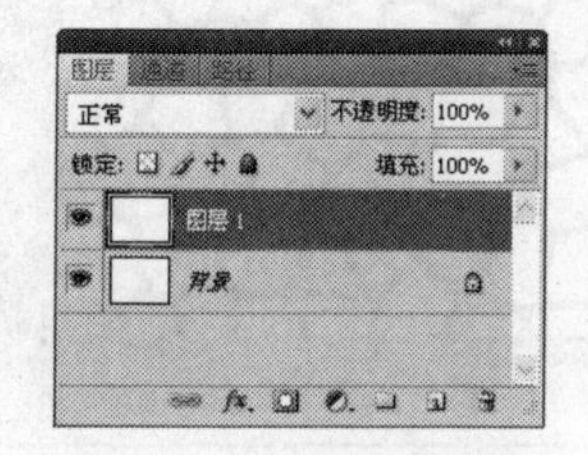

图7-28 创建新图层

Step 03 执行“滤镜”|“纹理”|“染色玻璃”菜单命令，打开“染色玻璃”对话框，在对话框中将“单元格大小”设置为“30”，将“边框粗细”设置为“11”，将“光照强度”设置为“3”，如图7-29所示。

Step 04 设置完成后单击“确定”按钮，从图像窗口中查看应用滤镜后的效果，如图7-30所示。

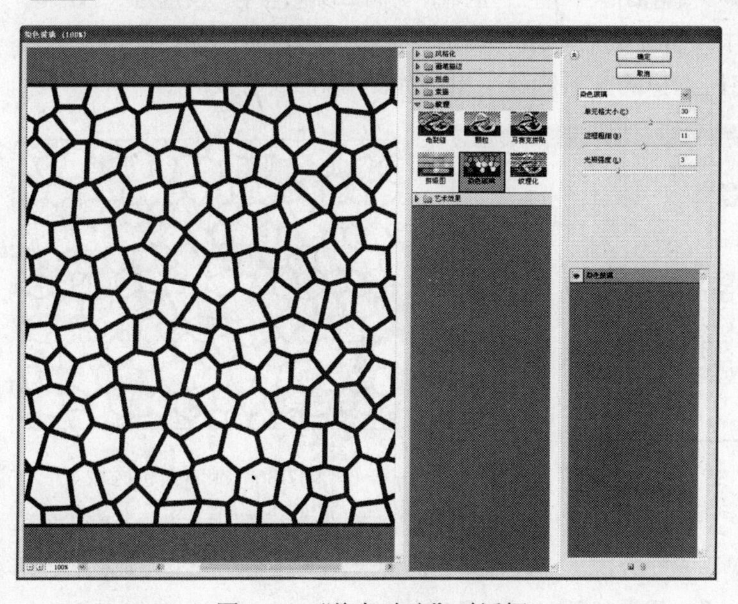

图7-29 “染色玻璃”对话框

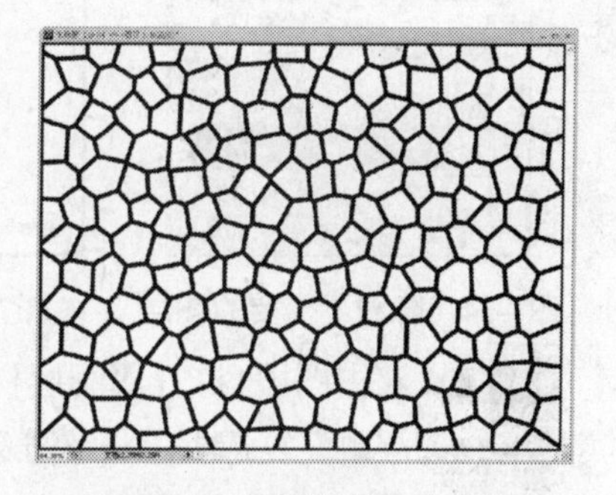

图7-30 应用滤镜后的效果

Step 05 执行“滤镜”|“艺术效果”|“木刻”菜单命令，打开“木刻”对话框，在对话框中将“色阶数”设置为“8”，将“边缘简化度”设置为“4”，将“边缘逼真度”设置为“1”，如图7-31所示。

Step 06 设置完成后单击“确定”按钮，从图像窗口中查看应用滤镜后的效果，如图7-32所示。

Step 07 选择图层1，并将该图层拖动到“图层”面板底部的“创建新图层”按钮上，复制出一个新的图层，如图7-33所示。

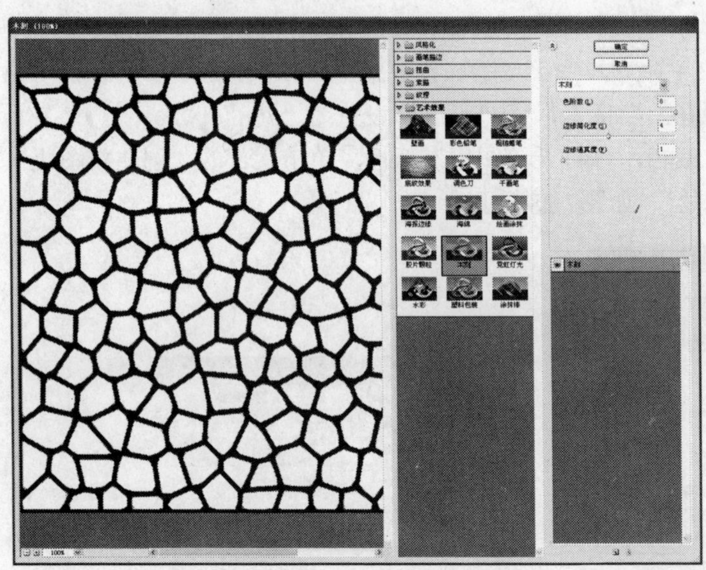

图7-31 “木刻”对话框

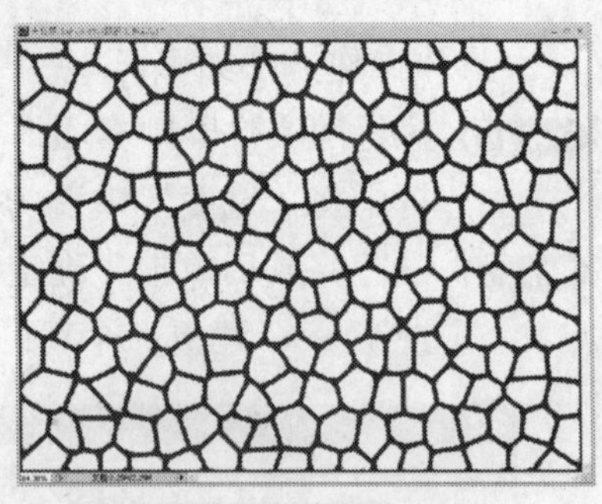

图7-32 应用滤镜后的效果

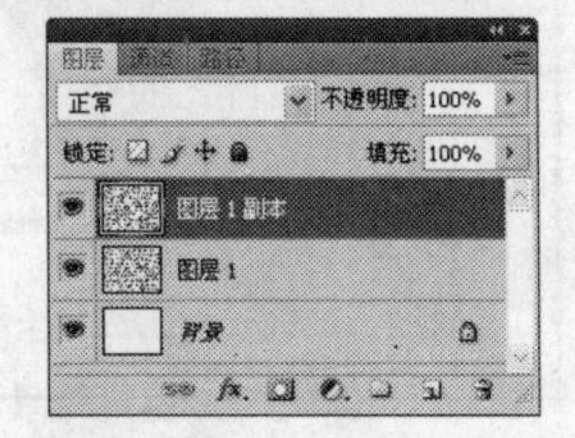

图7-33 复制图层1

Step 08 在“图层”面板中将所复制的“图层1副本”图层和背景图层进行隐藏，只显示出“图层1”图层，如图7-34所示。

Step 09 执行“选择”|“色彩范围”菜单命令，打开“色彩范围”对话框，如图7-35所示，在对话框中应用“吸管工具”单击图像中的白色区域，并将“颜色容差”设置为“200”。

Step 10 在“色彩范围”对话框中设置完成后单击“确定”按钮，即可将图像中的白色区域选取，按Delete快捷键将所选择的区域删除，得到如图7-36所示的效果。

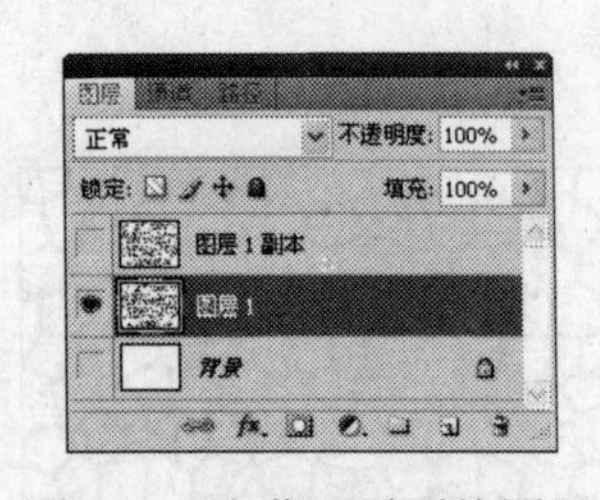

图7-34 隐藏不需要的图层

图7-35 “色彩范围”对话框

图7-36 删除白色区域

Step 11 双击图层1打开“图层样式”对话框，如图7-37所示，勾选对话框中左侧的“斜面和浮雕”复选框，将浮雕“样式”设置为“内斜面”，“大小”设置为“5”像素，“角度”设置为“120”度，“高度”设置为“30”度。

Step 12 继续在对话框中设置参数，勾选对话框左侧的“纹理”复选框，在右侧的“图案拾色器”中选择所需的图案，然后将“缩放”设置为“80%”，将“深度”设置为“+100%”，如图7-38所示。

行家提示

在“图层样式”对话框要对某个选项进行设置，首先要使用鼠标勾选对话框左侧相对应的复选框，然后打开右侧的选项区，在其中设置相关参数，并在设置参数时查看图像窗口中的图像变化。

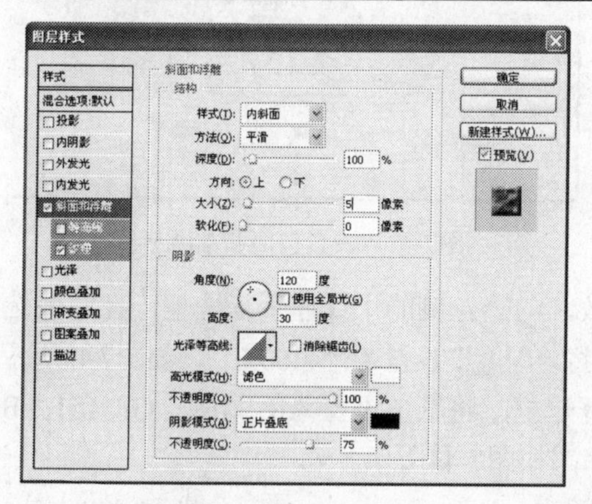

图7-37 设置斜面和浮雕

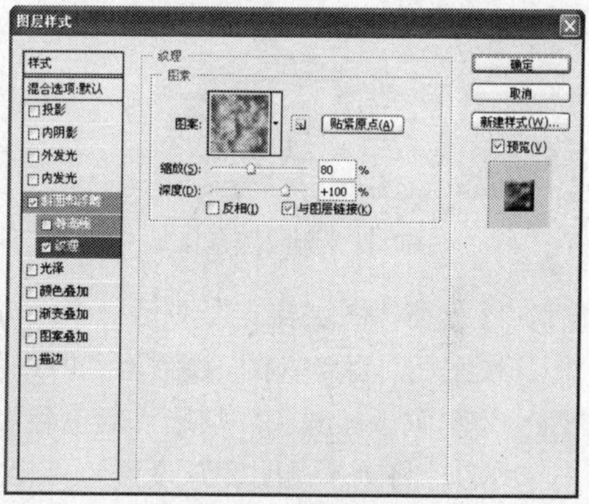

图7-38 设置纹理参数

Step 13 勾选“颜色叠加”复选框，打开右侧的选项区，将颜色设置为深灰色，“不透明度”设置为“100%”，如图7-39所示。

Step 14 设置完成所有的参数后单击“确定”按钮，并显示背景图层，从中可以看出为图层1添加上图层样式后的效果，如图7-40所示。

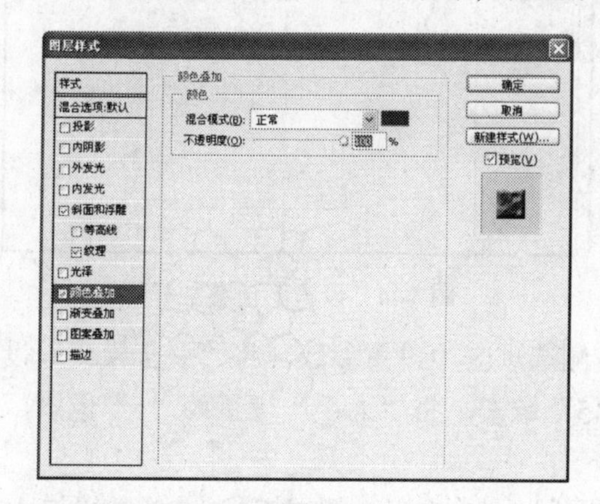

图7-39 设置“颜色叠加”选项

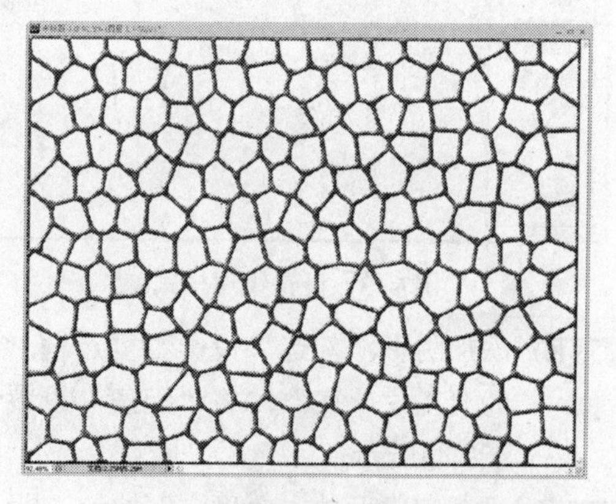

图7-40 应用图层样式后的效果

Step 15 将图层1隐藏，将图层1副本显示出来，应用前面所示的方法，打开“色彩范围”对话框，并将黑色区域选取，然后按Delete快捷键将所选取的区域删除，得到的图像效果如图7-41所示。

Step 16 使用鼠标双击“图层1副本”图层，打开“图层样式”对话框，如图7-42所示，勾选左侧的“斜面和浮雕”复选框，在右侧的选项区中设置参数，将“样式”设置为“内斜面”，将“深度”设置为“100%”，将“大小”设置为“6”像素，将“角度”设置为“41”度，将“高度”设置为“30”度。

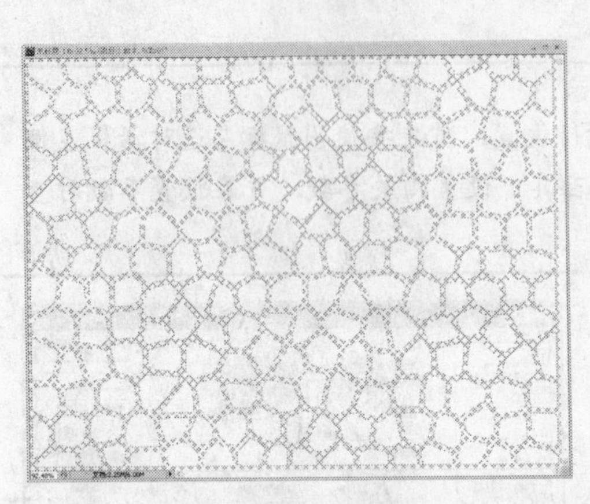

图7-41 删除黑色区域

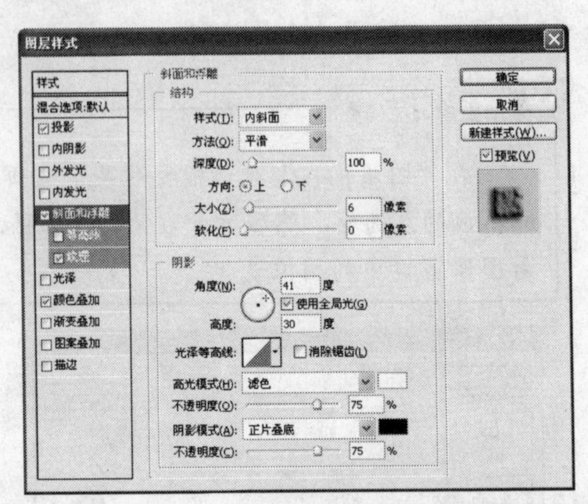

图7-42 设置斜面和浮雕样式

Step 17 继续在“图层样式”对话框中设置参数，勾选左侧的“纹理”复选框，在右侧选择图案后，将“缩放”设置为“100%”，将“深度”设置为“+100%”，如图7-43所示。

Step 18 为图像添加颜色，勾选“颜色叠加”复选框，将颜色设置为R：169、G：151、B：109，将“不透明度”设置为“100%”，如图7-44所示。

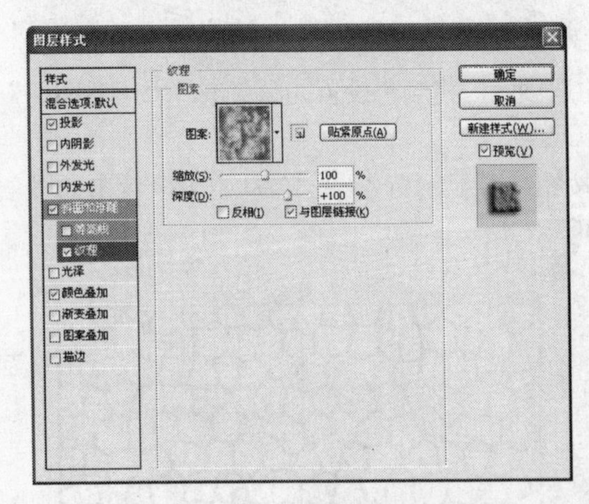

图7-43 设置纹理样式

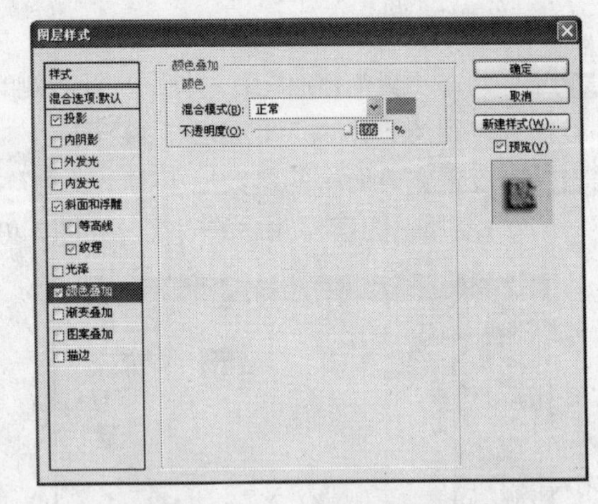

图7-44 设置颜色叠加样式

Step 19 添加阴影，勾选“投影”复选框，在右侧选项区中设置参数，将“混合模式”设置为“正片叠底”，将“距离”设置为“5”像素，将“大小”设置为“5”像素，如图7-45所示。

Step 20 设置完成后单击“确定”按钮，即可将图层1副本应用上图层样式，效果如图7-46所示。

Step 21 打开“图层”面板将所有的图层都显示出来，如图7-47所示。

Step 22 执在图像窗口中可以查看所制作的最终效果，如图7-48所示。

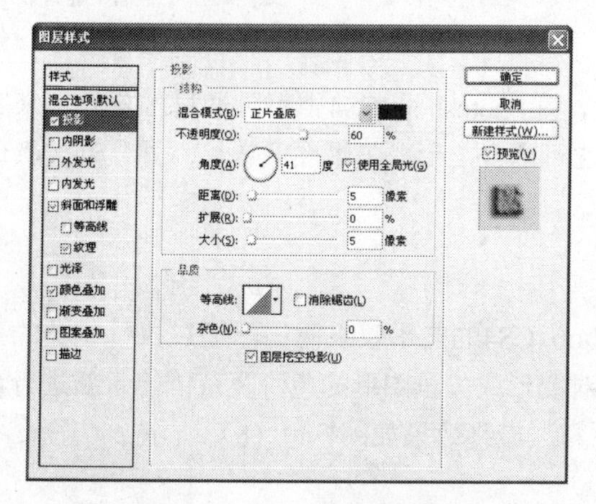

图7-45 设置“投影”选项

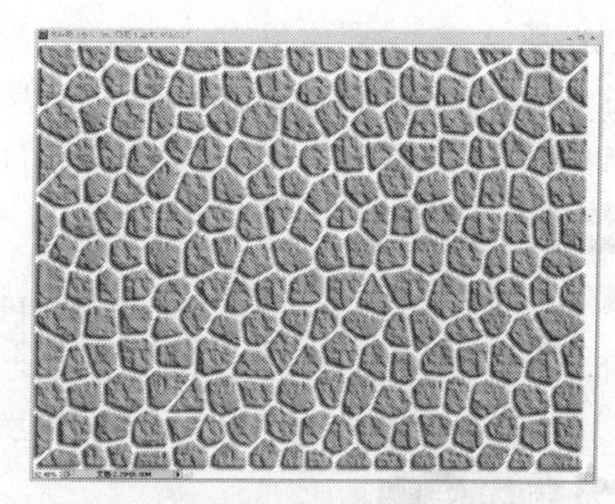

图7-46 应用图层样式后的效果

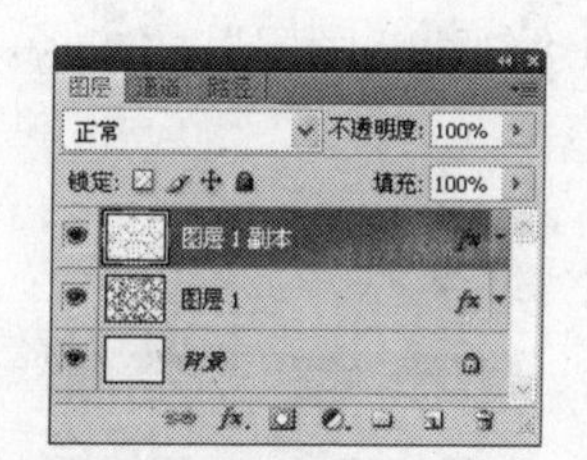

图7-47 显示所有图层

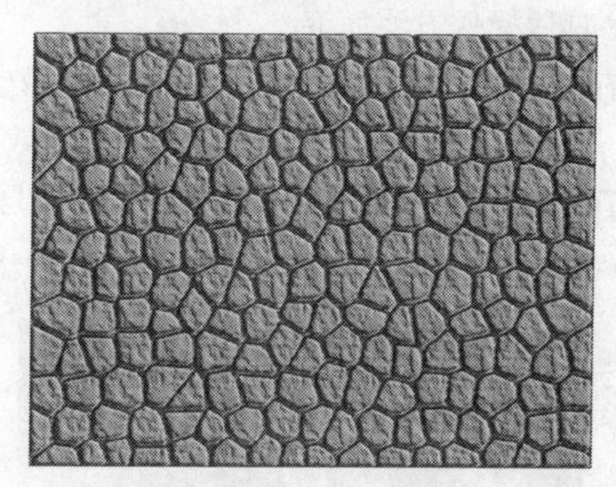

图7-48 完成后的效果

知识总结

在本实例的操作过程中，制作墙壁图像的区域是难点，要得到无序排列并且自然的块状，要通过纹理滤镜的相关设置，为了使各个方块更逼真，要结合木刻滤镜进行使用，值得注意的是在载入墙壁选区时，要先复制出两个相同的图层，并删除不同的选区。

矢量印刷人物效果 Example 03

实例效果

（a）素材

（b）处理后的效果

图7-49 矢量印刷人物效果

实例介绍

将图像矢量化是常见的一种图像处理方法，在Photoshop CS4中可以通过木刻滤镜来实现这一操作，通过模糊图像边缘，将相似像素进行结合，形成矢量图像效果，并且通过颜色叠加的方法，对人物图像的各个区域进行设置。

制作分析

在本实例的制作过程中，主要利用Photoshop CS4的艺术效果滤镜，通过执行相关的菜单命令，将“木刻”对话框打开，在对话框中对要形成矢量图形的色阶及范围等重新进行设置，最后应用图像菜单中的命令对图像添加色彩，最终效果如图7-49（b）所示。

制作步骤

具体操作方法如下：

Step 01 执行“文件”|“打开”命令，弹出“打开”对话框，打开文件名为“人物”的文件（位置：素材\第7章\实例3），效果如图7-50所示。

Step 02 打开“图层”面板，并将背景图层拖动到底部的“创建新图层”按钮上，复制出新的背景图层，如图7-51所示。

图7-50 “人物”素材图像

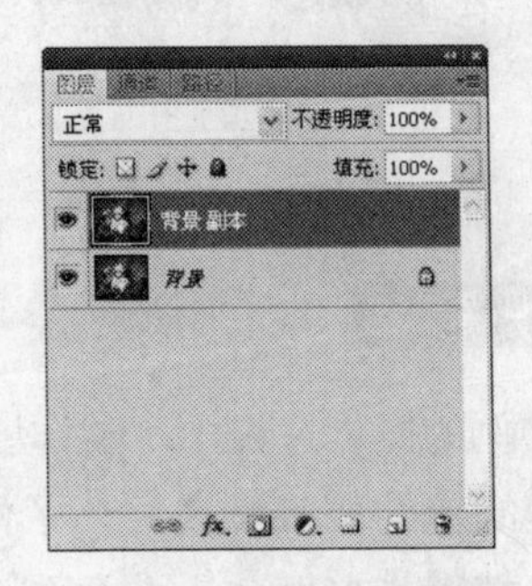

图7-51 复制背景图层

行家提示

在“图层”面板中可以直接选择所要复制的图层，并按Ctrl+J快捷键复制出相同的图层。

Step 03 执行“滤镜”|“艺术效果”|“木刻”命令，弹出“木刻”对话框，在对话框中将“色阶数”设置为“8”，将“边缘简化度”设置为“5”，将“边缘逼真度”设置为“2”，如图7-52所示。

Step 04 设置完成后单击“确定”按钮，完成后的效果如图7-53所示。

Step 05 再打开“图层”面板，并将背景图层进行复制，将复制的图层放置到“背景副本”图层的上方，如图7-54所示。

Step 06 执行“图像”|“调整”|“黑白”命令，弹出“黑白”对话框，将“红色”设置为“58%”，“黄色”设置为“55%”，“绿色”设置为“32%”，“青色”设置为“114%”，“蓝色”设置为“153%”，“洋红”设置为“-114%”，如图7-55所示。

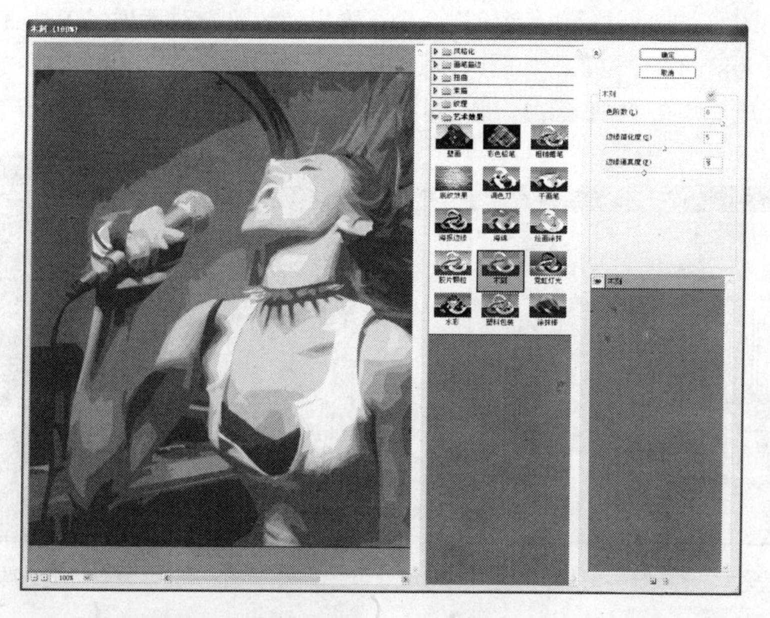

图7-52 “木刻”对话框

图7-53 应用滤镜后的效果

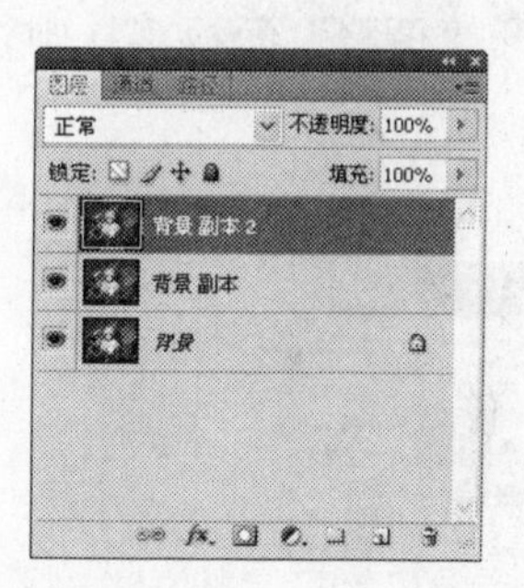

图7-54 复制副本图层

Step 07 设置完成后单击“确定”按钮，可以将彩色图像转换为黑白图像，效果如图7-56所示。

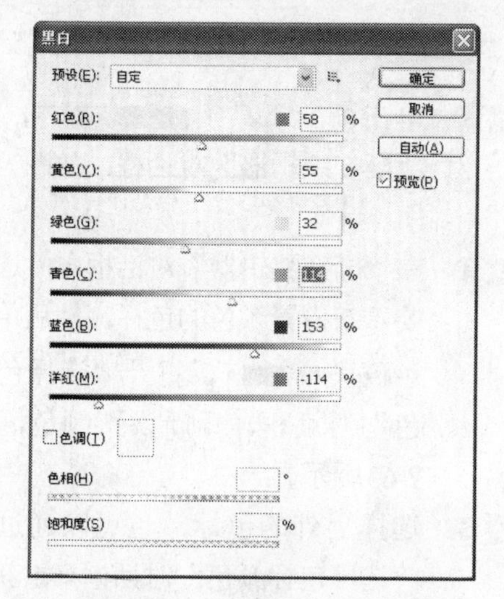

图7-55 “黑白”对话框

图7-56 调整为黑白效果

Step 08 执行“图像”|“调整”|“色阶”命令，弹出“色阶”对话框，在对话框中将色阶数值设置为8、1.34、248，如图7-57所示。

Step 09 设置完成后单击“确定”按钮，即可得到变换后的图像效果，如图7-58所示。

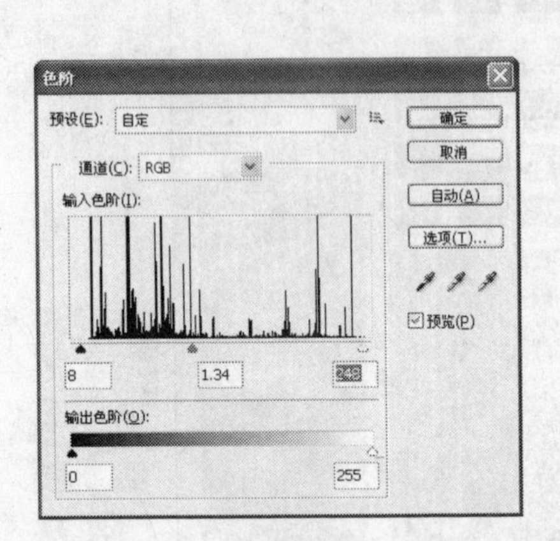

图7-57 “色阶”对话框

图7-58 设置后的效果

Step 10 打开“图层”面板，并单击底部的“创建新的填充或调整图层”按钮，在弹出的菜单中选择“渐变映射”命令，如图7-59所示。

Step 11 在“图层”面板中显示出新建的调整图层，并命名为“渐变映射1”，如图7-60所示。

Step 12 打开“调整”面板，从中查看渐变映射的类型，如图7-61所示。

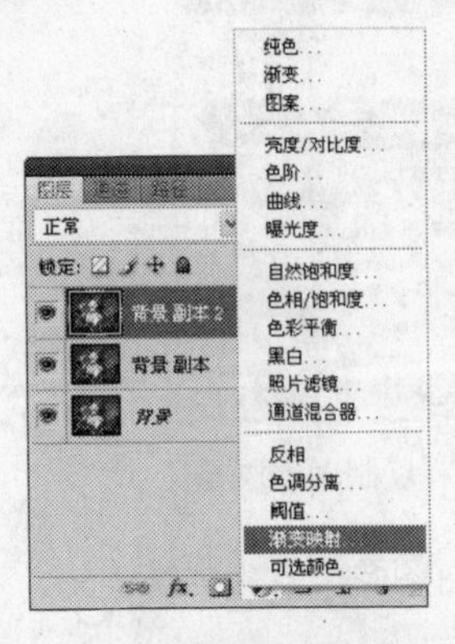

图7-59 选择“渐变映射”命令

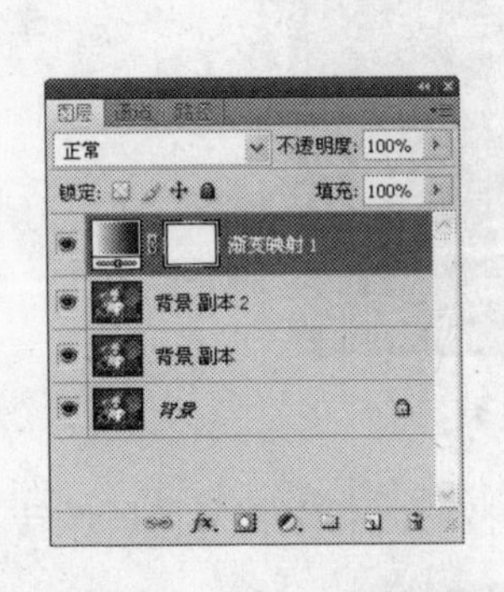

图7-60 创建调整图层

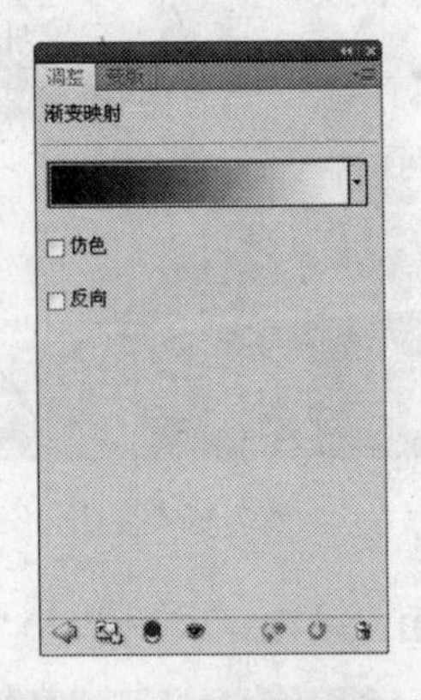

图7-61 “调整”面板

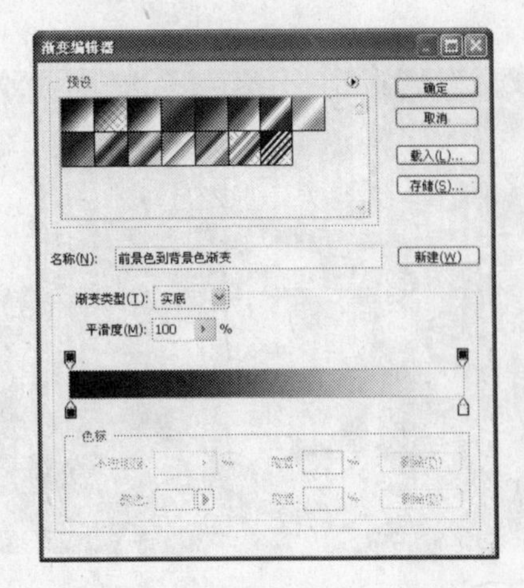

图7-62 “渐变编辑器”对话框

Step 13 单击渐变工具条，打开“渐变编辑器”对话框，如图7-62所示。

Step 14 在“渐变编辑器”对话框中，选择所要重新设置颜色的色标，然后单击颜色色块 颜色: ，打开“选择色标颜色”对话框，重新设置颜色，如图7-63所示。

Step 15 选择另外的色标，也可以通过打开“选择色标颜色”对话框来重新设置颜色，如图7-64所示。

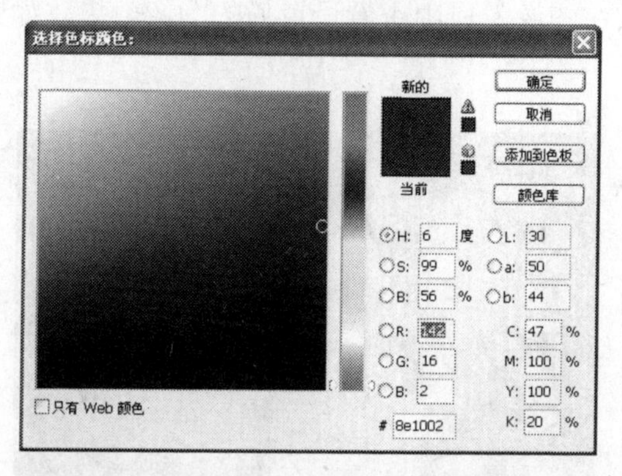

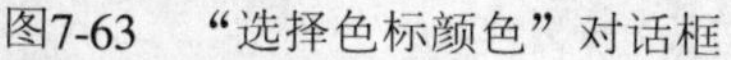
图7-63 “选择色标颜色”对话框

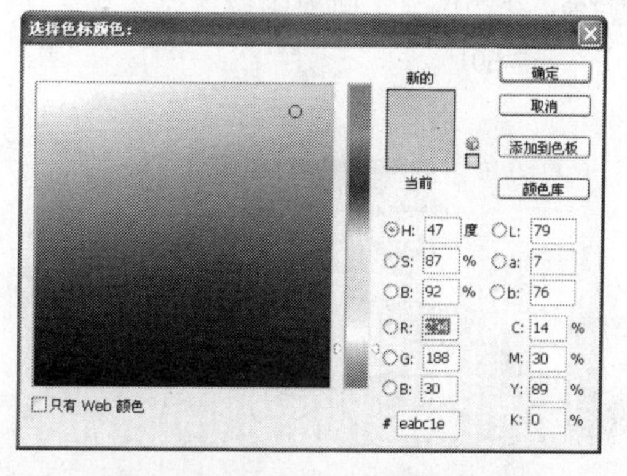

图7-64 “选择色标颜色”对话框

Step 16 在“选择色标颜色”对话框中，设置完成后单击“确定”按钮，返回到“渐变编辑器”对话框中，查看重新设置的渐变颜色，并且在中间添加过渡的色标，设置完成后单击“确定”按钮，如图7-65所示。

Step 17 在“调整”面板中可以查看新设置的渐变映射，如图7-66所示。

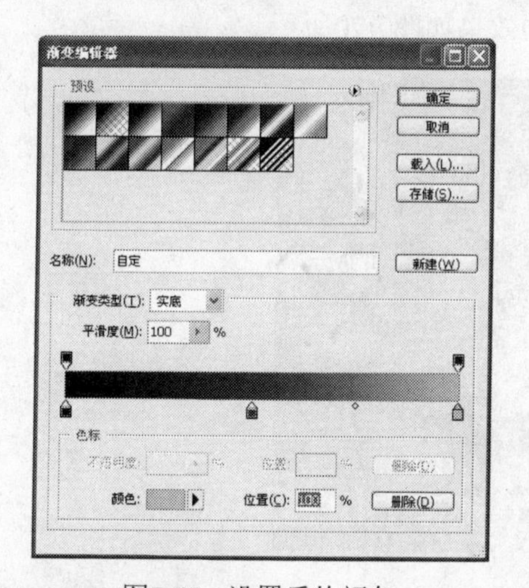

图7-65 设置后的颜色

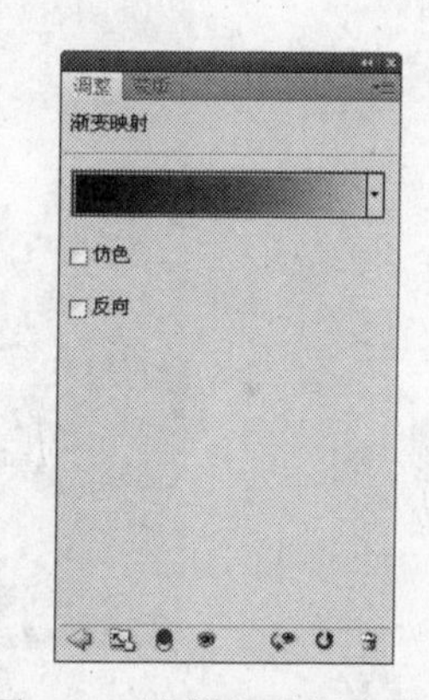

图7-66 设置后的渐变映射

Step 18 返回到图像窗口中，可以查看应用渐变映射后的图像效果，如图7-67所示。

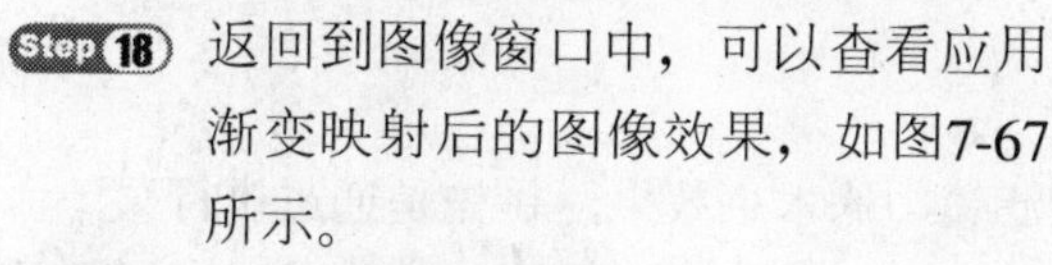

Step 19 打开“图层”面板，单击底部的“创建新的填充或调整图层”按钮，在弹出的命令中选择“亮度/对比度”命令，打开“调整”面板，设置亮度和对比度参数，将“亮度”设置为“23”，将“对比度”设置为“-16”，如图7-68所示。

图7-67 编辑后的效果

Step 20 在“调整”面板中设置完参数后，可以在图像窗口中查看设置后的图像效果，如图7-69所示。

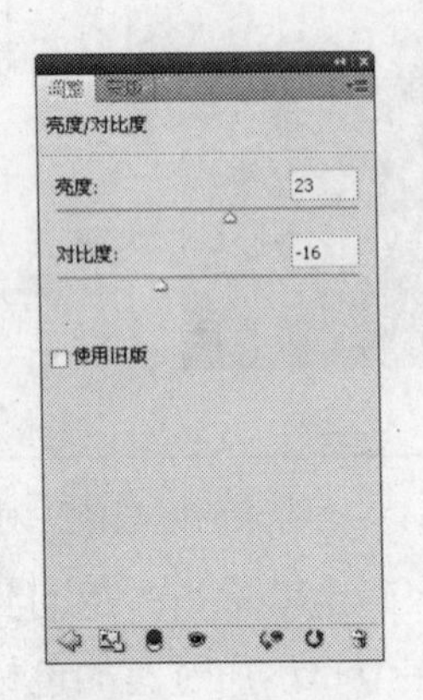

图7-68 设置参数

图7-69 调整后的效果

Step 21 最后为图像添加文字，应用“文本工具”在图中单击后，输入所需的英文字母，并设置字母的大小、字体和颜色，完成后的效果如图7-70所示。

图7-70 完成后的效果

知识总结

在本实例的制作过程中，主要用到艺术效果滤镜中的木刻效果，首先是通过执行菜单命令将“木刻”对话框打开，在对话框中设置形成矢量图形的比例和色阶数，然后通过设置映射渐变的方法为图像添加颜色。

黑白绘画海报　Example 04

实例效果

（a）素材

（b）处理后的效果

图7-71　黑白绘画海报

实例介绍

本实例主要是制作黑白绘画效果，应用滤镜菜单中的素描滤镜可以制作出黑白效果，并模拟出自然的画笔，其中应用的滤镜为成角和绘图笔滤镜，按照顺序来对图像进行编辑和调整，为了使图像更突出，将部分图像色彩进行还原。

制作分析

在本实例的制作过程中，主要应用Photoshop CS4中的素描滤镜，通过复制不同的图层来对图像进行编辑，选择相对应的图层，对其使用滤镜，得到各种滤镜叠加后的效果，直至模拟出绘画效果，最终效果如图7-71（b）所示。

制作步骤

具体操作方法如下：

Step 01 执行“文件”|“打开”命令，弹出“打开”对话框，打开文件名为“风景”的文件（位置：素材\第7章\实例4），效果如图7-72所示。

Step 02 打开“图层”面板，选择背景图层将其拖动到底部的“创建新图层”按钮上，复制出一个新的背景图层，如图7-73所示。

Step 03 执行“滤镜”|“素描”|“绘图笔”命令，打开如图7-74所示的“绘图笔”对话框，在对话框中将“描边长度”设置为“15”，将“明/暗平衡”设置为“30”，“描边方向”设置为“右对角线”。

Step 04 设置完所有参数后单击“确定”按钮，即可将选择的图层应用上滤镜效果，如图7-75所示。

图7-72 “风景”素材图像

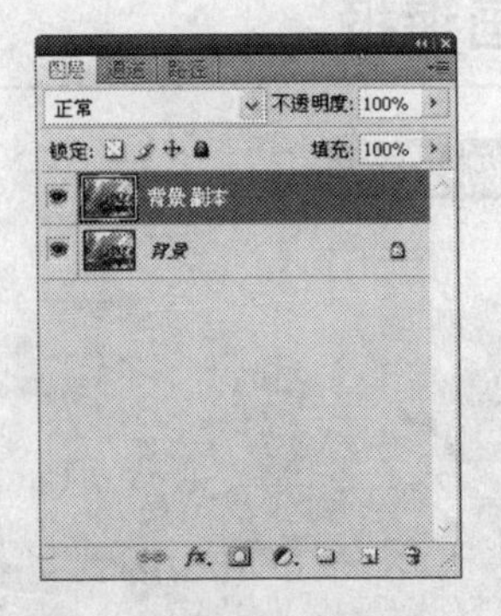

图7-73 复制背景图层

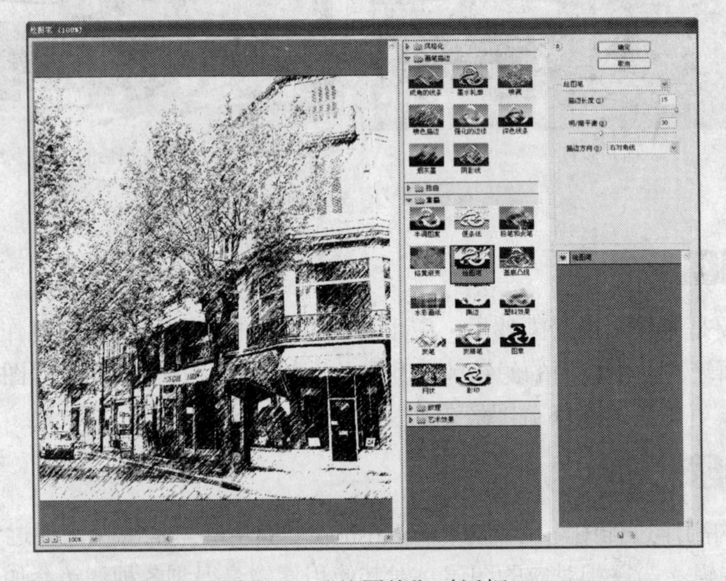

图7-74 “绘图笔”对话框

Step 05 再执行“滤镜”|“模糊”|“动感模糊”命令，打开如图7-76所示的“动感模糊”对话框，在对话框中将“角度”设置为“36”度，将“距离”设置为“3”像素。

图7-75 应用滤镜后的效果

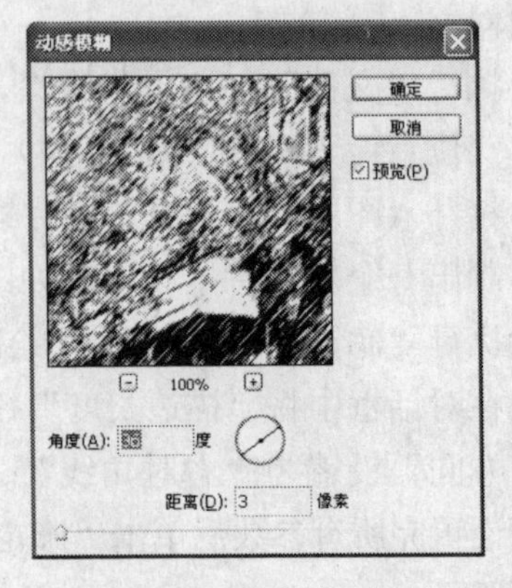

图7-76 “动感模糊”对话框

Step 06 设置完成后单击“确定”按钮，应用模糊滤镜编辑后的效果如图7-77所示。

Step 07 返回到“图层”面板中，选择“背景”图层将其拖动到底部的“创建新图层”按钮上，复制出一个新的图层，如图7-78所示。

图7-77 应用滤镜后的效果

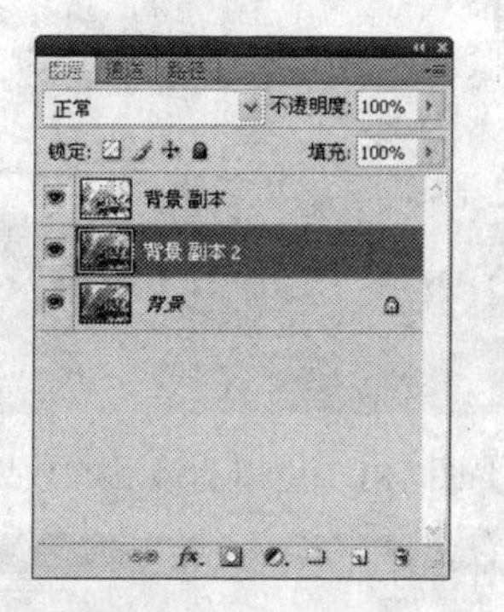

图7-78 复制出新的图层

Step 08 单击“背景副本”图层前面的“眼睛图标”，将该图层进行隐藏，如图7-79所示。

Step 09 确认选择的是“背景副本2”图层，执行“滤镜”|“画笔描边”|“成角的线条”命令，打开“成角的线条”对话框，如图7-80所示，在对话框中将“方向平衡”设置为“71”，将“描边长度”设置为“11”，将“锐化程度”设置为“1”。

图7-79 隐藏“背景副本”图层

图7-80 “成角的线条”对话框

Step 10 设置完成后单击“确定”按钮，将图像应用所选择的滤镜，效果如图7-81所示。

Step 11 将“背景副本2”图层拖动到“图层”面板底部的“创建新图层”按钮上，复制出一个新的图层，系统将其命名为“背景副本3”，如图7-82所示。

Step 12 执行“图像”|“调整”|“黑白”命令，打开“黑白”对话框，如图7-83所示，在对话框中将“红色”设置为“151%”，“黄色”设置为“144%”，“绿色”设置为“118%”，“青色”设置为“136%”，“蓝色”设置为“114%”，“洋红”设置为“172%”。

Step 13 设置完成后单击“确定”按钮，调整后的效果如图7-84所示。

图7-81 应用滤镜后的效果

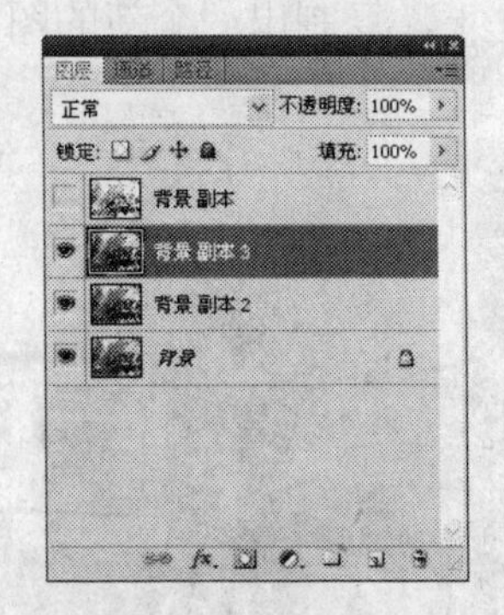

图7-82 复制出新的图层

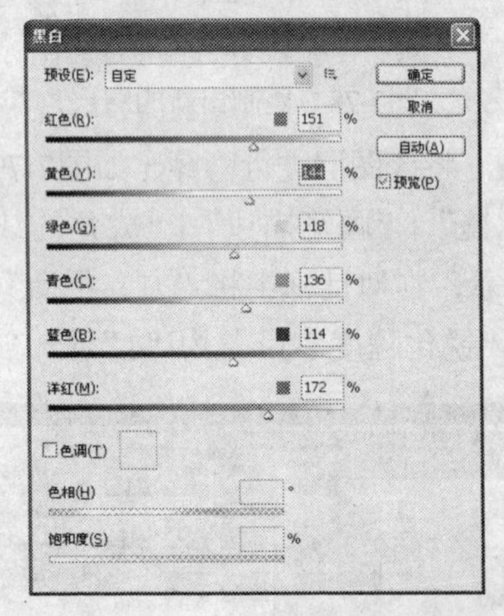

图7-83 “黑白”对话框

图7-84 编辑后的效果

Step 14 打开“图层”面板，并选择“背景副本”图层，将该图层的“混合模式”设置为“叠加”，如图7-85所示。

行家提示

在制作多个图层的图像时，要先注意选择正确的图层，然后再进行编辑，应用鼠标单击“图层”面板中相应的图层即可选取。

Step 15 设置完图层混合模式后的效果如图7-86所示，图像中显示出线条轮廓。

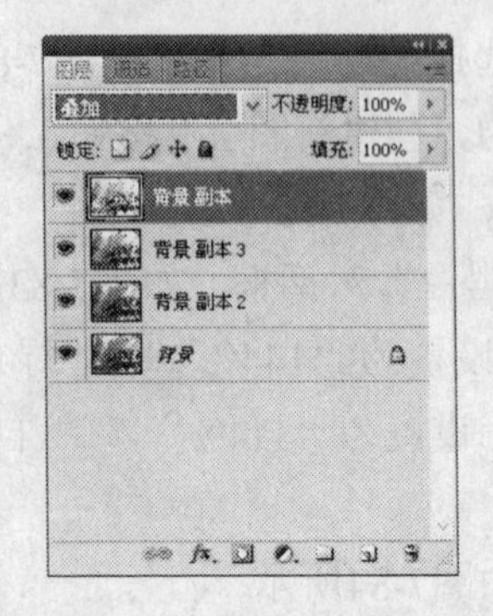

图7-85 设置混合模式

图7-86 设置混合模式后的效果

Step 16 按Ctrl+L快捷键打开“色阶”对话框，在对话框中将色阶数值设置为0、1.41、255，如图7-87所示。

Step 17 设置完成后单击“确定”按钮，调整后的效果如图7-88所示。

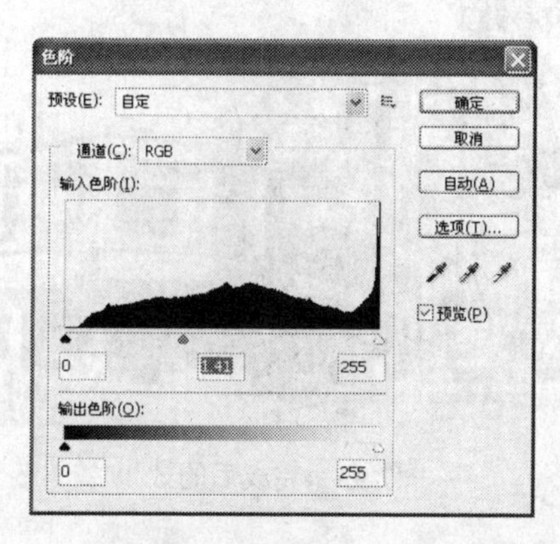

图7-87 “色阶”对话框

图7-88 设置后的效果

Step 18 选择“背景副本3”图层，并单击“图层”面板底部的“添加图层蒙版”按钮，为该图层添加上图层蒙版，如图7-89所示。

Step 19 下面对图层蒙版进行编辑，将前景色设置为黑色，选取“画笔工具”在图层蒙版中单击，将房屋图像进行还原，显示出底部的色彩效果，如图7-90所示。

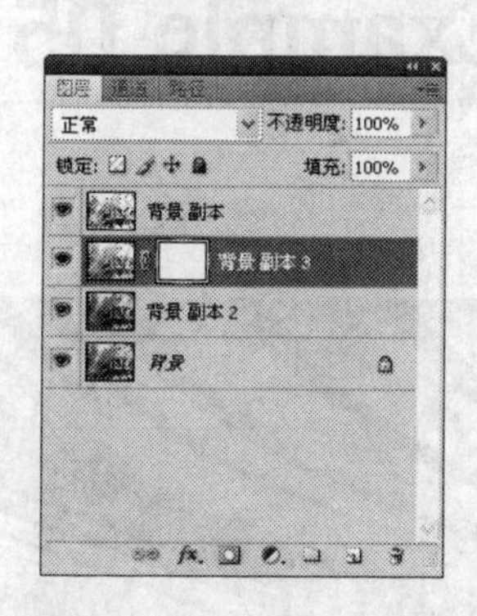

图7-89 添加图层蒙版

图7-90 涂抹房子图像

Step 20 继续对图像进行编辑，应用“画笔工具”在树枝图像上单击，将这部分图像还原，显示为彩色效果，如图7-91所示。

Step 21 单击工具箱中的“横排文字工具”按钮T，然后在图中拖动输入文字，并将输入的文字字体设置为“方正粗倩简体”，输入完成后单击属性栏中的按钮✓应用文字，效果如图7-92所示。

图7-91 涂抹树枝图像

Step 22 最后在图中输入另外的文字，同样也应用“横排文字工具”，并分别将文字设置为不同的大小，放置到页面中合适位置上，完成后的效果如图7-93所示。

图7-92 输入文字

图7-93 完成后的效果

知识总结

在本实例的制作过程中，主要应用的是Photoshop CS4中的素描滤镜，在“图层”面板中通过复制得到不同的图层，并使用成角线条滤镜和绘图笔滤镜对不同的图层进行编辑，然后通过设置图层混合模式得到叠加的效果，在编辑过程中注意要准确选择所要编辑的图层。

柔美彩条特效 Example 05

实例效果

（a）添加杂色

（b）处理后的效果

图7-94 柔美彩条特效

实例介绍

柔和的线条图像给人特殊的美感，在Photoshop CS4中可以轻松通过滤镜来得到这一效果，通过滤镜之间的变化和操作得到不同线条。通过该实例的讲述，可以以此为参考，制作出更多随机化的滤镜特效，如图7-94所示。

制作分析

本案例主要通过滤镜随机的特点，来得到排列不一的线条效果，主要应用的滤镜有杂色滤镜、像素化滤镜、模糊滤镜、艺术效果滤镜、渲染滤镜等，按照顺序应用不同的滤镜对图像进行编辑，得到线条图像。要注意不同滤镜的使用方法和参数设置。

制作步骤

具体操作方法如下：

Step 01 执行“文件”|“新建”命令，弹出“新建”对话框，新建一个合适大小的文件，并将背景设置为白色，如图7-95所示。

Step 02 执行“滤镜”|“杂色”|“添加杂色”菜单命令，弹出“添加杂色”对话框，在该对话框中将“数量”设置为“400%”，单击“高斯分布”单选按钮，如图7-96所示。

图7-95　创建新窗口

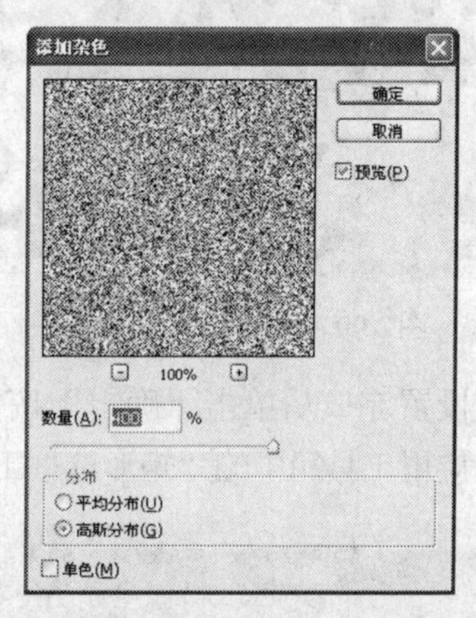

图7-96　“添加杂色”对话框

Step 03 设置完成后单击“确定”按钮，应用滤镜编辑后的图像效果如图7-97所示。

Step 04 执行“滤镜”|“像素化”|“晶格化”菜单命令，弹出“晶格化”对话框，在对话框中将“单元格大小”设置为“20”，如图7-98所示。

图7-97　应用滤镜后的效果

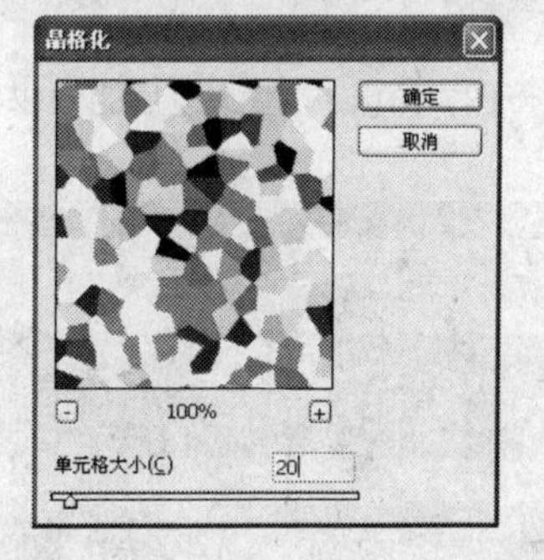

图7-98　“晶格化”对话框

Step 05 设置完成后单击“确定”按钮，从图像窗口中可以查看应用滤镜后的效果，如图7-99所示。

行家提示

在"晶格化"对话框中，单元格的大小值设置得越大，所得到的块状就越少，单个单元格就越大。

Step 06 执行"滤镜"|"模糊"|"动感模糊"菜单命令，弹出"动感模糊"对话框，在对话框中将"角度"设置为"0"度，将"距离"设置为"344"像素，如图7-100所示。

图7-99 应用滤镜后的效果

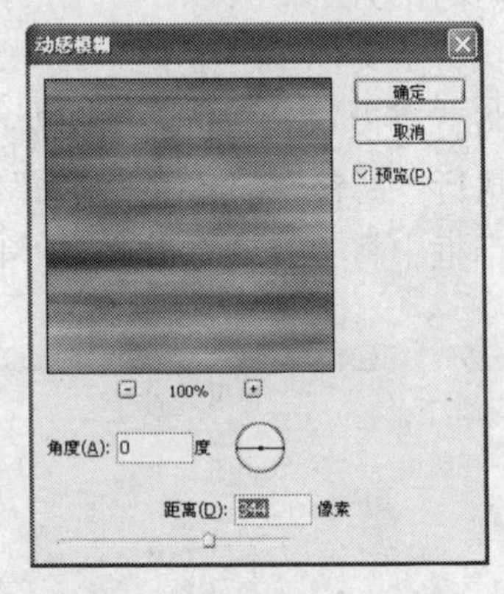

图7-100 "动感模糊"对话框

Step 07 设置完成后单击"确定"按钮，应用滤镜后的效果如图7-101所示。

Step 08 应用工具箱中的"矩形选框工具"在图中拖动，选取左侧的区域，如图7-102所示。

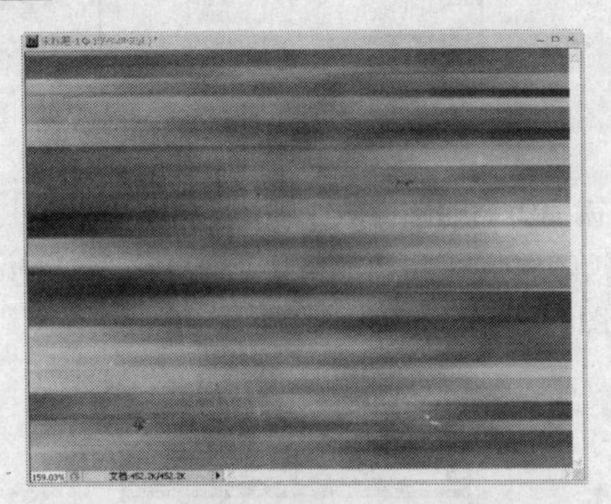

图7-101 应用滤镜后的效果

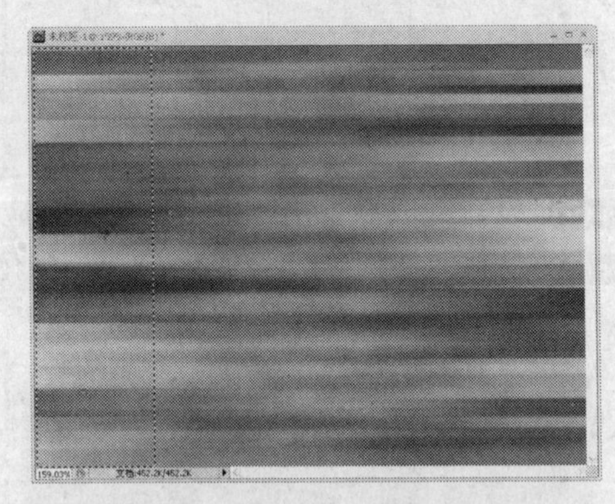

图7-102 选取合适区域

图7-103 应用滤镜后的效果

Step 09 按Ctrl+T快捷键对所选取的区域进行自由变换，调整到合适大小，编辑完成后单击属性栏中的按钮，应用变化后的效果，如图7-103所示。

Step 10 执行"滤镜"|"艺术效果"|"海报边缘"菜单命令，弹出"海报边缘"对话框，如图7-104所示，在对话框中将"边缘厚度"设置为"4"，将"边缘强度"设置为"6"，将"海报化"设置为"2"。

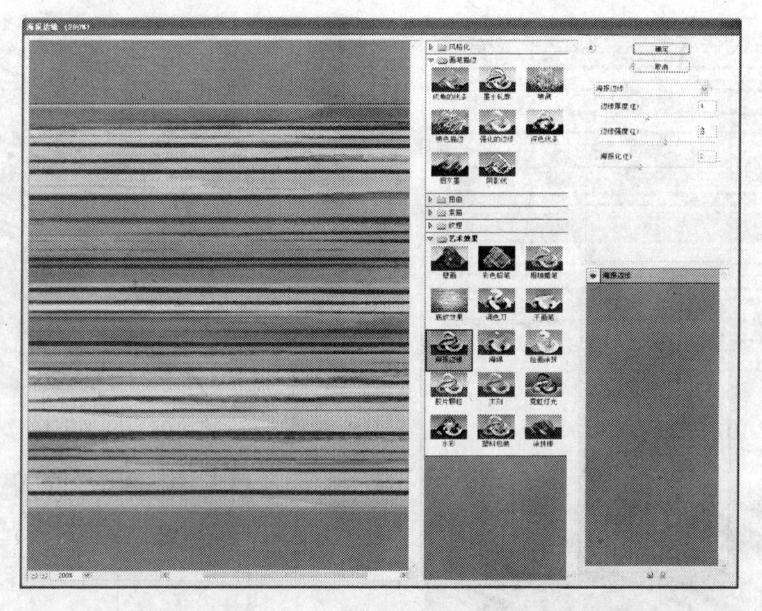

图7-104 “海报边缘”对话框

Step 11 设置完成后单击“确定”按钮，应用滤镜编辑后的图像效果如图7-105所示。

Step 12 执行“图像”|“调整”|“黑白”菜单命令，弹出“黑白”对话框，在对话框中将“红色”设置为“45%”，“黄色”设置为“144%”，“绿色”设置为“40%”，“青色”设置为“114%”，“蓝色”设置为“-14%”，“洋红”设置为“103%”，如图7-106所示。

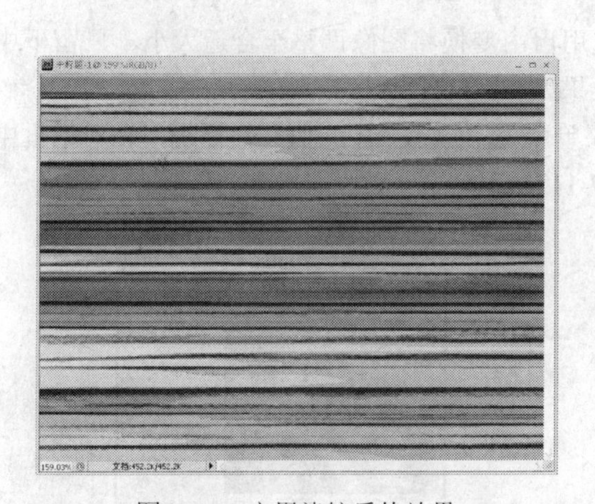

图7-105 应用滤镜后的效果

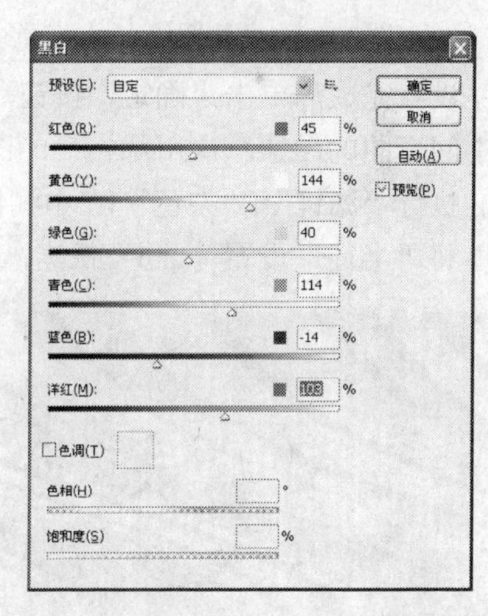

图7-106 “黑白”对话框

Step 13 设置完成后单击“确定”按钮，设置的黑白效果如图7-107所示。

Step 14 按Ctrl+A快捷键将所有区域都选中，然后按Ctrl+T快捷键对图像进行自由变换，将所选取的区域变换合适的角度，如图7-108所示。

Step 15 将所选取的区域变换为合适的大小，按Enter快捷键应用变换，效果如图7-109所示。

Step 16 执行“滤镜”|“扭曲”|“切变”菜单命令，打开“切变”对话框，在对话框中设置切变的类型和位置，如图7-110所示。

图7-107　转换为黑白风格

图7-108　变换图像位置

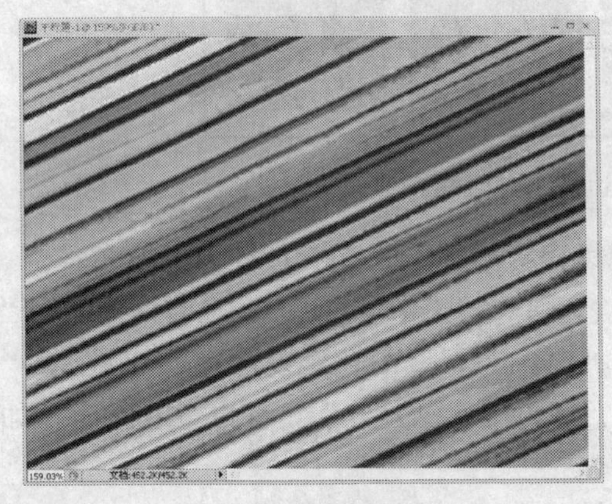
图7-109　调整图像大小

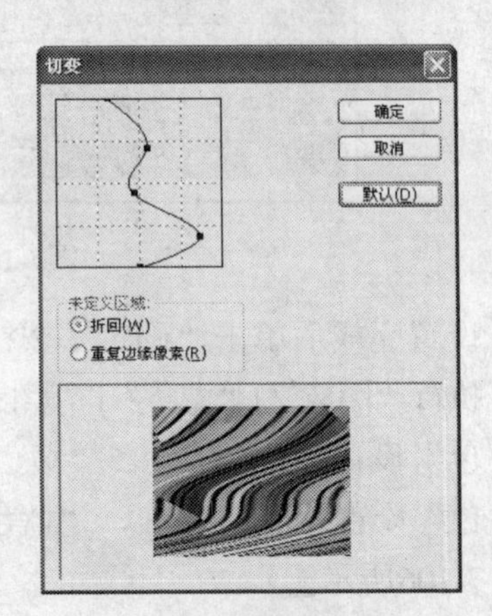

图7-110　“切变”对话框

Step 17 设置完成后单击“确定”按钮，并应用自由变换将图像调整至合适大小，只留下中间弯曲的图像，应用滤镜后的图像效果如图7-111所示。

Step 18 执行“滤镜”|“杂色”|“中间值”菜单命令，弹出“中间值”对话框，在对话框中将“半径”设置为“5”像素，如图7-112所示。

图7-111　启用“切变”滤镜

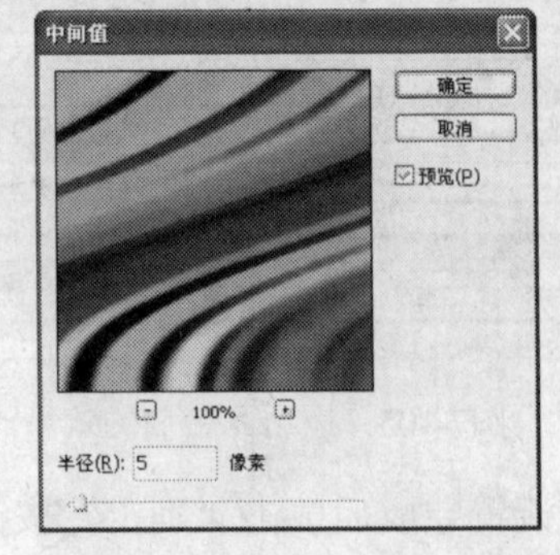

图7-112　“中间值”对话框

Step 19 设置完成后单击“确定”按钮，应用滤镜编辑后的效果如图7-113所示。

Step 20 打开“图层”面板，选择背景图层并按Ctrl+J快捷键可以将背景图层进行复制，复制的图层如图7-114所示。

图7-113 应用滤镜后的效果

图7-114 复制新的图层

行家提示

对图像使用“中间值”滤镜进行编辑的目的是使图像更平滑，忽略掉锯齿图像，突出图像线条之间的色彩。

Step 21 执行“滤镜”|“渲染”|“光照效果”菜单命令，弹出“光照效果”对话框，在对话框中设置光源的位置和属性等，在“纹理通道”中选择“红”选项，并将“突出的高度设置为“100”，如图7-115所示。

Step 22 设置完成后单击“确定”按钮，应用滤镜后的效果如图7-116所示。

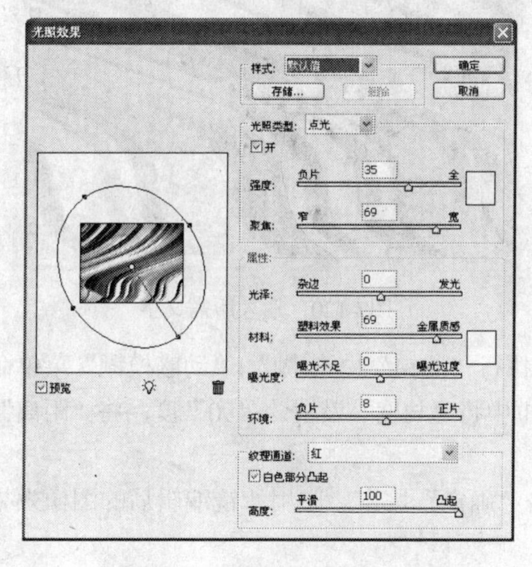

图7-115 “光照效果”对话框

图7-116 应用滤镜后的效果

Step 23 选取“渐变工具” 并单击属性栏中的渐变条 ，打开“渐变编辑器”对话框，在图中设置所需的渐变色，如图7-117所示，设置完成后单击“确定”按钮。

Step 24 下面对图像进行填充，使用鼠标从左上角向右下角进行拖动，填充上所设置的渐变色，效果如图7-118所示。

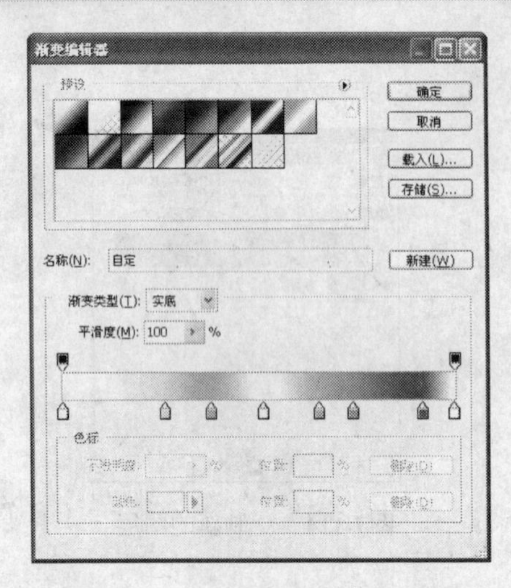

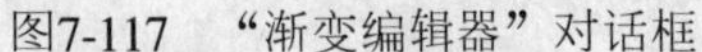

图7-117 “渐变编辑器”对话框

图7-118 填充后的效果

Step 25 将图层2的“混合模式”设置为“颜色”，设置后的图像效果如图7-119所示。

Step 26 应用工具箱中的“横排文字工具”在图中输入文字，并将输入的文字设置为所需的字体和颜色，输入完成后单击属性栏中的按钮✓，应用输入的文字，效果如图7-120所示。

图7-119 设置混合模式后的效果

图7-120 输入所需文字

Step 27 将上步所输入的文字进行格式化，然后执行“滤镜”|“模糊”|“动感模糊”菜单命令，弹出“动感模糊”对话框，在对话框中将“角度”设置为“90”度，将“距离”设置为“15”像素，如图7-121所示。

Step 28 在上步所示的对话框中设置完成后单击“确定”按钮，应用滤镜编辑后的图像效果如图7-122所示，完成本实例的操作。

行家提示

应用动感模糊对文字进行编辑时，要先将文字进行格式化，然后应用Photoshop CS4中所提供的菜单命令对其进行编辑。

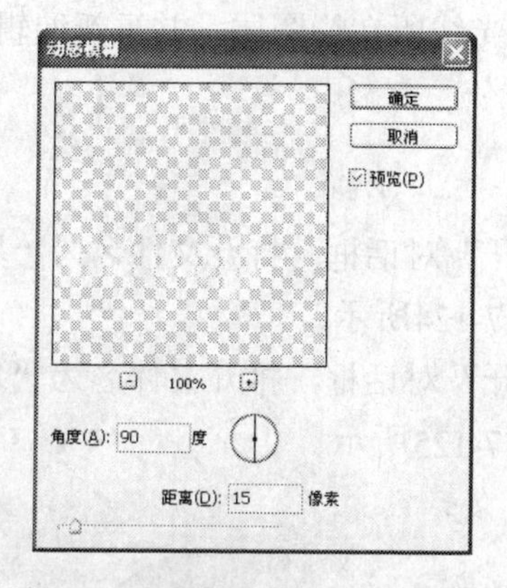

图7-121 “动感模糊”对话框

图7-122 最后的效果

知识总结

在本实例的制作过程中，主要用到Photoshop像素化滤镜、模糊滤镜、图像调整，以及图层混合模式等方面的知识。在编辑与制作本实例时，一定要细致理解解各种滤镜的应用方法，并选取最合适的部分作为最后编辑的图像效果。

放射光源太空特效 Example 06

实例效果

（a）素材

（b）处理后的效果

图7-123 放射光源太空特效

实例介绍

放射光源图像效果的主要特点在于光线的应用，本实例主要应用这一特性，为所打开的素材图像添加光线及主要图像，应用Photoshop CS4中的模糊滤镜可以制作出放射的图像效果，并且通过复制图层的方法，为图像添加主体物，最终效果如图7-123（b）所示。

制作分析

在本实例的制作过程中，主要利用Photoshop CS4的模糊滤镜进行编辑，使用形状工具在图中绘制出星形图形，通过填充将选区填充上颜色，然后使用模糊滤镜对图像进行编辑，制作放射的光线效果。为了使光线效果更明显，复制光线所在的图层，并重新编辑。

制作步骤

具体操作方法如下：

Step 01 执行“文件”|“打开”菜单命令，弹出“打开”对话框，打开文件名为“星空”的文件（位置：素材\第7章\实例6），效果如图7-124所示。

Step 02 执行“文件”|“打开”菜单命令，弹出“打开”对话框，打开文件名为“地球”的文件（位置：素材\第7章\实例6），效果如图7-125所示。

图7-124 打开星空图像

图7-125 打开地球图像

Step 03 将地球图像拖动到所打开的星空图像中，并调整到合适的位置上，如图7-126所示。

Step 04 打开“图层”面板，单击底部的“创建图层组”按钮，建立一个新的图层组，并将其命名为“星球”，如图7-127所示。

图7-126 编辑地球图像

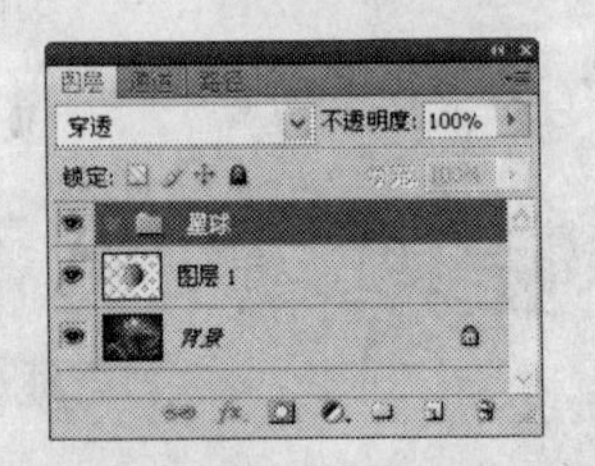

图7-127 创建图层组

Step 05 使用鼠标选择图层1，将其拖入所创建的图层组中，如图7-128所示。

Step 06 选取“渐变工具”按照前面所讲述的方法，打开“渐变编辑器”对话框，如图7-129所示，参照图上所示设置渐变的颜色，设置完成后单击“确定”按钮。

Step 07 创建一个新的图层，按住Ctrl快捷键单击图层1的缩略图，将地球图像选区载入，选取“渐变工具”在选取中拖动，将选区填充为径向渐变，效果如图7-130所示。

Step 08 将创建的图层“混合模式”设置为“颜色”，设置后的效果如图7-131所示。

Step 09 打开“图层”面板，单击图层1将其选取，如图7-132所示。

Step 10 按Ctrl+L快捷键打开“色阶”对话框，如图7-133所示，在对话框中将色阶数值设置为55、0.31、239。

Step 11 设置完成后单击“确定”按钮，编辑后的图像效果如图7-134所示。

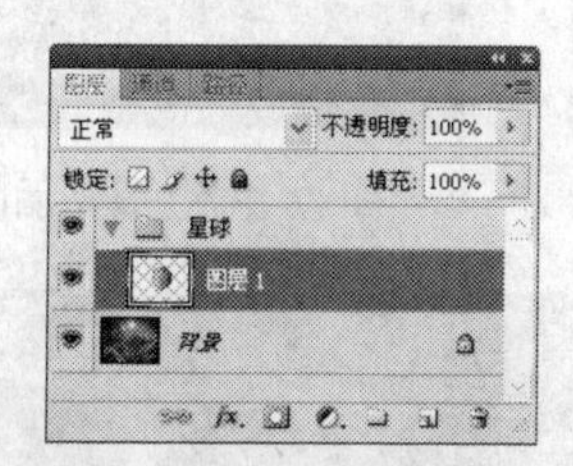

图7-128 拖入图层组

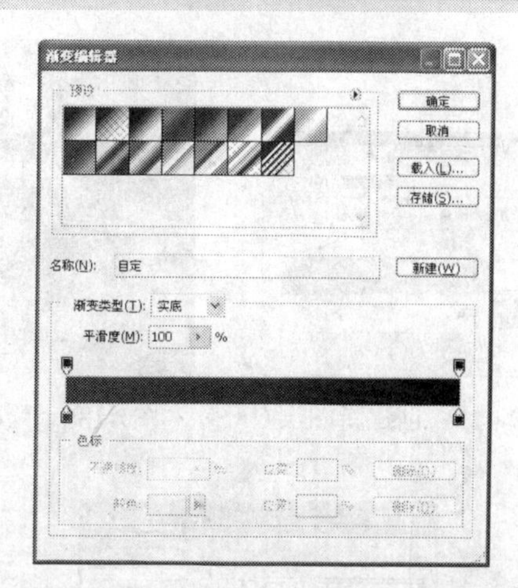

图7-129 “渐变编辑器”对话框

图7-130 填充载入的选区

图7-131 设置混合模式

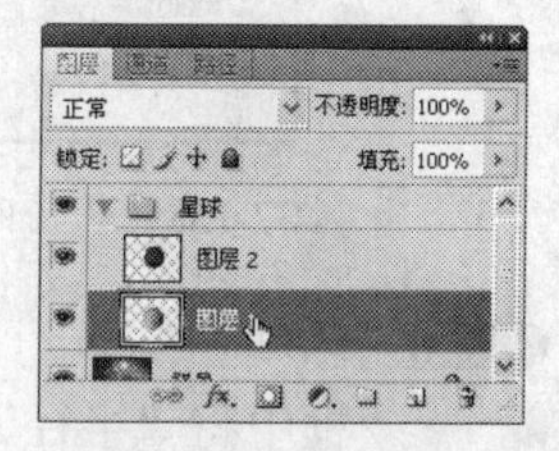

图7-132 选择合适的图层

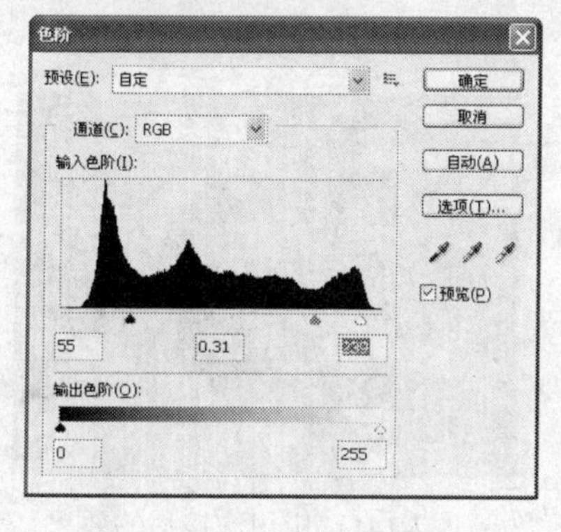

图7-133 “色阶”对话框

图7-134 编辑后的效果

Step 12 打开“图层”面板，在背景图层上方创建一个新的图层，系统自动将其命名为“图层3”，如图7-135所示。

Step 13 选取工具箱中的“多边形工具”，在该工具属性栏中将边数设置为30，然后使用该工具在图中拖动，绘制出多边星形图形，如图7-136所示。

Step 14 按Ctrl+Enter快捷键将所绘制的路径转换为选区，然后应用“渐变工具”将选区填充上渐变色，效果如图7-137所示。

Step 15 执行“滤镜”|“模糊”|“径向模糊”菜单命令，弹出“径向模糊”对话框，在对话框中将“数量”设置为“95”，单击“缩放”单选按钮，如图7-138所示。

Step 16 设置完成后单击“确定”按钮，应用滤镜编辑后的图像效果如图7-139所示。

图7-135 创建新图层

图7-136 绘制多边星形图形

图7-137 填充后的效果

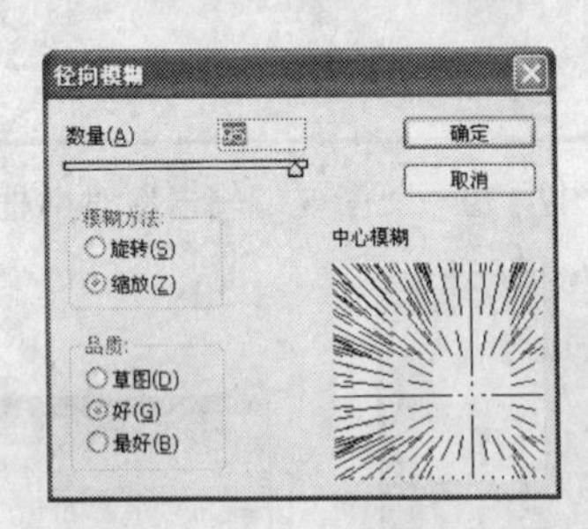

图7-138 “径向模糊”对话框

图7-139 应用滤镜后的效果

Step 17 执行“滤镜”|“模糊”|“高斯模糊”菜单命令，弹出“高斯模糊”对话框，在对话框中将“半径”设置为“8”像素，如图7-140所示。

Step 18 设置完成后单击“确定”按钮，应用滤镜编辑后的图像效果如图7-141所示。

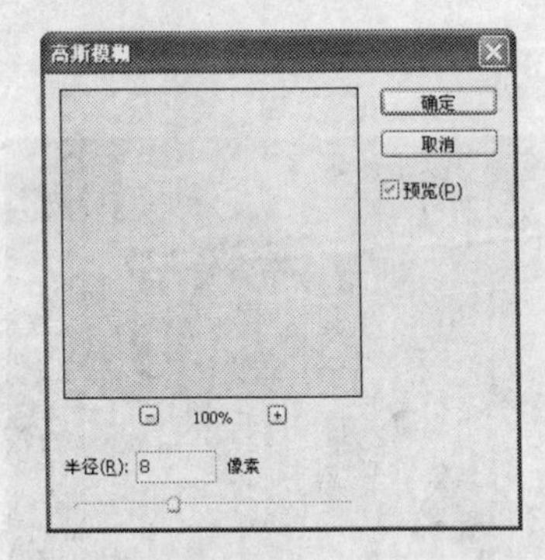

图7-140 “高斯模糊”对话框

图7-141 应用滤镜后的效果

Step 19 选择图层3并按Ctrl+J快捷键将其复制，如图7-142所示。

Step 20 然后对复制的图像进行变换，按Ctrl+T快捷键将图像进行旋转并移动，如图7-143所示。

Step 21 将复制的图像变换到合适的角度后，按Enter快捷键应用变换，效果如图7-144所示。

Step 22 单击底部的“创建新图层”按钮 新建一个图层，并将地球选区载入后，在图层4中将选区填充为黑色，如图4-145所示。

Step 23 执行“滤镜”|“渲染”|“镜头光晕”菜单命令，弹出“镜头光晕”对话框，在对话框中将“亮度”设置为“145%”，单击“105毫米聚焦”单选按钮，如图7-146所示。

Step 24 设置完成后单击“确定”按钮，并将图层4的“混合模式”设置为“强光”，“不透明度”设置为“80%”，设置后的效果如图7-147所示。

图7-142 复制选择的图层

图7-143 变换复制的图像

图7-144 复制后的图像

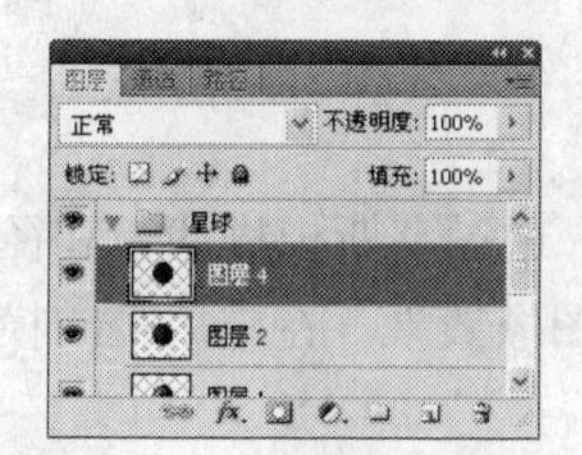

图7-145 创建图层4并填充

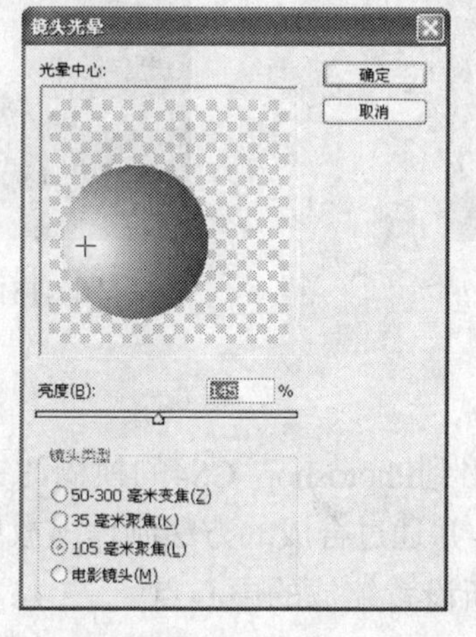

图7-146 “镜头光晕”对话框

图7-147 应用滤镜后的效果

行家提示

应用镜头光晕对图像进行编辑时，要先将所创建的图层填充为黑色，应用滤镜后要对图层混合模式重新进行设置。

Step 25 选取星球图层组并复制，将前面所添加的亮部区域所在的图层删除，然后将图层组合并为一个图层，如图7-148所示。

Step 26 然后将星球图像变换到合适的大小，放置到图像中，效果如图7-149所示。

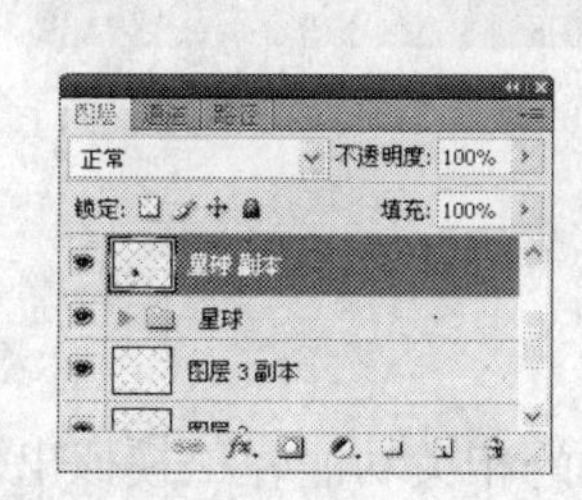

图7-148 复制“星球副本”图层

图7-149 复制后的效果

Step 27 使用上步所讲述的复制图层的方法复制出更多的星球图像，并调整到合适的大小，效果如图7-150所示。

行家提示

可以将合并后的星球图像选取，按住Alt快捷键进行拖动，释放鼠标后即可复制出相同大小的星球图像，然后对图像位置进行重新编辑和设置。

Step 28 制作出较小的星球图像，摆放到光线周围，完成后的最终效果如图7-151所示。

图7-150 复制更多的图像

图7-151 完成后的效果

知识总结

在本实例的制作过程中，主要用到Photoshop CS4的模糊滤镜，通过高斯模糊滤镜和径向模糊滤镜来得到发光的图像效果，并通过合成的方法制作出放射图像效果，在应用径向模糊滤镜编辑图像时，要特别注意重新设置缩放的中心点。

烟雾缭绕特效 Example 07

实例效果

(a) 素材

(b) 处理后的效果

图7-152 烟雾缭绕特效

实例介绍

烟雾图像的制作十分常见，可以通过Photoshop CS4的相关功能轻松模拟出烟雾效果，本案例针对烟雾的特点，应用最快捷和最方便的滤镜及相关工具来进行制作，形成动态的烟雾图像效果，如图7-152所示。

制作分析

在本实例的制作过程中，主要利用Photoshop CS4中的模糊滤镜、扭曲滤镜等进行编辑，制作出烟雾扭曲的形状，并使用涂抹工具涂抹出烟雾流动的形状，在制作烟雾形状时，特别创建了通道，应用滤镜在通道中对绘制的图像进行编辑。

制作步骤

具体操作方法如下：

Step 01 执行“文件”|“打开”命令，弹出“打开”对话框，打开文件名为“香烟”的文件（位置：素材\第7章\实例7），效果如图7-153所示。

Step 02 执行“图像”|“调整”|“色阶”命令，弹出“色阶”对话框，在对话框中将色阶数值设置为16、0.88、255，如图7-154所示。

图7-153 打开素材图像

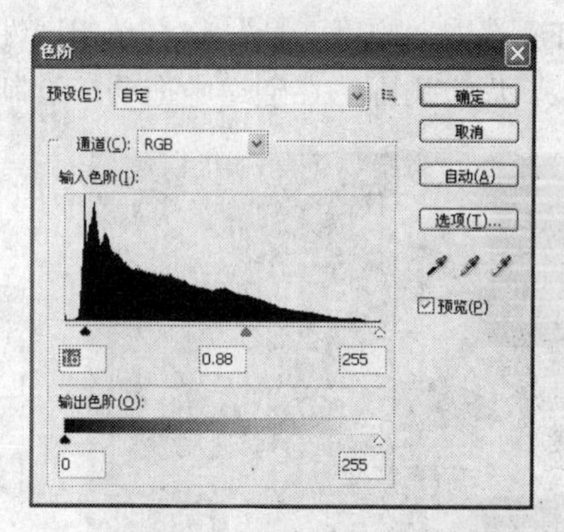

图7-154 “色阶”对话框

Step 03 设置完成后单击“确定”按钮，将图像变暗，效果如图7-155所示。

Step 04 选取“套索工具”在香烟燃烧的地方拖动，将这部分区域选取，如图7-156所示。

图7-155 调整后的效果

图7-156 创建选区

Step 05 然后按Ctrl+J快捷键将所选取的区域创建为一个新的图层，如图7-157所示。

Step 06 使用鼠标双击图层1打开“图层样式”对话框，并勾选“颜色叠加”复选框，在右侧的选项区中设置相关参数，将“混合模式”设置为“柔光”，将“不透明度”设置为“70%”，如图7-158所示。

Step 07 设置完成后单击“确定”按钮，应用图层样式后的图像效果如图7-159所示。

Step 08 打开“通道”面板，并单击底部“创建新通道”按钮创建一个新的通道，如图7-160所示。

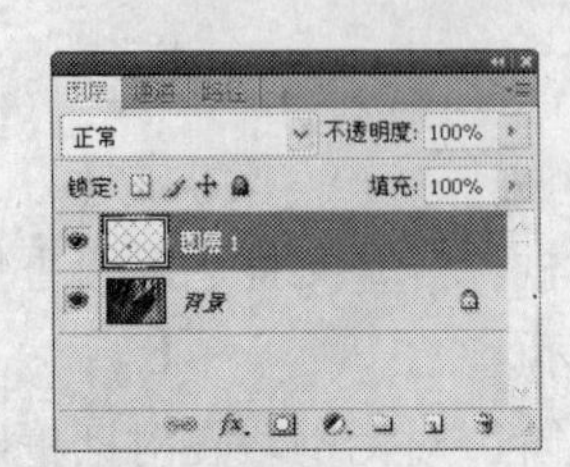

图7-157 创建为新图层

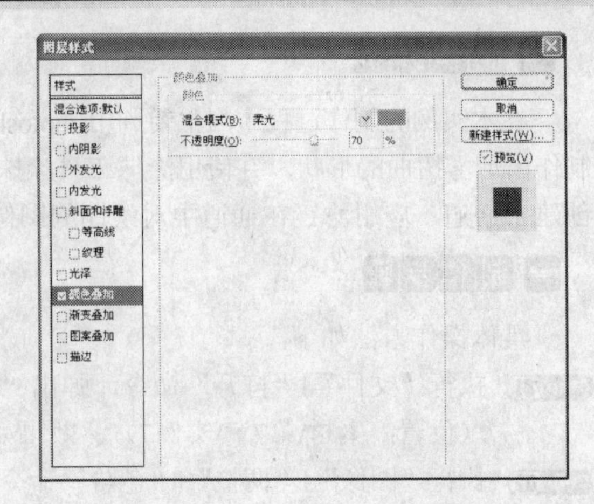

图7-158 “图层样式”对话框

Step 09 选取“画笔工具”，并单击属性栏中的“经过设置可以启用喷枪功能”按钮，然后应用画笔在通道中拖动，绘制出多个线条，如图7-161所示。

图7-159 应用图层样式后的效果

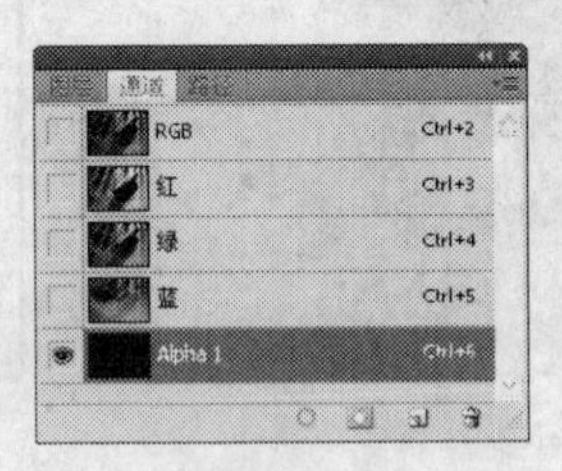

图7-160 创建新的通道

图7-161 绘制线条

Step 10 执行“滤镜”|“模糊”|“高斯模糊”菜单命令，弹出“高斯模糊”对话框，在对话框中将“半径”设置为“10”像素，如图7-162所示。

Step 11 设置完成后单击“确定”按钮，应用滤镜后的效果如图7-163所示。

Step 12 单击工具箱中的“涂抹工具”按钮，并使用该工具在所绘制的线条图像中拖动，模拟烟雾的形态，如图7-164所示。

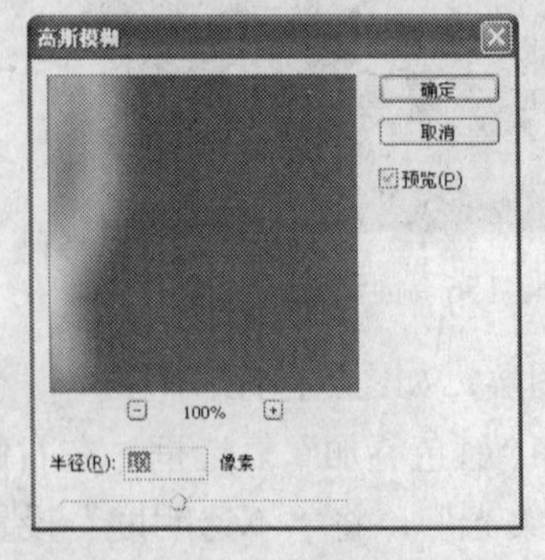

图7-162 “高斯模糊”对话框

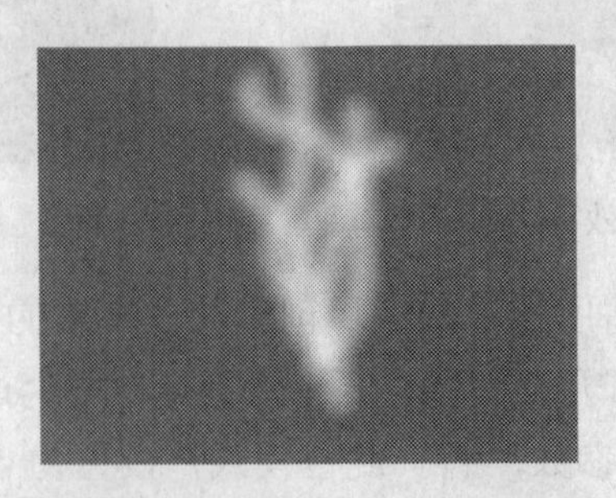

图7-163 应用滤镜后的图像

图7-164 涂抹后的效果

Step 13 执行“滤镜”|“扭曲”|“波浪”菜单命令，弹出“波浪”对话框，在对话框中将“生成器数”设置为“8”，将“波长”最小值设置为“1”，将最大值设置为“130”，如图7-165所示。

Step 14 在设置完成后单击“确定”按钮，应用滤镜后的图像如图7-166所示，图像呈弯曲形状。

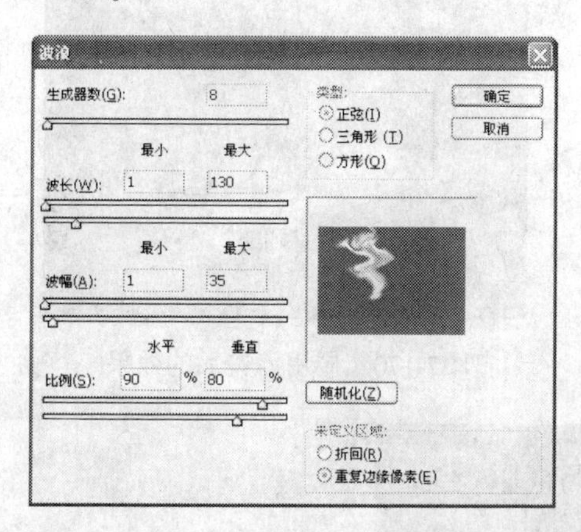

图7-165 “波浪”对话框

图7-166 应用滤镜后的图像

Step 15 执行“滤镜”|“扭曲”|“旋转扭曲”菜单命令，弹出“旋转扭曲”对话框，在对话框中将“角度”设置为“+96”度，如图7-167所示。

Step 16 设置完成后单击“确定”按钮，应用滤镜后的图像如图7-168所示。

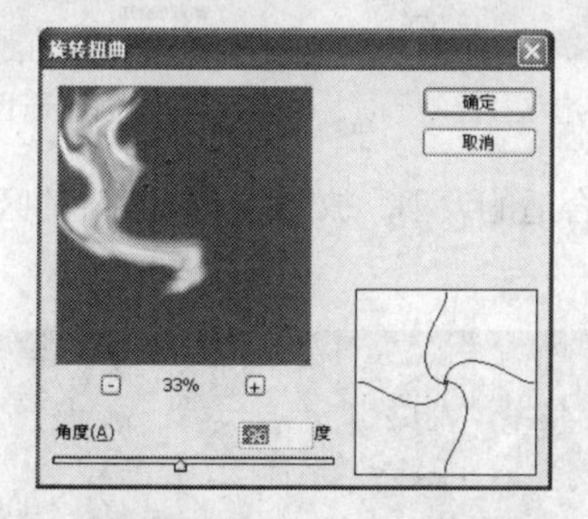

图7-167 “旋转扭曲”对话框

图7-168 应用滤镜后的图像

行家提示

在“旋转扭曲”对话框中，向左侧滑动滑块是调整向右扭曲的幅度，反之则相反，设置的角度越大扭曲的程度越明显。

Step 17 执行“滤镜”|“杂色”|“最小值”菜单命令，弹出“最小值”对话框，将“半径”设置为“5”像素，如图7-169所示。

Step 18 设置完成后单击“确定”按钮，应用滤镜后的效果如图7-170所示。

Step 19 打开“通道”面板，按住Ctrl快捷键并使用鼠标单击Alpha1通道的缩略图，将该通道选区载入，如图7-171所示。

Step 20 在图像窗口中可以查看被载入的通道选区，如图7-172所示。

Step 21 打开“图层”面板，创建一个新的图层，系统将其命名为“图层2”，如图7-173所示。

Step 22 然后将前景色设置为白色，并按Ctrl+Delete快捷键将所载入的选区填充为白色，效果如图7-174所示。

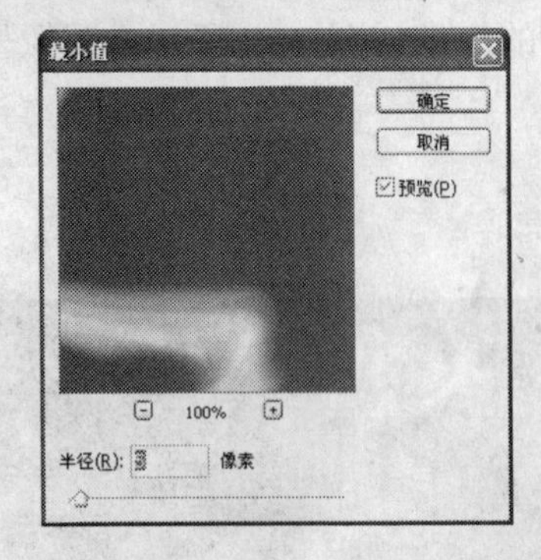

图7-169 “最小值”对话框

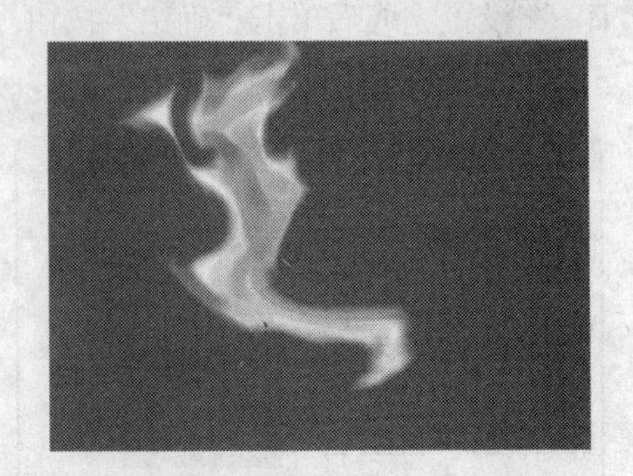

图7-170 应用滤镜后的效果

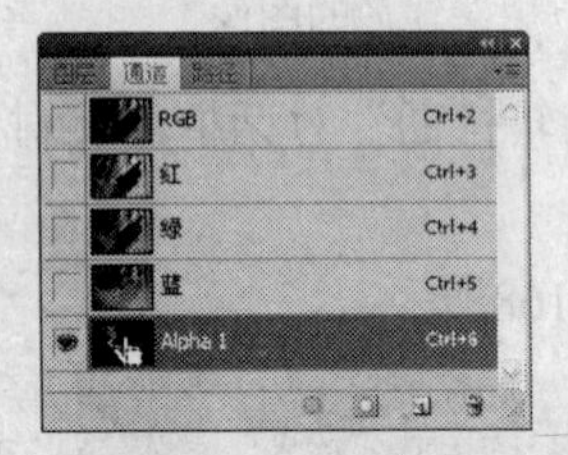

图7-171 单击通道缩略图

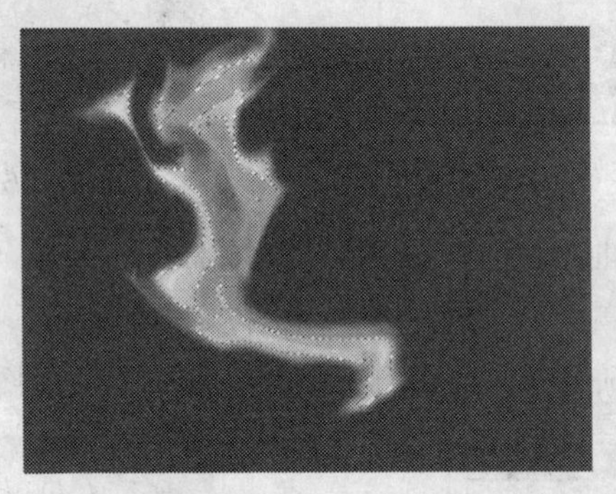

图7-172 载入通道选区

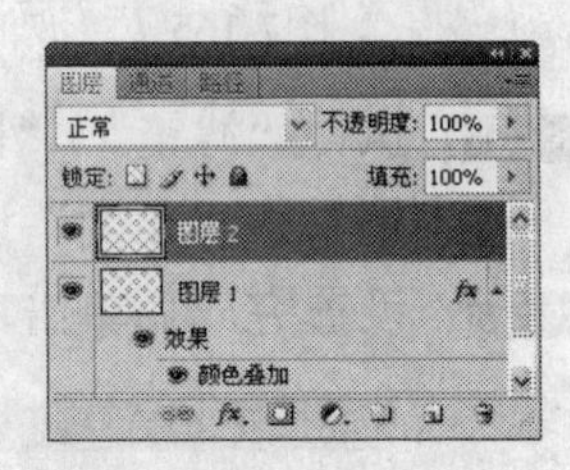

图7-173 创建新图层

Step 23 将“图层2”进行复制，并将烟雾图像调整到合适的大小，放置到桌上燃烧的区域上，如图7-175所示。

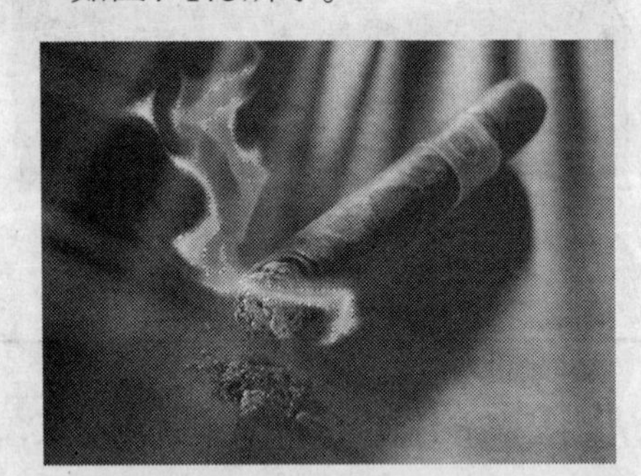

图7-174 填充载入的选区

图7-175 复制另外的烟雾图像

图7-176 编辑后的效果

Step 24 设置图层不透明度，将“图层2”的“不透明度”设置为“90%”，将“图层2副本”的“不透明度”设置为“80%”，完成后的效果如图7-176所示。

行家提示

在对烟雾图像进行编辑时，要先选择不同烟雾所在的图层，然后应用鼠标对图层的“不透明度”进行设置，制作出淡淡的烟雾图像效果。

知识总结

在本实例的制作过程中，主要用到Photoshop的通道及模糊滤镜，应用模糊滤镜得到模糊的图像效果，使用涂抹工具模拟出烟雾图像的形状，进一步操作时应用扭曲滤镜得到烟雾的扭曲效果，更贴近实物图像，在模拟形状时特别要耐心，操作不可操之过急。

Chapter 08 文字特效应用实例

文字在图像中起着非常重要的作用，通过文字才能表现出图像的主题和内容，从而更好地向人们传达所需的信息。文字在广告、包装、海报设计等图像创作中是必不可少的元素。Photoshop CS4提供了强大的文字处理功能，可以在图像中添加文字并制作各种特效。

本章通过5个综合实例，重点给读者讲解Photoshop CS4中创意文字特效的制作方法，通过各种功能的综合使用，制作出不同的文字效果。

本章实例

01 泥沙字
02 牛奶文字
03 钻石文字
04 火焰字
05 古典花纹字

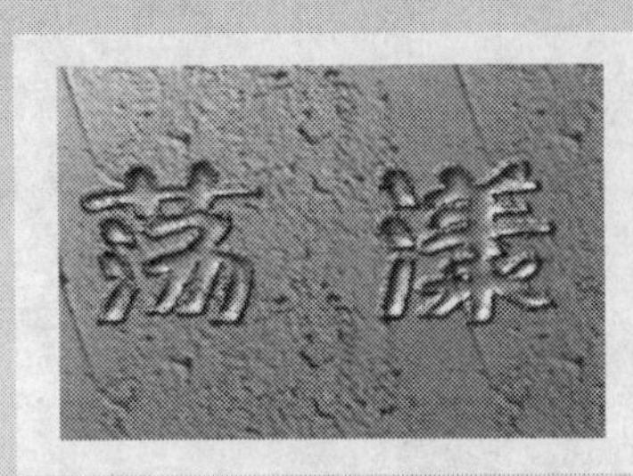

泥沙字 Example 01

实例效果

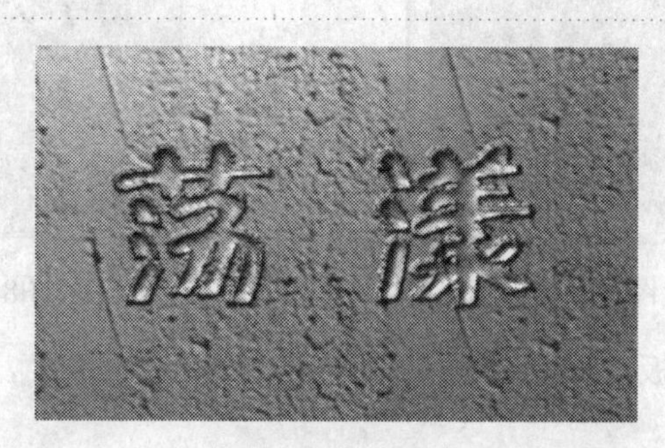
图8-1 泥沙字

实例介绍

在Photoshop CS4中可以将文字与图像结合模拟出各种文本特效，本实例就是应用这一特效模拟出在泥沙中涂抹文字的效果，主要通过应用通道在图像中添加文字，然后为通道应用各种滤镜，并添加合理的光照，从而形状泥沙字效果。

制作分析

在本实例的制作过程中，首先在文件中导入图像，并建立新的通道输入文字，然后通过各种滤镜对文字进行处理，并调整亮度与对比度，最后通过光照效果增强泥沙字的真实感。

制作步骤

具体操作方法如下：

Step 01 执行“文件”|“新建”菜单命令，弹出“新建”对话框，在对话框中按照如图8-2所示的参数进行设置，单击“确定”按钮，创建一个图像文件。

Step 02 执行“文件”|“打开”命令，弹出“打开”对话框，打开文件名为“泥沙”的文件（位置：素材\第8章\实例1），效果如图8-3所示。

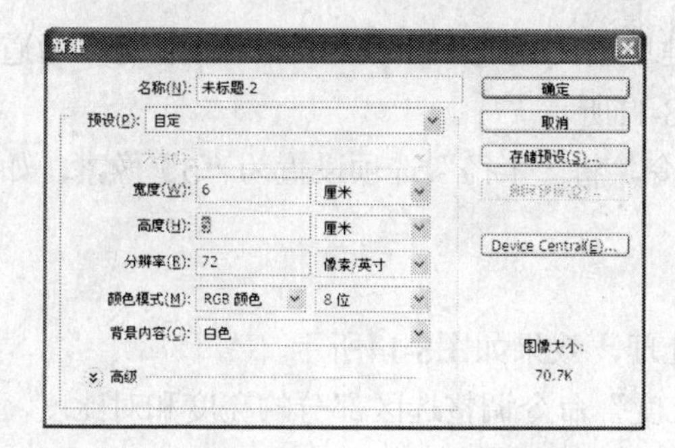

图8-2 新建文件

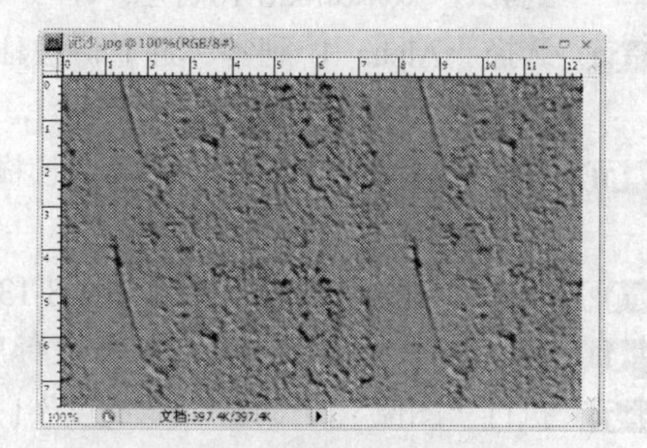
图8-3 打开图像

Step 03 选择“移动”工具将泥沙图片拖曳到新建的图片文件中，如图8-4所示。

Step 04 按下Ctrl+T组合键调整图片的大小使其与图像文件的大小一致，如图8-5所示。

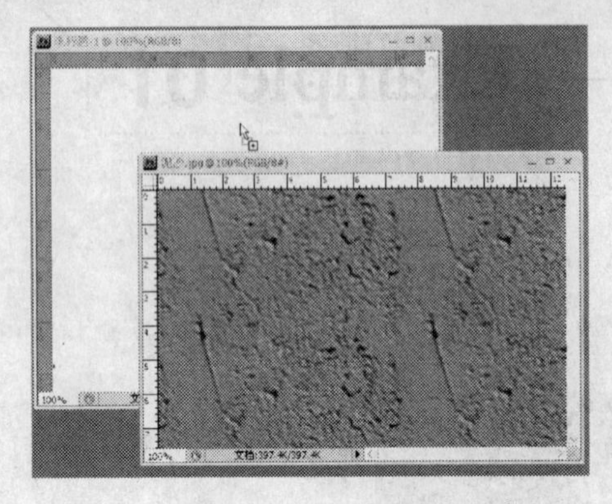

图8-4 拖曳图像

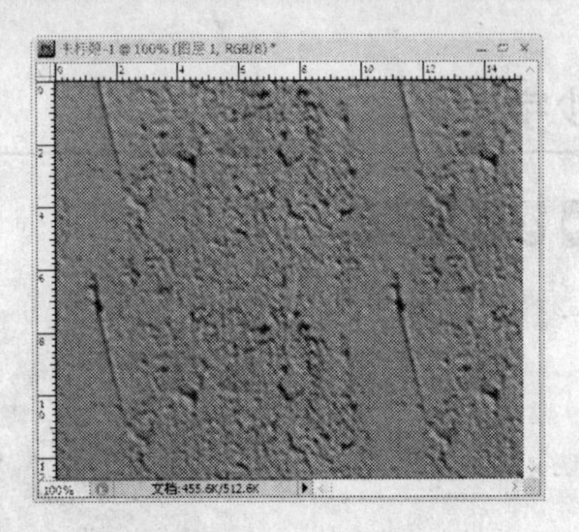

图8-5 调整图像

Step 05 打开“通道”面板，单击下方的“创建通道”按钮，创建一个新通道“Alpha 1”，如图8-6所示。

Step 06 按D键恢复系统默认的前景色和背景色，通过“文字工具”在“Alpha 1”通道中输入相应的文本，如图8-7所示。

Step 07 在“Alpha 1”通道上单击鼠标右键，选择“复制通道”命令为“Alpha 1”通道制作一个副本“Alpha 1 副本”，并将“Alpha 1”通道填充为灰色，如图8-8所示。

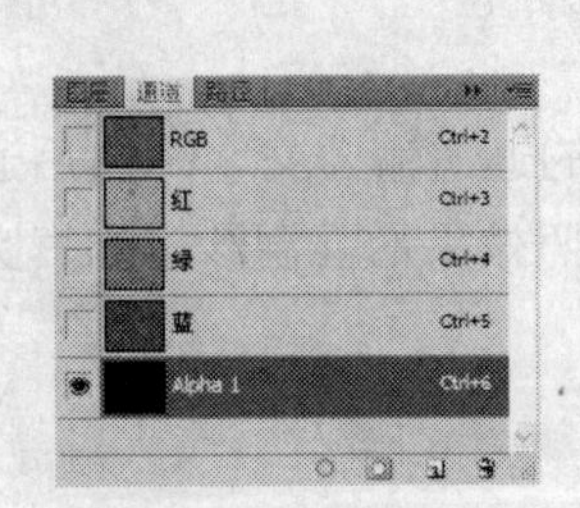

图8-6 新建通道

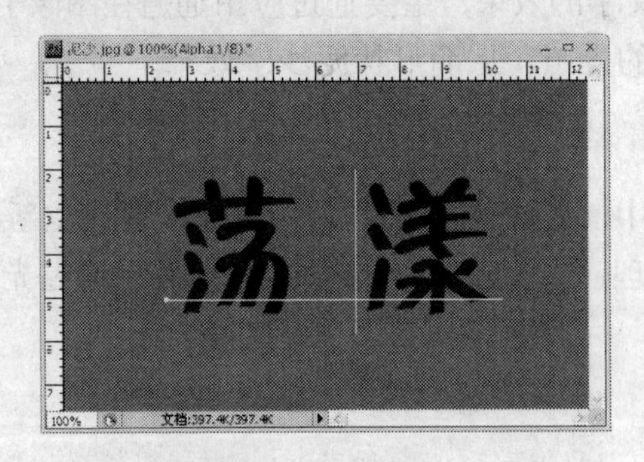

图8-7 输入文字

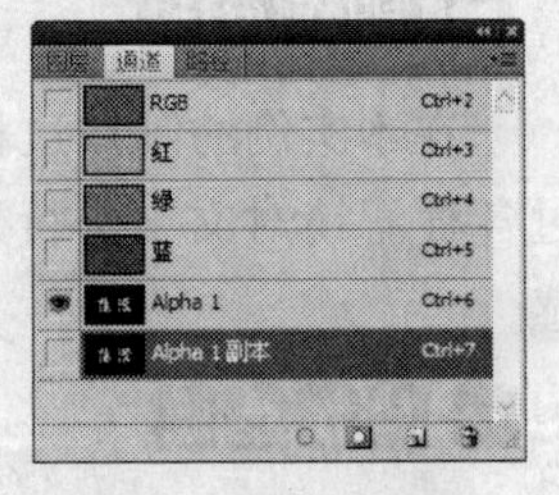

图8-8 复制通道

Step 08 执行“滤镜”|“风格化”|“扩散”命令，打开“扩散”对话框，选择“变亮优先”选项，单击“确定”按钮，如图8-9所示。

Step 09 使用扩散滤镜后，若效果不是很明显，则再按Ctrl+F快捷键重复使用“扩散”滤镜3到4次，效果如图8-10所示。

Step 10 选择“Alpha 1 副本”通道，按住Ctrl键单击“通道”面板中的“Alpha 1”通道将选区载入“Alpha 1 副本”通道，如图8-11所示。

Step 11 执行“滤镜”|“模糊”|“高斯模糊”命令，将“半径”选项设置为“5”像素，如图8-12所示。

Step 12 单击“确定”按钮，效果如图8-13所示。

Step 13 按Ctrl+I快捷键，对选区部分进行反相处理，效果如图8-14所示。

Step 14 执行“图像”|“调整”|“亮度”|“对比度”命令调整选区部分的亮度和对比度，参数设置如图8-15所示。

图8-9 设置扩展效果

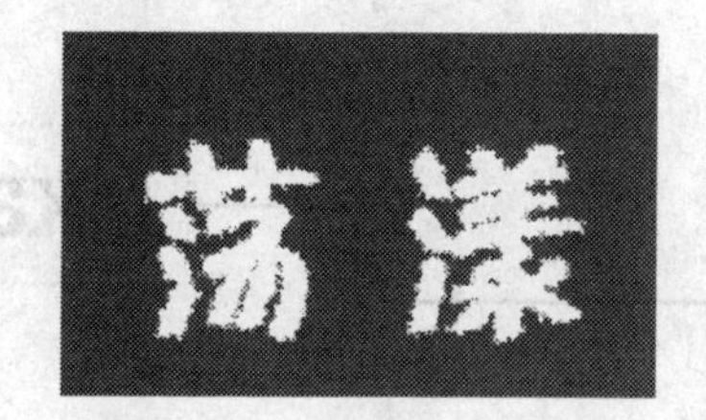

图8-10 使用滤镜效果

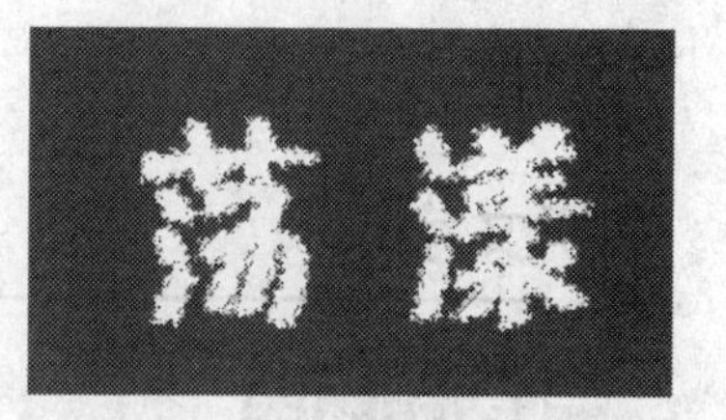

图8-11 载入选区

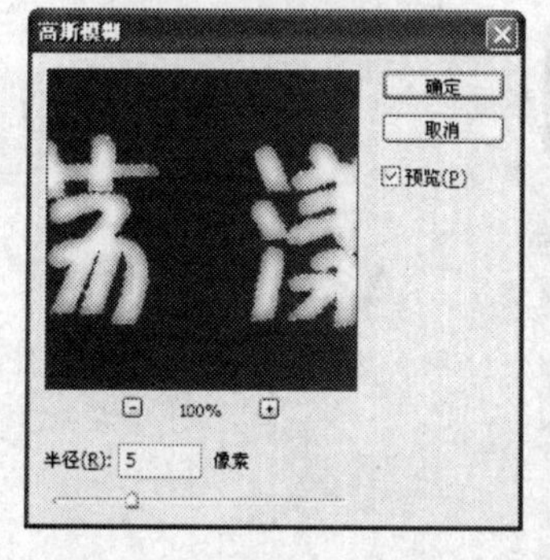

图8-12 高斯模糊

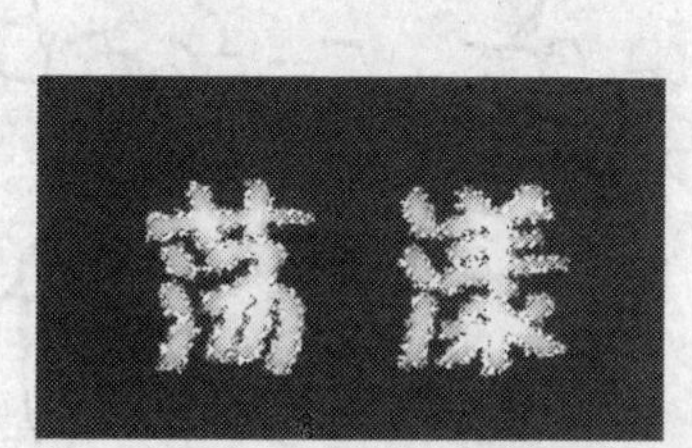

图8-13 模糊后的效果

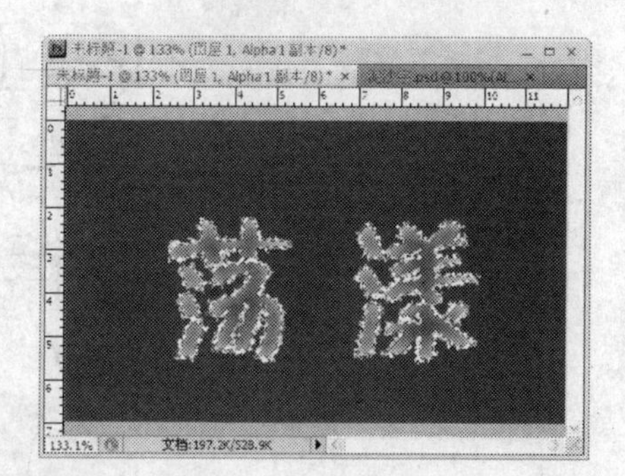

图8-14 反相效果

Step 15 切换到“图层”面板，选择泥沙图片所在的图层，执行“滤镜”|“渲染”|“光照效果”命令，打开“光照效果”对话框，参数设置如图8-16所示。

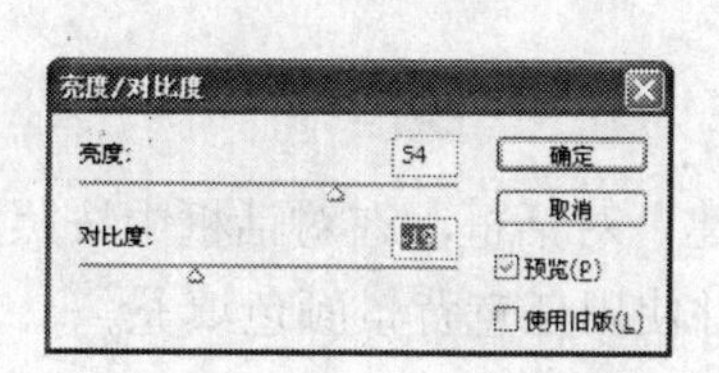

图8-15 调整亮度与对比度

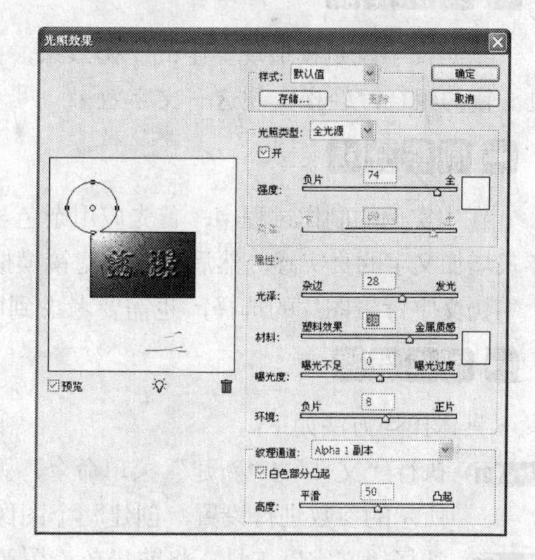

图8-16 设置光照效果

Step 16 设置完毕后，单击“确定”按钮，泥沙字效果就制作完成了，最终效果如图8-1所示。

知识总结

在本实例的制作过程中，主要用到通道、扩展滤镜、模糊滤镜、反相，以及光照等相关知识，通过在通道中创建文字轮廓，然后结合一系列调整与滤镜的应用，在图像中制作出文字效果。

牛奶文字 Example 02

实例效果

图8-17 牛奶文字

实例介绍

牛奶文字就是模拟现实中的牛奶效果，并应用到文字中。在Photoshop CS4中，可以通过滤镜的组合，轻松实现这一文字效果。

制作分析

在本实例的制作过程中，首先应用杂色与晶格化滤镜制作出文字的分解效果，通过图层样式增加文字的真实感，然后通过风滤镜模拟出液态，并将文字合理地与背景图像组合。对于牛奶文字背景图片的选择，也需要考虑到协调性与合理性。

制作步骤

具体操作方法如下：

Step 01 执行“文件”|“新建”菜单命令，弹出“新建”对话框，在对话框中按照如图8-18所示的参数进行设置，创建一个图像文件，并使用任意背景颜色填充。

Step 02 选择“文字”工具，将前景色设置为白色，字体设置为“华文琥珀”，大小设置为“45点”，输入文本“牛奶文字”，效果如图8-19所示。

Step 03 在“图层”面板中右键单击文字图层，在弹出的快捷菜单中选择“栅格化文字”命令，将文字图层转换为普通图层，如图8-20所示。

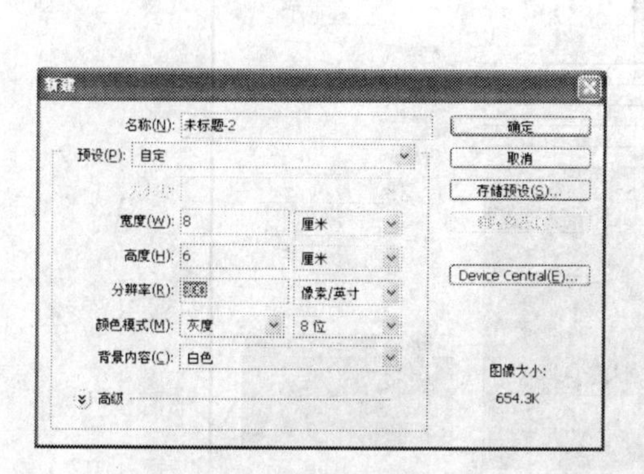

图8-18 新建文件

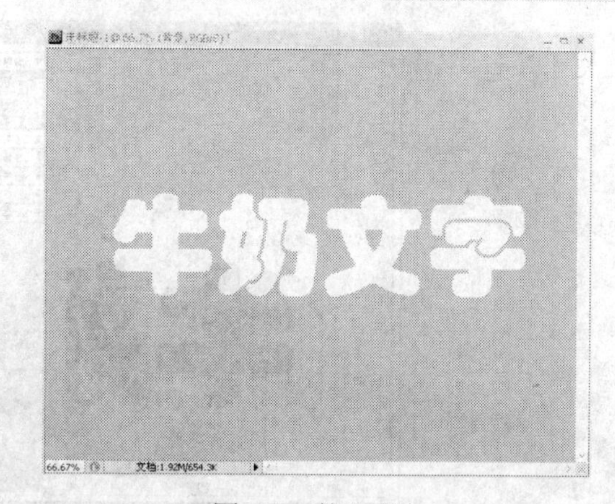

图8-19 输入文字

Step 04 选中包含文字的图层，执行“滤镜”|“杂色”|“添加杂色”菜单命令，打开“添加杂色”对话框，并按照图8-21所示进行设置。

Step 05 执行“滤镜”|“像素化”|“晶格化”菜单命令，打开“晶格化”对话框，参数设置如图8-22所示。

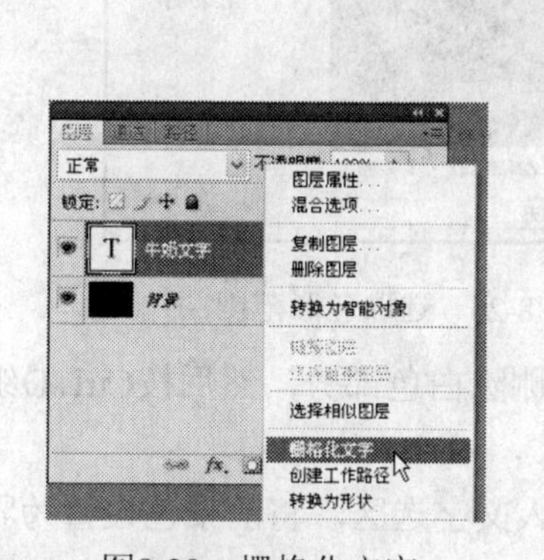

图8-20 栅格化文字

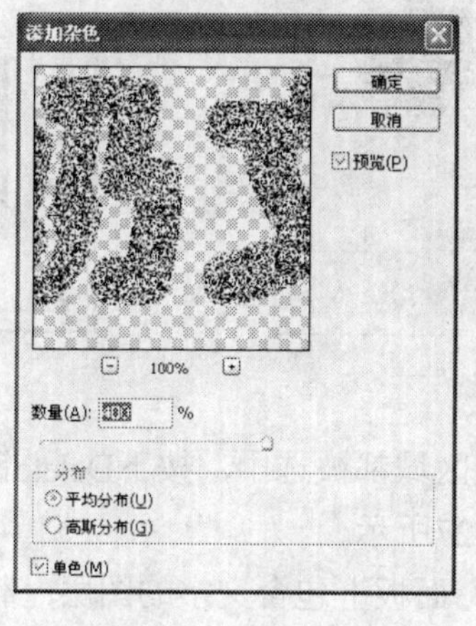

图8-21 添加杂色

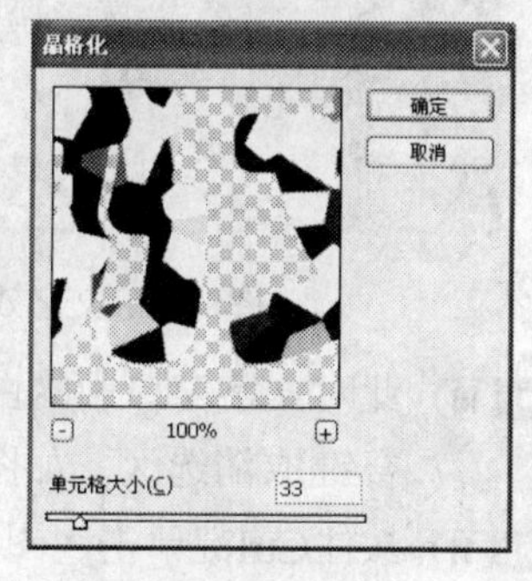

图8-22 晶格化

Step 06 设置完成后单击“确定”按钮，添加杂色并进行晶格化后的文字效果如图8-23所示。

Step 07 执行“滤镜”|“风格化”|“照亮边缘”菜单命令，打开“照亮边缘”对话框，参数设置如图8-24所示。

Step 08 设置完成后单击“确定”按钮，文字效果如图8-25所示。

Step 09 执行“选择”|“色彩范围”命令，打开“色彩范围”对话框，吸取文字窗口中的白色，然后单击“确定”按钮，如图8-26所示。

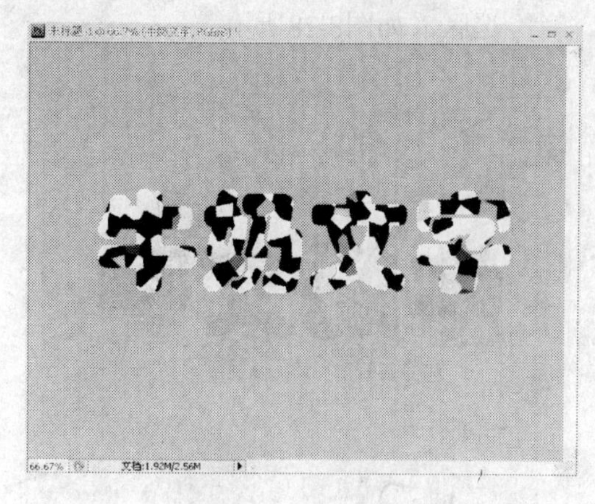

图8-23 文字效果

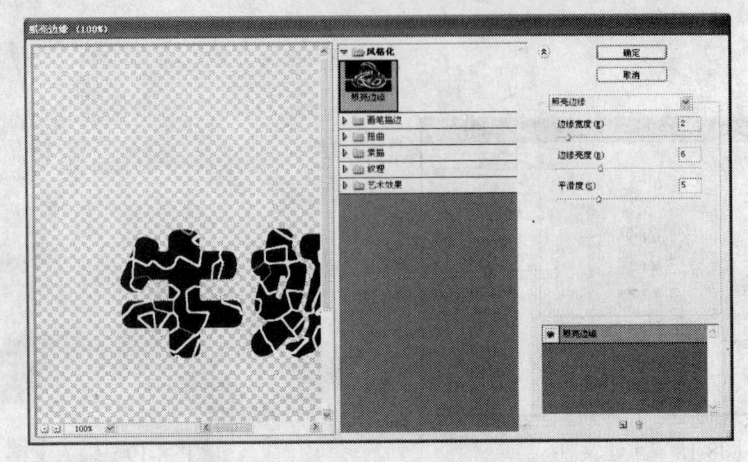

图8-24 照亮边缘

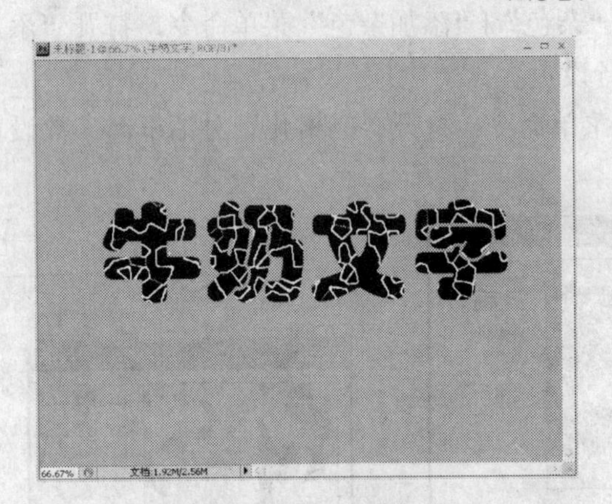

图8-25 文字效果

图8-26 选取色彩范围

Step 10 此时文字窗口中的白色区域都被选中，按下Delete键删除白色部分，然后按Ctrl+D组合键取消选区，如图8-27所示。

Step 11 按住Ctrl键单击“图层”面板上包含文字的图层，载入文字选区，将前景色设置为乳白色（C：3、 M：2、Y：6、K：0），然后按下Alt+Delete组合键使用前景色填充选区，如图8-28所示。

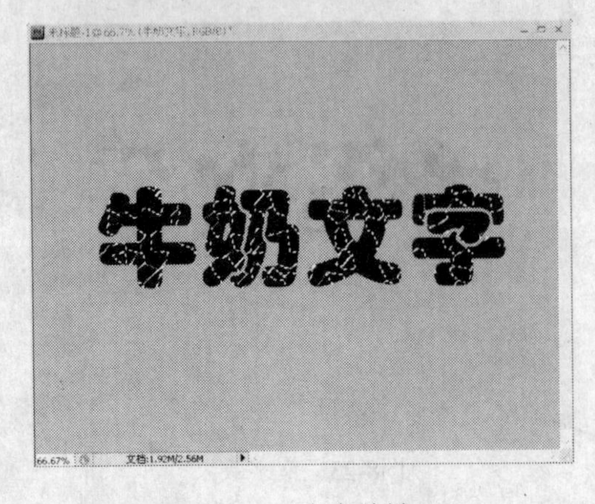

图8-27 文字效果

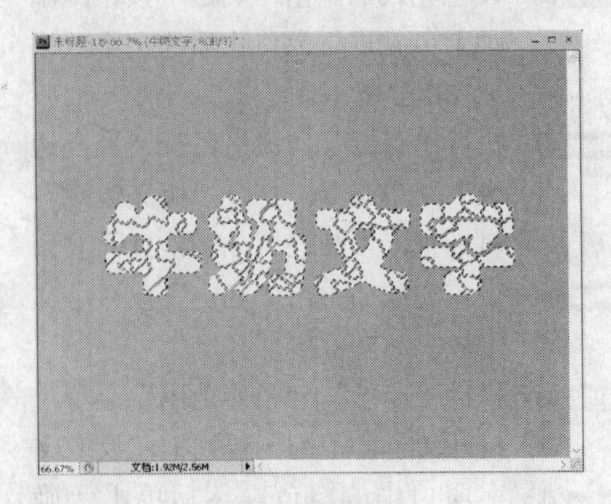

图8-28 填充选区

Step 12 双击文字所在图层，在打开的“图层样式”对话框中选择“斜面和浮雕”效果，参数设置如图8-29所示。

Step 13 在“图层”面板中拖动文字所在图层到下方的“创建新图层”按钮，创建图层副本，如图8-30所示。

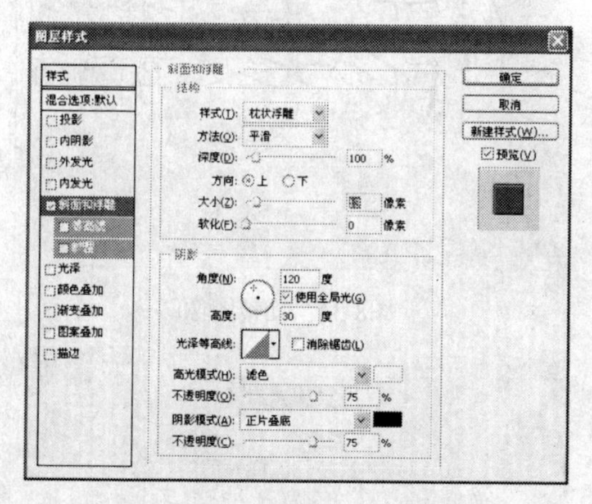

图8-29　设置浮雕效果

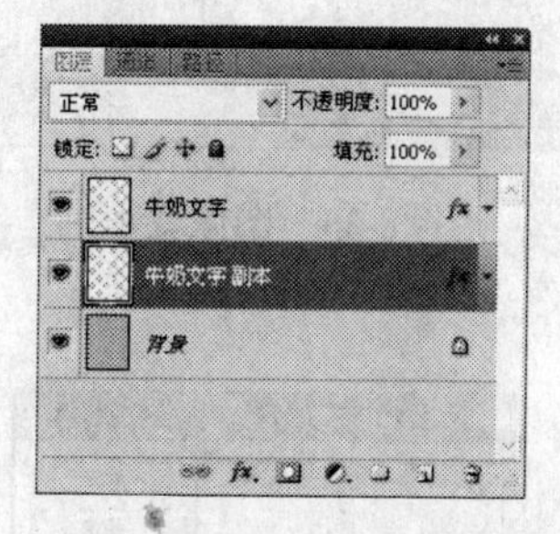

图8-30　创建副本

Step 14 执行“图像”|“图像旋转”|“90度（顺时针）”命令对图像进行旋转，如图8-31所示。

Step 15 执行“滤镜”|“风格化”|“风”命令，打开“风”对话框，将“方法”设置为“大风”，将“方向”设置为“从右”，单击“确定”按钮，为副本图层使用滤镜，如图8-32所示。

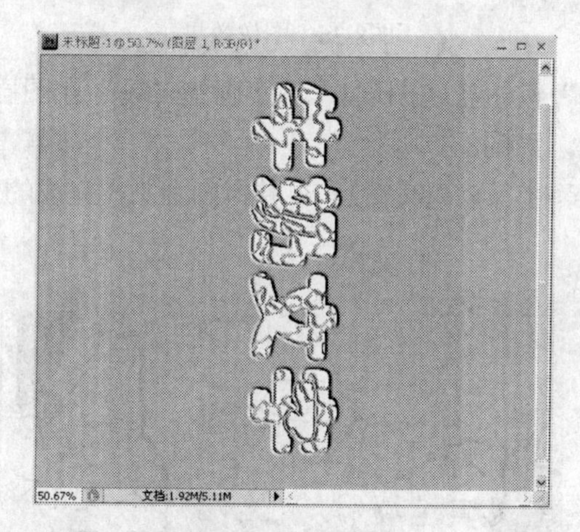

图8-31　旋转图像

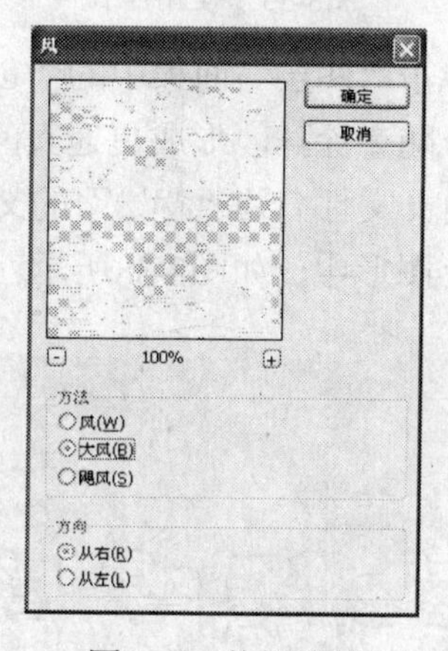

图8-32　使用滤镜

Step 16 多次按Ctrl+F组合键重复使用滤镜，然后按Ctrl+T组合键增加图像的宽度，如图8-33所示。

Step 17 执行“图像”|“图像旋转”|“90度（逆时针）”命令对图像进行旋转，如图8-34所示。

Step 18 执行“滤镜”|“扭曲”|“波纹”命令，打开“波纹”对话框，参数设置如图8-35所示。

Step 19 单击“确定”按钮，牛奶文字基本制作完成，如图8-36所示。

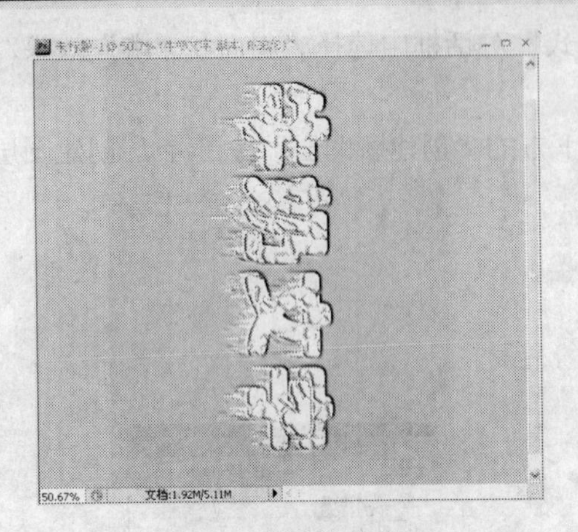

图8-33 图像变形

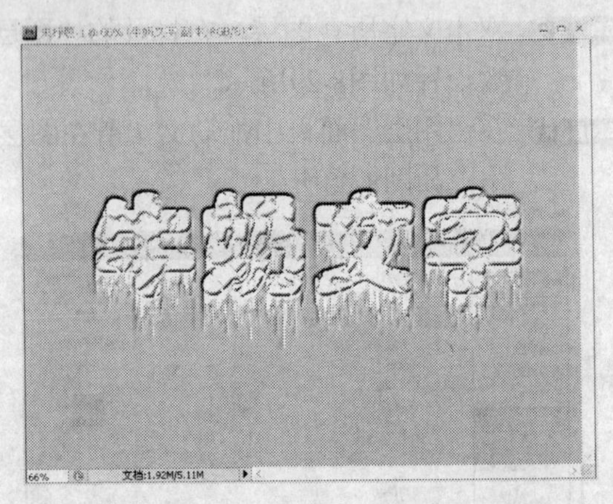

图8-34 旋转图像

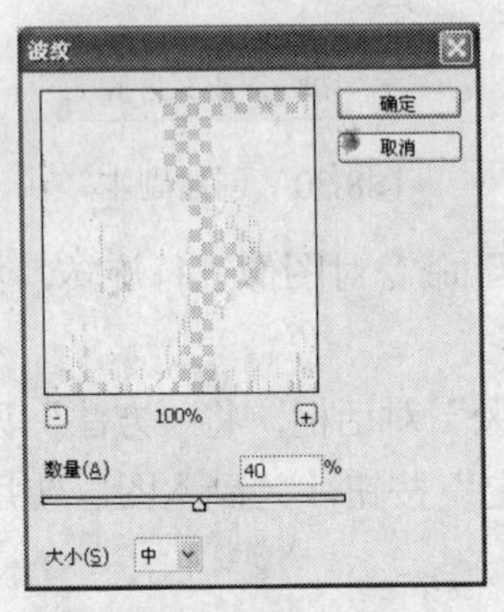

图8-35 使用滤镜

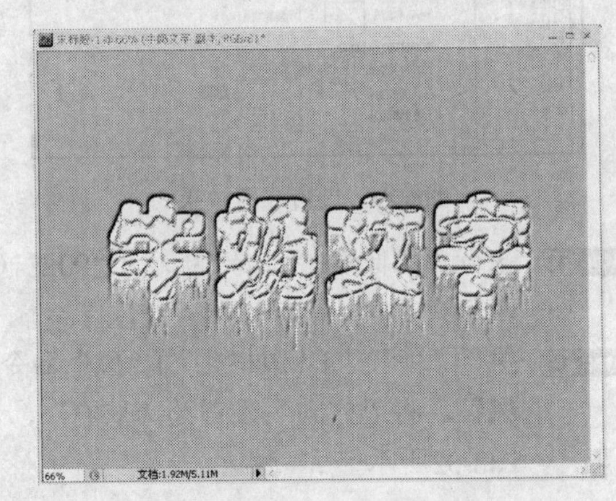

图8-36 图像效果

Step 20 单击“图层”面板中的“创建新的图层”按钮新建图层1。用“画笔工具”在图层1上随意涂抹，形成更逼真的不规则污渍，如图8-37所示。

Step 21 打开文件名为“背景”的文件（位置：素材\第8章\实例2），并拖曳到制作完成的文字图形中，如图8-38所示。

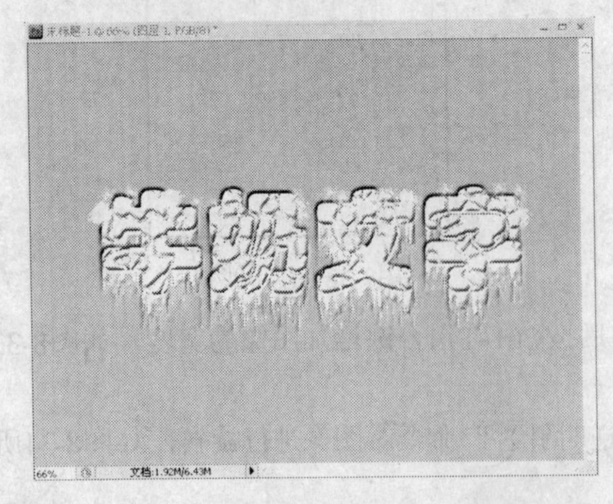

图8-37 使用滤镜

图8-38 导入图像

Step 22 将添加了风效果文字图层的模式设置为“亮光”，最终效果如图8-17所示。这里提示一下，对于不同的背景图片，可以根据实际效果设置合理的混合模式。

知识总结

在本实例的制作过程中，主要用到Photoshop杂色滤镜、晶格化滤镜及风滤镜，并为文字特配合理的背景图片，通过雕刻效果将文字与图片融合形成最终效果，在制作这类文字时，要注意液态效果的合理处理。

钻石文字　Example 03

实例效果

图8-39　钻石文字

实例介绍

在Photoshop CS4中制作特效文字，基本都是以滤镜为主来完成的，本例制作的钻石文字也不例外，通过滤镜实现钻石特效的文字，并为文字添加效果。由于钻石文字要体现钻石的特点，因此在文字的选择上，要注意选择合适的字体。

制作分析

本实例的制作比较简单，但同样可以实现丰富逼真的文字效果。首先应用云彩滤镜处理文字，然后使用玻璃滤镜让文字实现钻石的层次和闪耀效果，最后为图层描边并雕刻，增强文字边缘的金属效果，如图8-39所示。

制作步骤

具体操作方法如下：

Step 01 执行“文件”|“新建”菜单命令，弹出“新建”对话框，在对话框中按照如图8-40所示的参数进行设置，单击“确定”按钮，创建一个800×350像素的图像文件。

Step 02 选择“文字”工具 T，在属性面板中将“字体”设置为“方正综艺简体”，“大小”设置为“120点”，在文件输入文本“永恒的爱”，如图8-41所示。

Step 03 在“图层”面板中右键单击文字图层，选择“栅格化文字”命令，将图层栅格化，如图8-42所示。

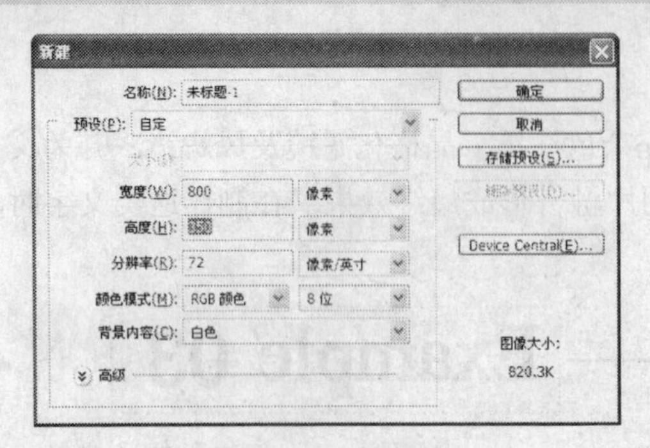

图8-40 创建文件

图8-41 输入文字

Step 04 按下Ctrl键单击包含文字的图层载入文字选区，执行“滤镜”|“渲染”|“云彩”命令，效果如图8-43所示。

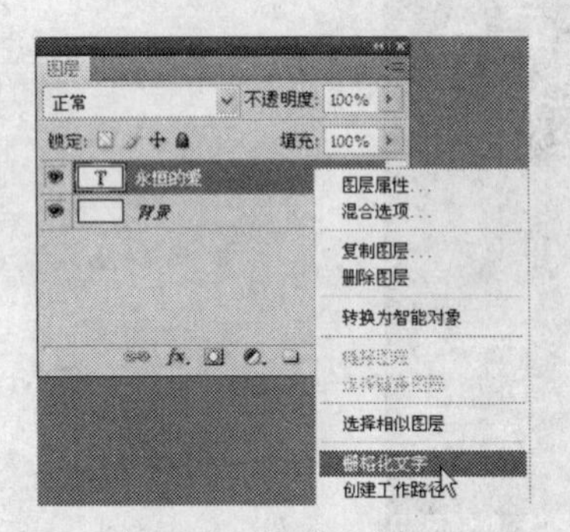

图8-42 栅格化图层

图8-43 使用滤镜效果

Step 05 不要取消选区，直接按下Ctrl+E组合键，将图层与背景图层合并，然后执行“滤镜”|“扭曲”|“玻璃”菜单命令，打开“玻璃”对话框，将“扭曲度”设置为“15”，“平滑度”设置为“1”，“纹理”设置为“小镜头”，“缩放”设置为“55%”，如图8-44所示。

Step 06 单击“确定”按钮，为文本应用滤镜后的效果如图8-45所示。

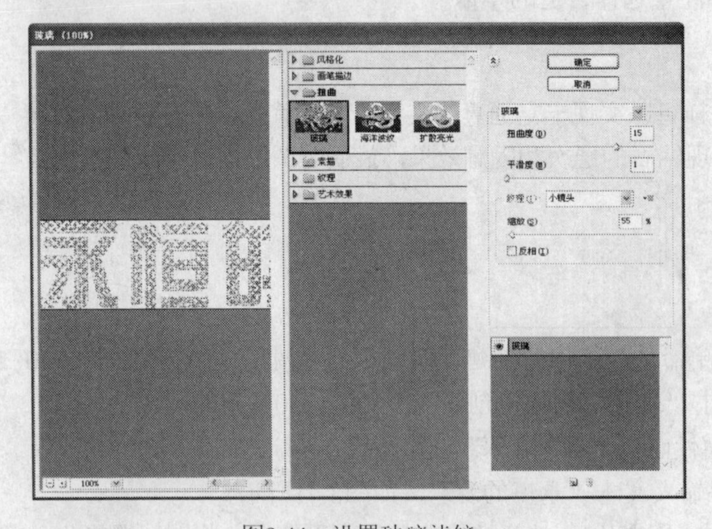

图8-44 设置玻璃滤镜

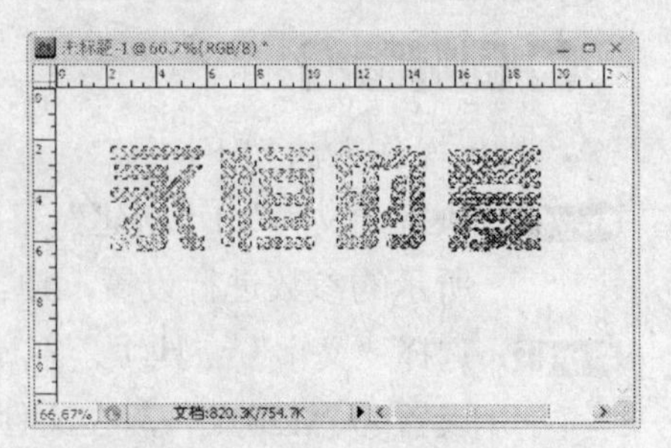

图8-45 使用滤镜效果

Step 07 双击合并后的图层，打开“新建图层”对话框，单击“确定”按钮，将背景图层更改为新图层，如图8-46所示。

Step 08 按下Ctrl+Shift+I组合键，将选区反选，然后按Delete键删除图层中的白色区域，如图8-47所示。

图8-46 新建图层

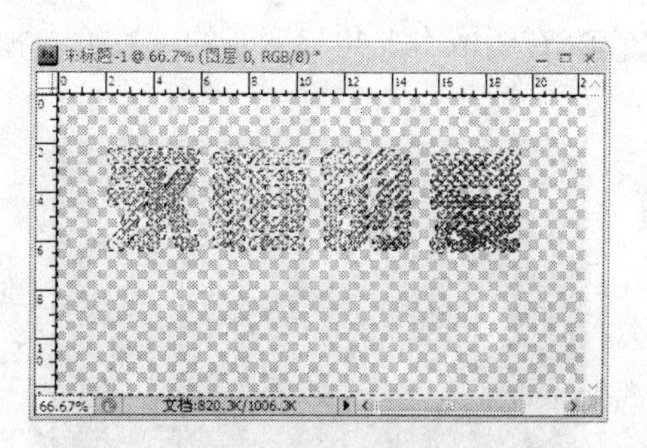

图8-47 反选后删除

Step 09 在“图层”面板中双击图层，打开“图层样式”对话框，单击选择“描边”选项，参数设置如图8-48所示。

Step 10 单击“确定”按钮，按下Ctrl+D组合键取消选区，文字效果如图8-49所示。

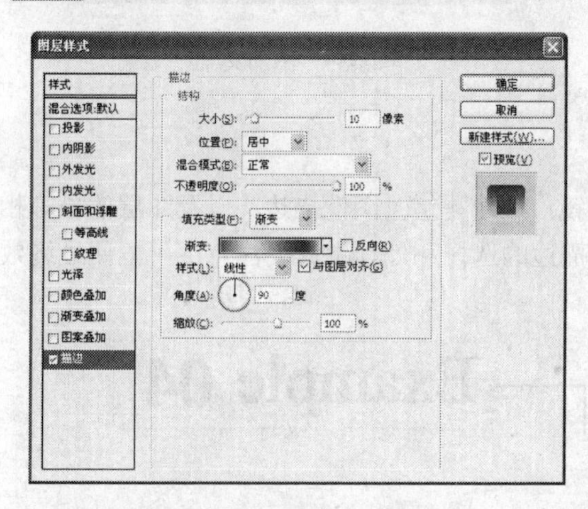

图8-48 描边设置

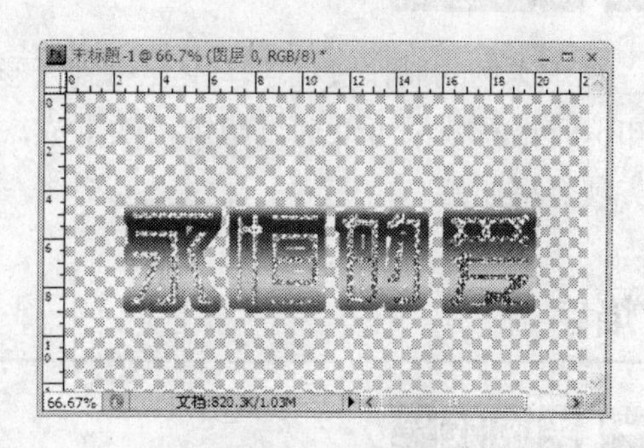

图8-49 选区描边

Step 11 再次打开“图层样式”对话框，选择“斜面和浮雕”选项，参数设置如图8-50所示。

Step 12 单击“确定”按钮，钻石文字制作完毕，效果如图8-51所示。

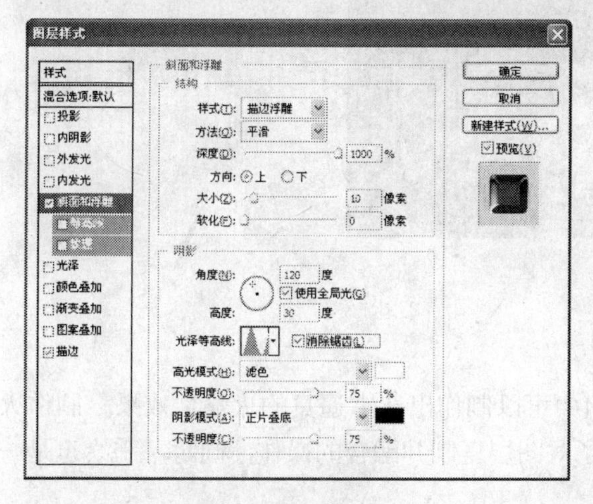

图8-50 雕刻设置

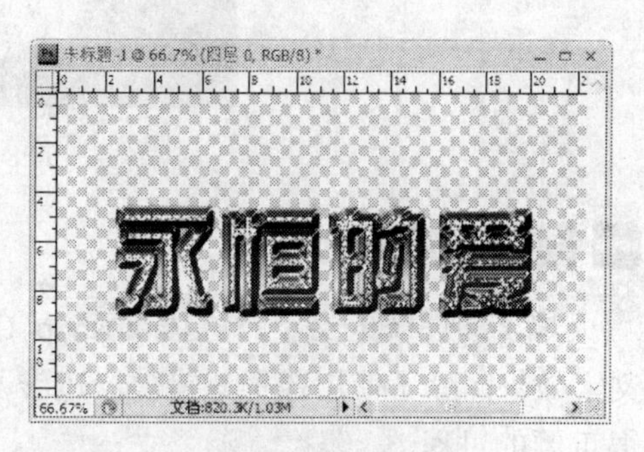

图8-51 文字效果

Step 13 接下来打开文件名为“钻戒”的文件（位置：素材\第8章\实例3），将制作好的文字拖曳到“钻戒”文件中，如图8-52所示。

Step 14 在图像右上角与下方的位置输入相应的文本，最终制作完成的效果如图8-53所示。

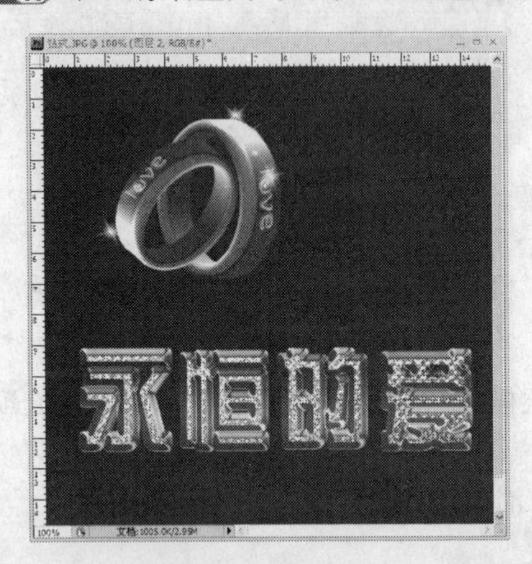

图8-52　拖曳图层

图8-53　添加文字

知识总结

在本实例的制作过程中，主要用到云彩滤镜、玻璃滤镜、图像描边，以及图层效果等相关知识，钻石效果可以通过滤镜一次完成，在描边的选择和处理上，要注意尽可能使最终效果实现金属质感。

火焰字 Example 04

实例效果

图8-54　火焰字

实例介绍

火焰字即燃烧的文字，在Photoshop CS4中可以制作出非常逼真的火焰字效果。制作火焰文字效果，除了使用各种滤镜外，还涉及了对图层复制并融合的操作，同时，手绘也是一个很重要的过程。

制作分析

在本实例的制作过程中，首先应用风滤镜模拟出火焰的方向和射线，然后通过模糊与填充效果制作火焰光芒，再通过波纹滤镜实现火焰的自然流线，并使用液化滤镜绘制出火焰的逼真感，最后通过一系列图层叠加来增强效果，如图8-54所示。

制作步骤

具体操作方法如下。

Step 01 执行“文件”|“新建”菜单命令，弹出“新建”对话框，在对话框中按照如图8-55所示的参数进行设置，单击“确定”按钮，创建一个600×450像素的图像文件。

Step 02 将图层背景填充为黑色，前景色设置为白色，并输入文本“火焰字”，“字体”设置为“方正大黑简体”、“字号”设置为“80点”，并将文字移动到画布下方，如图8-56所示。

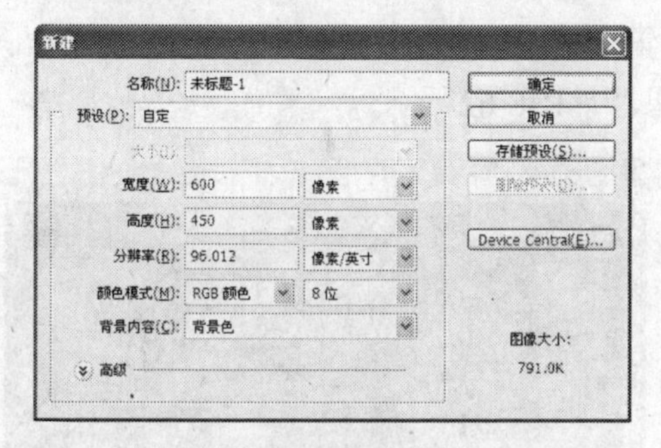

图8-55 新建文件

图8-56 添加文字

Step 03 在文字图层上新建图层1，然后按下Ctrl+Alt+Shift+E组合键，使新建图层盖印可见图层，如图8-57所示。

Step 04 按下Ctrl+T组合键，然后在图层中单击鼠标右键，在弹出的快捷菜单中选择“旋转90度（逆时针）”命令，对图层1进行旋转，如图8-58所示。

图8-57 盖印可见图层

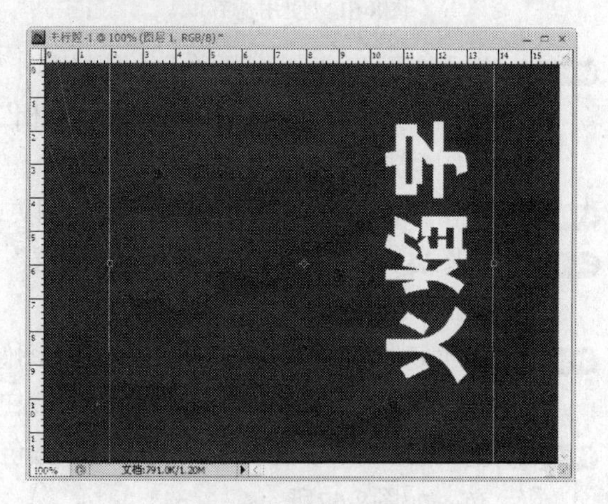

图8-58 旋转图层

Step 05 执行“滤镜”|“风格化”|“风”命令，保持默认设置，单击“确定”按钮，如图8-59所示。

Step 06 连续两次按下Ctrl+F组合键，重复使用风滤镜，使用后的效果如图8-60所示。

图8-59　使用滤镜

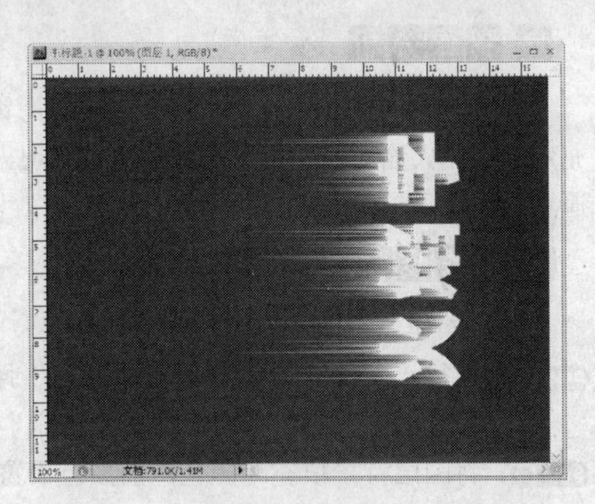

图8-60　吹风效果

Step 07 将图层1变换并顺时针旋转90度，然后执行“滤镜”|“模糊”|“高斯模糊”命令，打开“高斯模糊”对话框，将“半径”设置为“4”，如图8-61所示。

Step 08 单击“确定”按钮，柔和图层1的风效果，如图8-62所示。

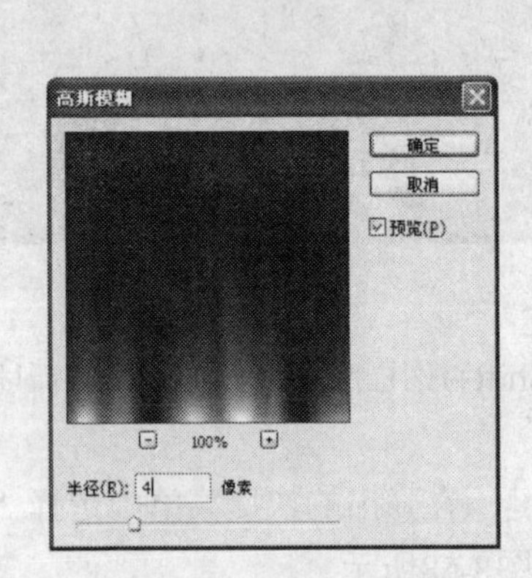

图8-61　使用滤镜

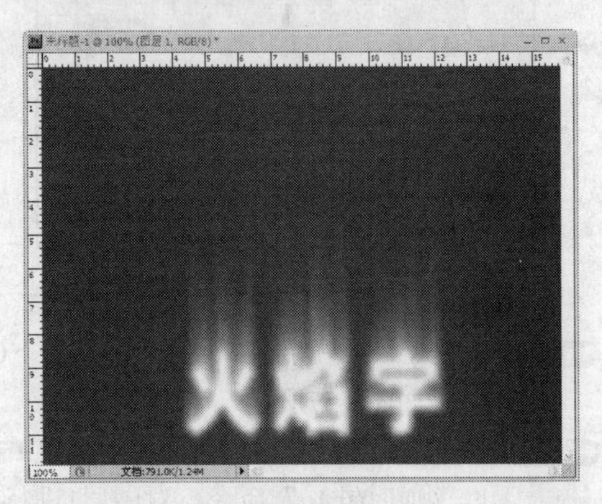

图8-62　柔和效果

Step 09 选中图层1，执行“图像”|“调整”|“色相/饱和度”命令，打开“色相/饱和度”对话框，选中“着色”选项，将“色相”设置为“40”、“饱和度”设置为“100”，如图8-63所示。

Step 10 单击“确定”按钮，此时图层色调更改为橘黄色，如图8-64所示。

Step 11 将图层1拖动到下方的“创建新图层”按钮复制图层1，新建的图层名为图层1副本，如图8-65所示。

Step 12 选中复制的副本图层，再次执行“图像”|“调整”|“色相/饱和度”命令，将“色”相更改为“-40”，单击“确定”按钮，将色调更改为红色，如图8-66所示。

Step 13 将图层1副本的混合模式更改为“颜色减淡”，此时红色与橘黄色融合，形成火焰颜色，如图8-67所示。

Step 14 按下Ctrl+E组合键将图层1与副本合并，执行“滤镜”|“液化”命令，打开“液化”对话框，将“画笔大小”设置为“40”、“画笔压力”设置为“40”，拖动鼠标绘制火苗形状，如图8-68所示。

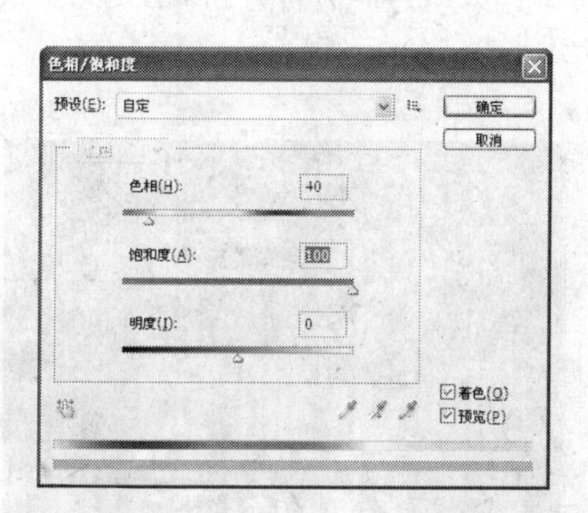

图8-63 调整色相与饱和度

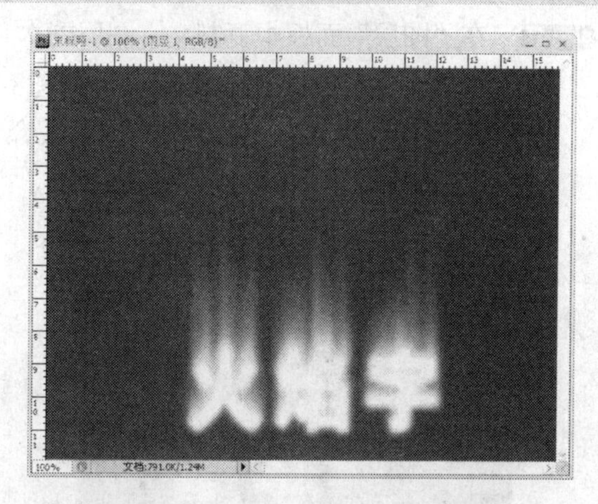

图8-64 图层效果

图8-65 复制图层

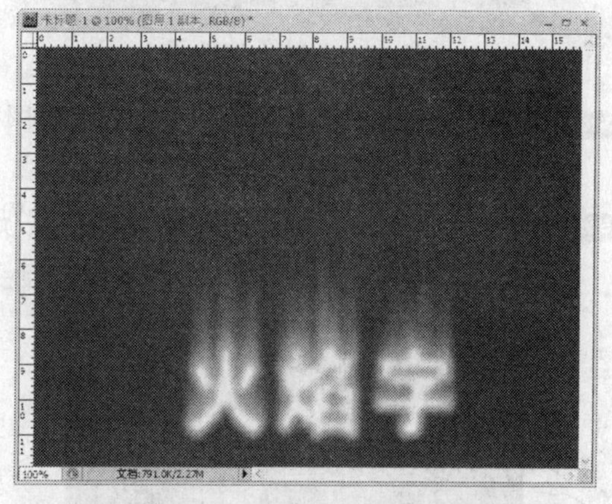

图8-66 更改色调

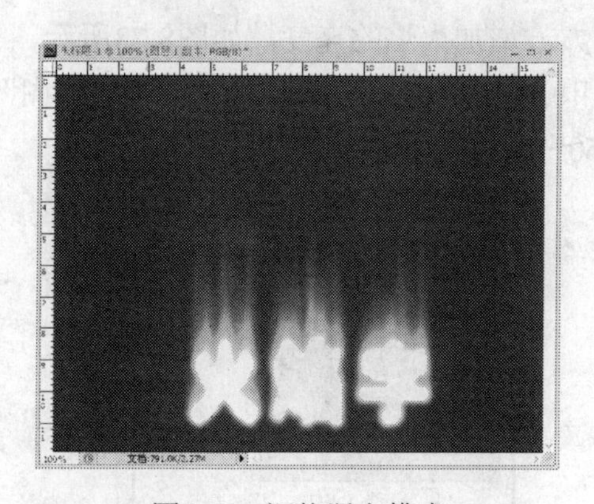

图8-67 调整混合模式

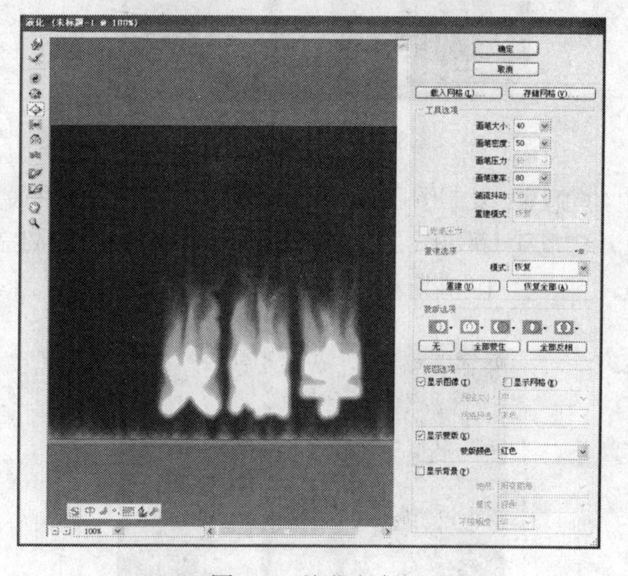

图8-68 液化文字

Step 15 选择"涂抹"工具，将"画笔压力"设置为"65"，然后拖动鼠标在图像中不断涂抹，使火焰的外焰和内焰融合，在涂抹过程中，需不断调整笔头的大小和压力，如图8-69所示。

Step 16 在“图层”面板中复制文字图层副本并放置到图层1之上，并将文字颜色更改为黑色，调整文字与火焰的重叠位置，如图8-70所示。

图8-69 涂抹火焰效果

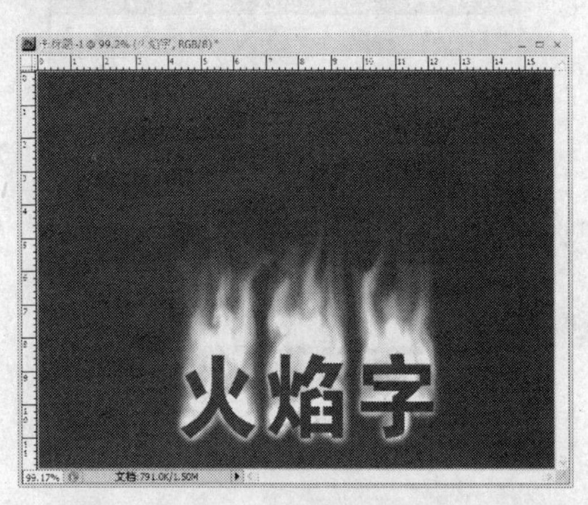

图8-70 重叠文字

Step 17 复制火焰图层并移动到文字图层副本之上，将混合方式更改为“明度”，如图8-71所示。

Step 18 单击“图层”面板组中的“添加蒙版”按钮，为图层1副本添加蒙版，然后使用渐变工具在蒙版中建立由白变黑的渐变效果，如图8-72所示。

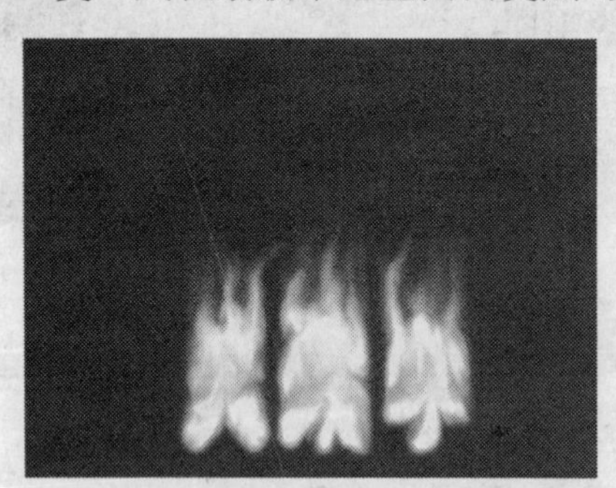

图8-71 更改混合方式

图8-72 蒙版渐变

Step 19 复制图层1副本，将复制的图层移动到最上方，增加火焰的亮度，如图8-73所示。

Step 20 新建图层2，按下Ctrl+Shift+Alt+E组合键盖印可见图层，然后执行“滤镜”|“模糊”|“高斯模糊”命令，将“半径”设置为“50”像素，如图8-74所示。

图8-73 更改混合方式

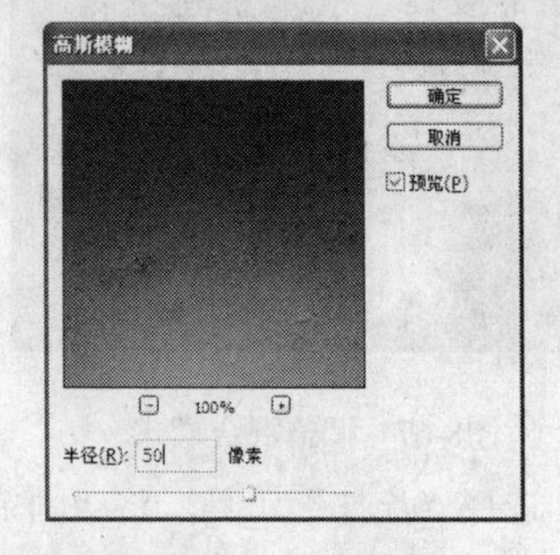

图8-74 高斯模糊

Step 21 设置高斯模糊后，单击“确定”按钮，此时火焰文字的效果如图8-75所示。

Step 22 新建图层3，按下Ctrl+Shift+Alt+E组合键盖印可见图层，按下Ctrl+T组合键垂直翻转图层并向下移动，使图层作为文字的倒影，如图8-76所示。

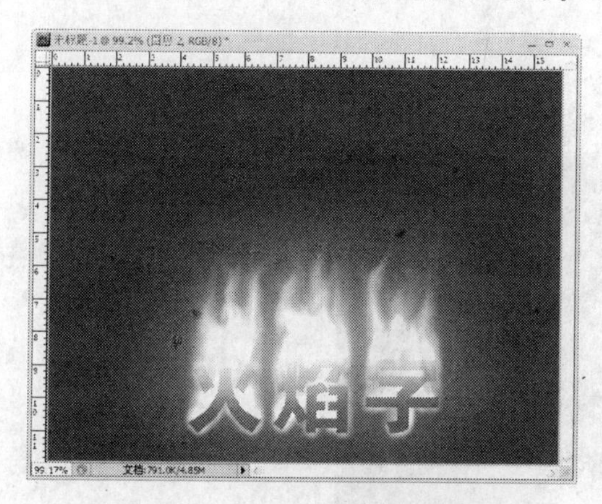

图8-75　模糊火焰效果

图8-76　翻转并移动图层

Step 23 调整到合适位置后，将图层3的混合模式设置为“变亮”，“透明度”设置为“60%”，效果如图8-77所示。

Step 24 将图形文件全屏幕显示并缩放，然后拖动图层下方的变换控点将图层3调整为梯形，使投影效果更加逼真，如图8-78所示。然后按下Enter键，火焰文字就制作完成了。

图8-77　调整混合模式与透明度

图8-78　变换图层形状

知识总结

在本实例的制作过程中，主要使用到风、模糊、波纹、液化滤镜，以及色调调整、图层混合等相关知识，在制作火焰字的过程中，液化操作的手绘非常重要，能否使得火焰效果更加逼真，以及设置火焰的燃烧度，都是通过这一步来控制的，需要细心地反复操作才能完成。

古典花纹字 Example 05

实例效果

图8-79 古典花纹字

实例介绍

Photoshop CS4中制作的文字，可以模拟出各种物品效果，本实例就是模拟古典花纹的文字效果，该效果制作方法比较简单，将需要的纹理定义为图案，然后对文字进行图案叠加并应用图层效果即可完成，如图8-79所示。

制作分析

在本实例的制作过程中，首先需要定义图案，在调整文字后添加图案叠加并应用多种图层效果，由于文字需要单独调整，因此先定义为样式，然后为其他文字应用样式。

制作步骤

具体操作方法如下：

Step 01 执行“文件”|“打开”菜单命令，打开文件名为“花纹”的文件（位置：素材\第8章\实例5），如图8-80所示。

Step 02 执行“编辑”|“定义图案”菜单命令，在打开的“图案名称”中输入“花纹”，单击“确定”按钮将图像定义为图案，如图8-81所示。

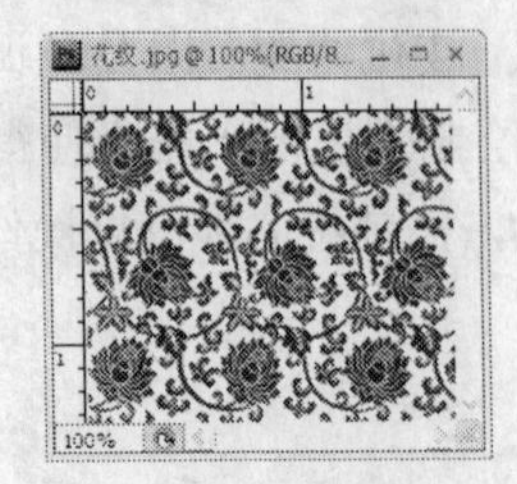

图8-80 打开图像

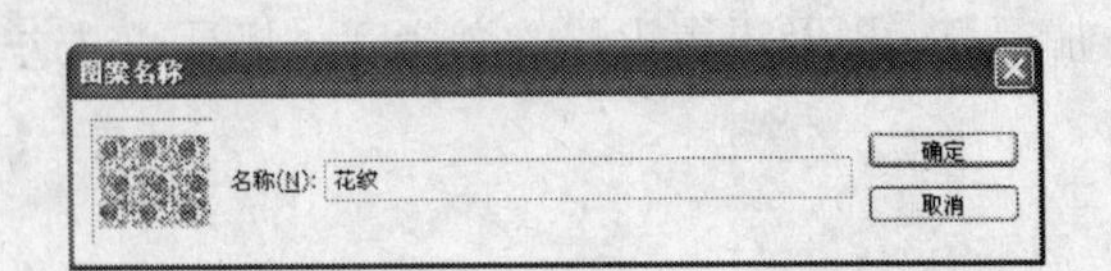

图8-81 定义图案

Step 03 执行“文件”|“新建”菜单命令，新建一个800×600像素的图像，将背景色设置为黑色并按下Ctrl+Delete组合键填充图层，如图8-82所示。

Step 04 单击前景色区域，在打开的“拾色器”对话框中将前景色设置为“#133261”，单击“确定”按钮，如图8-83所示。

图8-82 新建图像

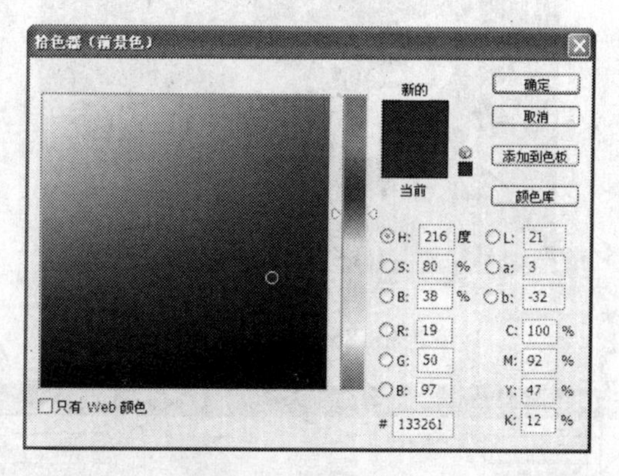

图8-83 选择前景色

Step 05 选择“渐变”工具，在属性栏中选择“径向渐变”，然后在图像中拖动鼠标制作渐变效果，如图8-84所示。

Step 06 选择“文字”工具T，将字体设置为“方正剪纸简体”，字号设置为“130”点，字符颜色设置为“白色”，然后再输入文字“青”，如图8-85所示。

图8-84 渐变效果

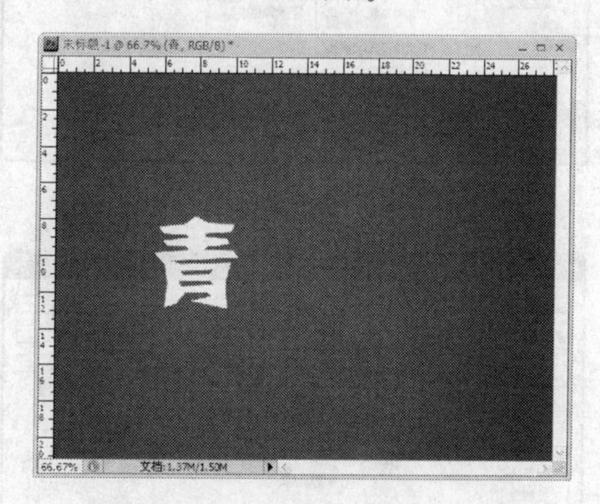

图8-85 输入文字

Step 07 按下Ctrl+T组合键，拖动文字四周的控制点调整其形状并旋转，如图8-86所示。

Step 08 双击文字图层打开“图层样式”对话框，选择“外发光”样式，参数设置如图8-87所示。

Step 09 选择“斜面和雕刻”样式，参数设置如图8-88所示。

Step 10 选择“渐变叠加”样式，参数设置如图8-89所示。

Step 11 选择“图案叠加”样式，将混合模式设置为“正片叠底”，并选择前面定义的图案，如图8-90所示。

Step 12 单击“确定”按钮，文字效果就制作出来了，如图8-91所示。

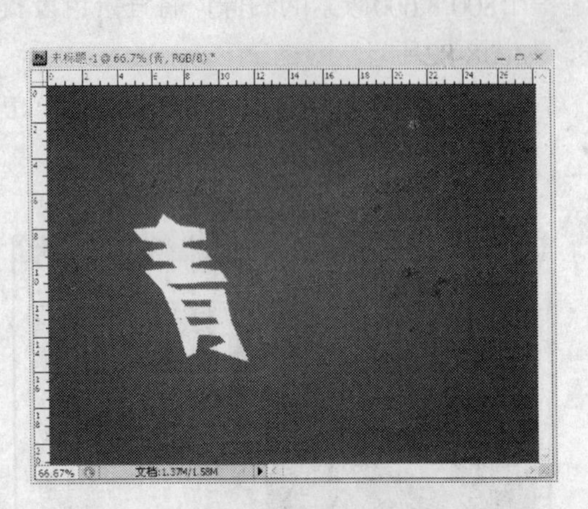

图8-86 调整文字

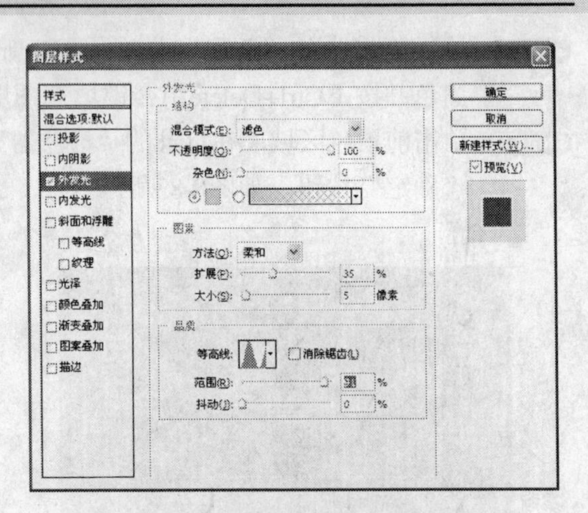

图8-87 外发光设置

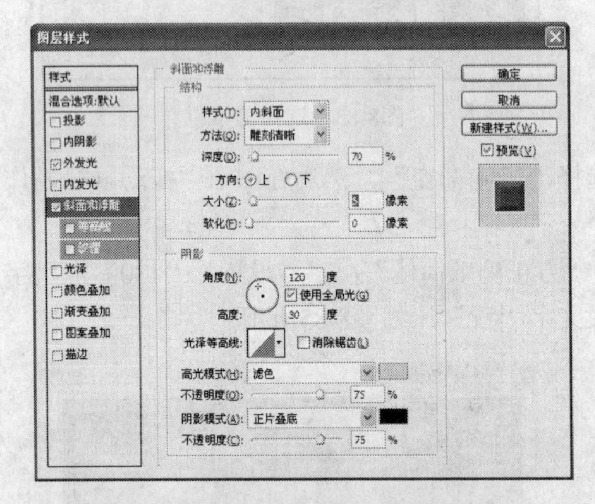

图8-88 斜面和雕刻设置

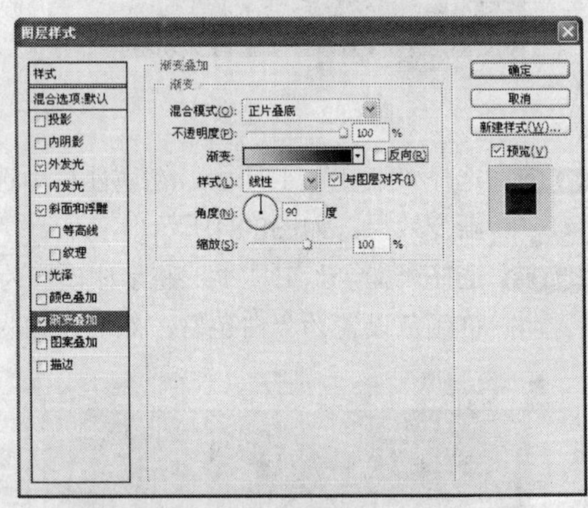

图8-89 渐变叠加设置

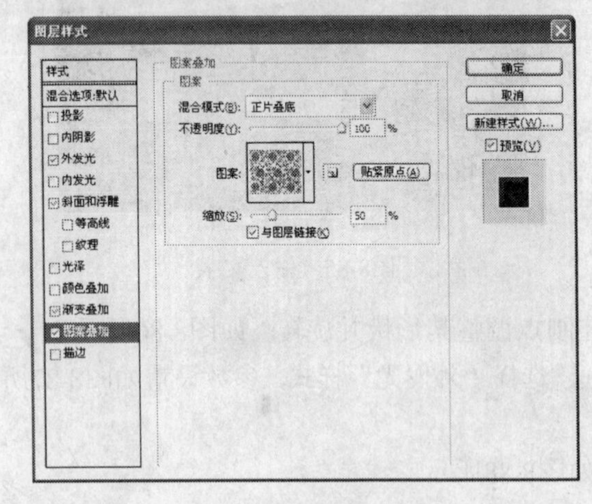

图8-90 图案叠加设置

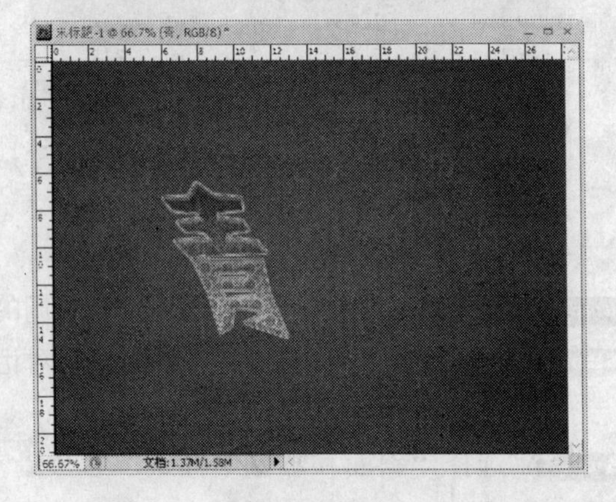

图8-91 文字效果

Step 13 打开“样式”面板，单击下方的“创建新样式”按钮，在打开的“新建样式”对话框中输入名称“花纹”，单击“确定”按钮保存样式，如图8-92所示。

Step 14 使用文字工具输入文字“花”，并按下Ctrl+T组合键对其进行变换，如图8-93所示。

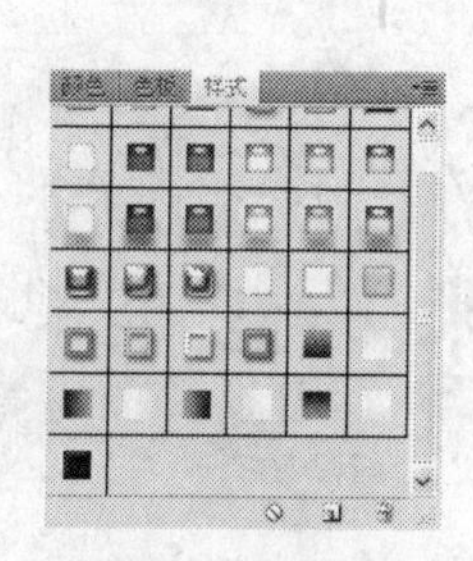

图8-92　保存样式

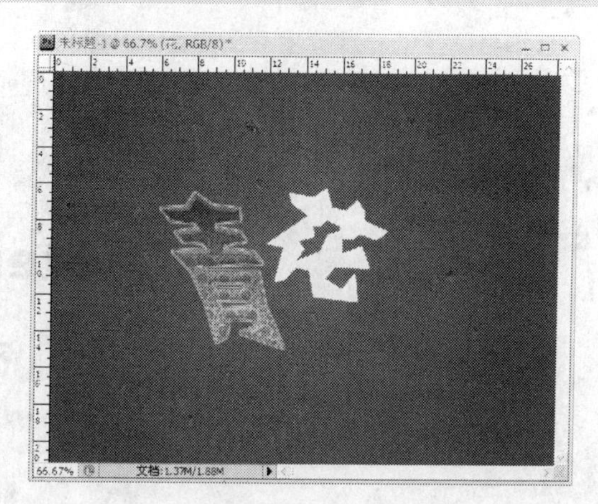

图8-93　输入文字

Step 15 在"样式"面板中单击前面保存的"花纹"样式，为文字应用该样式，然后打开"图层样式"对话框，分别将前面所设置的样式中的蓝色调更改为绿色调，更改后的效果如图8-94所示。

Step 16 输入文字"瓷"，按同样的方法应用样式并更改色调，最后的效果如图8-95所示。

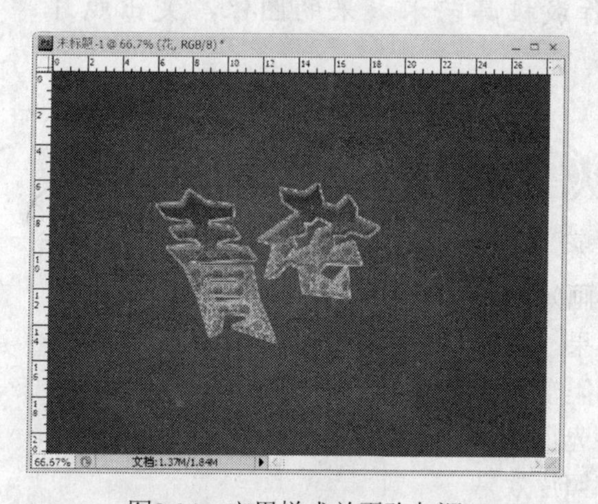

图8-94　应用样式并更改色调

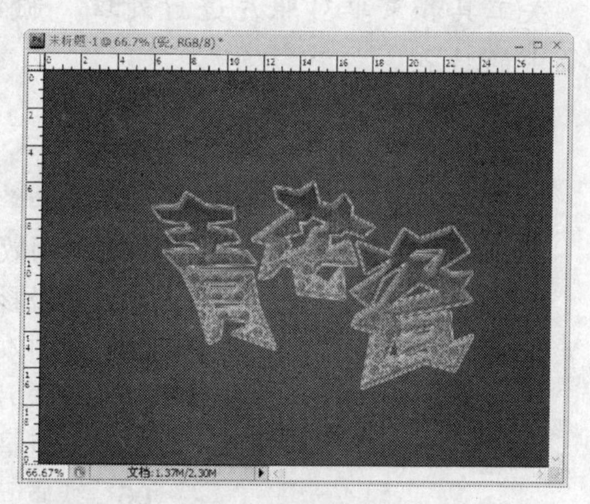

图8-95　添加文字

Step 17 执行"文件" | "打开"菜单命令，打开文件名为"背景"的文件（位置：素材\第8章\实例5），将瓷器图片拖曳到图像中，移动到背景图层之上，将混合方式设置为"浅色"。

Step 18 调整图片大小与位置，并将文字根据图片的形状进行排列，本实例就制作完成了。

知识总结

在本实例的制作过程中，主要用到自定义图案、图层样式的综合运用，以及定义样式等知识。在制作多文字时，要把握好文字的色调，从而使制作出的效果自然、优美。

Chapter 09 照片处理与艺术加工实例

对于通过数码相机所拍摄的照片，可以通过艺术加工使其充满艺术美感，这些艺术加工通过照片的色调和明暗来体现，并且可以将照片中不存在的事物通过合成添加到照片中，使原来的照片更完美。

本章通过8个综合实例，重点给读者讲解应用Photoshop CS4中的相关工具和菜单对照片进行处理，制作成极具艺术效果的图像，突出照片中的特点。

01 漫画效果
02 浪漫彩画效果
03 版画效果
04 皮肤另类塑料油光效果
05 神奇星光夜景
06 纸质旧照片效果
07 朦胧神秘城市效果
08 梦幻雪景

漫画效果

Example 01

实例效果

（a）素材图像

（b）完成后的图像

图9-1 漫画效果

实例介绍

漫画效果是将人物的轮廓与细节忽略，将人物制作成模拟漫画的图像，常用这种效果来体现手绘的效果，而且这种处理人物照片的方法，也同样适用于处理风景或者其他类型的图像。

制作分析

在本实例的制作过程中，主要利用滤镜选区等进行操作，通过复制图层的方法，应用滤镜对新的图层进行编辑，只获得图像的轮廓，然后再深入对细节部分图像进行设置，应用图层混合模式的特殊原理，来得到最后的图像效果。

制作步骤

具体操作方法如下：

Step 01 执行“文件”|“打开”菜单命令，弹出“打开”对话框，打开文件名为“人物”的文件（位置：素材\第9章\实例1），效果如图9-2所示。

Step 02 选择背景图层，并按Ctrl+J快捷键将背景图层进行复制，复制的背景图层如图9-3所示。

Step 03 然后执行“图像”|“调整”|“去色”菜单命令，将复制的图层的颜色去掉，效果如图9-4所示。

Step 04 选择图层1，按Ctrl+J快捷键进行复制，复制的图层如图9-5所示。

Step 05 将图层1副本的“混合模式”设置为“颜色减淡”，如图9-6所示。

行家提示

将图层1副本的混合模式设置为“颜色减淡”的目的是为了获得图像中较暗部分的轮廓，便于后面对其进行编辑。

图9-2　打开素材

图9-3　复制背景图层

图9-4　去除图像色彩

Step 06 从图像窗口中可以查看设置混合模式后的效果，如图9-7所示。

图9-5　复制图层1

图9-6　设置混合模式

图9-7　设置后的效果

Step 07 执行“滤镜”|“其他”|“最小值”菜单命令，打开“最小值”对话框，在该对话框中将“半径”设置为“2”像素，如图9-8所示。

Step 08 设置完成后单击“确定”按钮，应用滤镜后的效果如图9-9所示。

Step 09 选取图层1副本，按Ctrl+E快捷键将图层向下进行合并，如图9-10所示。

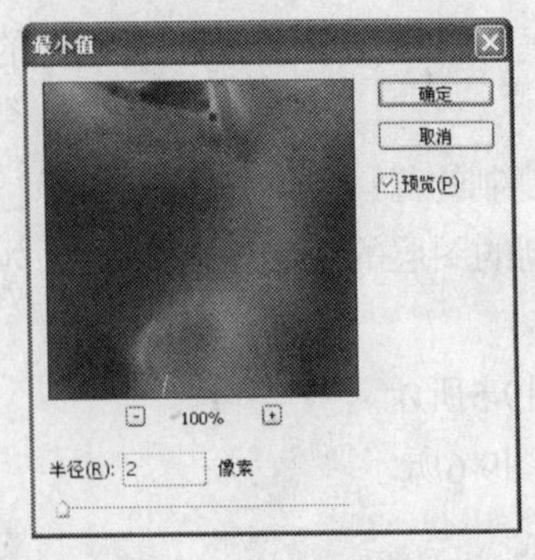

图9-8　“最小值”对话框

图9-9　设置后的效果

图9-10　向下合并图层

Step 10 打开“图层”面板，重新对图层1进行复制，如图9-11所示。

Step 11 选择复制的“图层1副本”图层，执行“滤镜”|“模糊”|“高斯模糊”菜单命令，打开“高斯模糊”对话框，将“半径”设置为“7”像素。

Step 12 设置完成后单击“确定”按钮，应用滤镜后的效果如图9-13所示。

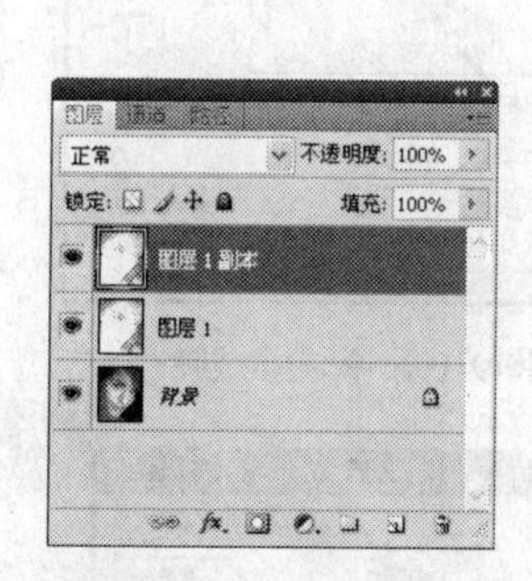

图9-11 复制新的图层1

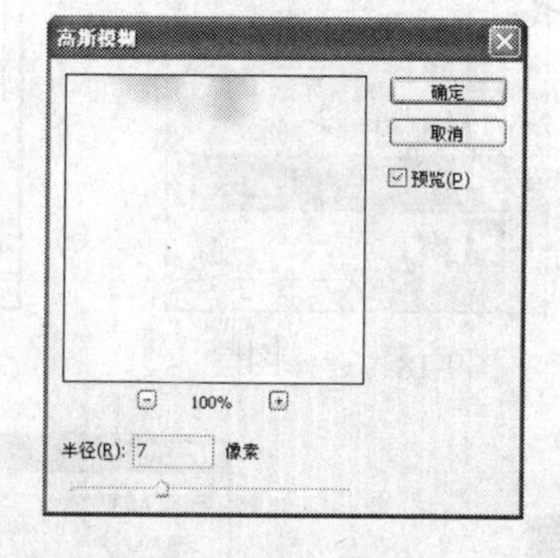

图9-12 “高斯模糊”对话框

图9-13 应用滤镜后的效果

Step 13 将图层1副本混合模式设置为“线性加深”，设置后的效果如图9-14所示。

Step 14 复制背景图层，将复制的背景图层放置到图层最上方，如图9-15所示。

Step 15 将“背景副本”图层的“混合模式”设置为“颜色”，如图9-16所示。

图9-14 设置后的效果

图9-15 复制背景图层

图9-16 设置混合模式

Step 16 在图像窗口中查看设置混合模式后的效果，如图9-17所示。

Step 17 打开“图层”面板，使用鼠标单击图层1，将该图层选取，如图9-18所示。

Step 18 执行“滤镜”|“杂色”|“蒙尘与划痕”菜单命令，打开“蒙尘与划痕”对话框，将“半径”设置为“2”像素，将“阈值”设置为“0”色阶，如图9-19所示。

Step 19 设置完成后单击“确定”按钮，应用滤镜后的图像效果如图9-20所示。

Step 20 按Ctrl+M快捷键打开如图9-21所示的“曲线”对话框，参照图上所示设置曲线走向。

Step 21 设置完成后单击“确定”按钮，调整后的效果如图9-22所示。

Step 22 将“背景副本”图层的“不透明度”设置为“80%”，完成本实例的制作，效果如图9-1（b）所示。

图9-17　图像效果

图9-18　选择图层

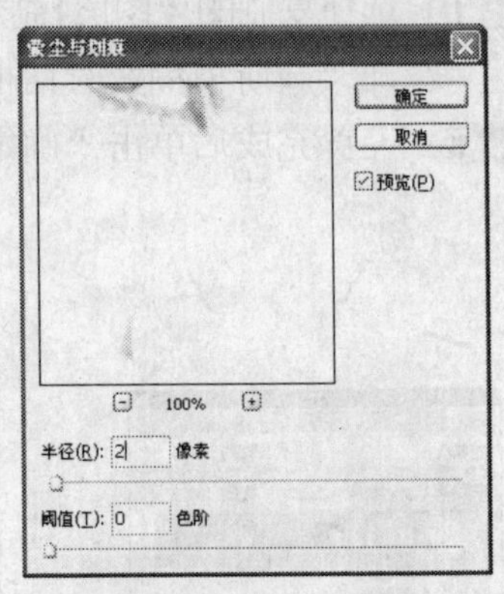

图9-19　蒙尘与划痕

图9-20　应用滤镜后的效果

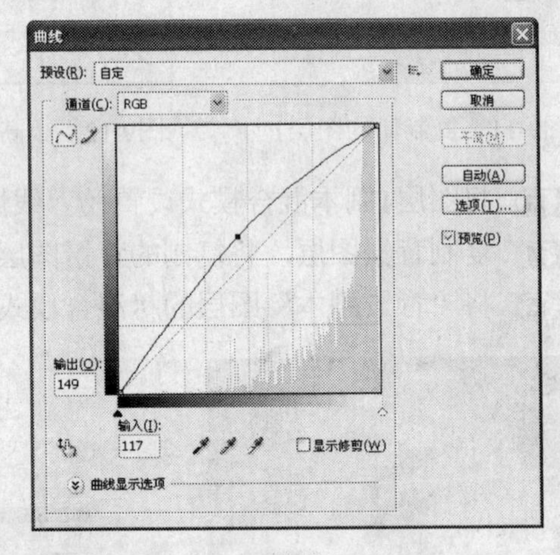

图9-21　“曲线”对话框

图9-22　调整后的图像

知识总结

在本实例的操作过程中，主要使用Photoshop的图层和滤镜综合进行操作，通过复制图层的方法，得到多个图层，应用滤镜等命令对不同的图层进行编辑。值得用户注意的是，对不同的图层进行编辑时，要首先确认当前所选择的图层为所要编辑的图层，然后应用对应的命令或者工具对图像进行编辑。

浪漫彩画效果 Example 02

实例效果

(a) 素材图像

(b) 完成后的效果

图9-23 浪漫彩画效果

实例介绍

彩画效果的主要特点是将图像制作成绘制的图像效果，突出图像色彩，而忽略图像轮廓，只表现出图像之间的色彩差异。本案例主要对一张风景照片进行编辑，通过设置和操作制作成彩画效果。

制作分析

在本实例的制作过程中，通过复制图层，然后应用滤镜对不同图层进行编辑的方法，得到彩画效果，并且将不同的图层命名为相对应的名称，便于在编辑图像时，可以快速选择合适的图层。

制作步骤

具体操作方法如下。

Step 01 执行“文件”|“打开”菜单命令，弹出“打开”对话框，打开文件名为“荷花”的文件（位置：素材\第9章\实例2），效果如图9-24所示。

Step 02 然后将背景图层进行复制，按Ctrl+J快捷键复制新图层，执行“滤镜”|“模糊”|“特殊模糊”菜单命令，打开如图9-25所示的“特殊模糊”对话框，将“半径”设置为“10”，将“阈值”设置为“30”。

Step 03 设置完成后单击“确定”按钮，应用滤镜后的图像如图9-26所示。

Step 04 再选取背景图层，复制出一个新的图层，将新图层的名称设置为“边缘”，如图9-27所示。

Step 05 然后执行“滤镜”|“风格化”|“照亮边缘”菜单命令，打开“照亮边缘”对话框，将“边缘宽度”设置为“1”，将“边缘亮度”设置为“14”，将“平滑度”设置为“15”，如图9-28所示。

图9-24 打开荷花图像

图9-25 “特殊模糊”对话框

图9-26 应用滤镜后的图像

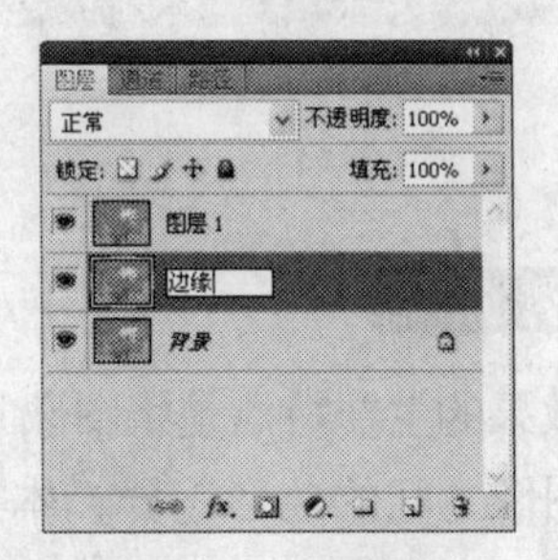

图9-27 复制图层

Step 06 在“照亮边缘”对话框中设置完成后单击“确定”按钮，应用滤镜后的图像如图9-29所示。

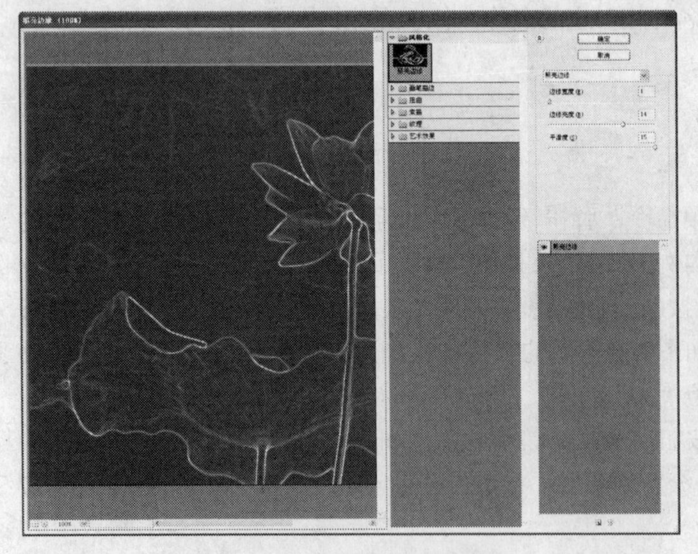

图9-28 “照亮边缘”对话框

图9-29 应用滤镜后的图像

Step 07 按Ctrl+I组合键将图像效果进行反相，效果如图9-30所示。

Step 08 然后执行“图像”|“调整”|“去色”菜单命令，将图像转换为黑白效果，如图9-31所示。

图9-30 反相显示后的图像

图9-31 去除图像颜色

Step 09 打开“图层”面板，将边缘图层放置到图层左上方，并将图层的“混合模式”设置为“正片叠底”，“不透明度”设置为“80%”，如图9-32所示。

Step 10 在图像窗口中可以查看设置混合模式后的效果，如图9-33所示。

Step 11 打开“图层”面板，对图层1进行复制，选择复制的新图层，如图9-34所示。

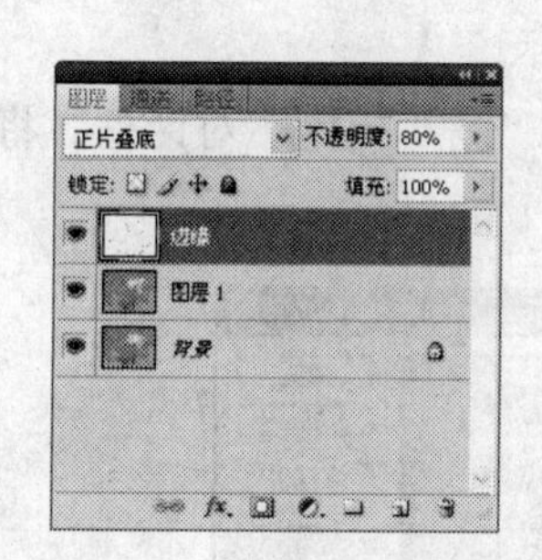

图9-32 设置混合模式

图9-33 设置后的效果

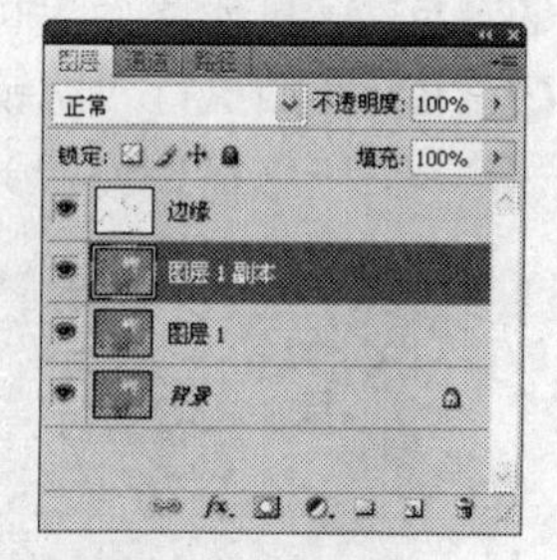

图9-34 复制图层1

Step 12 然后执行“滤镜”|“素描”|“水彩画纸”菜单命令，打开“水彩画纸”对话框，如图9-35所示，在对话框中将“纤维长度”设置为“20”，将“亮度”设置为“58”，将“对比度”设置为“78”。

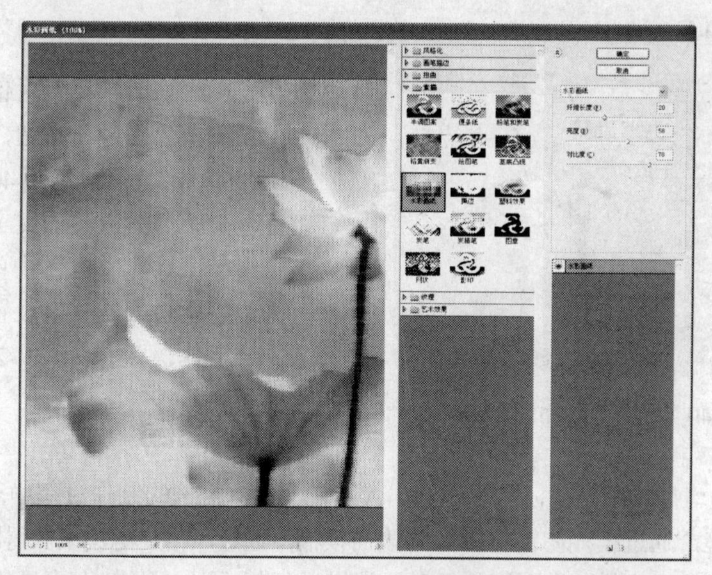

图9-35 “水彩画纸”对话框

Step 13 设置完成后单击“确定”按钮，应用滤镜后的图像效果如图9-36所示。

Step 14 然后对图像色彩进行调整，按Ctrl+M快捷键打开“曲线”对话框，如图9-37所示，参照图上所示设置曲线走向。

图9-36 应用滤镜后的图像

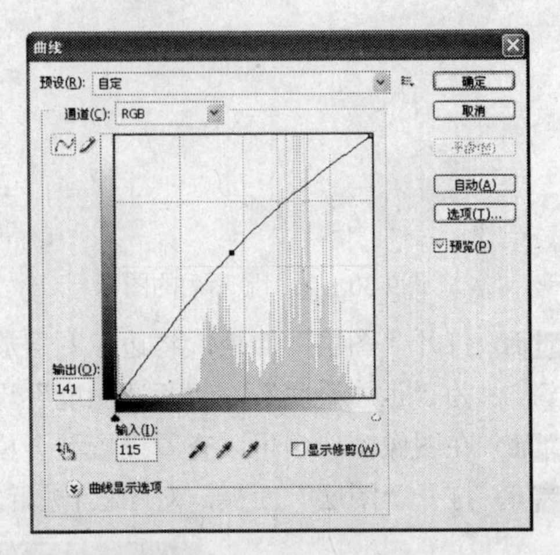

图9-37 “曲线”对话框

Step 15 设置完成后单击“确定”按钮，调整后的图像如图9-38所示。

Step 16 然后执行“滤镜”|“模糊”|“高斯模糊”菜单命令，打开“高斯模糊”对话框，将“半径”设置为“3”像素，如图9-39所示。

图9-38 调整后的图像

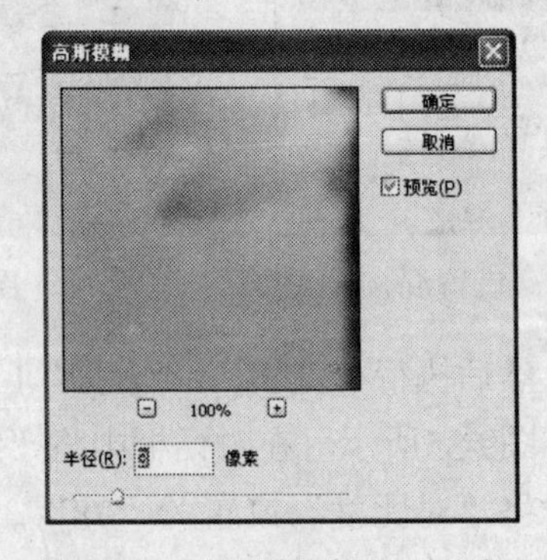

图9-39 “高斯模糊”对话框

图9-40 应用滤镜后的图像

Step 17 在“高斯模糊”对话框中设置完成后单击“确定”按钮，应用滤镜编辑后的图像效果如图9-40所示。

Step 18 下面为图像添加文字，应用“横排文字工具” T 在图中单击后输入文字，将所输入的文字设置为所需的大小和字体，效果如图9-23（b）所示。

知识总结

在本实例的制作过程中，主要应用了模糊滤镜和素描滤镜，通过模糊滤镜将图像的表面模糊，通过风格化滤镜来获得图像的轮廓，复制不同的图层进行编辑，将各个图层编辑后的效果进行组合，从而制作成最终的效果。

版画效果　Example 03

实例效果

（a）打开素材

（b）完成效果

图9-41　版画效果

实例介绍

版画是用刀或化学药品等在木、石、麻胶、铜、锌等版面上雕刻或蚀刻后印刷出来的图画，在Photoshop CS4中可以通过应用滤镜来模拟出版面效果，通过层层叠加和编辑的方法，对版面的不同方面进行设置，使最后获得的效果接近版画图像。

制作分析

在本实例的制作过程中，主要利用Photoshop CS4素描滤镜中的便条纸和图章效果，通过便条纸滤镜制作出版面的底色效果，通过图章滤镜制作出叠加厚度的版画，最后还应用了风格化滤镜中的照亮边缘效果来突出图像边缘，使版画效果更生动，最终效果如图9-41（b）所示。为了突出版画的层次，使用图像菜单中的相关命令对其进行编辑。

制作步骤

具体操作方法如下：

Step 01 执行“文件”|“打开”菜单命令，弹出“打开”对话框，打开文件名为“风景”的文件（位置：素材\第9章\实例3），效果如图9-42所示。

Step 02 打开“图层”面板，选择背景图层，将其拖动到底部的“创建新图层”按钮上，复制出一个新的背景图层，如图9-43所示。

Step 03 按Ctrl+L快捷键打开“色阶”对话框，在对话框中将色阶数值设置为17、1.00、203，如图9-44所示。

Step 04 在“色阶”对话框中设置完成后单击“确定”按钮，调整后的图像效果如图9-45所示。

Step 05 将前景色和背景色分别设置为绿色和白色，设置后的图标为，执行“滤镜”|“素描”|“便条纸”菜单命令，打开“便条纸”对话框，将“图像平衡”设置为“12”，将“粒度”设置为“10”，将“凸现”设置为“8”，如图9-46所示。

图9-42 打开素材

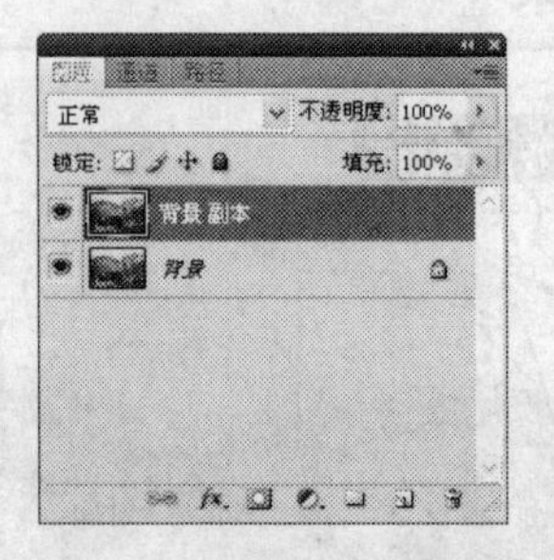

图9-43 复制背景图层

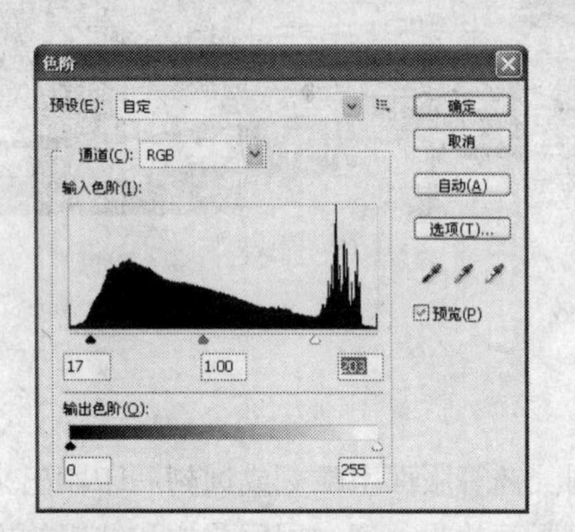

图9-44 “色阶”对话框

图9-45 调整后的图像

Step 06 在“便条纸”对话框中设置完成后单击“确定”按钮，应用滤镜调整后的效果如图9-47所示。

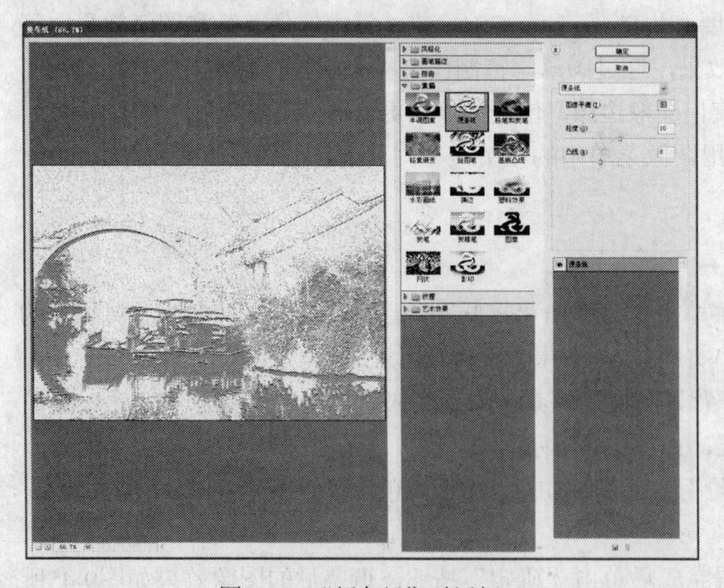

图9-46 “便条纸”对话框

图9-47 应用滤镜后的图像

Step 07 打开“图层”面板，将背景副本进行复制，将复制的新图层放置到“背景副本”图层上方，如图9-48所示。

Step 08 按Ctrl+L快捷键打开“色阶”对话框，如图9-49所示，在对话框中将数值设置为0、1.13、216。

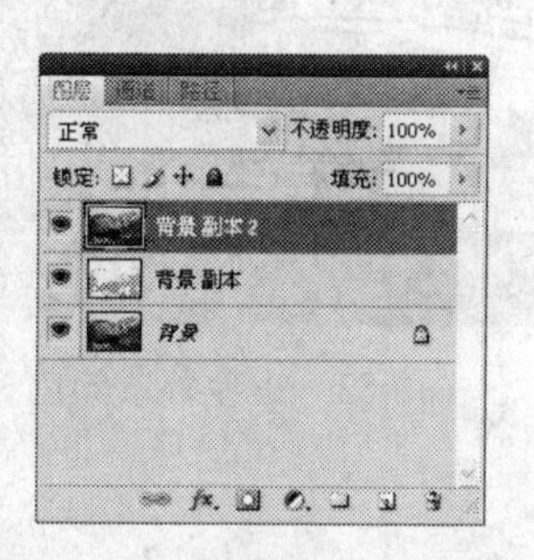

图9-48 复制“背景”图层

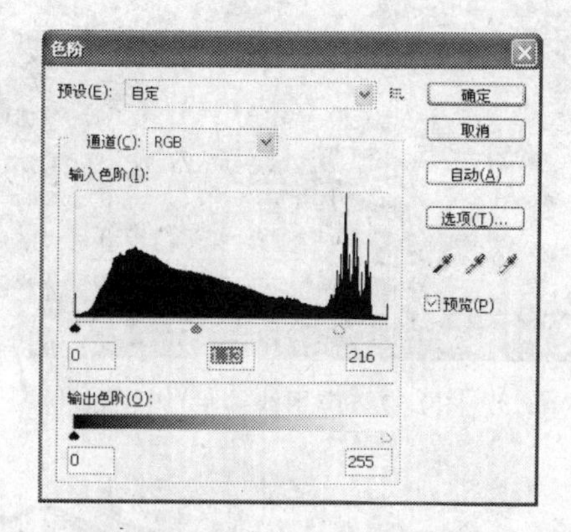

图9-49 “色阶”对话框

Step 09 在“色阶”对话框中设置完成后单击“确定”按钮，调整后的图像变亮了，效果如图9-50所示。

Step 10 将前景色和背景色分别设置为黑色和深绿色，设置后的图标为■，执行“滤镜”|“素描”|“图章”菜单命令，打开“图章”对话框，在对话框将“明/暗平衡”设置为“1”，将“平滑度”设置为“1”，如图9-51所示。

图9-50 调整后的图像

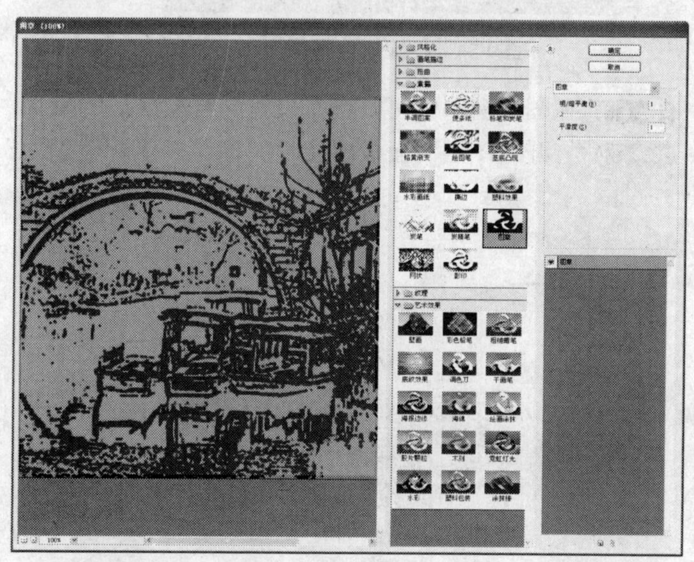

图9-51 “图章”对话框

Step 11 在“图章”对话框中设置完成后单击“确定”按钮，应用滤镜编辑后的图像如图9-52所示。

Step 12 选取“背景橡皮擦工具”，使用该工具在图像中单击，将深绿色图像擦除，如图9-53所示。

Step 13 继续应用“背景橡皮擦工具”在图像中单击，直至将深绿色图像全部擦除，效果如图9-54所示。

Step 14 在“图层”面板中将“背景副本2”图层的“混合模式”设置为“叠加”，如图9-55所示。

图9-52 应用滤镜后的图像

图9-53 擦除背景颜色

图9-54 擦除绿色图像

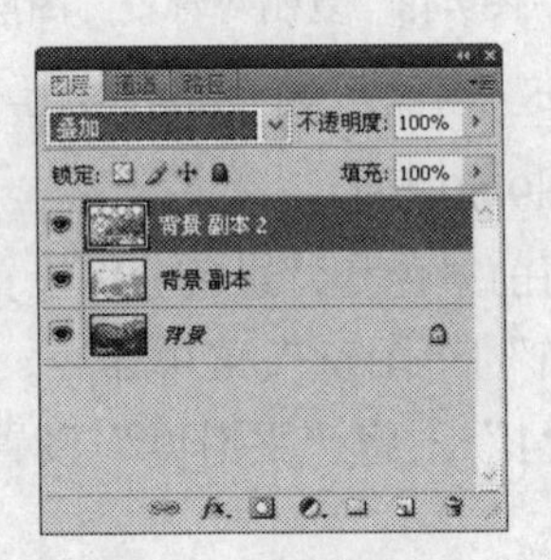

图9-55 设置混合模式

Step 15 在图像窗口中可以查看设置混合模式后的效果，如图9-56所示。

Step 16 打开“图层”面板，使用鼠标选择“背景副本”图层，如图9-57所示。

图9-56 设置后的图像

图9-57 选择“背景副本”图层

Step 17 按Ctrl+U快捷键打开“色相/饱和度”对话框，在对话框中将“饱和度”设置为“-35”，如图9-58所示。

Step 18 设置完成相关参数后单击“确定”按钮，调整后的效果如图9-59所示。

Step 19 复制“背景副本”图层，并将复制的图层颜色调暗，如图9-60所示。

Step 20 按Ctrl+M快捷键打开“曲线”对话框，如图9-61所示，并使用鼠标拖动对话框中的曲线来调整其走向。

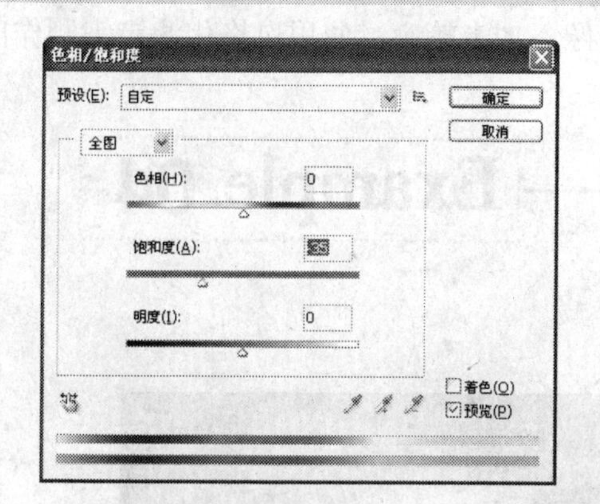

图9-58 “色相/饱和度”对话框

图9-59 调整后的图像

图9-60 选择合适图层

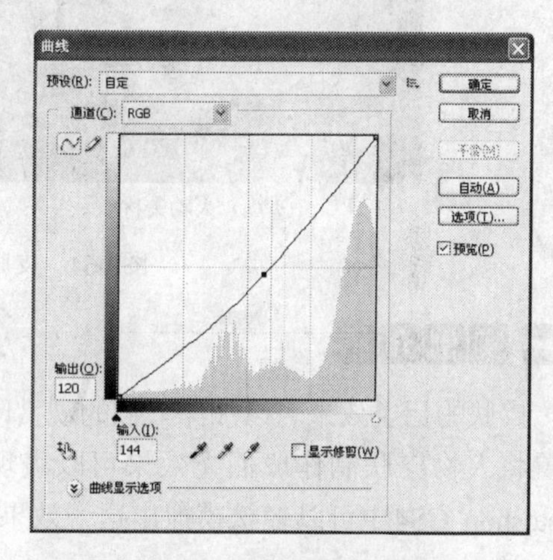

图9-61 “曲线”对话框

Step 21 在“曲线”对话框中设置完成后单击“确定”按钮，调整后的效果如图9-62所示。

Step 22 选取工具箱中的“横排文字工具”，并使用该工具在图中单击输入文字，将输入的各个文字放置到图像中合适的位置上，完成后的效果如图9-63所示。

图9-62 调整后的图像

图9-63 完成后的效果

知识总结

在本实例的制作过程中，主要用到Photoshop的素描滤镜，通过便条纸滤镜获得版面的底部色彩，为了突出版画的厚度和颜色，使用素描滤镜中的图章效果，并设置图层的混合模式，使版画的颜色加深，制作图像时还应该记住为图像添加上轮廓，使用风格化滤镜来制作出图像的轮廓。

皮肤另类塑料油光效果 Example 04

实例效果

（a）人物素材

（b）最终效果

图9-64　皮肤另类塑料油光效果

实例介绍

皮肤的另类效果可以加深人们的观赏印象，普通的人物图像难以吸引人们的眼球，通过设置将人物皮肤制作成油光效果可以表现出皮肤的质感，同时获得不同的视觉感受。在Photoshop CS4中可以轻松模拟出这一效果。

制作分析

在制作本实例的过程中主要应用的是通道选区，关于通道选区则需要通过一系列的变化来获得，通过塑料包装滤镜将人物制作出塑料效果，然后使用图像菜单中的命令将人物的亮部和暗部区分开来，从而获得通道选区，便于后面进行操作。同时在获得通道选区后，不能直接对原图像进行操作，可以通过创建调整图层的方法进行设置，最终效果如图9-64（b）所示。

制作步骤

具体操作方法如下：

Step 01 执行“文件”|“打开”菜单命令，弹出“打开”对话框，打开文件名为“人物”的文件（位置：素材\第9章\实例4），效果如图9-65所示。

Step 02 打开“图层”面板，将“背景”图层进行复制，如图9-66所示。

Step 03 执行“图像”|“调整”|“去色”菜单命令，将图像的色彩去除，效果如图9-67所示。

Step 04 然后执行“滤镜”|“艺术效果”|“塑料包装”菜单命令，打开“塑料包装”对话框，如图9-68所示，在对话框中将“高光强度”设置为“16”，将“细节”设置为“1”，将“平滑度”设置为“15”。

行家提示

应用塑料包装滤镜对图像进行编辑之前，要先将彩色图像转换为黑白图像，这样所得到的亮部和暗部区域会更明显。

图9-65 打开素材

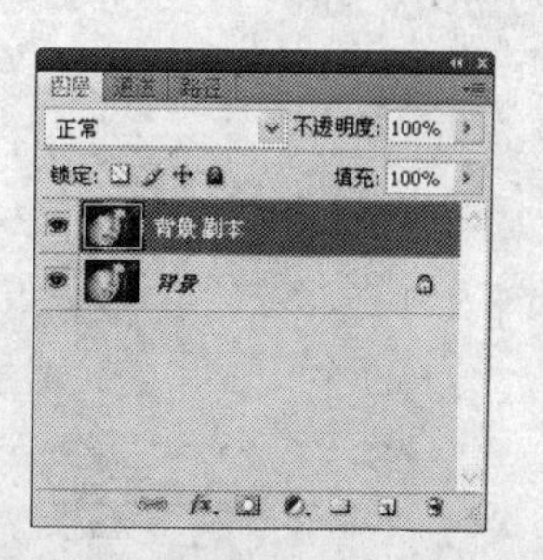

图9-66 复制“背景”图层

图9-67 去色后的图像

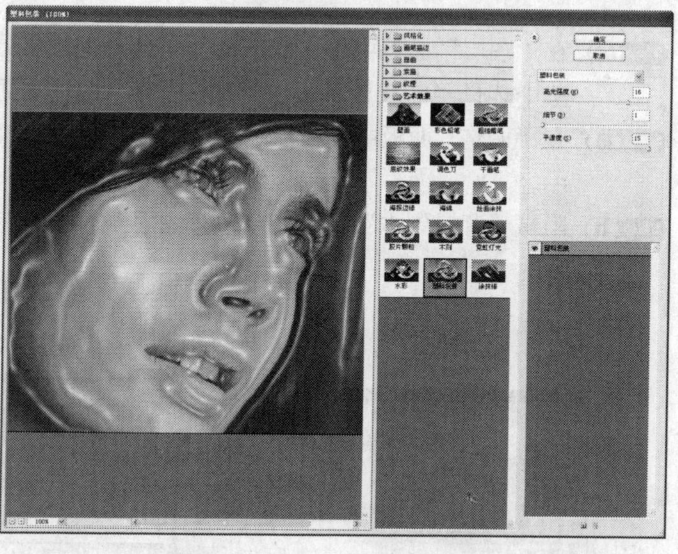

图9-68 “塑料包装”对话框

Step 05 设置完成后单击“确定”按钮，应用滤镜编辑后的效果如图9-69所示。

Step 06 按Ctrl+L快捷键打开“色阶”对话框，在对话框中将数值设置为173、1.00、232，如图9-70所示。

图9-69 应用滤镜后的图像

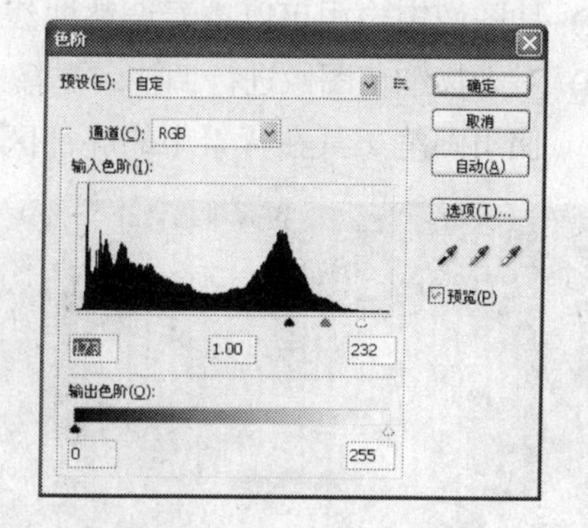

图9-70 “色阶”对话框

Step 07 在“色阶”对话框中设置完成后单击“确定”按钮，调整后的图像如图9-71所示。

Step 08 打开“通道”面板，并按住Ctrl+Alt+~快捷键，单击RGB通道缩略图，将高光区域的选区载入，如图9-72所示。

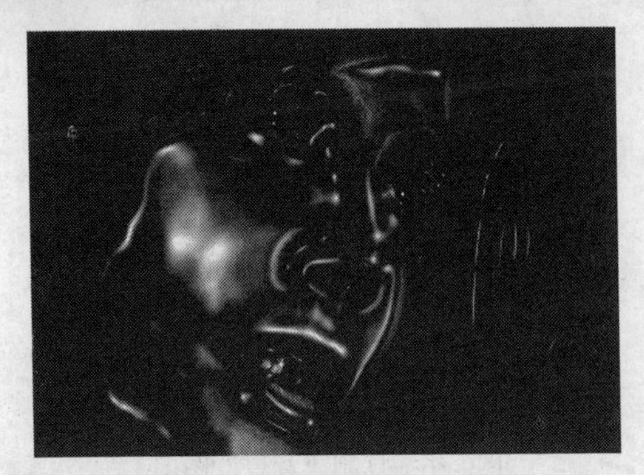

图9-71 调整后的图像

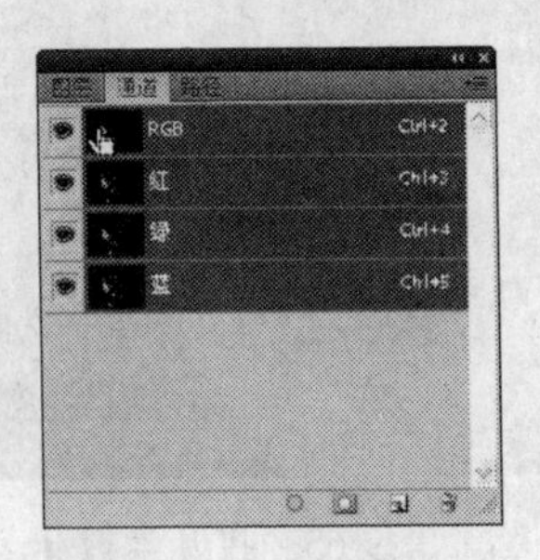

图9-72 载入通道选区

Step 09 在“图层”面板中单击底部的“创建新的填充或者调整图层”按钮，在弹出的菜单中选择“曲线”，可以形成一个新的调整图层，如图9-73所示。

Step 10 在“调整”面板中设置曲线的走向，将其向顶部进行拖动，使图像更亮，如图9-74所示。

Step 11 隐藏“背景副本”图层，单击“图层”面板前面的眼睛图标即可，如图9-75所示。

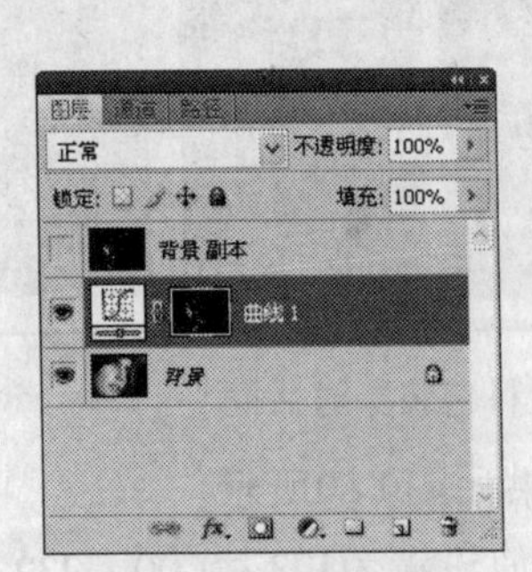

图9-73 新的调整图层

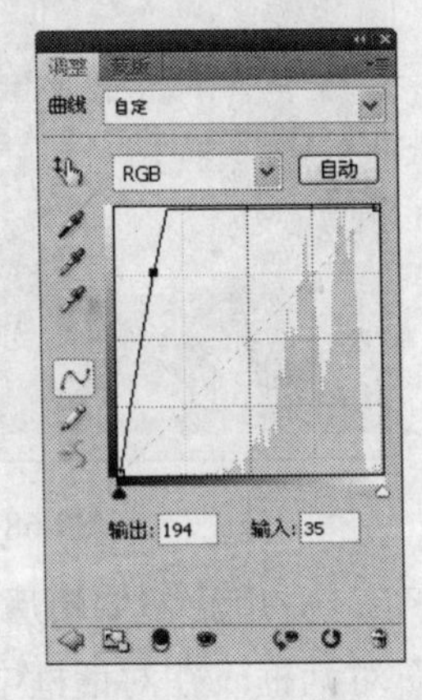

图9-74 设置曲线

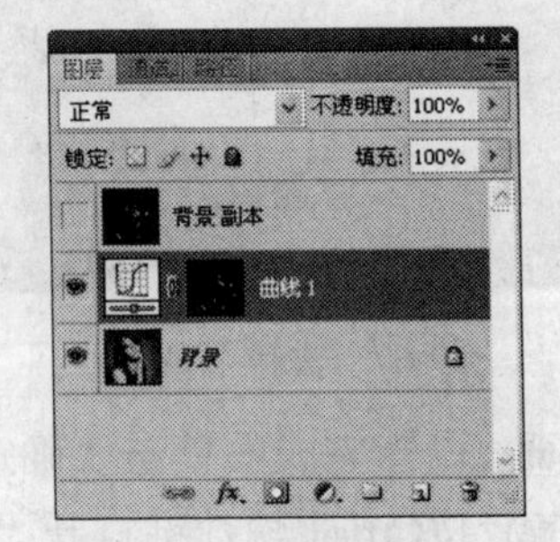

图9-75 隐藏图层

Step 12 从图像窗口中可以查看调整曲线后的图像效果，如图9-76所示。

Step 13 对人物细节图像进行调整，选择“曲线1”图层的图层蒙版，将前景色设置为黑色，使用画笔工具在背景中的亮部区域单击，调整后的效果如图9-77所示。

图9-76 设置后的图像

图9-77 调整细节

Step 14 按照前面所讲述的创建“曲线”图层的方法，新建一个“亮度/对比度”图层，如图9-78所示。

Step 15 在“调整”面板中设置亮度和对比度参数，将“亮度”设置为“5”，将“对比度”设置为“29”，如图9-79所示。

Step 16 从图像窗口中查看设置完成的最终效果，如图9-80所示。

图9-78　新建调整图层

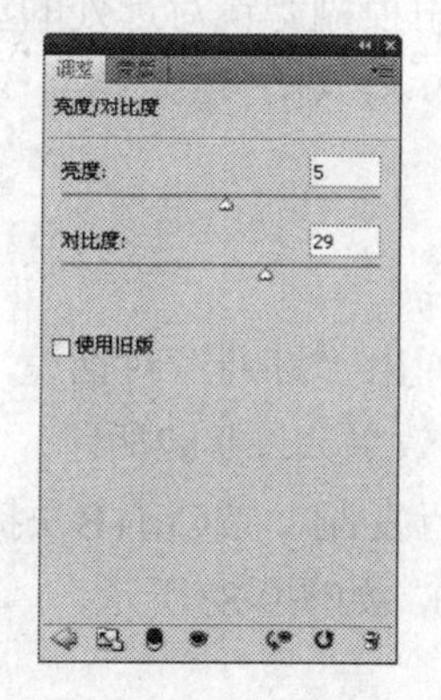

图9-79　调整亮度与对比度

图9-80　最终效果

知识总结

在本实例的制作过程中，主要使用的滤镜有塑料包装滤镜，还应用到大量图像菜单中的相关命令。通过设置将彩色图像转换为黑白图像，这样应用滤镜时才能更清晰地显示图像的明暗关系。特别值得注意的是在获得通道选区后，不能直接对原图像进行编辑，而是要通过创建新的调整图层进行设置。

神奇星光夜景　Example 05

实例效果

(a) 素材

(b) 合成效果

图9-81　神奇星光夜景

实例介绍

在应用数码相机拍摄照片时，常常觉得拍摄的图像不是很完美，总是欠缺某些元素。通过Photoshop CS4的设置和编辑就可以解决这个难题。本实例是将夜晚的星空进行设置，并添加星光和月亮图像，使图像画面更加丰富。

制作分析

在本实例的制作过程中，应用了图像调整菜单中的命令。首先应用色阶命令对图像的明暗重新进行设置，还应用了色彩平衡命令对图像的色调进行设置，使图像更贴近晚上的效果，添加星光和月亮效果丰富了夜晚的天空，使用模糊滤镜对远处的星光进行模糊处理，直接应用画笔工具绘制近处的星光，最终效果如图9-81（b）所示。

制作步骤

具体操作方法如下：

Step 01 执行“文件”|“打开”菜单命令，弹出“打开”对话框，打开文件名为“天空”的文件（位置：素材\第9章\实例5），效果如图9-82所示。

Step 02 打开“图层”面板，将背景图层进行复制，按Ctrl+B快捷键打开“色彩平衡”对话框，将色阶数值设置为-46、-1、+70，如图9-83所示。

图9-82 打开素材

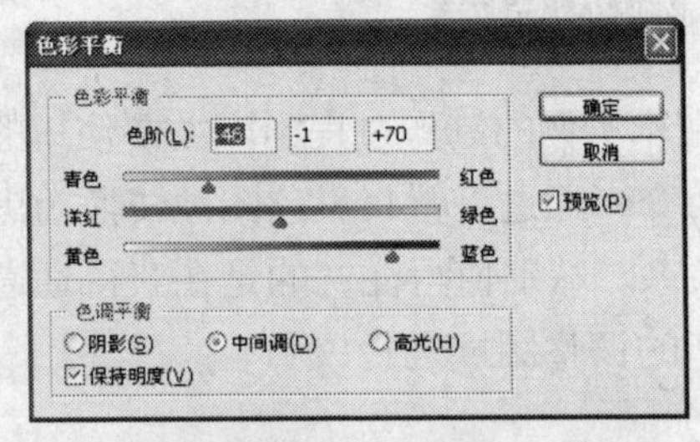

图9-83 “色彩平衡”对话框

Step 03 设置完成后单击“确定”按钮，从图像窗口中查看编辑后的效果如图9-84所示。

Step 04 按Ctrl+L快捷键打开“色阶”对话框，在对话框中将色阶数值设置为11、0.91、246，如图9-85所示。

图9-84 设置后的图像

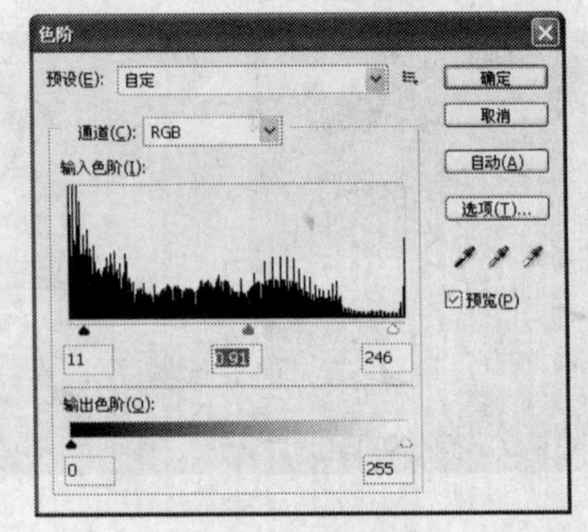

图9-85 “色阶”对话框

行家提示

在应用色阶和色彩平衡命令时，要先确认使用调整命令的先后顺序。

Step 05 在“色阶”对话框中设置完成后单击“确定”按钮，调整后的效果如图9-86所示。

Step 06 选取工具箱中的“渐变工具”，单击属性栏中的渐变条打开“渐变编辑器”对话框，如图9-87所示，参照图上所示设置四个节点的渐变色。

图9-86　设置后的效果

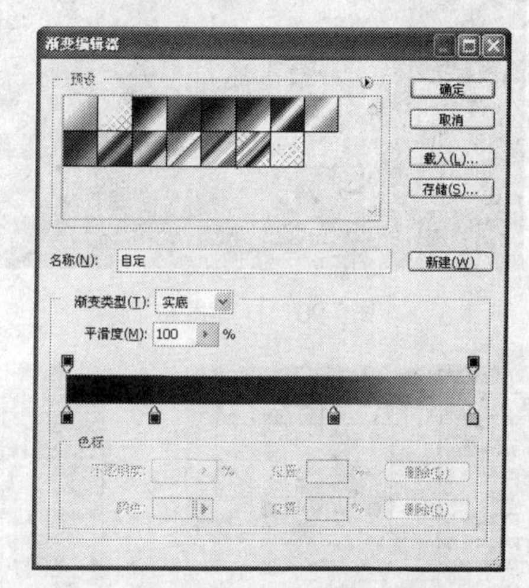

图9-87　“渐变编辑器”对话框

Step 07 打开“图层”面板创建一个新的图层，使用渐变工具从左上角向右下角进行拖动，为图像填充所设置的渐变色，效果如图9-88所示。

Step 08 将填充图像所在图层的“混合模式”设置为“叠加”，将“不透明度”设置为“30%”，设置后的效果如图9-89所示。

图9-88　填充后的效果

图9-89　设置混合模式后的效果

Step 09 执行“文件”|“打开”命令，弹出“打开”对话框，打开文件名为“星球”的文件（位置：素材\第9章\实例5），效果如图9-90所示。

Step 10 将“星球”图像所在图层的“混合模式”设置为“滤色”，“不透明度”设置为“50%”，设置后的效果如图9-91所示。

Step 11 设置画笔选项，打开画笔面板，将“间距”设置为“241%”，如图9-92所示。

Step 12 继续设置画笔面板，勾选左侧的“形状动态”复选框，然后在右侧的选项区中设置相关参数，如图9-93所示。

Step 13 设置散布选项，勾选“散布”复选框，然后将散布数值设置为“464%”，如图9-94所示。

Step 14 创建一个新的图层，使用画笔工具在图像中拖动绘制出圆点图像，如图9-95所示。

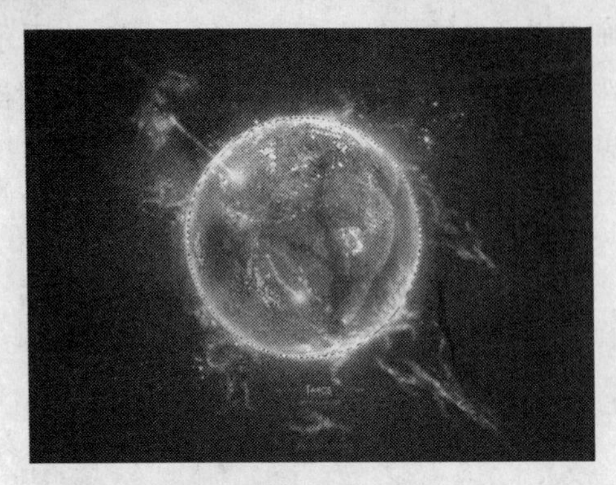

图9-90 打开素材

图9-91 设置后的效果

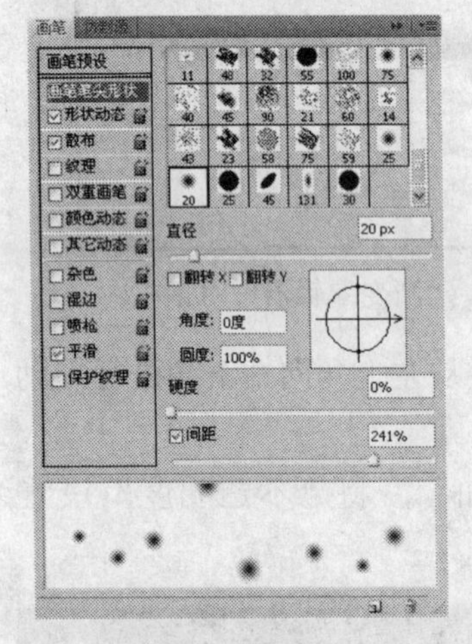

图9-92 设置间距

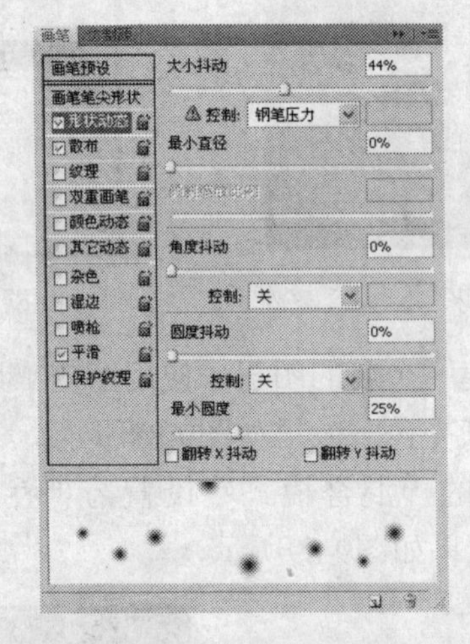

图9-93 设置形状动态

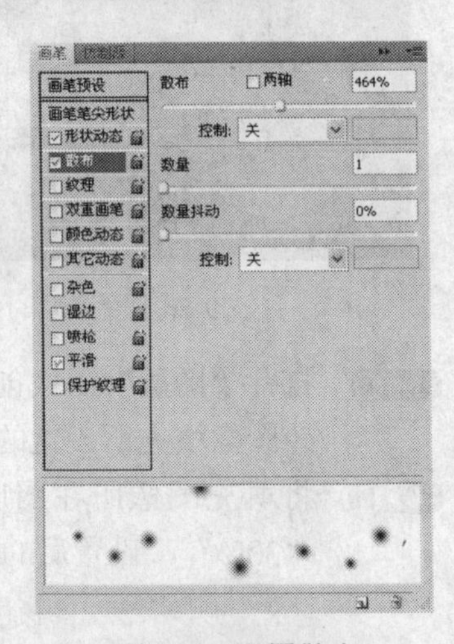

图9-94 设置散布

Step 15 执行“滤镜”|“模糊”|“径向模糊”菜单命令，弹出“径向模糊”对话框，在对话框中将“数量”设置为“15”，单击“缩放”单选按钮，如图9-96所示。

图9-95 绘制圆点图像

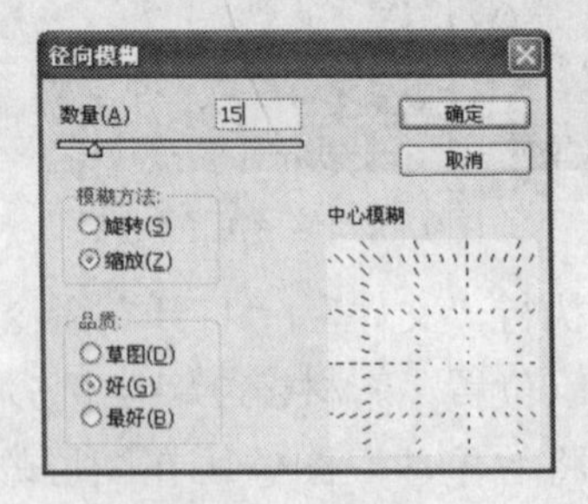

图9-96 “径向模糊”对话框

Step 16 设置完成后单击“确定”按钮，应用滤镜编辑后的效果如图9-97所示。

Step 17 将画笔调小，单击图像中的亮光区域，绘制出星光图像，完成的效果如图9-98所示。

图9-97 设置后的效果

图9-98 添加星光效果

知识总结

在本实例的制作过程中，主要用到Photoshop图像菜单、模糊滤镜、画笔工具等方面的知识。在编辑与制作本实例时，要首先选择最适合表达主题的图像，然后分析图像的不足，以及所要添加的内容和编辑图像顺序。

纸质旧照片效果 Example 06

实例效果

（a）打开素材

（b）合成效果

图9-99 纸质旧照片效果

实例介绍

旧照片效果通常用于表现历史感的图像，突出表现照片的年代。应用Photoshop CS4中的色彩调整及综合设置，可以表现出这一效果。

制作分析

在本实例的制作过程中，主要应用Photoshop CS4中的图像菜单命令，通过设置将图像设置为旧照片色调，然后通过设置图层混合模式的方法，将打开的素材和所编辑的素材图像进行叠加，从而获得最终的效果。

制作步骤

具体操作方法如下：

Step 01 执行“文件”|“打开”菜单命令，弹出“打开”对话框，打开文件名为“风景”的文件（位置：素材\第9章\实例6），效果如图9-100所示。

Step 02 按Ctrl+L快捷键打开“色阶”对话框，在对话框中将色阶数值设置为4、1.27、245，如图9-101所示。

图9-100 打开素材

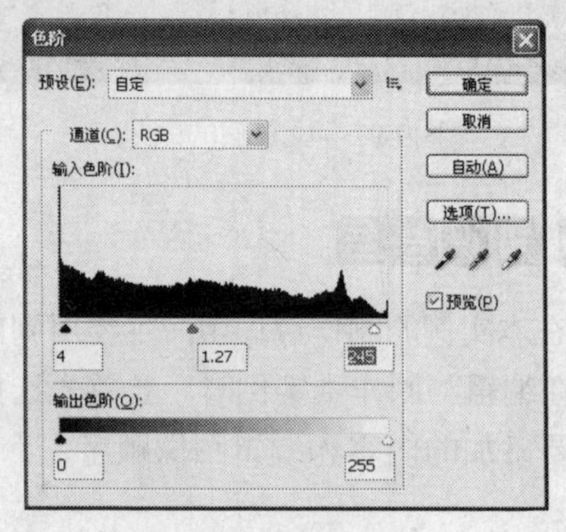

图9-101 “色阶”对话框

Step 03 设置完成后单击“确定”按钮，调整后的图像效果如图9-102所示。

Step 04 对图像色彩进行调整，按Ctrl+U快捷键打开“色相/饱和度”对话框，在对话框中将“色相”设置为“34”，将“饱和度”设置为“40”，如图9-103所示。

图9-102 设置后的图像

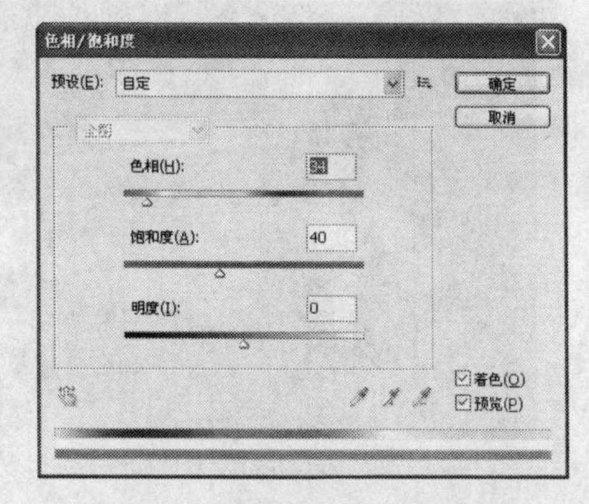

图9-103 “色相/饱和度”对话框

行家提示

在“色相/饱和度”对话框中勾选“着色”复选框后，才能应用鼠标拖动相应的滑块，将图像的色调重新进行设置。

Step 05 在“色相/饱和度”对话框中设置完成后单击“确定”按钮，调整后的图像如图9-104所示。

Step 06 执行“滤镜”|“杂色”|“添加杂色”菜单命令，弹出“添加杂色”对话框，将“数量”设置为“3%”，单击“高斯分布”单选按钮，如图9-105所示。

图9-104 调整后的效果

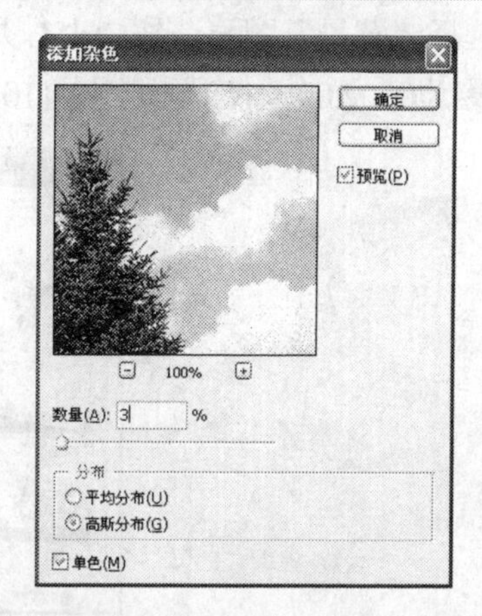

图9-105 “添加杂色”对话框

Step 07 设置完成后单击“确定”按钮，应用滤镜后的效果如图9-106所示。

Step 08 执行“文件”|“打开”菜单命令，弹出“打开”对话框，打开文件名为“纸张”的文件（位置：素材\第9章\实例6），效果如图9-107所示。

图9-106 应用滤镜后的效果

图9-107 打开素材图像

Step 09 将前面编辑的风景图像拖动到纸张图像窗口中，在“图层”面板中会显示出新的图层，如图9-108所示。

Step 10 将图层1的“混合模式”设置为“正片叠底”，设置后的效果如图9-109所示。

图9-108 显示新的风景图层

图9-109 设置后的效果

Step 11 选择“背景”图层，按Ctrl+L快捷键打开“色阶”对话框，在对话框中将色阶数值设置为0、2.09、169，如图9-110所示。

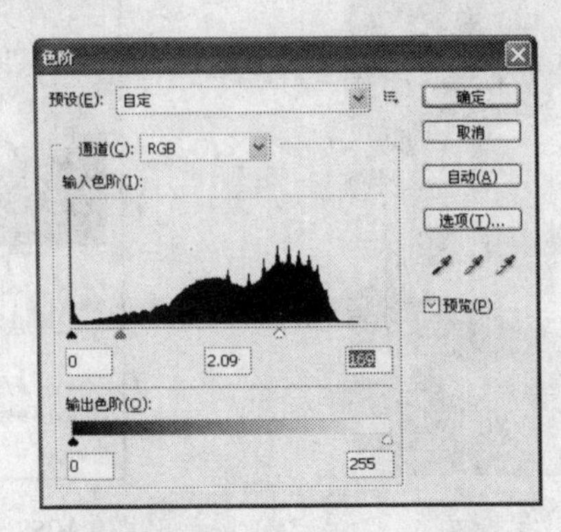

图9-110 “色阶”对话框

Step 12 设置完成后单击“确定”按钮，效果如图9-111所示。

Step 13 打开“图层”面板，单击底部的“添加图层蒙版”按钮，为图层1添加上图层蒙版，如图9-112所示。

Step 14 将前景色设置为黑色，使用“画笔”工具在图像中单击，使图像边缘和纸张背景更加融合，完成的效果如图9-99（b）所示。

行家提示

应用“画笔工具”对图层蒙版进行编辑时，要先将前景色设置为黑色，然后使用画笔在需要隐藏的区域单击，并且可以适当设置画笔的不透明度。

图9-111 调整后的效果

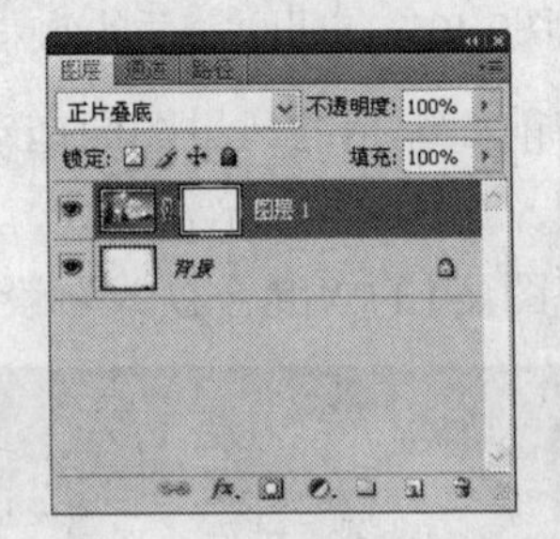

图9-112 添加图层蒙版

知识总结

在本实例的制作过程中，主要用到Photoshop的图像调整菜单命令，通过色阶调整图像的明暗关系，打开“色相/饱和度”对话框是为了将图像调整为旧照片的色调，为后面的制作做铺垫，然后将编辑的素材图像拖入纸张图像中，设置图层的混合模式得到叠加后的效果，最后将两个图像之间的边缘进行融合处理。

朦胧神秘城市效果 Example 07

实例效果

（a）素材图像

（b）合成效果

图9-113 朦胧神秘城市效果

实例介绍

在实际工作和生活中，经常需要对照片中不存在的元素进行想像，通过设置和添加来创造出另外一种意境，将原本普通的图像制作成具有艺术感的图像。本案例中通过设置为图像添加朦胧效果。

制作分析

在本实例的制作过程中，主要利用图层混合模式和图层蒙版进行操作，首先通过设置将图像的色彩和明暗重新进行设置，将所提供的天空图像拖动到街道图像窗口中，通过设置图层混合模式将云朵通过设置放置到街道图像中，设置图层不透明度和添加图层蒙版，使图像的朦胧感体现出来，最终效果如图9-113（b）所示。

制作步骤

具体操作方法如下：

Step 01 执行“文件”|“打开”命令，弹出“打开”对话框，打开文件名为“街道”的文件（位置：素材\第9章\实例7），效果如图9-114所示。

Step 02 复制背景图层，按Ctrl+L快捷键打开“色阶”对话框，将色阶数值设置为16、1.43、228，如图9-115所示。

Step 03 设置完成后单击“确定”按钮，调整后的图像效果如图9-116所示。

Step 04 按Ctrl+B快捷键打开“色彩平衡”对话框，如图9-117所示，在对话框中将色阶数值设置为-80、+15、+50。

Step 05 继续在对话框中设置参数，单击“高光”单选按钮，将色阶数值设置为+2、0、+5，如图9-118所示。

Step 06 设置完成后单击“确定”按钮，调整色彩后的图像效果如图9-119所示。

图9-114　打开素材

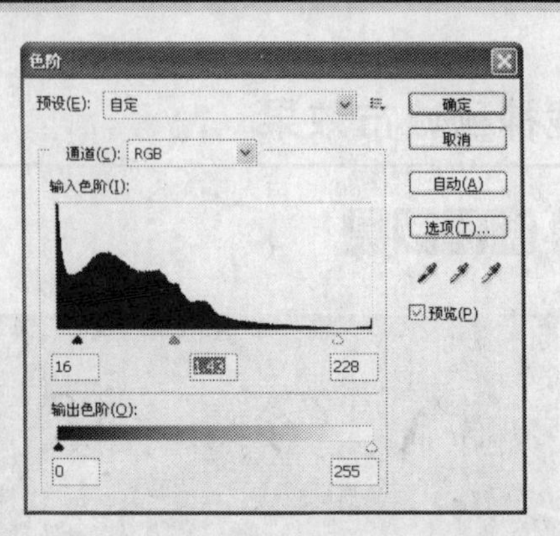

图9-115　“色阶”对话框

图9-116　设置后的图像

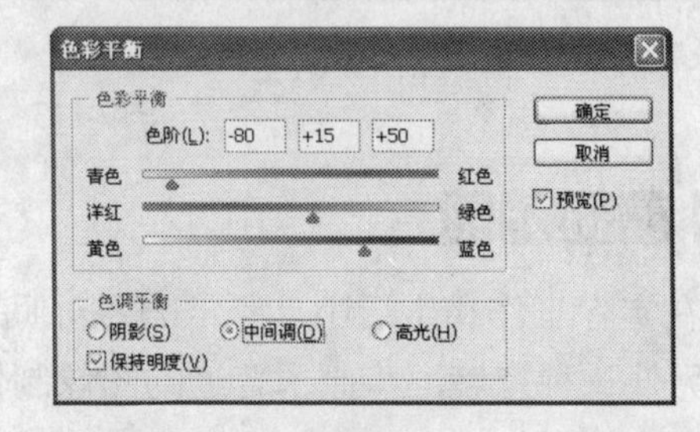

图9-117　“色彩平衡”对话框

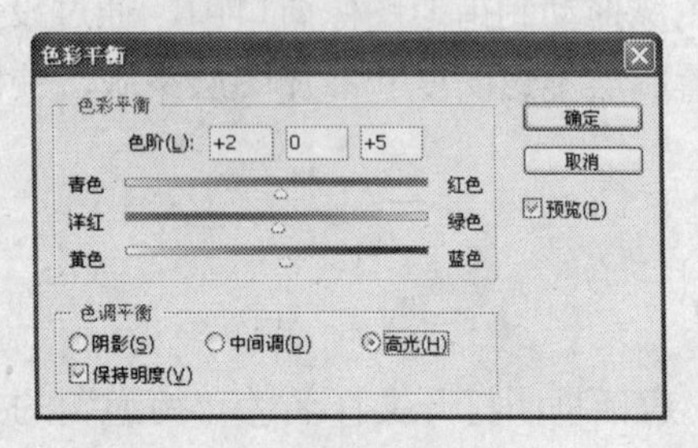

图9-118　设置高光

图9-119　设置后的图像

Step 07 执行“文件”|“打开”命令，弹出“打开”对话框，打开文件名为“天空1”的文件（位置：素材\第9章\实例7），效果如图9-120所示。

Step 08 将天空图像拖动到前面所编辑的街道图像窗口中，在“图层”面板中会自动形成一个新的图层，如图9-121所示。

Step 09 将图层1的“混合模式”设置为“强光”，将“不透明度”设置为“80%”，设置后的效果如图9-122所示。

Step 10 打开“图层”面板，为图层1添加图层蒙版，将前景色设置为黑色，使用“画笔工具”在图像边缘单击，使云朵图像变浅，效果如图9-123所示。

图9-120 打开素材

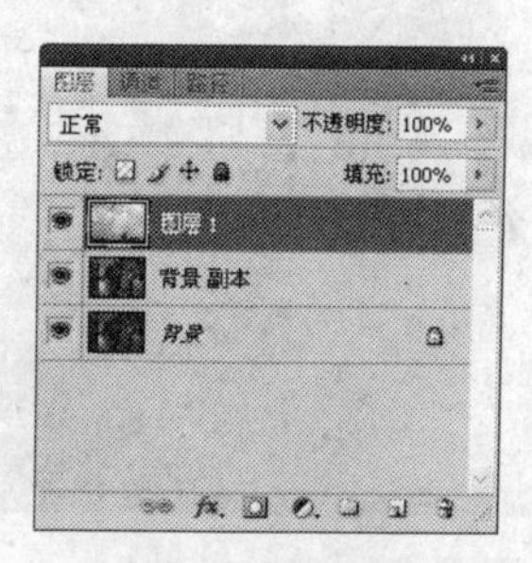

图9-121 拖动图像

图9-122 设置混合模式

图9-123 编辑云彩图像

Step 11 执行“文件”|“打开”命令，弹出“打开”对话框，打开文件名为“天空2”的文件（位置：素材\第9章\实例7），效果如图9-124所示。

Step 12 将天空图像也拖动到前面所编辑的街道图像中，并调整到合适大小，如图9-125所示。

图9-124 打开素材

图9-125 调整天空图像

Step 13 将新生成的图层“混合模式”设置为“强光”，设置后的效果如图9-126所示。

Step 14 为云朵图层添加图层蒙版，使用画笔工具在图像边缘单击，使图像边缘与街道图像融合，效果如图9-127所示。

图9-126　设置后的效果

图9-127　添加蒙版后的效果

知识总结

在本实例的制作过程中，主要应用Photoshop CS4的图像菜单命令和图层面板的相关功能，通过设置将街道图像调整为夜晚的效果，并且将提供的素材图像拖动到街道图像中，对图层混合模式和图像边缘进行设置，制作成综合的图像效果。在制作过程中需要注意的是在应用画笔工具对图层蒙版进行编辑时，要适当设置画笔的不透明度。

梦幻雪景　Example 08

实例效果

（a）打开素材图像

（b）制作效果

图9-128　梦幻雪景

实例介绍

一幅普通的风景照，通过元素的添加和设置，可以得到另外一种截然不同的效果。明亮的风景照通过设置可以制作成浪漫图像色彩，应用所提供的雪花制作成雪花纷飞的图像效果。通过使用这种方法，可以将更多的图像根据需要进行调整和编辑。

制作分析

在制作本实例的过程中，主要应用的是画笔工具、图像调整、模糊滤镜等。首先是对图像的色彩进行调整，应用图像菜单中的命令进行编辑，然后为图像添加雪花图像，使用模糊滤镜对不同图层进行编辑，留下雪花圆点图像，通过设置图层混合模式的方法，将线条和背景进行混合，最后是应用渐变工具在图中添加深色效果，并设置图层混合模式，突出背景效果，最终效果如图9-128（b）所示。

制作步骤

具体操作方法如下：

Step 01 执行“文件”|“打开”菜单命令，弹出“打开”对话框，打开文件名为“雪景”的文件（位置：素材目录\素材\第9章\实例8），效果如图9-129所示。

Step 02 打开“图层”面板，将背景图层进行复制，如图9-130所示。

图9-129 打开素材图像

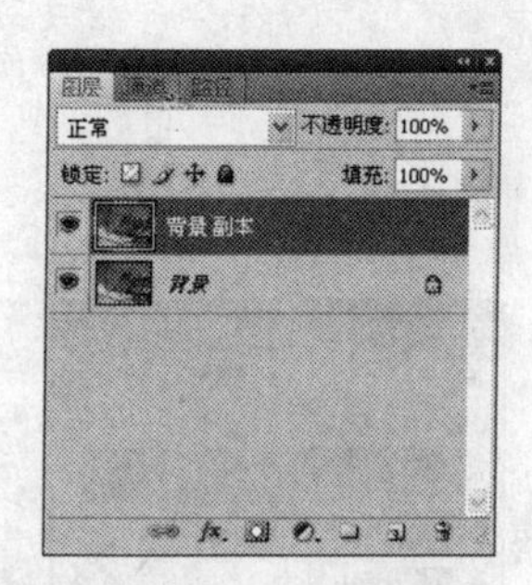

图9-130 复制背景图层

Step 03 按Ctrl+B快捷键打开“色彩平衡”对话框，将色阶数值设置为-9、+22、+18，如图9-131所示。

Step 04 设置完成后单击“确定”按钮，调整后的效果如图9-132所示。

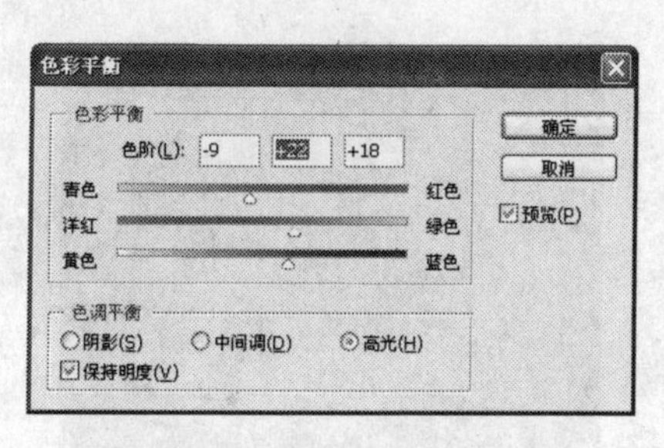

图9-131 “色彩平衡”对话框

图9-132 设置后的效果

Step 05 按Ctrl+B快捷键打开“色阶”对话框，将色阶数值设置为0、0.92、248，如图9-133所示。

Step 06 设置完成后单击“确定”按钮，效果如图9-134所示。

Step 07 打开“图层”面板，创建一个新的图层，并将该图层填充为黑色，如图9-135所示。

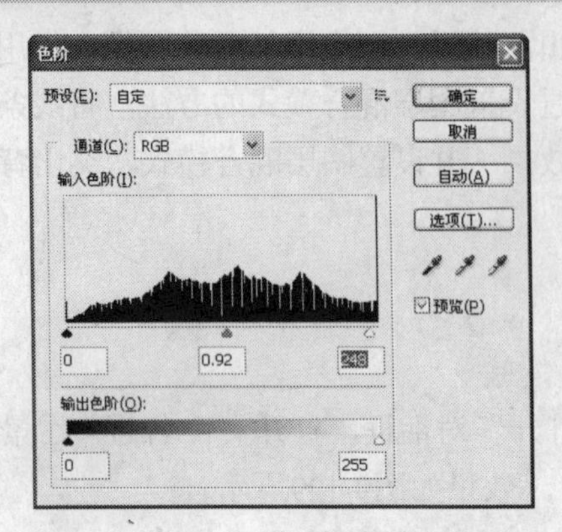

图9-133 “色阶”对话框

图9-134 设置后的效果

Step 08 执行“滤镜”|“杂色”|“添加杂色”菜单命令，弹出“添加杂色”对话框，将“数量”设置为“150%”，单击“高斯分布”单选按钮，勾选“单色”复选框，如图9-136所示。

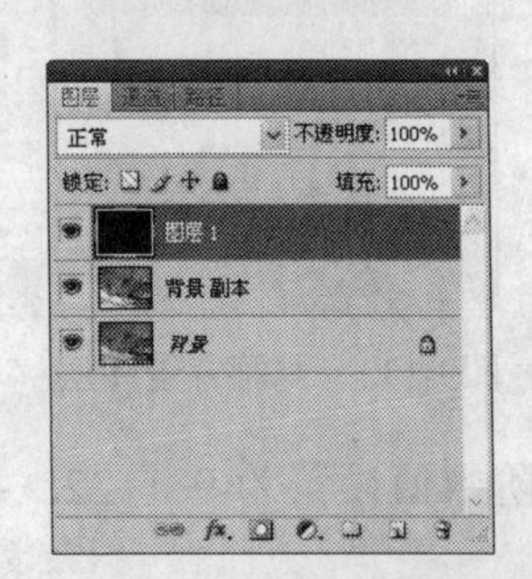

图9-135 填充新图层

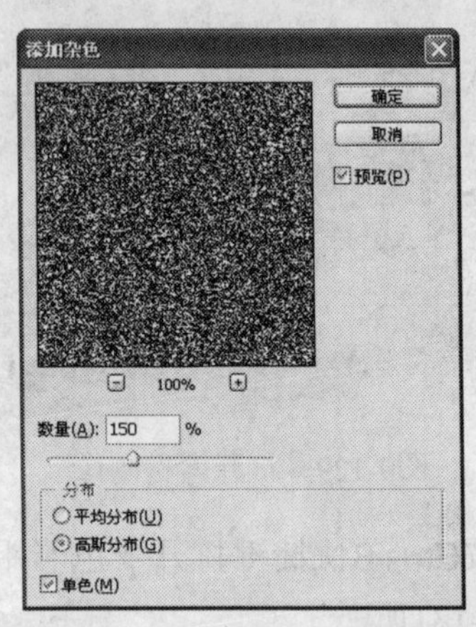

图9-136 “添加杂色”对话框

Step 09 在“添加杂色”对话框中设置完成后单击“确定”按钮，应用滤镜后的效果如图9-137所示。

Step 10 执行“滤镜”|“模糊”|“进一步模糊”菜单命令，应用滤镜后的效果如图9-138所示。

图9-137 应用滤镜后的图像

图9-138 应用模糊滤镜后的效果

Step 11 按Ctrl+L快捷键打开“色阶”对话框，将色阶数值设置为162、1.00、204，如图9-139所示。

Step 12 设置完成后单击“确定”按钮，效果如图9-140所示。

Step 13 打开“图层”面板，将图层1的“混合模式”设置为“滤色”，如图9-141所示。

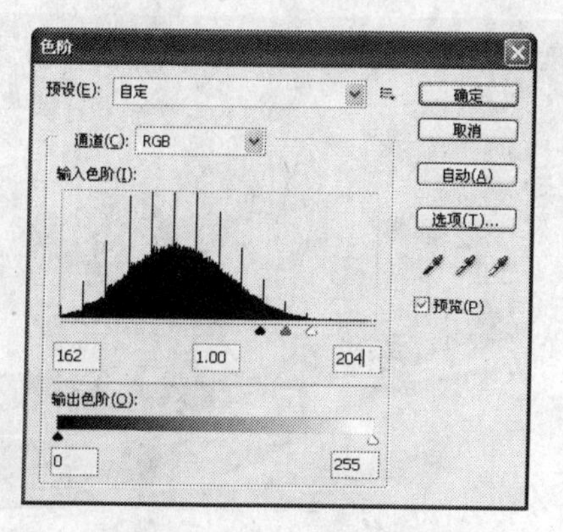

图9-139 “色阶”对话框

图9-140 图像效果

Step 14 设置后的效果如图9-142所示。

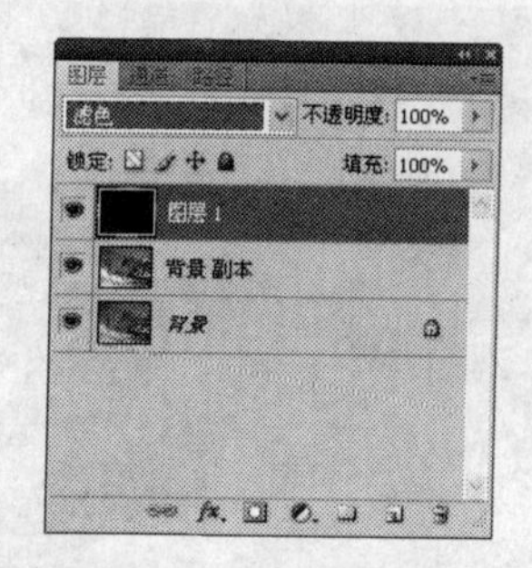

图9-141 设置混合模式

图9-142 设置后的图像

Step 15 执行“滤镜”|“模糊”|“动感模糊”菜单命令，打开“动感模糊”对话框，将“角度”设置为“-65”度，将“距离”设置为“3”像素，如图9-143所示。

Step 16 设置完成后单击“确定”按钮，应用滤镜后的效果如图9-144所示。

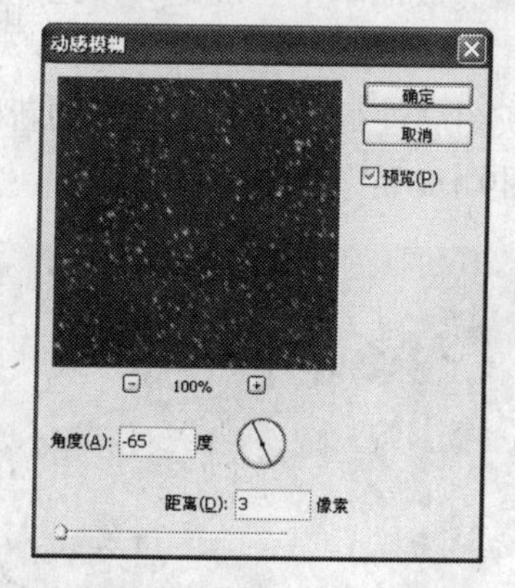

图9-143 “动感模糊”对话框

图9-144 应用模糊滤镜后的效果

Step 17 将图层1进行复制，如图9-145所示。

Step 18 将复制的图层图像旋转180度，旋转后可以在图像中看到的雪花效果密度变大了，如图9-146所示。

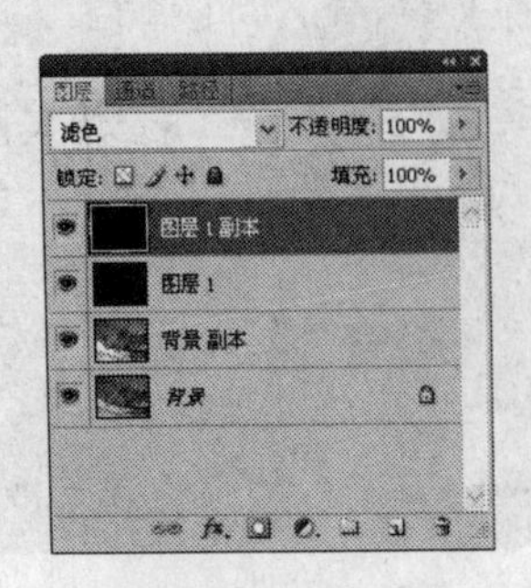

图9-145 复制图层

图9-146 旋转后的效果

Step 19 执行“滤镜”|“像素化”|“晶格化”菜单命令，打开“晶格化”对话框，将“单元格大小”设置为“6”，如图9-147所示。

Step 20 设置完成后单击“确定”按钮，应用滤镜后的效果如图9-148所示。

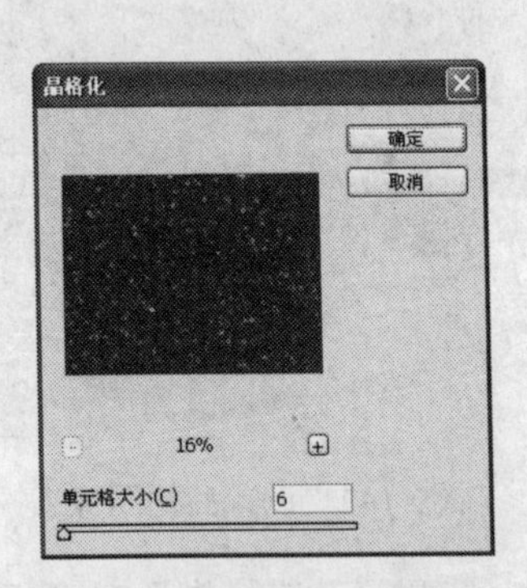

图9-147 “晶格化”对话框

图9-148 应用滤镜后的图像

Step 21 再应用模糊滤镜对图像进行编辑，打开“动感模糊”对话框，将“角度”设置为“65”度，将“半径”设置为“6”像素，设置完成后单击“确定”按钮，应用滤镜后的效果如图9-149所示。

Step 22 将所有的雪花图层进行合并，并将合并后的新图层进行复制，将复制的新图层“不透明度”设置为“40%”，设置后的效果如图9-150所示。

图9-149 应用滤镜后的效果

图9-150 设置不透明度

Step 23 在背景图层上方创建一个新图层，应用“渐变工具”将图像填充为黑色，如图9-151所示。

Step 24 将填充图像所在图层的“混合模式”设置为“柔光”，并输入相关文字。设置后的效果如图9-152所示。

图9-151　填充图像

图9-152　完成后的效果

知识总结

在本实例的制作过程中，主要应用的是滤镜菜单命令。通过设置为图像添加雪花效果，通过复制图层的方法得到密度较大的雪花图像，并且通过渐变工具为背景添加深色区域，使图像效果更明显。

Chapter 10 平面设计经典实例

平面设计的主要作用是宣传，以及达到吸引人们眼球的目的。平面设计实例的效果要鲜明，并且搭配合理，带给读者美感，这就需要综合应用Photoshop CS4中的一些功能。

本章通过5个综合实例，重点给读者讲解如何在Photoshop CS4中制作综合的设计特效，并将所制作的效果应用到商业领域。从海报的基础制作开始，讲解了人物图像的具体调整和设置，而水晶广告的制作则体现了绘制图像与素材图像之间的转换和设置，人与自然则突出了图像绘制和选区之间的设置和作用，产品宣传广告和创意插画合成则是通过绘制装饰图像来突出主题。

01 音乐节海报
02 水晶广告
03 人与自然
04 产品宣传广告
05 创意插画合成

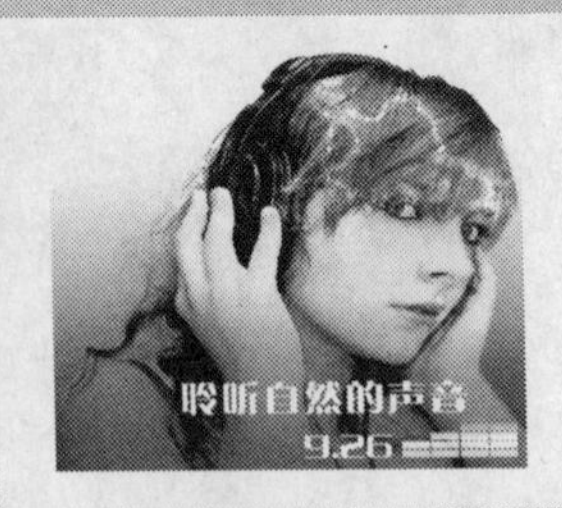

音乐节海报 Example 01

实例效果

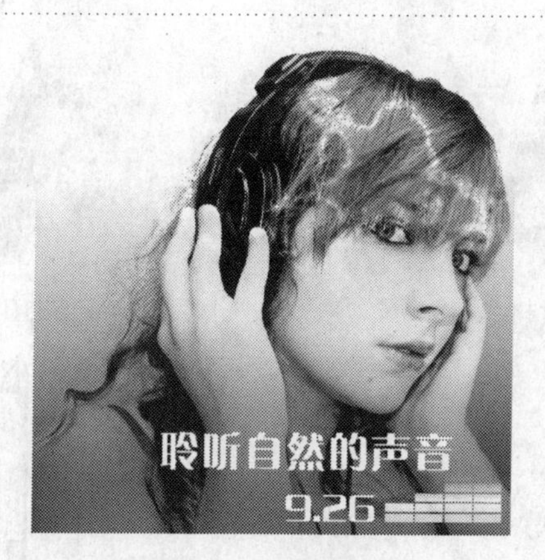

图10-1 音乐节海报

实例介绍

在实际工作和生活中，海报的应用十分广泛。通过海报可以直观地查看所要提供的相关信息，而且海报的色彩搭配夸张而又不失美感。本实例主要制作的是以人物为主题的阴影海报，并将平面设计的具体操作和准则都应用到其中了。

制作分析

本实例的绘制过程大致可以分为三个部分。首先制作人物图像，应用背景橡皮擦工具将人物图像抠出。然后应用渐变工具为人物填充渐变色，并设置图层混合模式。最后添加光线及文字等装饰效果，最终效果如图10-1所示。

制作步骤

具体操作方法如下：

Step 01 执行“文件”|“打开”命令，弹出“打开”对话框，打开文件名为“人物”的文件（位置：素材\第10章\实例1），效果如图10-2所示。

Step 02 选取工具箱中的“背景橡皮擦工具”，并将背景图像设置为背景色，使用“背景橡皮擦工具”在背景图像中单击，直至将背景擦除，如图10-3所示。

Step 03 连续应用“背景橡皮擦工具”在背景图像中单击，直至将背景图像变为透明效果，如图10-4所示。

Step 04 打开“图层”面板，单击底部的“创建新图层”按钮，创建一个新的图层，如图10-5所示。

Step 05 选取工具箱中的“渐变工具”，并打开“渐变编辑器”对话框，如图10-6所示，设置完成后单击“确定”按钮。

Step 06 将鼠标从上到下进行拖动，为图层1填充所设置的渐变色，效果如图10-7所示。

图10-2 打开素材

图10-3 擦除背景图像

图10-4 将背景图像变为透明

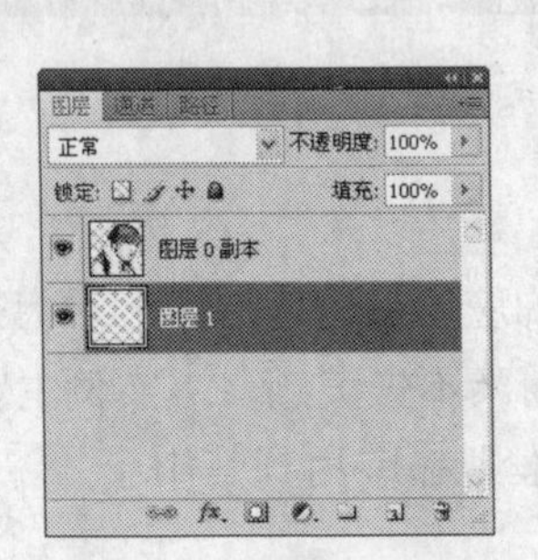

图10-5 创建新图层

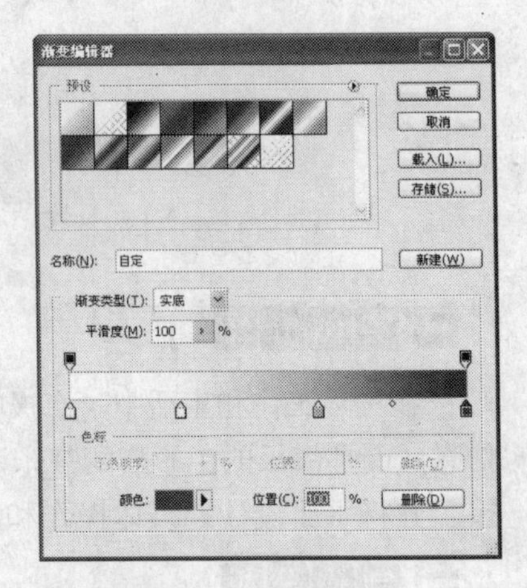

图10-6 编辑渐变色

Step 07 在“图层”面板中创建一个新的图层，并按住Ctrl键单击图层0副本的缩略图，将人物图像选区载入，如图10-8所示。

图10-7 填充渐变色的效果

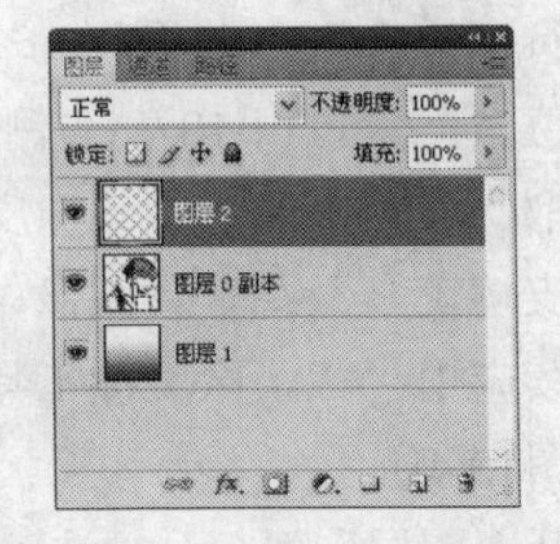

图10-8 载入人物选区

Step 08 单击前景色图标，打开“拾色器”对话框，将RGB分别设置为227、94、15，如图10-9所示，设置完成后单击“确定”按钮。

Step 09 为选区填充所设置的颜色，效果如图10-10所示。

Step 10 在“图层”面板中将图层2的“混合模式”设置为“叠加”，如图10-11所示。

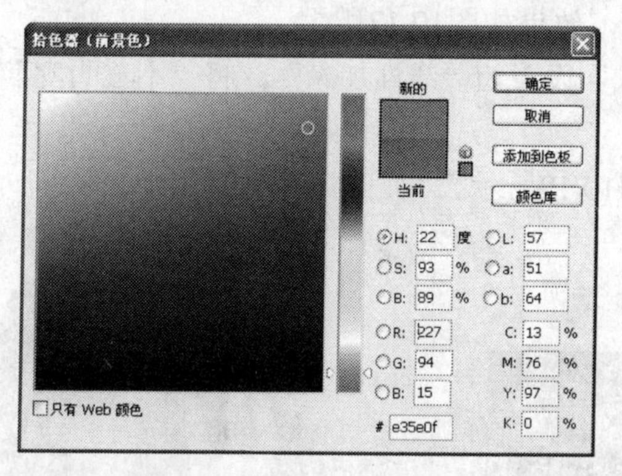

图10-9　“拾色器”对话框

图10-10　填充后的效果

Step 11 设置图层混合模式后的效果如图10-12所示。

Step 12 单击“图层”面板底部的“添加图层蒙版”按钮，为图层2添加图层蒙版，如图10-13所示。

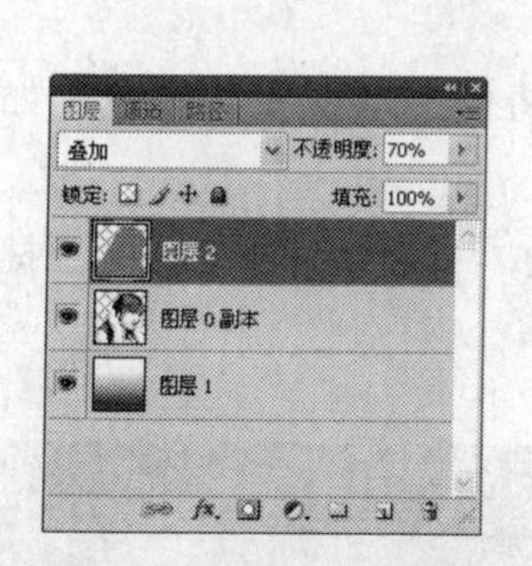

图10-11　设置混合模式

图10-12　设置后的效果

图10-13　添加图层蒙版

Step 13 将前景色设置为黑色，选取画笔工具在人物皮肤区域单击，将皮肤图像进行还原，效果如图10-14所示。

Step 14 打开“图层”面板创建一个新的图层“图层3”，如图10-15所示。

Step 15 按照前面所讲述的方法将人物选区载入，打开“渐变编辑器”对话框设置所需的渐变色，如图10-16所示，设置完成后单击“确定”按钮。

图10-14　还原皮肤图像

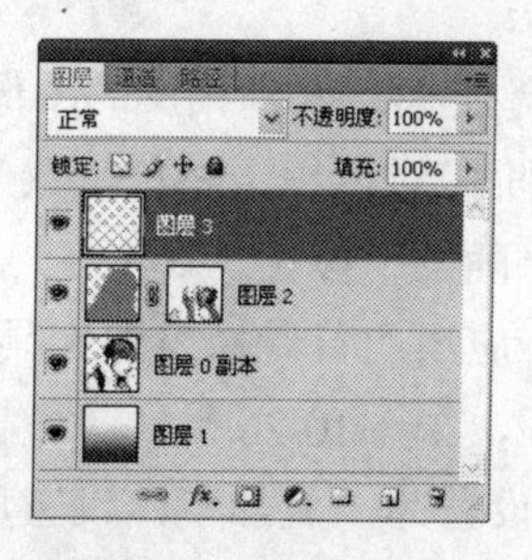

图10-15　创建新图层

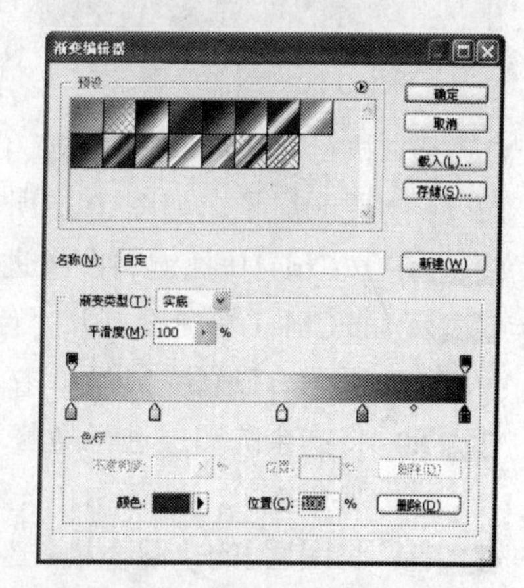

图10-16　“渐变编辑器”对话框

Step 16 使用渐变工具将选区填充所设置的颜色，效果如图10-17所示。

Step 17 在“图层”面板中将图层3的“混合模式”设置为“线性加深”，将“不透明度”设置为“80%”，如图10-18所示。

Step 18 在图像窗口中查看设置后的效果，如图10-19所示。

图10-17　填充后的效果

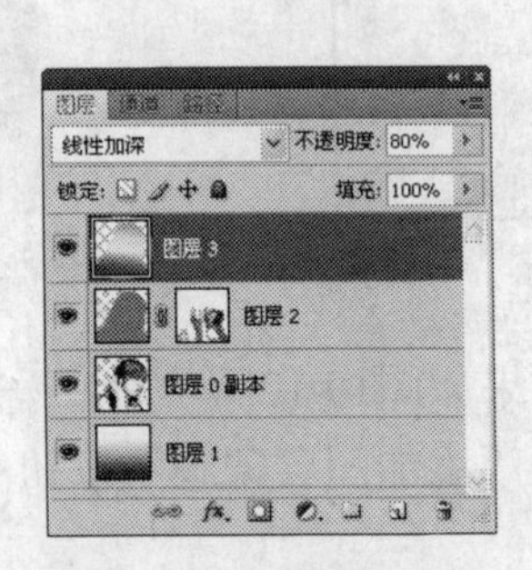

图10-18　设置混合模式

图10-19　图像效果

Step 19 为图层3添加图层蒙版，应用画笔工具在人物头发区域上单击，将这部分图像还原成原来的效果，如图10-20所示。

Step 20 打开“图层”面板，创建一个新的图层“图层4”，并将该图层填充为黑色，如图10-21所示。

Step 21 执行“滤镜”|“渲染”|“云彩”命令，将图像进行渲染，可以重复按Ctrl+F快捷键得到合适的效果，如图10-22所示。

图10-20　添加蒙版

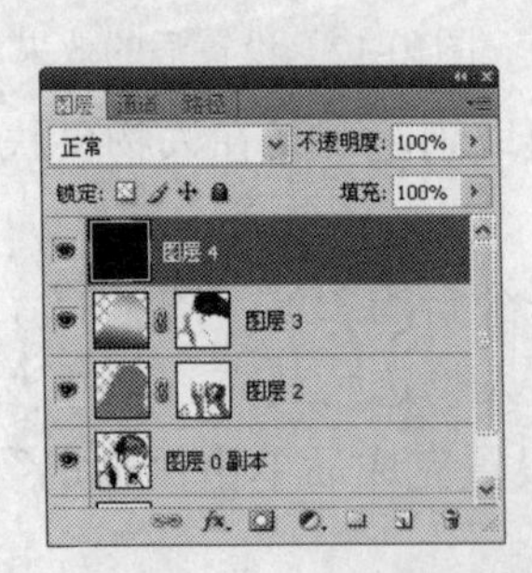

图10-21　创建新图层

图10-22　渲染后的效果

Step 22 执行“滤镜”|“渲染”|“分层云彩”命令，得到分层云彩后的效果，黑白区域变得更明显了，如图10-23所示。

Step 23 按Ctrl+I快捷键将图像进行反相，得到相反的图像效果，如图10-24所示。

Step 24 按Ctrl+L快捷键打开“色阶”对话框，将色阶数值设置为52、0.56、252，如图10-25所示，设置完成后单击“确定”按钮。

Step 25 将其余的图层进行隐藏，应用“背景橡皮擦工具”在光线图层中单击，将背景中的黑色擦除，留下白色光线，如图10-26所示。

Step 26 将图层4的“混合模式”设置为“叠加”，设置后的效果如图10-27所示。

图10-23 分层云彩效果

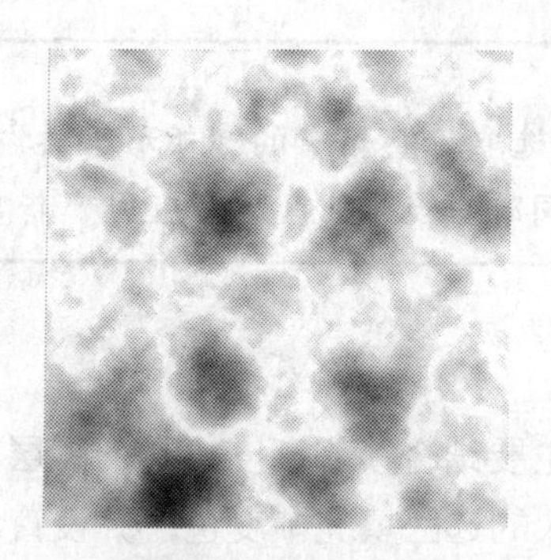

图10-24 反相后的图像

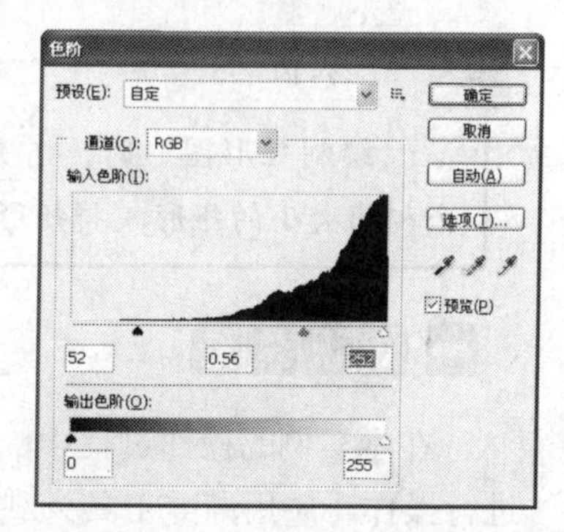

图10-25 “色阶”对话框

行家提示

在应用“背景橡皮擦工具”对光线图像进行编辑时，首先要应用“吸管工具”在图中单击，吸取所要擦除的颜色为背景色，然后应用背景橡皮擦工具进行擦除。

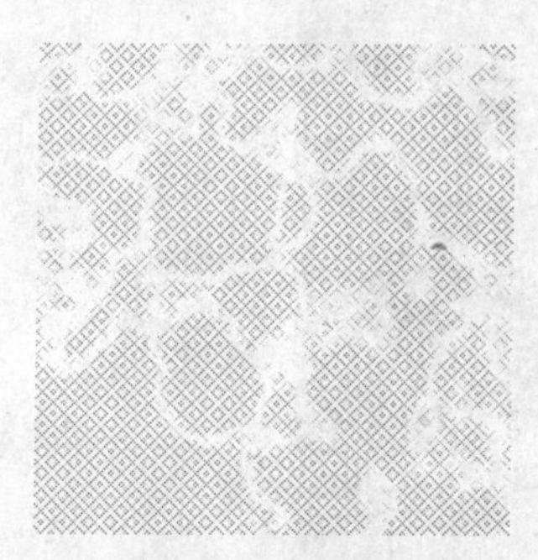

图10-26 擦除背景颜色

图10-27 设置后的图像

Step 27 将光线图像变换到合适的大小，并为图层添加图层蒙版，使用画笔工具在人物脸部等区域单击，只留下头部的光线图像，效果如图10-28所示。

Step 28 应用“文本工具”在图中输入文字，设置到合适的大小，应用“矩形工具”绘制出多个不同的矩形，按Ctrl+Enter快捷键转换为选区后填充上渐变色，效果如图10-29所示。

图10-28 制作光线图像

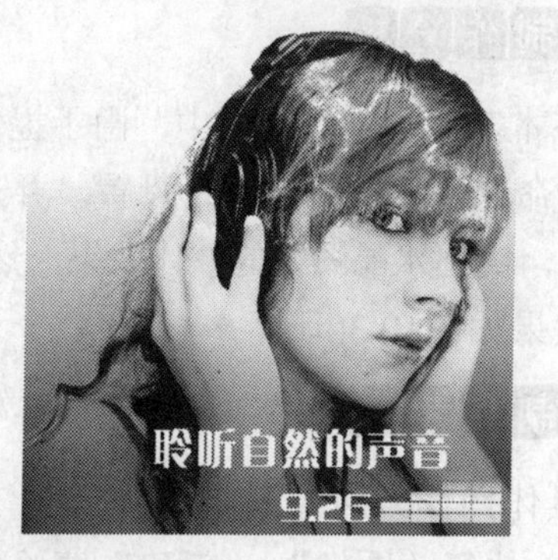

图10-29 输入文字

行家提示

绘制矩形图形时，首先选取工具箱中的“矩形工具”，然后在图中拖动绘制出多个相同大小的矩形，将矩形同时转换为选区后，应用“渐变工具”填充上渐变色即可。

知识总结

在本实例的操作过程中，主要结合使用渐变工具、图层混合模式、文字工具和图层蒙版进行操作。应用渐变工具为载入的选区填充渐变色，并设置混合模式得到鲜艳的图像效果，再通过添加图层蒙版的方法将部分图像还原。

水晶广告 Example 02

实例效果

图10-30 水晶广告

实例介绍

本实例制作的是广告设计，应用到的是综合性的知识。不仅可以编辑素材图像，还可以应用绘制图像的方法制作出不规则的图形，并且通过常规的编辑方法，将获得的各种图像进行组合和设置。

制作分析

在本实例的制作过程中，由于提供的水晶图像素材的色彩差强人意，所以要通过图像菜单中的命令重新对图像进行设置，并通过载入选区重新填充的方法，获得叠加后的色彩鲜明的效果，突出水晶图像的立体效果，然后为水晶图像添加装饰图像，如线条、背景和文字等，最终效果如图10-30所示。

制作步骤

具体操作方法如下。

Step 01 执行“图像”|“新建”菜单命令，打开“新建”对话框，参照所需的数值设置合适大小，新建一个图像窗口，并将背景填充为灰色，如图10-31所示。

Step 02 执行“文件”|“打开”命令，弹出“打开”对话框，打开文件名为“水晶”的文件（位置：素材\第10章\实例2），效果如图10-32所示。

Step 03 选取工具箱中的“背景橡皮擦工具”，单击背景色图标打开“拾色器”对话框，应用“吸管工具”单击背景中的红色图像，然后使用“背景橡皮擦工具”在背景中单击，将图像擦除，如图10-33所示。

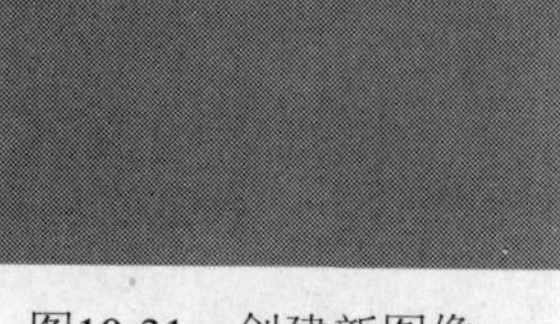

图10-31 创建新图像

图10-32 打开“水晶”素材

图10-33 擦除背景图像

Step 04 连续应用“背景橡皮擦工具”在背景图像中单击直至将背景中的红色图像擦除，效果如图10-34所示。

Step 05 将编辑的水晶图像拖动到创建的灰色图像中，按Ctrl+T快捷键对图像进行编辑，调整为合适的大小，如图10-35所示。

Step 06 执行“图像”|“调整”|“去色”菜单命令，将图像变为黑白效果，如图10-36所示。

图10-34 完成的效果

图10-35 变换水晶大小

图10-36 调整为黑白图像

Step 07 按Ctrl+L快捷键打开“色阶”对话框，将色阶数值设置为143、2.14、236，如图10-37所示。

Step 08 在对话框中设置完成后单击“确定”按钮，调整后的效果如图10-38所示。

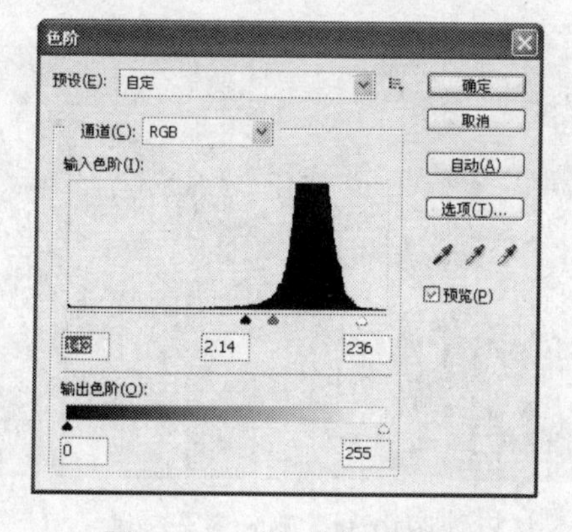

图10-37 “色阶”对话框

图10-38 调整后的效果

Step 09 执行“图像”|“调整”|“色相/饱和度”菜单命令，打开“色相/饱和度”对话框，选择“着色”复选框，将数值设置为286、44、-5，如图10-39所示。

Step 10 设置完成后单击“确定”按钮，调整色彩后的效果如图10-40所示。

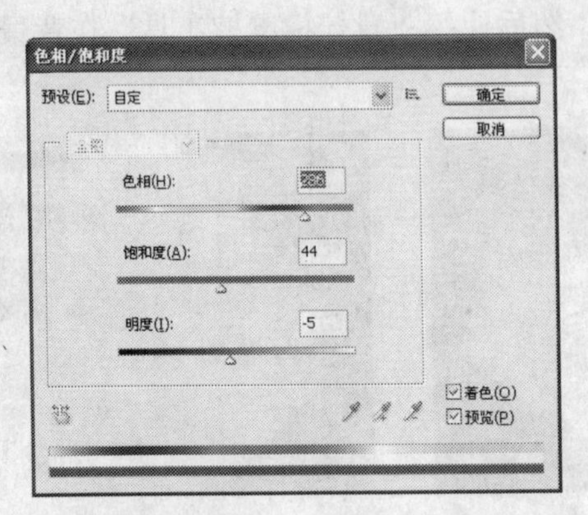

图10-39 设置“色相”和“饱和度”

图10-40 调整后的图像

Step 11 在水晶图层上方创建一个新的图层，将水晶图像选区载入，使用“画笔工具”绘制出不同区域的颜色，如图10-41所示。

Step 12 将所创建图层的“混合模式”设置为“叠加”，设置后的效果如图10-42所示。

图10-41 绘制不同颜色

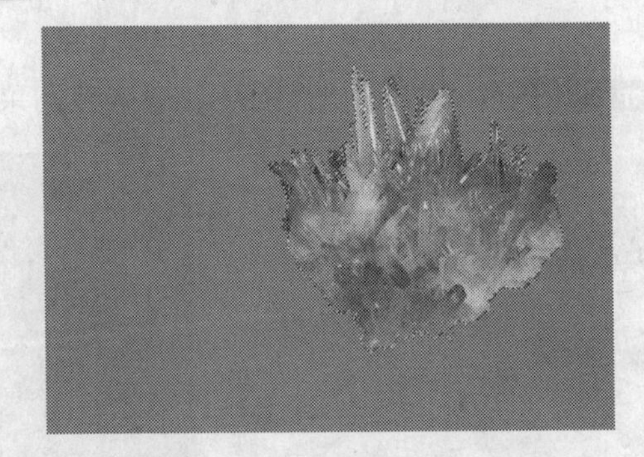

图10-42 设置混合模式后的效果

Step 13 执行“选择”|“修改”|“羽化”菜单命令，打开文件名为“土地”的文件（位置：素材\第10章\实例2），如图10-43所示。

Step 14 将土地图像拖动到水晶图像中，并变换到合适大小，将水晶图像选区载入，将多余的土地图像删除，得到的效果如图10-44所示。

图10-43 打开素材图像

图10-44 删除多余区域

Step 15 将土地图像所在图层的“混合模式”设置为“颜色加深”，设置后的效果如图10-45所示。

Step 16 打开“图层”面板，创建一个新的图层组，将与水晶图像相关的图层都拖入图层组中，如图10-46所示。

Step 17 将图层组拖动到“图层”面板底部的“创建新图层”按钮上，复制出一个新的图层组，如图10-47所示。

图10-45　设置混合模式

图10-46　创建图层组

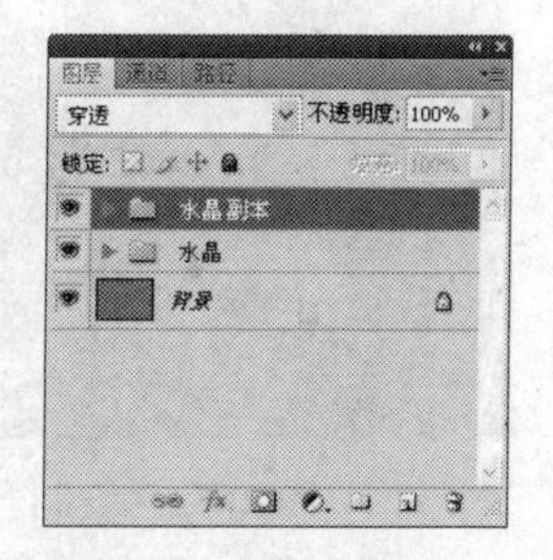

图10-47　复制图层组

Step 18 选取水晶图像将其变换到合适的大小，放置到图像底部位置上，如图10-48所示。

Step 19 应用“钢笔工具”在图中拖动并绘制出不规则图形，如图10-49所示。

图10-48　复制图像

图10-49　绘制不规则图形

Step 20 选取“渐变工具”并打开“渐变编辑器”对话框，参照如图10-50所示设置渐变颜色，设置完成后单击“确定”按钮。

Step 21 单击“渐变工具”属性栏中的“径向渐变”按钮，按Ctrl+Enter快捷键将所绘制的路径转换为选区，应用渐变工具在图中拖动，将选区填充上颜色，效果如图10-51所示。

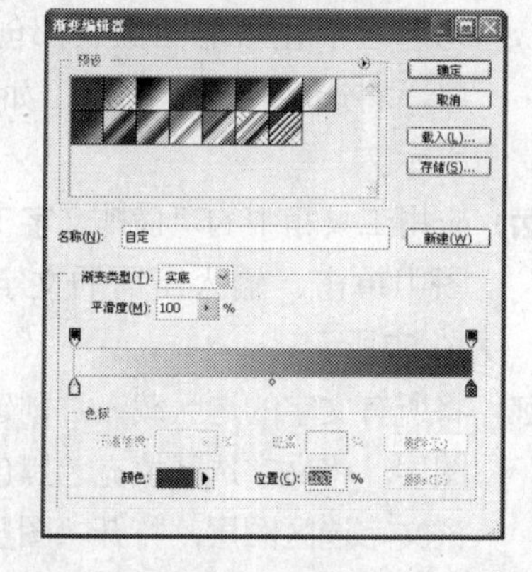

图10-50　“渐变编辑器”对话框

图10-51　填充绘制的图像

Step 22 继续应用“钢笔工具”在图中单击后拖动形成闭合的路径，如图10-52所示。

Step 23 创建一个新图层，将所绘制的路径转换为选区后，应用“渐变工具”将图像填充上颜色，如图10-53所示。

图10-52 绘制弯曲的图形

图10-53 填充绘制的图形

Step 24 应用“加深工具”和“减淡工具”对图像进行编辑，将图像边缘变亮，如图10-54所示。

Step 25 创建一个新的图层，将水晶图像的选区载入，将其填充为黑色并将图层“混合模式”设置为“颜色加深”，“不透明度”设置为“10%”，将图像编辑为合适的大小，制作成水晶图像的阴影，如图10-55所示。

图10-54 编辑图像边缘

图10-55 制作阴影图像

图10-56 绘制多个矩形

Step 26 应用“矩形工具”连续在图中拖动绘制出多个不同的矩形，将其分别转换为选区，在水晶图像底部创建新图层，将选区填充上颜色，如图10-56所示。

Step 27 应用工具箱中的“横排文字工具”在图中单击，输入所需的文字，如图10-57所示。

Step 28 将所有文字的选区载入，创建一个新图层，将文字选区填充为黑色，双击该文字选区图层，打开“图层样式”对话框，在对话框中勾选“投影”复选框，在右侧选项区中设置相关参数，将“距离”设置为“5”像素，将“大小”设置为“3”像素，如图10-58所示。

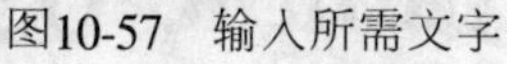
图10-57 输入所需文字

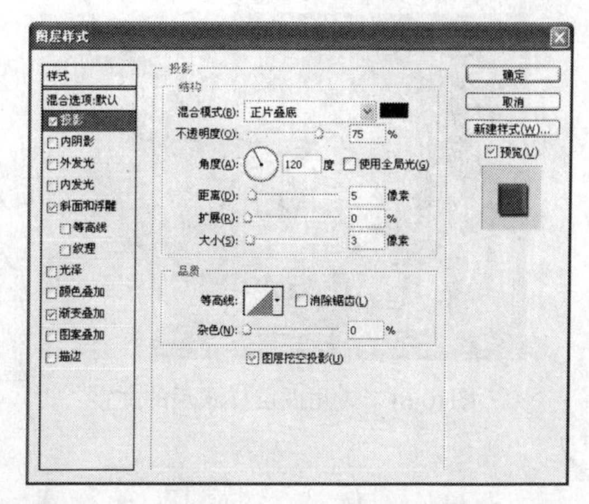

图10-58 “图层样式”对话框

Step 29 继续在对话框中设置参数，勾选“斜面和浮雕”复选框，在右侧选项区中将“大小”设置为“5”像素，并设置“角度”和“高度”为“30”度，如图10-59所示。

Step 30 勾选“渐变叠加”复选框，在选项区中设置添加的渐变色，如图10-60所示。

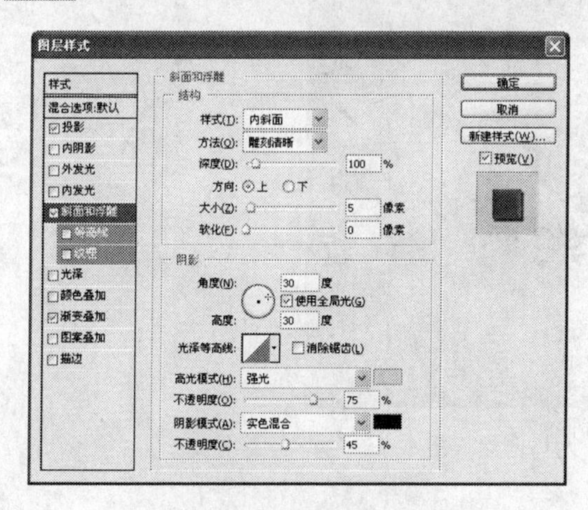

图10-59 设置斜面和浮雕

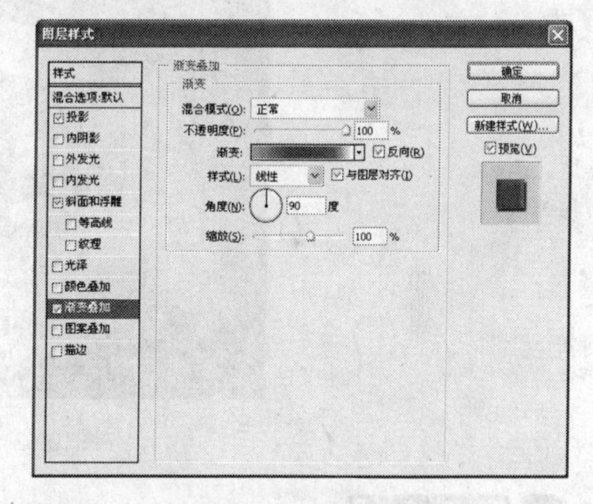

图10-60 设置渐变叠加

Step 31 设置完成后单击“确定”按钮，应用图层样式后的效果如图10-61所示。

Step 32 再新建一个图层，将文字选区载入并填充为白色，将图层“混合模式”设置为“柔光”，“不透明度”设置为“20%”。重复在图像中复制该图层，将文字放置到图像的各个区域中，并调整文字方向，完成的效果如图10-62所示。

行家提示

在制作文字效果时，要先将文字选区载入，创建新图层并将文字选区填充上所需的颜色，然后设置文字图层的混合模式，并调整到合适的位置。

知识总结

在本实例的制作过程中，应用到图层混合模式、图层样式、文字工具、矩形工具、画笔工具等，通过设置将水晶图像色彩变得鲜明并突出水晶的亮度，然后在图像的周边添加装饰效果，突出表现主题。

图10-61 应用图层样式后的文字

图10-62 完成后的效果

人与自然 Example 03

实例效果

图10-63 人与自然

实例介绍

合成效果的主要特点是将不相关的元素进行组合，使最后得到的图像组成一个整体，表达出图像的中心思想。本实例中应用了手与自然的元素，表达了人与自然之间的和谐和宁静，突出自然的重要作用。

制作分析

在本实例的制作过程中，主要应用了选区、图层混合模式、滤镜、图像调整等相关命令。首先对背景应用滤镜进行编辑，然后使用图像菜单中的命令对人物手部图像进行调整，使用图层混合模式设置树林图像，得到亮丽的风景效果，如图10-63所示。

制作步骤

具体操作方法如下：

Step 01 执行“文件”|“新建”菜单命令，弹出“新建”对话框，建立一个背景为白色的图

像，如图10-64所示。

Step 02 选取“渐变工具”并将渐变的颜色设置为从白色到黑色，单击属性栏中的“径向渐变”按钮，使用鼠标从中间向四周进行拖动，将图像填充为图10-65所示的效果。

图10-64 新建图像

图10-65 填充渐变色

Step 03 执行“滤镜”|“画笔描边”|“喷溅”菜单命令，打开“喷溅”对话框，将“喷色半径”设置为“17”，将“平滑度”设置为“2”，如图10-66所示。

Step 04 单击对话框中的“新建效果图层”按钮，建立一个新的滤镜效果，选择“海绵”滤镜将“画笔大小”设置为“4”，“清晰度”设置为“2”，“平滑度”设置为“4”，如图10-67所示。

图10-66 “喷溅”对话框

Step 05 设置完成后单击“确定”按钮，应用滤镜后的效果如图10-68所示。

Step 06 选取工具箱中的“加深工具”，应用该工具在背景图像中的暗部区域单击，将图像变暗，效果如图10-69所示。

Step 07 执行“文件”|“打开”菜单命令，弹出“打开”对话框，打开文件名为“手”的文件（位置：素材\第10章\实例3），效果如图10-70所示。

Step 08 选取“背景橡皮擦工具”在图像中单击，将背景中的白色区域擦除，如图10-71所示。

图10-67 “海绵”对话框

图10-68 应用滤镜后的效果

图10-69 设置背景效果

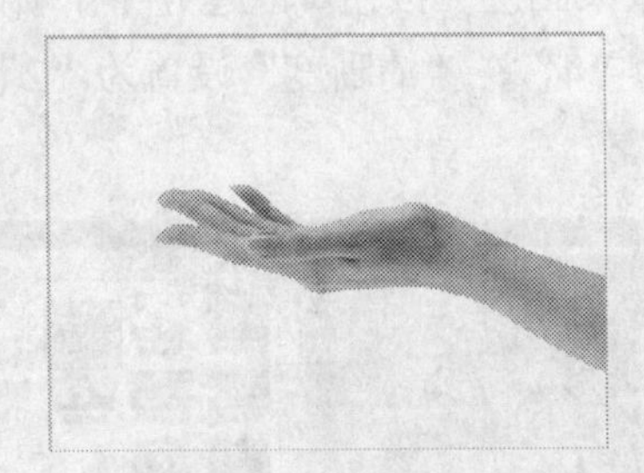

图10-70 打开素材图像

图10-71 擦除背景区域

Step 09 继续应用“背景橡皮擦工具”在图像中单击，直至将白色区域全部擦除，效果如图10-72所示。

Step 10 将编辑完成的手图像拖动到创建的图像窗口中，并将手图像设置为合适大小，调整后的效果如图10-73所示。

Step 11 执行“图像”|“调整”|“去色”菜单命令，将手图像变为黑白效果，如图10-74所示。

图10-72 擦除后的效果

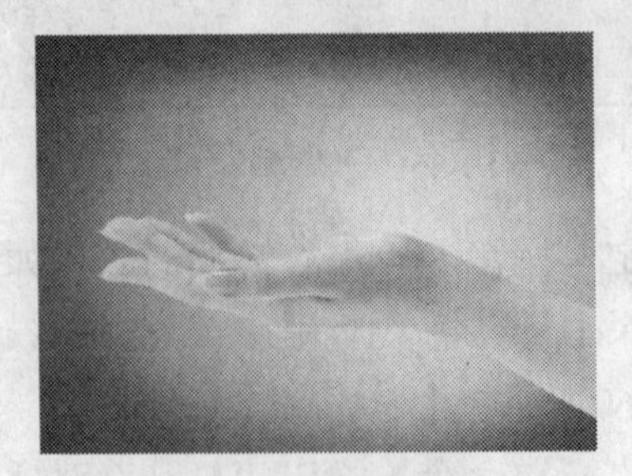

图10-73 设置到合适大小

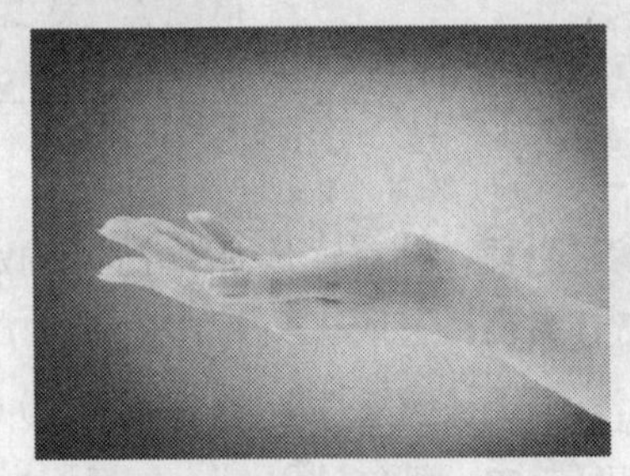

图10-74 去除图像色彩

Step 12 按Ctrl+L快捷键打开“色阶”对话框，在对话框中将色阶数值设置为120、1.11、247，如图10-75所示。

Step 13 设置完成后单击“确定”按钮，调整后的效果如图10-76所示。

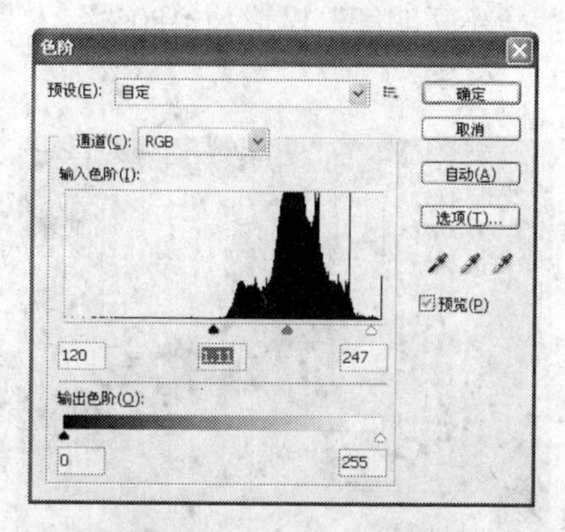

图10-75 “色阶”对话框

图10-76 调整后的效果

Step 14 选择手图像所在的图层，按Ctrl+J快捷键进行复制，执行“滤镜”|“锐化”|“锐化”菜单命令，突出人物手部图像，如图10-77所示。

Step 15 将复制的手部图像图层“混合模式”设置为“柔光”，设置后的效果如图10-78所示。

Step 16 选取“椭圆选框工具”并按住Shift键在图中拖动，创建正圆选区，如图10-79所示。

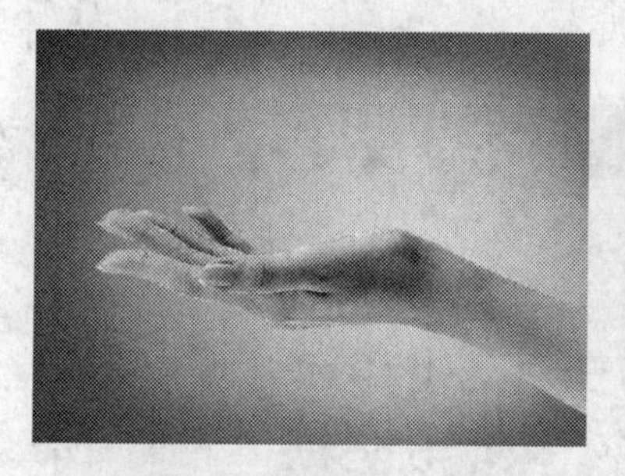

图10-77 应用滤镜后的图像

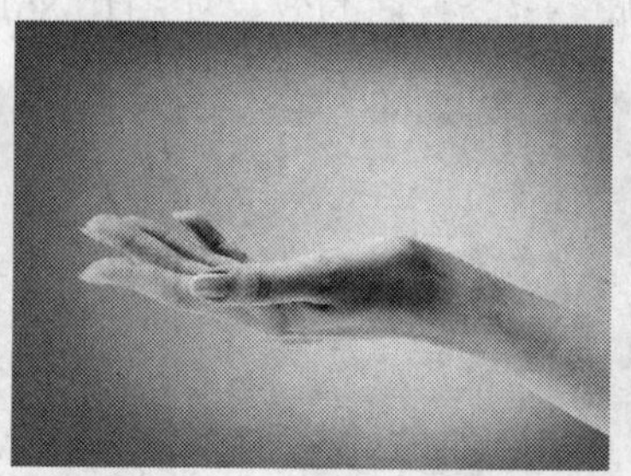

图10-78 设置后的效果

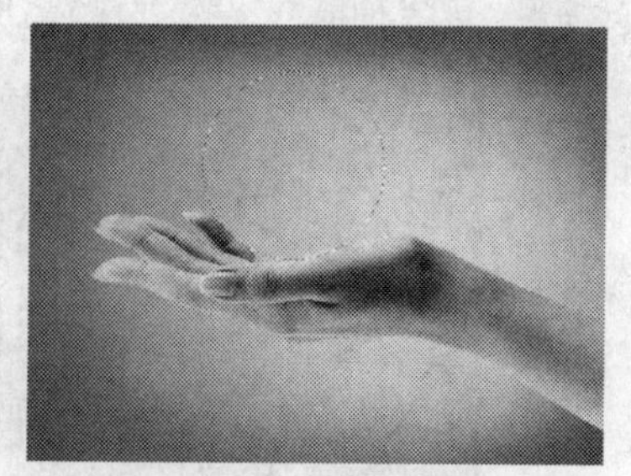

图10-79 创建选区

Step 17 选取“渐变工具”将渐变色设置为白色到黑色，应用鼠标在图中拖动，将创建的选区填充为渐变色，效果如图10-80所示。

Step 18 双击球体所在的图层，打开“图层样式”对话框，勾选“外发光”复选框，在右侧的选项区中设置相关参数，将“不透明度”设置为“30%”，将发光的颜色设置为深绿色，如图10-81所示。

图10-80 填充后的效果

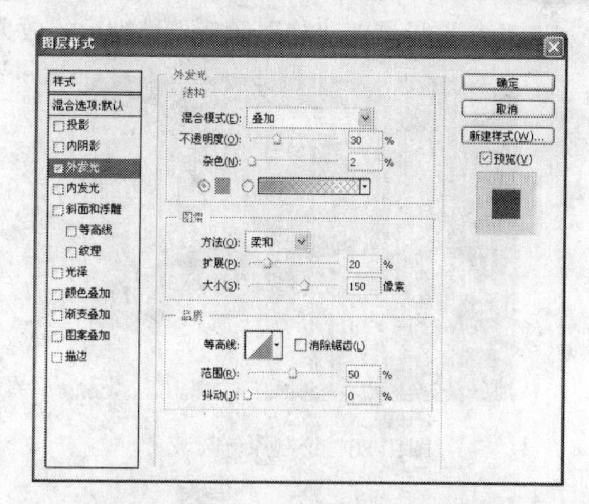

图10-81 “图层样式”对话框

Step 19 设置完成后单击“确定”按钮，添加图层样式后的效果如图10-82所示。

Step 20 将球体的“混合模式”设置为“正片叠底”，“不透明度”设置为“80%”，设置后的效果如图10-83所示。

图10-82 应用图层样式后的效果

图10-83 设置混合模式后的图像

Step 21 为球体图像所在图层添加图层蒙版，应用“画笔工具”在球体边缘单击，将图像变为透明效果，如图10-84所示。

Step 22 创建一个新图层，将球体选区载入，应用画笔在选区中绘制绿色图像，并将图层“混合模式”设置为“叠加”，设置后的效果如图10-85所示。

图10-84 编辑后的效果

图10-85 绘制颜色

Step 23 应用钢笔工具绘制出如图10-86所示的区域，将其转换为选区后新建一个图层并填充为黑色。

Step 24 执行“滤镜”|“模糊”|“高斯模糊”菜单命令，打开“高斯模糊”对话框，将“半径”设置为“15”像素，模糊后的效果如图10-87所示。

图10-86 绘制深色区域

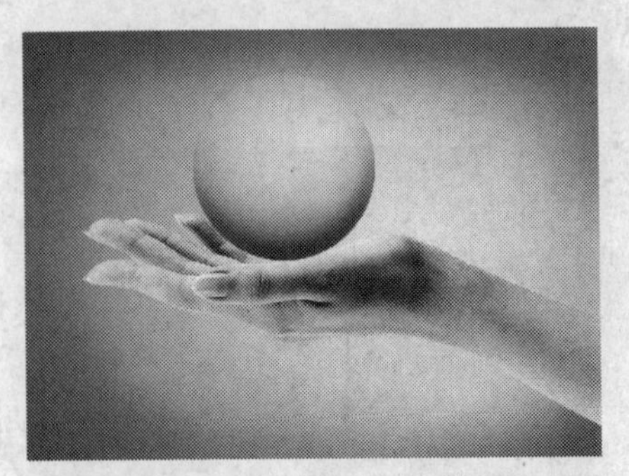

图10-87 模糊后的效果

Step 25 同绘制阴影区域的方法相同，在球体亮部绘制高光区域，也应用高斯模糊滤镜对其进行编辑，效果如图10-88所示。

Step 26 将高光区域所在图层的“不透明度”设置为“80%”，设置后的效果如图10-89所示。

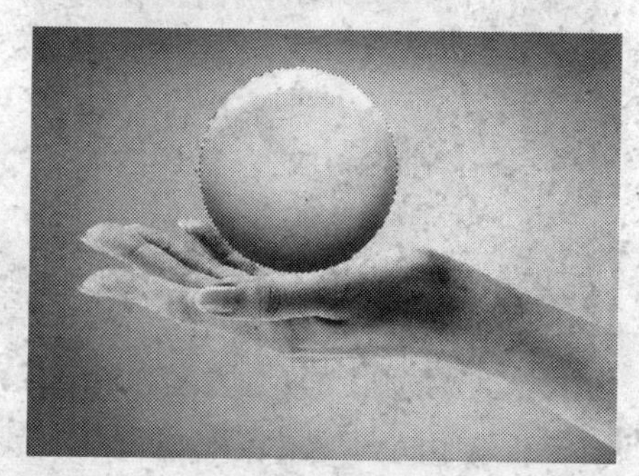

图10-88 模糊后的效果

图10-89 设置不透明度后的效果

Step 27 执行“文件”|“打开”菜单命令，弹出“打开”对话框，打开文件名为“树木”的文件（位置：素材\第10章\实例3），效果如图10-90所示。

Step 28 应用“背景橡皮擦工具”将背景中的区域擦除，只留下树木图像，如图10-91所示。

图10-90 打开素材图像

图10-91 擦除背景图像

Step 29 将树木图像拖动到前面所编辑的球体图像中，将树木图像调整为合适的大小，如图10-92所示。

Step 30 创建一个新的图层，并将树木图像选取载入，应用“渐变工具”将选区填充为由黄色到绿色的渐变色，效果如图10-93所示。

图10-92 设置树木图像的大小

图10-93 填充渐变颜色

Step 31 将填充渐变色图层的“混合模式”设置为“叠加”，设置后的效果如图10-94所示。

Step 32 创建一个新的图层，应用“椭圆选框工具”在图中拖动，并将选区填充为白色，如图10-95所示。

图10-94 设置混合模式后的效果

图10-95 填充白色区域

Step 33 然后再应用“椭圆选框工具”在图中拖动，将所选取的区域删除，得到如图10-96所示的图像。

Step 34 选择手图像所在的图层，双击该图层打开“图层样式”对话框，勾选“外发光”复选框，将“扩展”设置为“2%”，将“大小”设置为“10”像素，如图10-97所示。

图10-96 删除多余区域

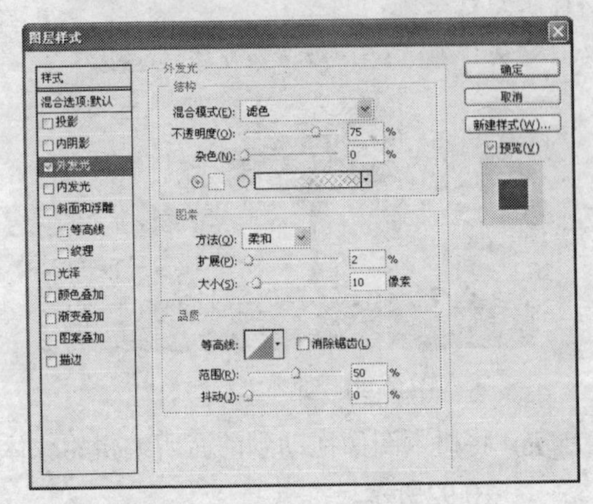

图10-97 “图层样式”对话框

Step 35 设置完成后单击“确定”按钮，添加图层样式后的效果如图10-98所示。

Step 36 应用“横排文字工具” T 为图像添加文字，将文字大小设置为52点，将文字图层“混合模式”设置为“叠加”，设置完成后的最终效果如图10-99所示。

图10-98 添加发光效果

图10-99 最终完成的效果

知识总结

在本实例的制作过程中，主要用到Photoshop选区、图层混合模式、素描滤镜等知识，制作的主要难点在于球体图像的制作，通过创建选区并填充的方法进行初步操作，然后为球体图像叠加彩色的颜色，以及添加树木图像，组合成立体效果。

产品宣传广告 Example 04

实例效果

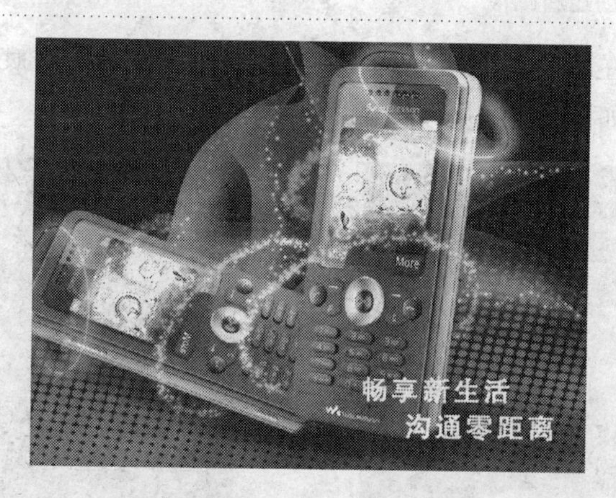

图10-100 产品宣传广告

实例介绍

产品宣传广告的作用是为产品进行宣传，所以制作的效果要艳丽华美。本实例中制作的是手机的宣传效果特效，用线条和光线来突出表现手机的质感。

制作分析

在本实例的制作过程中，大致可以分为三个部分：背景、手机图像和装饰图像。背景图像应用了滤镜中的彩色半调效果来制作圆点图像，突出背景的若隐若现，手机图像则是突出手机的亮度，装饰图像是将手机图像和背景相融合，制作成综合的完整效果，如图10-100所示。

制作步骤

具体操作方法如下：

Step 01 执行“文件”|“新建”菜单命令，弹出“新建”对话框，新建一个黑色背景的图像，如图10-101所示。

Step 02 执行“文件”|“打开”菜单命令，弹出“打开”对话框，打开文件名为“手机”的文件（位置：素材\第10章\实例4），将手机图像拖动到创建的图像窗口中，并调整其角度，如图10-102所示。

Step 03 然后应用“魔棒工具”在手机图像的白色区域上单击，将白色区域选取，并按Delete键删除，如图10-103所示。

图10-101 创建新图像

图10-102 拖动手机图像

Step 04 为手机图像所在图层添加图层蒙版，应用“画笔工具”在底部的图像上单击，将灰色区域隐藏，如图10-104所示。

图10-103 删除白色区域

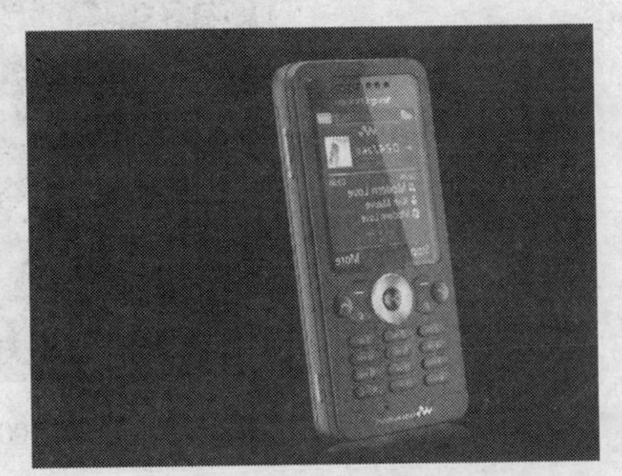

图10-104 添加蒙版

Step 05 打开“通道”面板，单击底部的“创建新通道”按钮，新建一个通道，如图10-105所示。

Step 06 应用“渐变工具”将新建的通道填充为渐变色，效果如图10-106所示。

Step 07 执行“滤镜”|“像素化”|“彩色半调”菜单命令，弹出“彩色半调”对话框，在对话框中将“最大半径”设置为“15”像素，其他参数参照如图10-107所示进行设置。

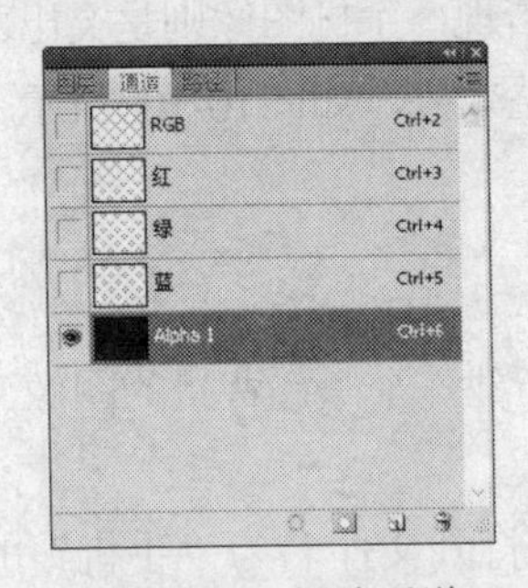

图10-105 新建通道

图10-106 填充渐变色

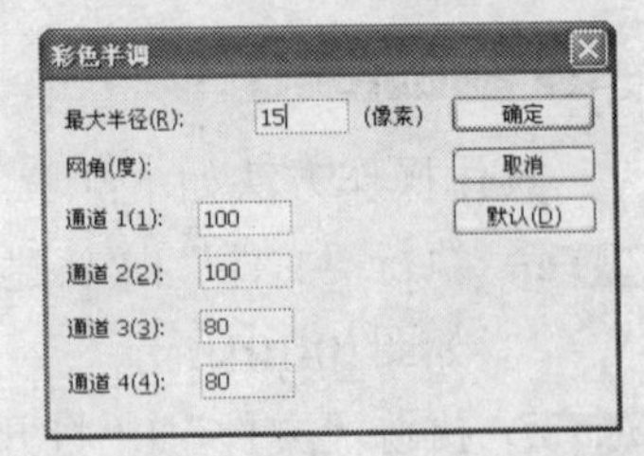

图10-107 “彩色半调”对话框

Step 08 设置完成后单击“确定”按钮，应用滤镜后的图像如图10-108所示。

Step 09 在“通道”面板中按住Ctrl键单击Alpha1通道缩略图，将通道选区载入，如图10-109所示。

Step 10 返回到图像窗口中按Ctrl+Shift+I快捷键反相选取区域，并创建新的图层将载入的区域填充为深红色，如图10-110所示。

图10-108 应用滤镜后的图像

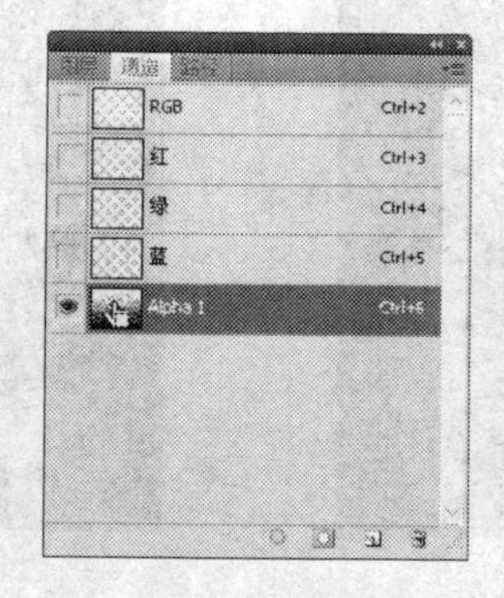

图10-109 载入通道选区

图10-110 填充后的效果

Step 11 按Ctrl+T快捷键对圆点图像进行编辑，将其调整到合适的大小，如图10-111所示。

Step 12 为圆点图像添加图层蒙版，应用“画笔工具”在图的边缘单击，将显示图像的部分黑色区域，如图10-112所示。

图10-111 变换圆点图像

图10-112 添加图层蒙版编辑

Step 13 选择手机图像所在图层，按Ctrl+T快捷键对图像进行编辑，单击鼠标右键，在弹出的菜单中选择“水平翻转”命令，翻转后的手机图像如图10-113所示。

Step 14 打开素材文件夹中的“图案.jpg”图像，如图10-114所示。

图10-113 水平翻转手机图像

图10-114 打开素材图像

Step 15 将打开的图案拖动到编辑的手机图像中，并调整到合适的大小，如图10-115所示。

Step 16 应用“圆角矩形工具”在图中拖动，并应用“形状工具”对路径进行调整，然后将其转换为选区，如图10-116所示。

图10-115 变换图案大小

图10-116 载入选区

Step 17 然后选择图案所在的图层，按Ctrl+Shift+I快捷键反相选取区域，并按Delete键将多余的区域删除，效果如图10-117所示。

Step 18 新建一个图层，将圆角矩形选区填充为黑白渐变色，如图10-118所示。

图10-117 删除多余区域

图10-118 填充选区

Step 19 将创建的图层的“混合模式”设置为“柔光”，效果如图10-119所示。

Step 20 继续编辑该图层，设置前景色为白色，载入手机选区，应用“画笔工具”在图中单击，将手机边缘图像变亮，如图10-120所示。

图10-119 设置混合模式

图10-120 设置后的效果

Step 21 应用“钢笔工具”在图中拖动，绘制多个不规则的图形，如图10-121所示。

Step 22 单击前景色图标，打开“拾色器”对话框，将RGB数值分别设置为207、35和179，设置完成后单击“确定”按钮，如图10-122所示。

图10-121 绘制路径

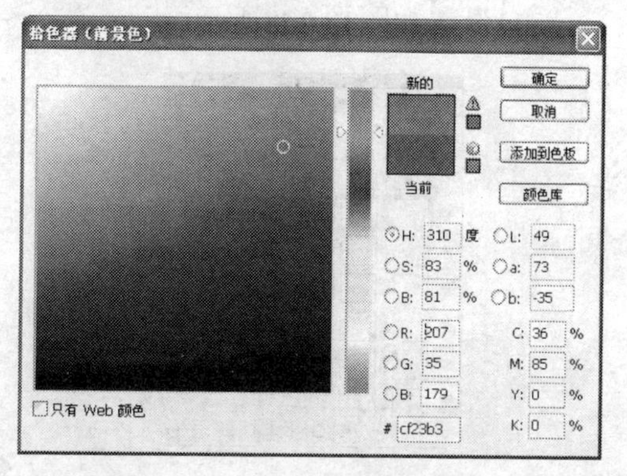

图10-122 “拾色器”对话框

Step 23 单独选取所绘制的路径，单击“路径”面板底部的“将路径作为选区载入”按钮，应用“画笔工具”将选区填充为所设置的前景色，效果如图10-123所示。

Step 24 将其余的路径也转换为选区后，分别创建不同的图层，将选区绘制上设置的颜色，如图10-124所示。

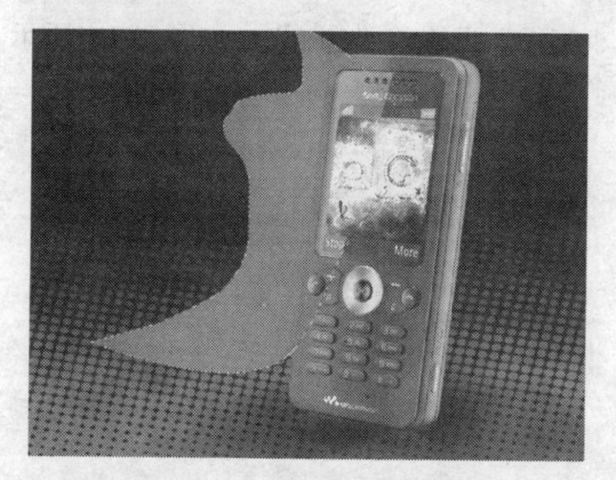

图10-123 为绘制的选区填充颜色

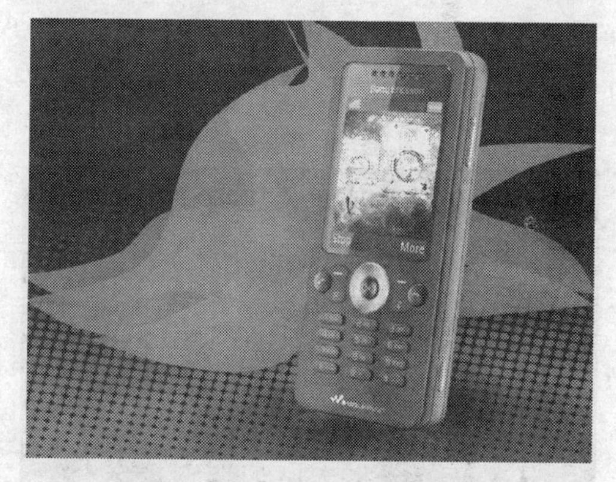

图10-124 绘制完成的效果

Step 25 分别为不规则区域所在图层添加蒙版，将前景色设置为黑色，应用“画笔工具”单击图像边缘，将部分图像隐藏，效果如图10-125所示。

Step 26 对其余的图像也应用相同的方法进行编辑，完成的效果如图10-126所示。

图10-125 调整图像边缘

图10-126 编辑其余图像

Step 27 将除去前面绘制的桃红色图像的图层都隐藏，如图10-127所示。

Step 28 执行“图层”|“合并可见图层”菜单命令，将桃红色图像合并为一个图层“图层

11”，如图10-128所示。

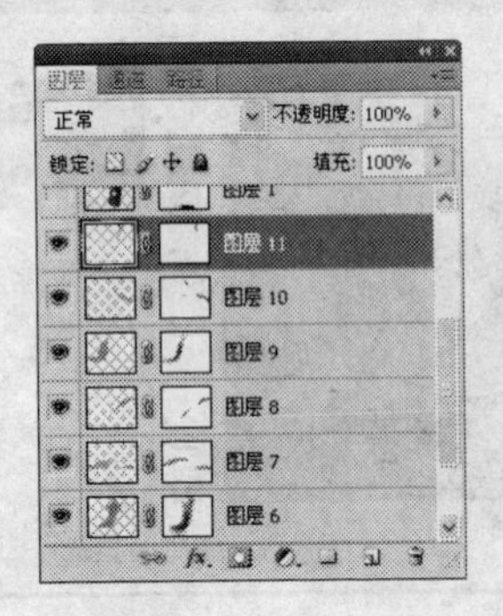

图10-127　隐藏其余图层

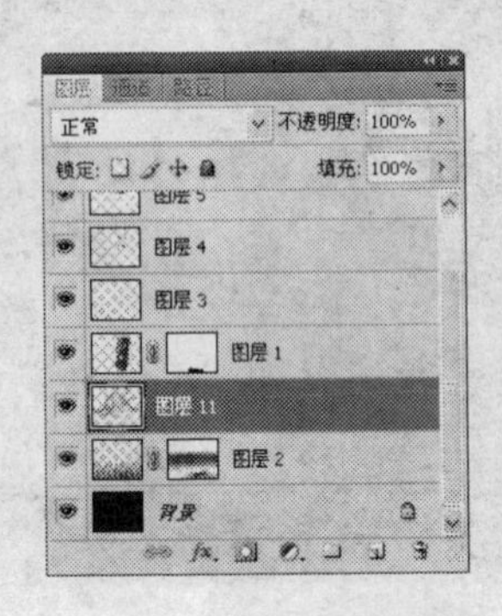

图10-128　合并后的图层

Step 29 然后将图层11的“混合模式”设置为“线性减淡”，“不透明度”设置为“70%”，设置后的效果如图10-129所示。

Step 30 选取画笔工具打开“画笔”面板设置相关选项，将画笔“间距”设置为“195%”，如图10-130所示。勾选左侧的“形状动态”复选框，在右侧选项区中设置参数，将“大小抖动”设置为“81%”，将“最小直径”设置为“29%”，如图10-131所示。

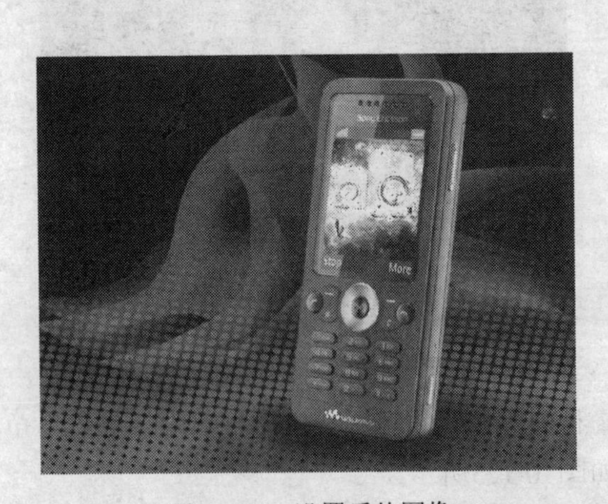

图10-129　设置后的图像

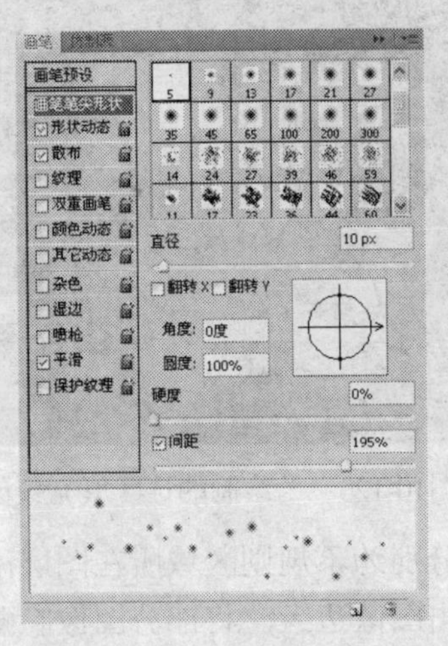

图10-130　设置画笔间距

Step 31 勾选“散布”复选框，将散布数值设置为“656%”，如图10-132所示。

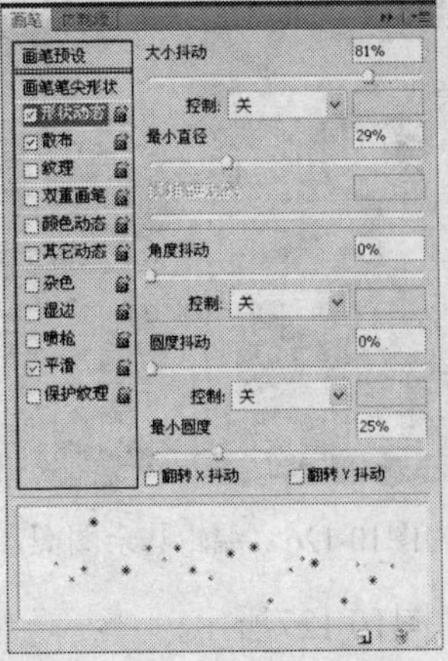

图10-131　设置形状动态

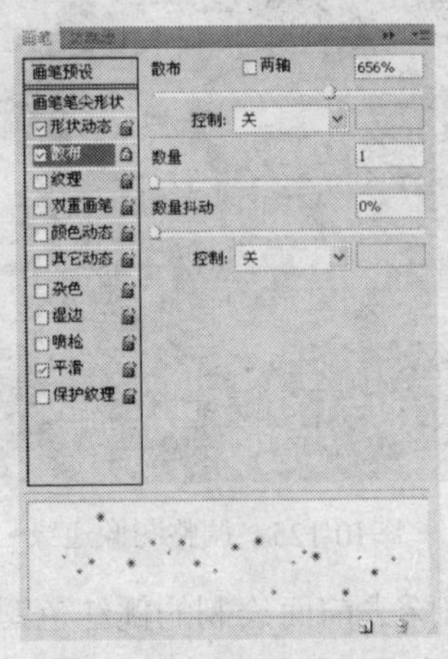

图10-132　设置散布数值

Step 32 打开“图层”面板创建一个新的图层“图层12”，如图10-133所示。

Step 33 应用所设置的画笔在图中拖动，绘制出多个圆点图像，如图10-134所示。

图10-133 创建新图层

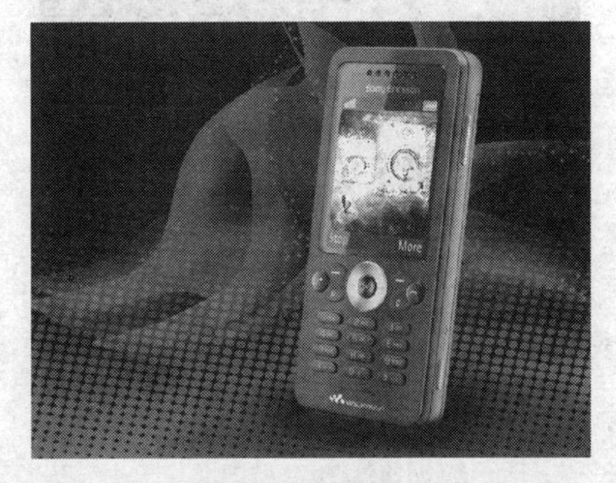

图10-134 绘制圆点图像

Step 34 应用“画笔工具”在图中拖动绘制出散布的圆点图像，并将图层的“混合模式”设置为“颜色减淡”，设置后的效果如图10-135所示。

Step 35 应用“椭圆工具”连续在图中拖动，绘制出三个椭圆图形，并放置到不同位置，如图10-136所示。

图10-135 设置混合模式

图10-136 绘制路径

Step 36 选择其中一个路径，创建一个新图层，将前景色设置为桃红色，然后单击“路径”面板底部的“用画笔描边”路径按钮，对路径进行描边，如图10-137所示。

Step 37 使用鼠标双击上步描边图像所在的图层打开“图层样式”对话框，如图10-138所示，勾选“外发光”复选框，在右侧选项区中设置参数，将“大小”设置为“8”像素。

Step 38 设置完成后单击“确定”按钮，应用图层样式后的效果如图10-139所示。

Step 39 选择另外的路径，创建一个新图层，同样也应用画笔对其进行描边，效果如图10-140所示。

Step 40 使用鼠标双击描边图像所在的图层，打开“图层样式”对话框，勾选“外发光”复选框，在右侧选项区中设置相关参数，将“扩展”设置为“2%”，将“大小”设置为“10”像素，如图10-141所示。

Step 41 设置完成后单击“确定”按钮，应用图层样式后的效果如图10-142所示。

Step 42 应用前面所讲述的添加图层样式的方法，为其他描边图像的图层也添加外发光样式，效果如图10-143所示。

图10-137 描边后的图像

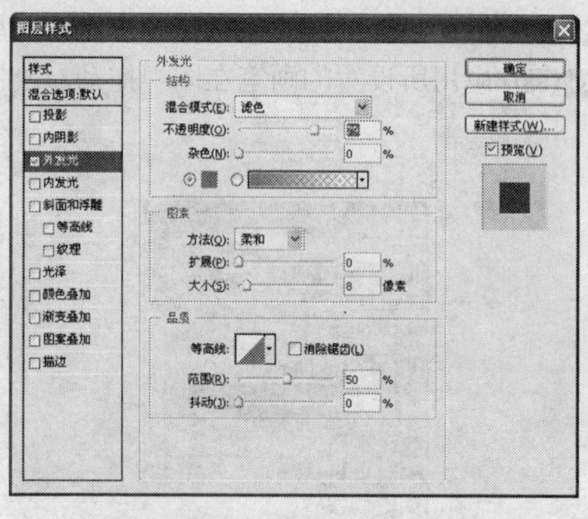

图10-138 “图层样式”对话框

图10-139 应用图层样式后的效果

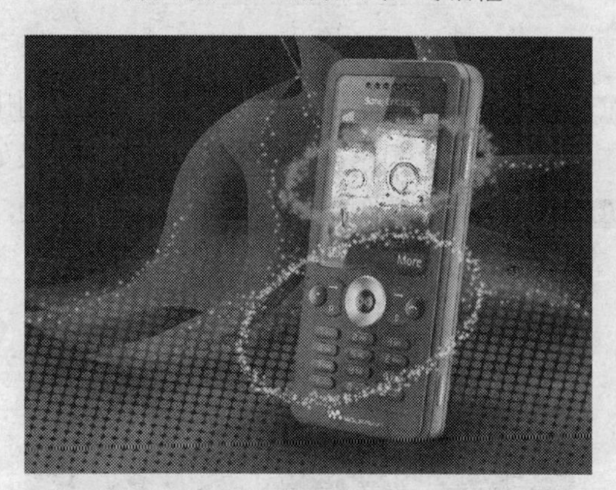

图10-140 画笔描边后的效果

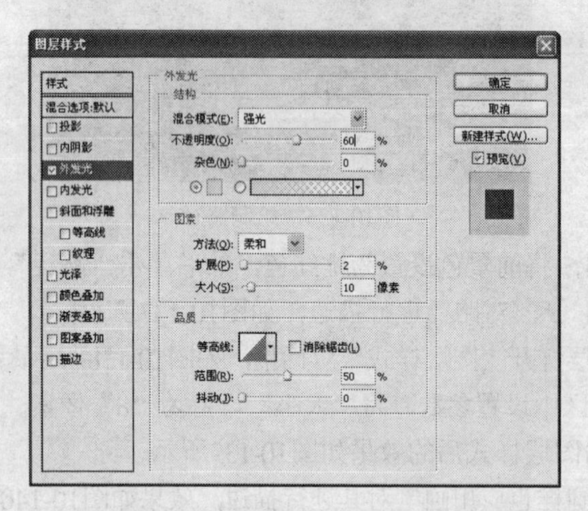

图10-141 “图层样式”对话框

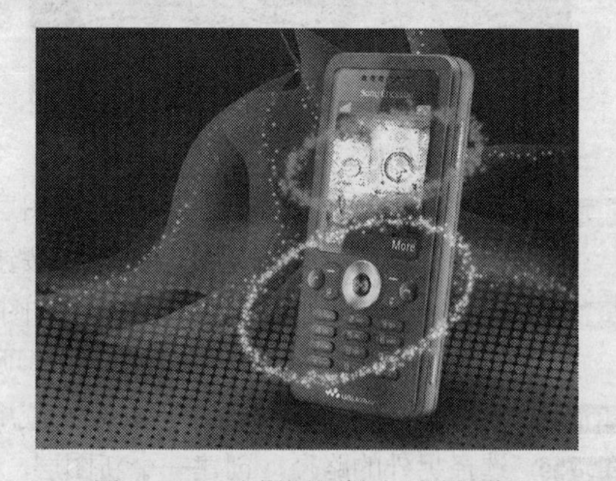

图10-142 设置图层样式后的图像

Step 43 为描边图像所在图层添加图层蒙版，应用“画笔工具”对图像进行编辑，调整后的效果如图10-144所示。

Step 44 选择描边图像所在的图层，分别将图层“混合模式”设置为“颜色减淡”，设置后的效果如图10-145所示。

Step 45 创建图层组，将所有与手机相关的图层拖入图层组中，并将图层组进行复制，旋转手机图像，并将其调整到合适的位置，效果如图10-146所示。

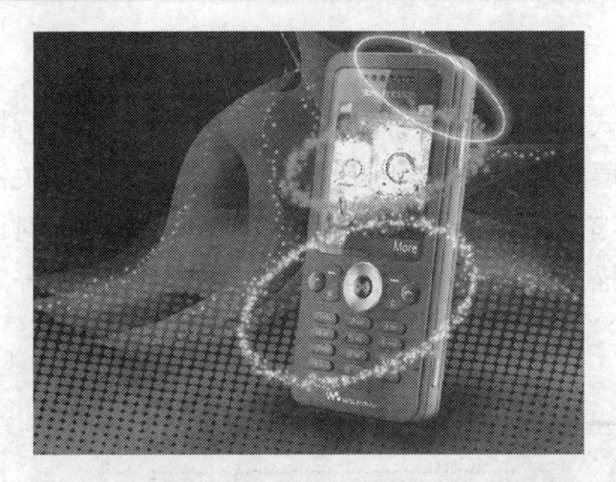

图10-143 添加外发光样式

图10-144 添加图层蒙版

图10-145 设置混合模式

图10-146 调整复制的手机图像

行家提示

复制图层组和复制图层的方法相同，将所要复制的图层组选取，拖动到底部的“创建新图层”按钮上即可复制图层组。

Step 46 选择圆点图像所在的图层，对图层蒙版进行编辑，应用“画笔工具”对手机底部的图像进行编辑，制作成深色效果，如图10-147所示。

Step 47 创建一个新图层，并应用“画笔工具”在图中需要变亮的区域单击，将图层的“混合模式”设置为“叠加”，并在图层中添加广告语，完成后的效果如图10-148所示。

图10-147 调整图像阴影效果

图10-148 完成后的效果

知识总结

在本实例的制作过程中，主要应用图层样式、画笔面板、图层蒙版、画笔工具等进行操作。通过设置为手机图像添加背景，并添加图层蒙版使图像之间相融合。制作本实例的关键是为所绘制的线条添加图层样式。先应用鼠标选择不同的图层，然后打开“图层样式”对话框，对描边后的线条设置发光样式效果，对于描边的不同颜色，所设置的发光颜色也有一定差异，要分别重新进行设置。

创意插画合成 Example 05

实例效果

图10-149 创意插画合成

实例介绍

创意插画合成是将多个图像通过设置组成插画效果。本实例中主要是将木纹、纸张、树枝等几类图像进行组合，通过设置制作成创意插画效果。实例主要展示了创意效果的应用，以及设置不同事物的操作方法。

制作分析

在本实例的制作过程中，首先是对图像的大小等进行编辑，将木纹图像调整至所创建的窗口中，然后对木纹的色彩重新进行编辑，应用图像菜单中的相关命令对图像进行设置，再在图像中添加树枝图像，应用画笔工具等将树枝图像放置到所绘制的蒙版区域中，制作成不规则边框的图像效果，最后通过添加云朵图像及线条，将背景和图案相衔接，制作成综合的插画效果，如图10-149所示。

制作步骤

具体操作方法如下：

Step 01 执行“文件”|“打开”菜单命令，弹出“新建”对话框，新建一个白色背景的图像，效果如图10-150所示。

Step 02 执行“文件”|“打开”菜单命令，弹出“打开”对话框，打开文件名为“木纹”的

文件（位置：素材\第10章\实例5），效果如图10-151所示。

图10-150　新建图像

图10-151　打开素材图像

Step 03 将上步所打开的素材图像拖动到创建的新图像窗口中，如图10-152所示。

Step 04 对木纹图像进行编辑，将其旋转到合适的角度，如图10-153所示。

图10-152　拖入到图像窗口

图10-153　旋转木纹图像

行家提示

在对木纹图像进行调整时，可以通过按Ctrl+T快捷键旋转和缩放图像大小，得到缩放后的效果后按Enter键确定。

Step 05 按Ctrl+B快捷键打开“色彩平衡”对话框，单击“阴影”单选按钮，然后设置色阶数值为-36、+15、+34，如图10-154所示。

Step 06 单击“中间调”单选按钮，然后将色阶数值设置为-30、-21、+56，如图10-155所示。

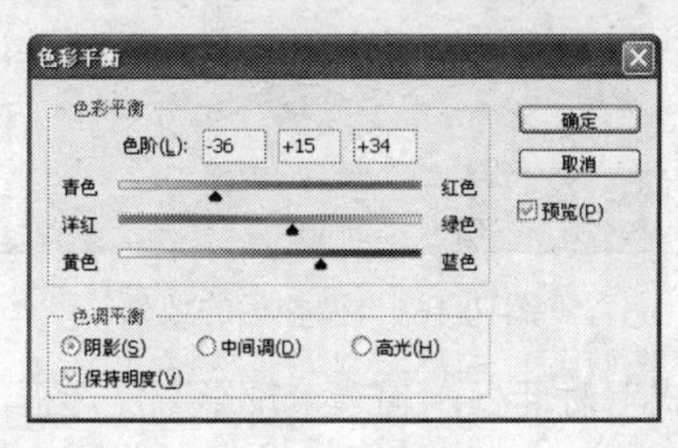

图10-154　设置阴影

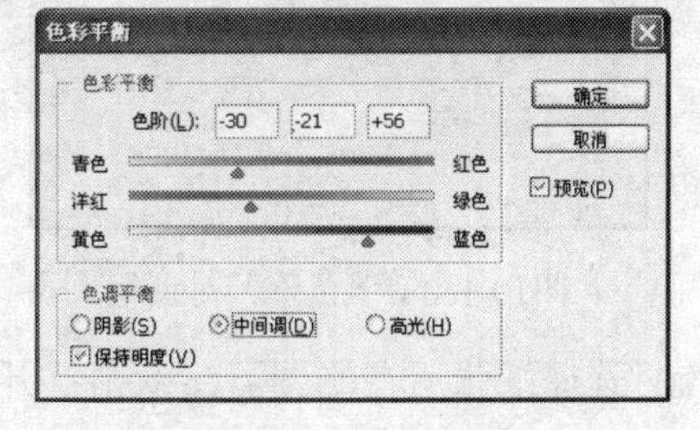

图10-155　设置中间调

Step 07 单击“高光”单选按钮，将色阶数值设置为-25、+13、+25，如图10-156所示。

Step 08 设置完成后单击“确定”按钮，调整后的效果如图10-157所示。

Step 09 执行“文件”|“打开”命令，弹出“打开”对话框，打开文件名为“纸张”的文件（位置：素材\第10章\实例5），效果如图10-158所示。

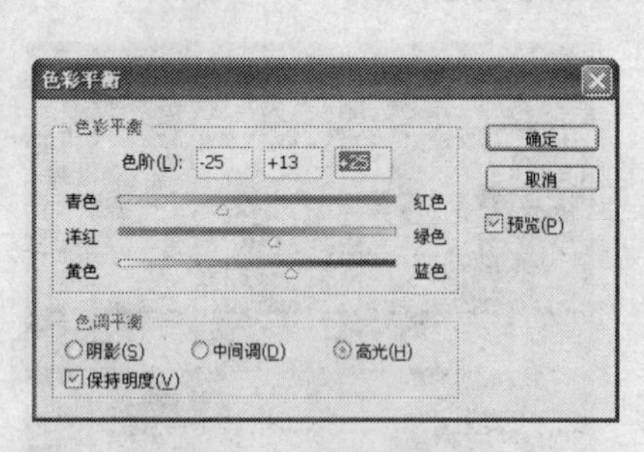

图10-156 设置高光

图10-157 设置后的效果

Step 10 将纸张图像拖入到木纹图像窗口中，并调整到合适大小，如图10-159所示。

图10-158 打开纸张图像

图10-159 变换纸张大小

Step 11 按Ctrl+L快捷键打开“色阶”对话框，如图10-160所示，将色阶数值设置为0、1.21、255。

Step 12 设置完成后单击“确定”按钮，调整亮度后的效果如图10-161所示。

图10-160 “色阶”对话框

图10-161 调整后的效果

Step 13 选择纸张所在的图层，双击打开“图层样式”对话框，勾选“投影”复选框，在右侧选项区中将“距离”设置为“5”像素，将“大小”设置为“15”像素，如图10-162所示。

Step 14 设置完成后单击“确定”按钮，添加图层样式后的效果如图10-163所示。

Step 15 按Ctrl+M快捷键打开“曲线”对话框，在对话框中使用鼠标调整曲线走向，如图10-164所示。

Step 16 设置完成后单击“确定”按钮，调整后的效果如图10-165所示。

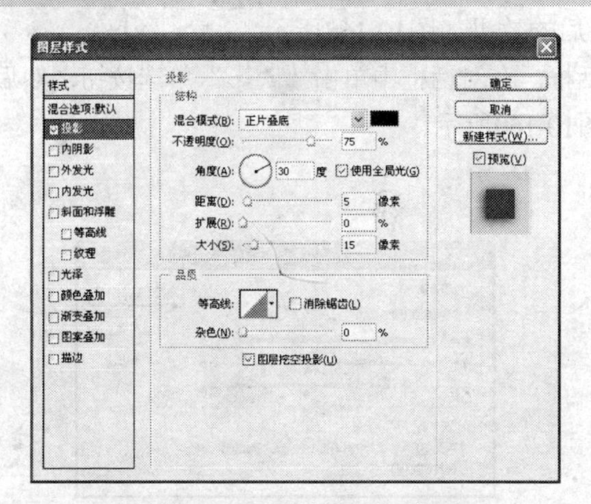

图10-162 “图层样式”对话框

图10-163 应用图层样式后的效果

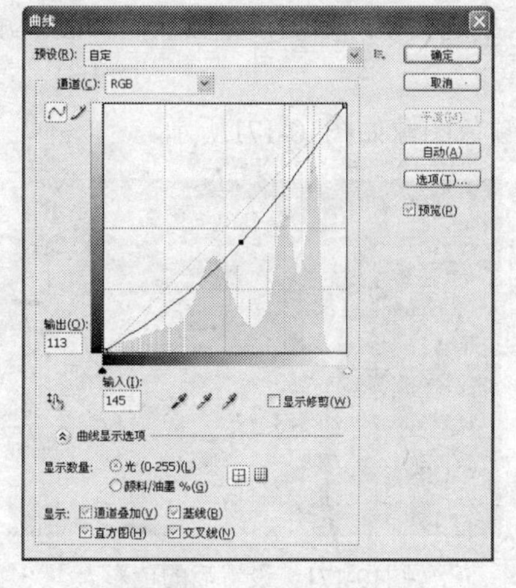

图10-164 “曲线”对话框

图10-165 设置后的图像

Step 17 选取纸张图像所在图层，按Ctrl+J快捷键复制出一个新的纸张图像，并调整图像位置，如图10-166所示。

Step 18 按Ctrl+M快捷键打开“曲线”对话框，在对话框中设置曲线走向，如图10-167所示。

图10-166 复制纸张图像

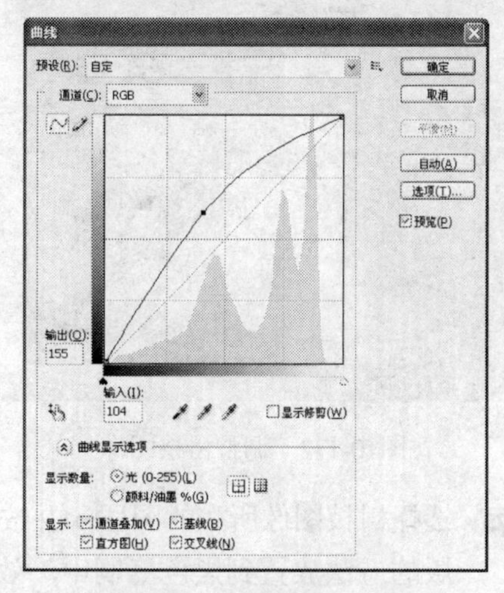

图10-167 “曲线”对话框

Step 19 设置完成后单击“确定”按钮，调整后的效果如图10-168所示。

Step 20 按Ctrl+B快捷键打开“色彩平衡”对话框，在对话框中单击“阴影”单选按钮，然后设置色阶数值为-60、+25、+27，如图10-169所示。

图10-168　设置后的图像

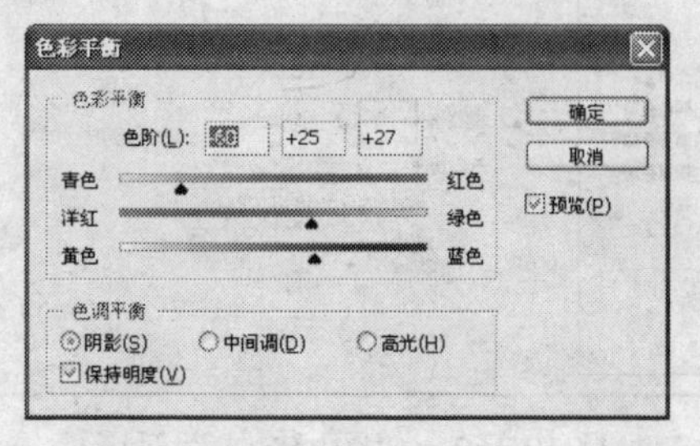

图10-169　“色彩平衡”对话框

Step 21 继续在对话框中设置颜色，单击“中间调”单选按钮，然后设置数值，如图10-170所示。

Step 22 设置完成后单击“确定”按钮，调整后的颜色图像如图10-171所示。

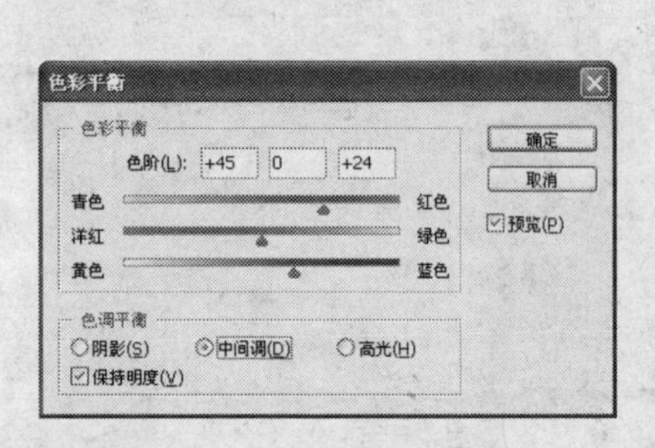

图10-170 “色彩平衡”对话框

图10-171　设置后的色彩

Step 23 将素材文件夹中的树枝.jpg图像打开，并拖入到编辑的图像窗口中，如图10-172所示。

Step 24 创建一个新的图层，应用“画笔工具”在图中绘制不规则的黑色区域，如图10-173所示。

图10-172　调整树枝图像

图10-173　绘制黑色区域

Step 25 选择树枝图像所在的图层，并按住Alt键单击图层之间的缝隙，将树枝图像用剪贴蒙版的方法放置到黑色笔刷中，效果如图10-174所示。

Step 26 为树枝图像所在图层添加图层蒙版，并应用“画笔工具”在图像边缘单击，将图像变为黑色区域，如图10-175所示。

图10-174 制作剪贴蒙版

图10-175 调整边缘图像

Step 27 创建一个新的图层，应用“画笔工具”在图中绘制不规则的线条，如图10-176所示。

Step 28 将绘制线条所在图层的“混合模式”设置为“颜色加深”，“不透明度”设置为“30%”，设置后的效果如图10-177所示。

图10-176 绘制线条

图10-177 设置后的效果

Step 29 执行“文件”|“打开”菜单命令，弹出“打开”对话框，打开文件名为“云朵”的文件（位置：素材\第10章\实例5），效果如图10-178所示。

Step 30 选取“背景橡皮擦工具”将云朵图像的背景擦除，只留下云朵图像，如图10-179所示。

图10-178 打开云朵图像

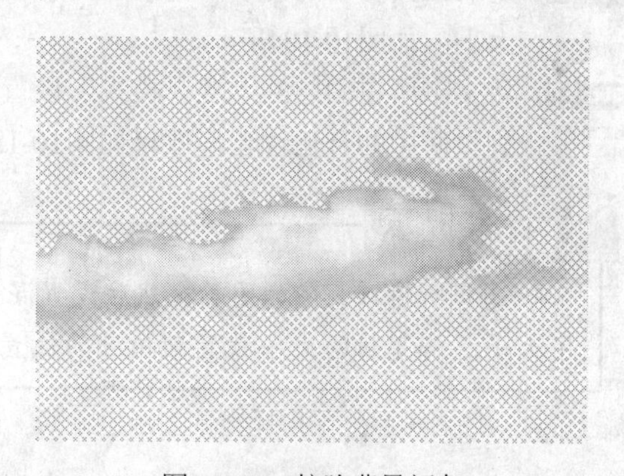

图10-179 擦除背景颜色

Step 31 将云朵图像拖动到编辑的插画图像窗口中，并将云朵图像调整到合适大小，如图10-180所示。

Step 32 将云朵图像的图层"混合模式"设置为"浅色"，"不透明度"设置为"70%"，设置后的效果如图10-181所示。

图10-180　编辑后的图像

图10-181　设置混合模式后的图像

Step 33 为云朵图像所在的图层添加图层蒙版，将前景色设置为黑色，应用"画笔工具"在云朵图像周围单击，将图像效果减淡，如图10-182所示。

Step 34 创建一个新的图层，应用"画笔工具"随意地在图中绘制不规则线条，并将该图层的"混合模式"设置为"叠加"，设置后的效果如图10-183所示。

图10-182　设置图层蒙版

图10-183　设置混合模式后的效果

Step 35 选取工具箱中的"横排文字工具"在图像中单击后输入文字，并为文字设置字体和大小，如图10-184所示。

Step 36 将文字所在图层的"混合模式"设置为"柔光"，并复制出大小不一的文字，放置到页面中的合适位置，效果如图10-185所示。

行家提示

选择所输入文字的图层，然后设置混合模式，并将文字进行复制，设置较小的文字大小，将复制的文字放置到相应的位置上。

图10-184　输入文字

图10-185　完成后的效果

知识总结

在本实例的制作过程中，主要运用了Photoshop中的图层蒙版、图层混合模式、画笔工具、文本工具等进行操作。通过创建图层蒙版的方法对数值和底部色彩进行编辑，制作成纸张中的图像效果，对应细节部分线条则应用了画笔工具进行绘制，为图像添加怀旧效果，最后应用文本工具在图中输入文字，起到突出主题的作用。

Chapter 11 网页元素设计实例

在因特网上浏览的每一个页面称为网页。由很多网页组成一个网站，一个网站的第一个网页称为主页。主页是所有网页的索引页，通过单击主页上的超链接，可以打开其他的网页。正是由于主页在网站中的特殊作用，人们也常常用主页指代所有的网页，将个人网站称为个人主页，将建立个人网站、制作专题网站等称为网页制作。

网页中的基本元素包括文字、图片、音频、动画和视频。文字要符合排版要求。图片、音频、动画和视频要符合网络传输及专题的需要。

本章通过5个综合实例，重点给读者讲解如何制作网页中的相关元素，其中包括Logo的制作、Banner的制作、导航条的制作、按钮的制作，以及网站页面设计，通过基本的操作方法来了解其他元素的设计过程。

网站Logo的制作 Example 01

实例效果

图11-1 网站Logo的制作

实例介绍

网页Logo的制作和一般Logo的制作方法相同，先将所设计的形状通过Photoshop CS4所提供的工具绘制出来，并表现出图像的细节部分，制作成图形和文字相结合的图形，同时也要为图像添加底色，使图像效果更完整。

制作分析

在本实例的制作过程中，主要利用路径进行操作。绘制路径并将其转换为选区，并填充上不同的颜色，来制作出Logo不同区域的图像，然后通过添加图层样式等方法制作细节图像，最后为图像添加背景色，通过设置混合模式的方法对图像进行叠加，最终效果如图11-1所示。

制作步骤

具体操作方法如下：

Step 01 执行“文件”|“新建”命令，弹出“新建”对话框，创建一个大小合适的文件，如图11-2所示。

Step 02 选取“钢笔工具”并使用该工具在图中拖动，绘制出一个不规则图形，如图11-3所示。

图11-2 创建新文件

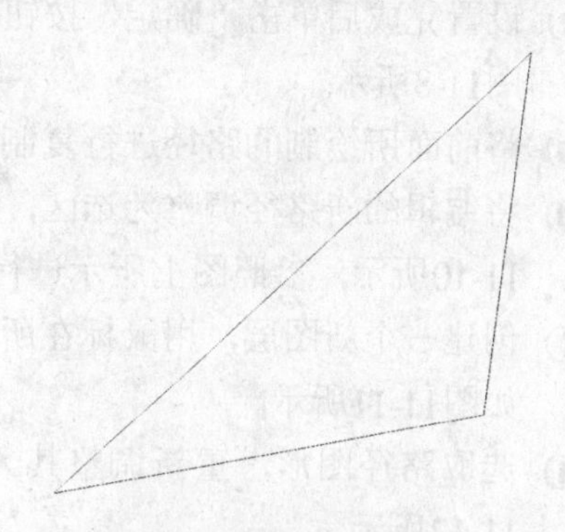

图11-3 绘制不规则图形

Step 03 使用“钢笔工具”对绘制完成的路径添加上节点，然后重新进行编辑，如图11-4所示。

Step 04 对另外一边的路径也应用相同的方法进行编辑，效果如图11-5所示。

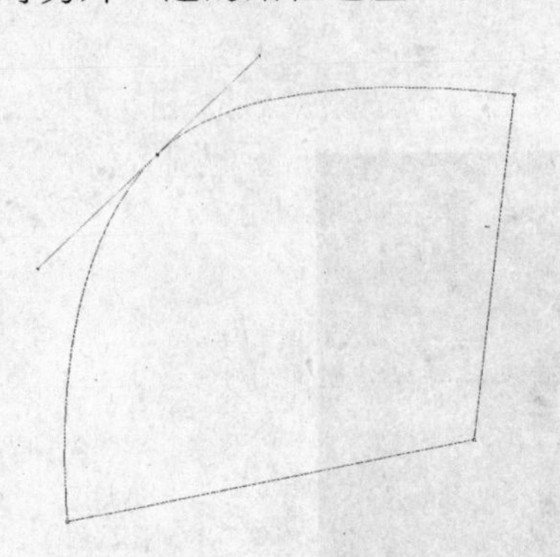

图11-4 添加节点

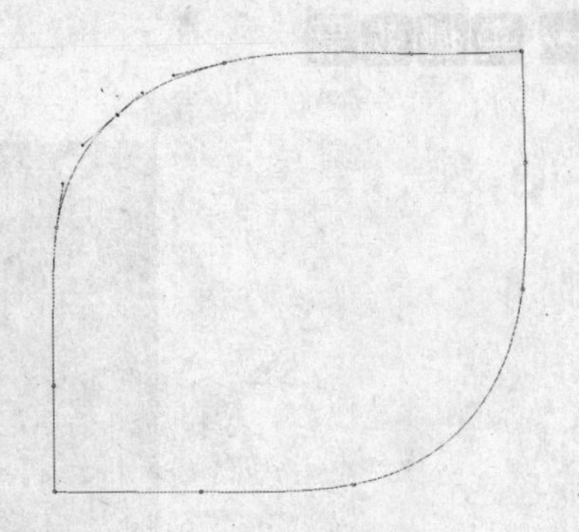

图11-5 创建新图像并拖动

Step 05 单击“路径”面板底部的“将路径作为选区载入”按钮 ，将所绘制的路径转换为选区后，创建一个新的图层，将选区填充为黑色，如图11-6所示。

Step 06 使用鼠标双击所创建的图层，打开“图层样式”对话框，勾选“外发光”复选框，在右侧的选项区中设置相关参数，将“扩展”设置为“2%”，将“大小”设置为“25”像素，如图11-7所示。

图11-6 填充后的效果

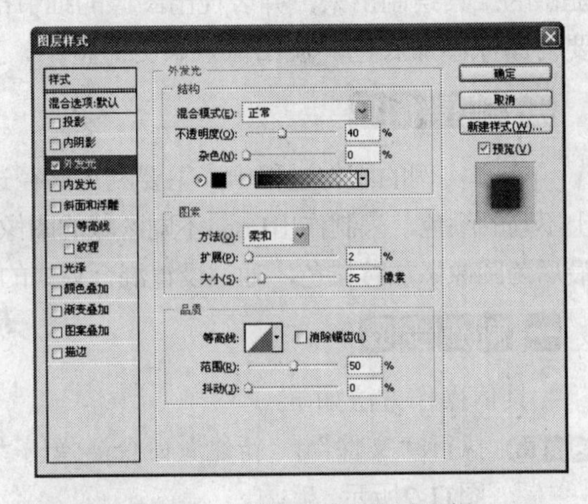

图11-7 “图层样式”对话框

Step 07 设置完成后单击“确定”按钮，可以在图像窗口中查看应用图层样式后的效果，如图11-8所示。

Step 08 将前面所绘制的路径进行复制，并调整到合适大小，如图11-9所示。

Step 09 将编辑的新路径调整为选区，选取“渐变工具”打开“渐变编辑器”对话框，如图11-10所示，参照图上所示进行设置，完成后单击“确定”按钮。

Step 10 创建一个新图层，用鼠标在所建立的选区中进行拖动，填充所设置的渐变色，效果如图11-11所示。

Step 11 选取路径图形，重新调整其大小，并将路径转换为选区，填充合适的颜色，如图11-12所示。

Step 12 应用“钢笔工具”在图中拖动并绘制出两个不规则的图形，如图11-13所示。

图11-8　应用图层样式后的效果

图11-9　复制新的路径

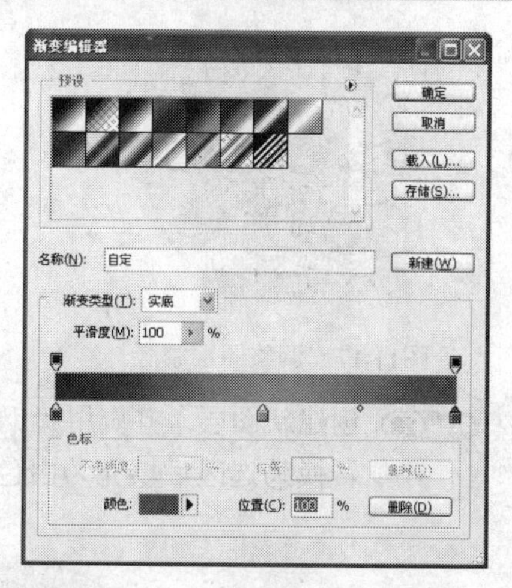

图11-10　“渐变编辑器”对话框

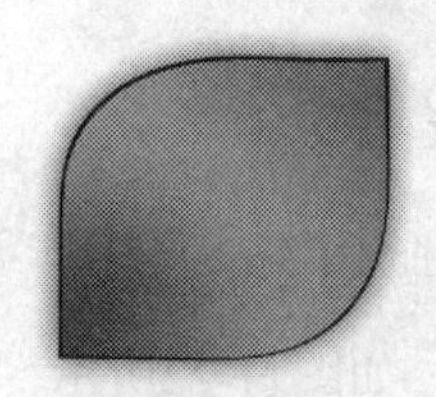

图11-11　编辑后的图像

图11-12　填充创建的选区

图11-13　绘制不规则图形

Step 13 创建一个新的图层，将上步绘制的路径转换为选区后填充为白色，如图11-14所示。

Step 14 将上步填充图像的选区载入，按Ctrl+Shift+I快捷键反相选取区域，再按Delete快捷键将选取的区域删除，得到如图11-15所示的图像。

Step 15 将白色图像所在图层的“不透明度”设置为“40%”，设置后的效果如图11-16所示。

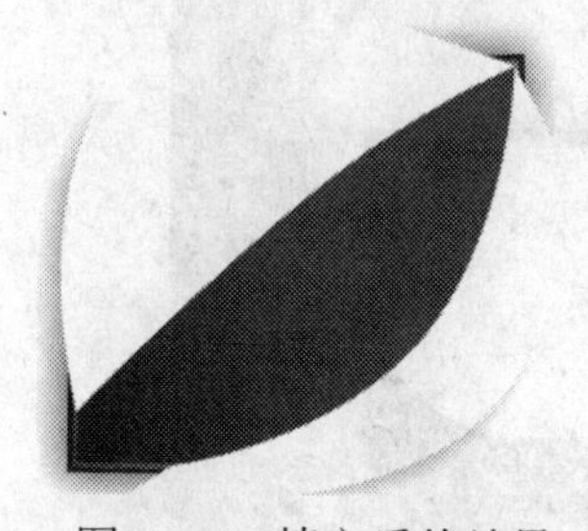

图11-14　填充后的效果

图11-15　删除多余区域

图11-16　设置不透明度

Step 16 为白色图像所在的图层添加图层蒙版，应用“画笔工具”对图像边缘进行调整，如图11-17所示。

Step 17 选择图层2，应用减淡工具对图像进行编辑，将图像边缘变亮，效果如图11-18所示。

Step 18 打开“图层”面板，创建一个新的图层组“图形1”，如图11-19所示。

Step 19 将所有的图层都拖动到创建的图层组中，并复制出一个新的图层组，按Ctrl+T快捷键将新图层组中的图像调整到合适的位置，效果如图11-20所示。

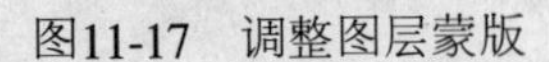

图11-17 调整图层蒙版

图11-18 调整图像边缘

图11-19 创建图层组

Step 20 创建新图层，并应用“钢笔工具”添加锚点，绘制出如图11-21所示的路径，并将其转换为选区后填充为白色。

图11-20 复制图像并编辑

图11-21 绘制白色图形

Step 21 使用鼠标双击填充白色图像的图层，打开“图层样式”对话框，如图11-22所示。在对话框中勾选“外发光”复选框，在右侧选项区中设置相关参数，将“扩展”设置为“2%”，将“大小”设置为“15”像素。

Step 22 设置完成后单击“确定”按钮，应用图层样式后的效果如图11-23所示。

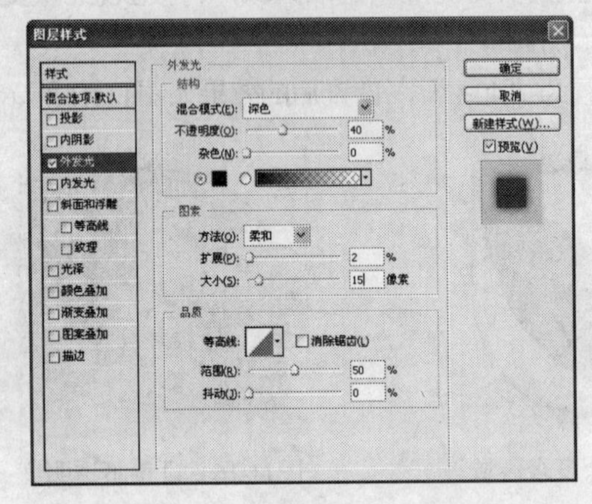

图11-22 “图层样式”对话框

图11-23 应用图层样式后的效果

Step 23 同前面所讲述的制作亮部区域的方法相同，应用“钢笔工具”绘制出形状，将其转换为选区后填充上不同的颜色，并制作出高光图像，如图11-24所示。

Step 24 创建新图层组，将其命名为“图形2”，将前面所绘制的所有图层拖入该图层组中，并将图层组进行复制，调整复制的新图层的位置，效果如图11-25所示。

行家提示

拖入图层的时候，应用鼠标将图层先选中，然后向目标图层组中进行拖动，释放鼠标后，可以在图层组中查看所选中的图层。

图11-24 制作高光图像

图11-25 复制后的图像

Step 25 创建新图层组，将其命名为“图形3”，然后应用“钢笔工具”在图中拖动绘制出和前面相类似的花瓣图形，如图11-26所示。

Step 26 创建新图层，将绘制的路径转换为选区后填充渐变色，效果如图11-27所示。

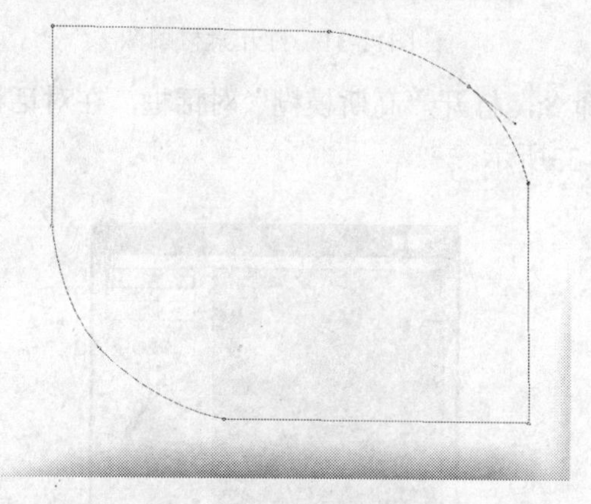

图11-26 绘制形状

图11-27 填充后的效果

Step 27 双击填充图像所在的图层，打开“图层样式”对话框，勾选“外发光”复选框，按照前面所讲述的步骤设置发光的参数，设置完成后单击“确定”按钮，效果如图11-28所示。

Step 28 对花瓣图像的细节进行绘制，将“钢笔工具”和“直接选择工具”结合使用，绘制出不规则的形状，并将图形转换为选区后填充不同的颜色，效果如图11-29所示。

Step 29 制作完成的标志图像如图11-30所示。

Step 30 执行“文件”|“打开”命令，弹出“打开”对话框，打开文件名为“人物”的文件（位置：素材\第11章\实例1），效果如图11-31所示。

Step 31 将打开的墙壁图像拖动到标志图像窗口中，并放置到底部，效果如图11-32所示。

图11-28　应用图层样式后的效果

图11-29　绘制不规则形状并填充颜色

图11-30　制作完成的标志

图11-31　打开素材图像

Step 32 执行“滤镜”|“模糊”|“高斯模糊”命令，打开“高斯模糊”对话框，在对话框中将“半径”设置为“2”像素，如图11-33所示。

图11-32　调整墙壁图像

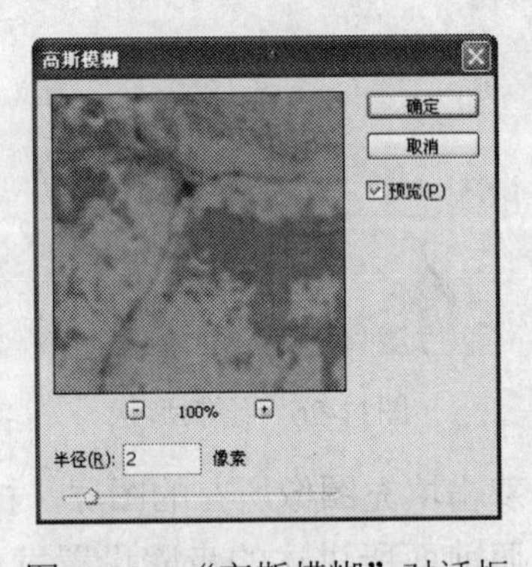

图11-33　“高斯模糊”对话框

图11-34　应用滤镜后的图像

Step 33 设置完成后单击“确定”按钮，应用滤镜后的效果如图11-34所示。

Step 34 创建一个新图层，将前景色设置为R：62、G：108、B：125，为新图层填充所设置的颜色，将颜色图像所在图层的“混合模式”设置为“柔光”，“不透明度”设置为“30%”，设置后的效果如图11-35所示。

Step 35 应用“横排文字工具”在图中输入文字，并放置到合适的位置上，如图11-36所示。

图11-35 设置混合模式

图11-36 输入与放置文字

Step 36 新建一个图层，将文字选区载入后，应用“渐变工具”为选区填充渐变色，完成后的效果如图11-1所示。

知识总结

在本实例的操作过程中，主要使用的是钢笔工具、“路径”面板等的操作。通过操作和变换将所绘制的形状转换为选区后填充颜色，通过创建不同的图层的方法来绘制不同的图像，将所得图像进行组合，完成最后的图像效果。

网站Banner的制作 Example 02

实例效果

图11-37 网站Banner效果

实例介绍

Banner的主要作用是宣传，也是网页中的网络广告，上面提供有相关的信息，突出表达产品的特点。本实例制作的是网络中的科技广告，通过亮丽的色彩和跳动的人物，突出科技对生活的巨大作用。

制作分析

在本实例的制作过程中，应用了画笔工具、钢笔工具、滤镜和混合模式等。通过画笔工具在图像背景中添加亮丽的色彩，表现出人物的动感。通过钢笔工具绘制不同色块区域，对画面进行分割，突出表现人物图像，对应人物图像的设计则简单进行了阴影的设置，表现出简洁的风格，最终的效果如图11-37所示。

制作步骤

具体操作方法如下。

Step 01 执行“文件”|“新建”菜单命令，弹出“新建”对话框，新建一个竖向构图版面，如图11-38所示。

Step 02 选取“渐变工具”并打开“渐变编辑器”对话框，如图11-39所示，设置渐变颜色，设置完成后单击“确定”按钮。

图11-38 创建新图像窗口

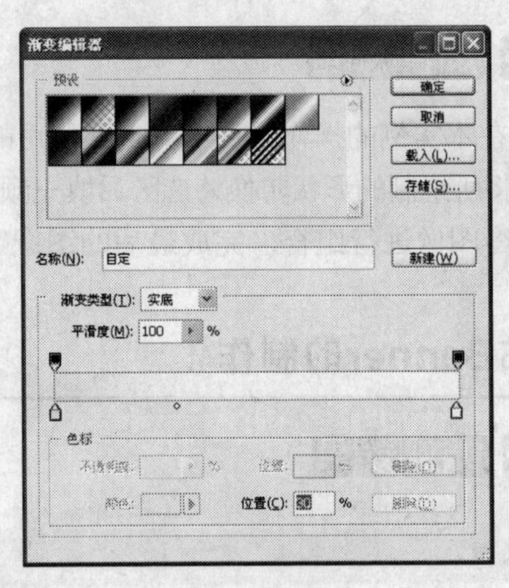

图11-39 “渐变编辑器”对话框

Step 03 应用鼠标从上到下进行拖动，为背景填充所设置的渐变色，效果如图11-40所示。

Step 04 打开“图层”面板，单击底部的“创建新图层”按钮，建立一个新的图层，应用“椭圆选框工具”在图中拖动，并将所创建的选区填充颜色为R：179、G：231、B：250，效果如图11-41所示。

图11-40 填充渐变色后的效果

图11-41 填充后的效果

Step 05 执行“滤镜”|“模糊”|“高斯模糊”菜单命令，打开“高斯模糊”对话框，如图11-42所示，将“半径”设置为“18”像素。

Step 06 设置完成后单击“确定”按钮，应用滤镜后的效果如图11-43所示。

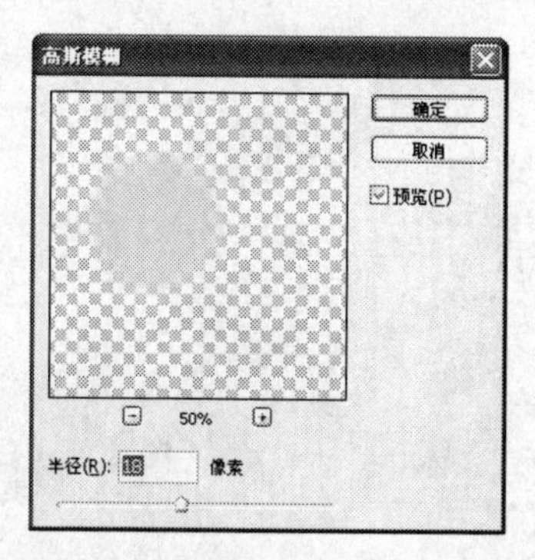

图11-42　“高斯模糊”对话框

图11-43　模糊后的效果

Step 07 将前景色设置为白色，应用“画笔工具”在图像中单击，绘制出白色图像，如图11-44所示。

Step 08 继续应用“椭圆选框工具”在图中拖动，创建新的图层为选区填充不同的颜色，效果如图11-45所示。

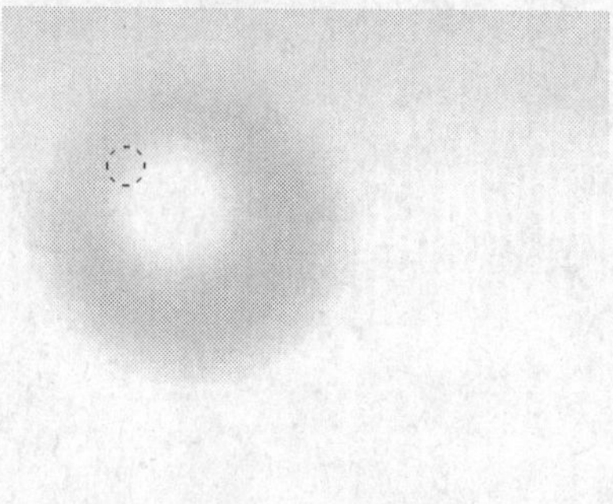

图11-44　绘制白色区域 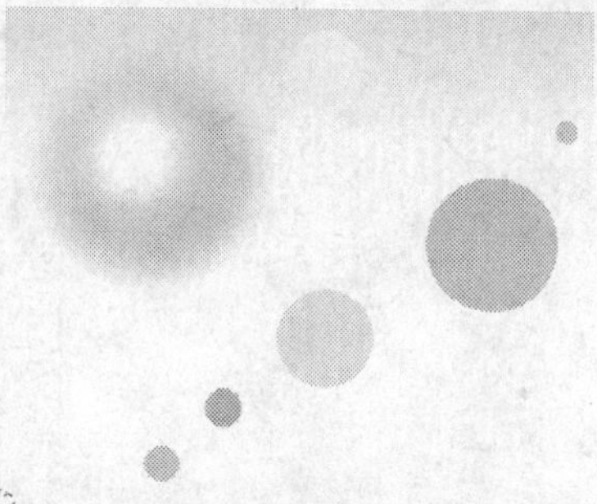　　图11-45　绘制其他颜色

Step 09 执行“滤镜”|“模糊”|“高斯模糊”菜单命令，打开“高斯模糊”对话框，在对话框中将“半径”设置为“12”像素，如图11-46所示。

Step 10 设置完成后单击“确定”按钮，应用滤镜后的效果如图11-47所示。

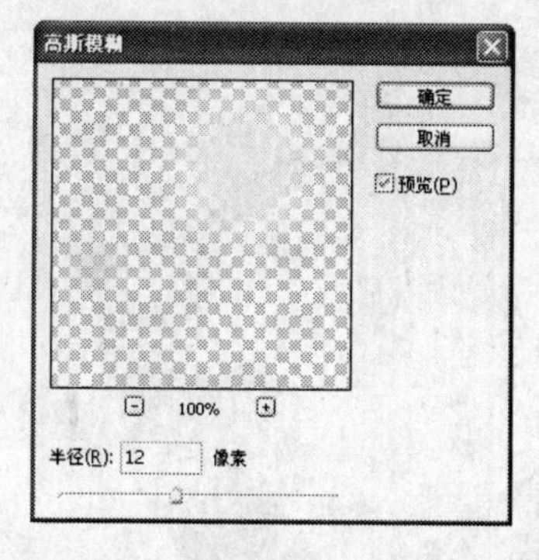

图11-46　“高斯模糊”对话框

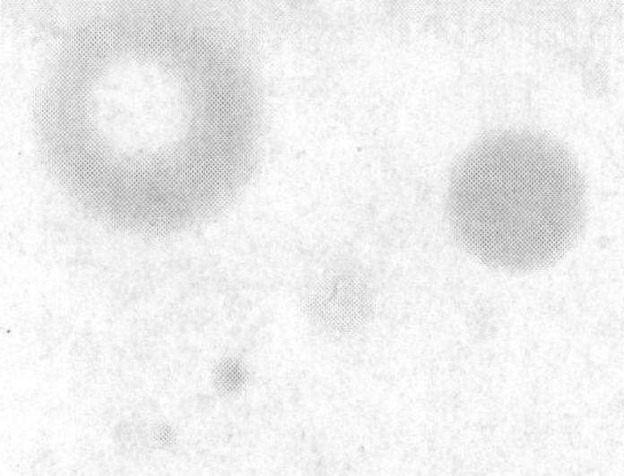

图11-47　应用模糊滤镜后的图像

Step 11 将前景色设置为不同的颜色，使用“画笔工具”在模糊的图像上绘制细节图像，添加细节颜色，如图11-48所示。

Step 12 应用“钢笔工具”在图中拖动，绘制出不规则图形，如图11-49所示。

图11-48 添加细节颜色

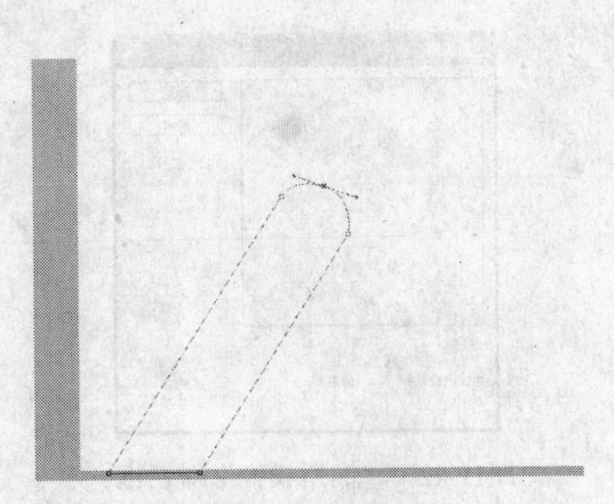

图11-49 绘制不规则图形

Step 13 继续应用“钢笔工具”绘制出多个不规则图形，如图11-50所示。

Step 14 选取其中的一个路径，将其转换为选区，创建一个新图层，填充为灰色，如图11-51所示。

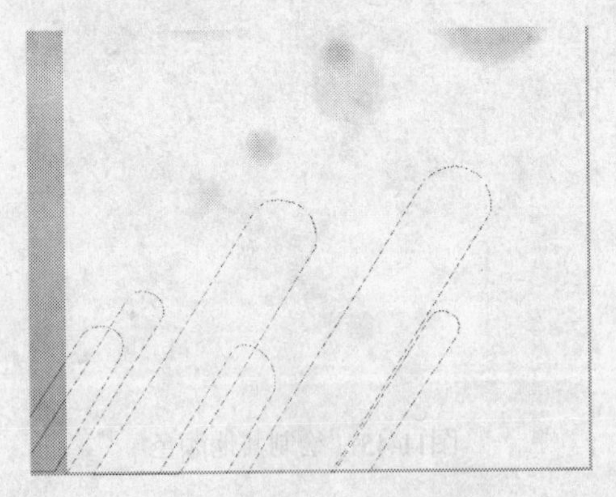

图11-50 绘制多个不规则图形

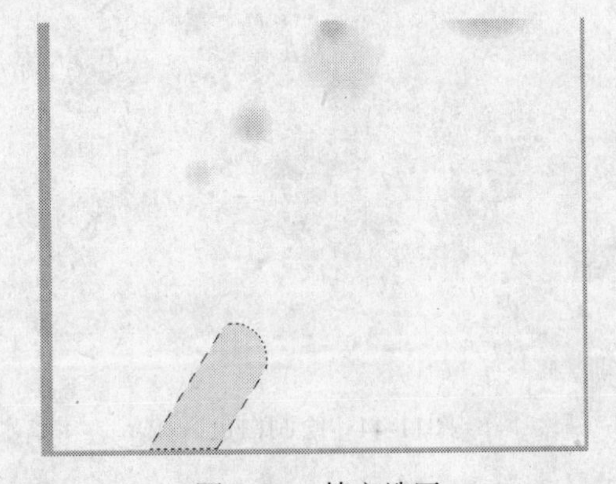

图11-51 填充选区

Step 15 选取另外所绘制的路径图形，分别转换为选区后填充颜色，效果如图11-52所示。

Step 16 绘制线条图形，应用钢笔工具在图中拖动，绘制出多个单独的路径，如图11-53所示。

图11-52 填充后的效果

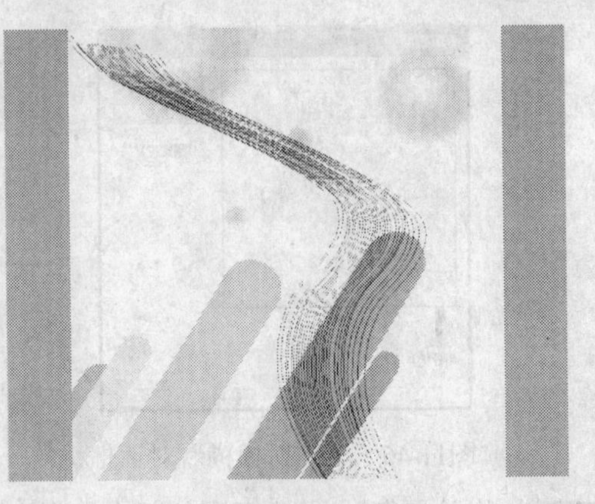

图11-53 绘制多个路径

Step 17 将画笔大小设置为1像素，将前景色设置为灰色，单击“路径”面板底部的“用画笔描边路径”按钮 ，描边后的效果如图11-54所示。

Step 18 为描边的线条所在的图层添加图层蒙版，并应用“画笔工具”对蒙版进行编辑，使图像边缘效果变淡，如图11-55所示。

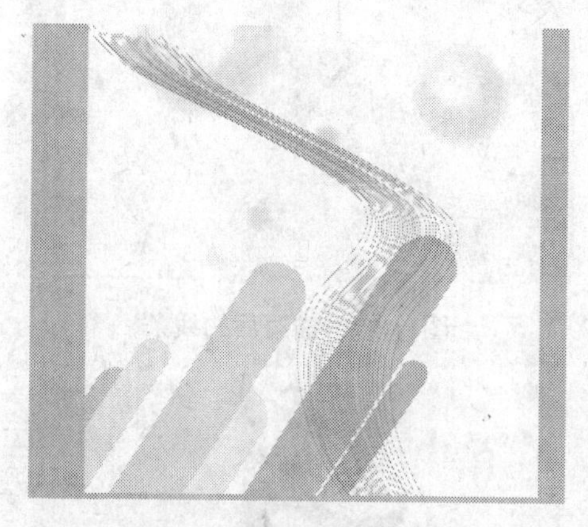

图11-54　描边后的效果

图11-55　编辑后的效果

Step 19 继续应用“钢笔工具”在图中拖动绘制一条弯曲的路径线条，如图11-56所示。

Step 20 设置所需的前景色后，应用画笔描边路径进行操作，描边后的效果如图11-57所示。

图11-56　绘制新路径

图11-57　描边后的效果

Step 21 同前面所讲述的绘制路径线条的方法相同，应用“钢笔工具”绘制出多个弯曲的路径，如图11-58所示。

Step 22 分别选择不同的路径，对其进行画笔描边操作，效果如图11-59所示。

Step 23 创建一个新的图层，应用“椭圆选框工具”在图中拖动，并为选区填充不同的颜色，形成圆点图像，如图11-60所示。

Step 24 执行“文件”|“打开”菜单命令，弹出“打开”对话框，打开文件名为“人物”的文件（位置：素材\第11章\实例2），效果如图11-61所示。

Step 25 选取“背景橡皮擦工具”将人物图像的背景颜色设置为所要擦除的颜色，应用该工具在图像中单击，如图11-62所示。

Step 26 连续应用“背景橡皮擦工具”在图中拖动直至将背景全部擦除，效果如图11-63所示。

图11-58 绘制多个路径

图11-59 描边后的线条

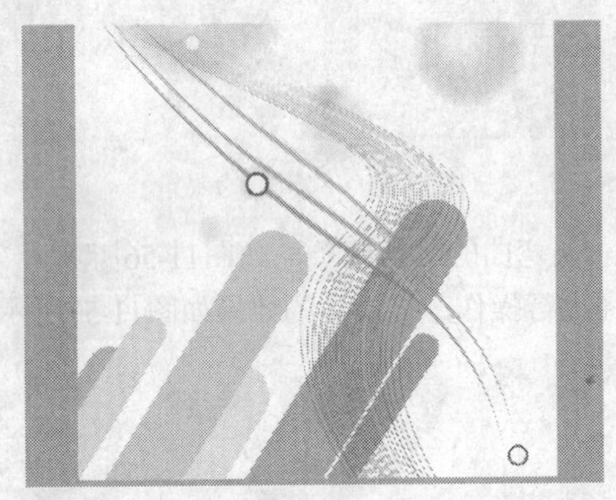

图11-60 绘制圆点图像

图11-61 打开素材图像

Step 27 将编辑完成的人物图像拖动到前面所创建的图像中，并调整人物图像至合适的大小，效果如图11-64所示。

图11-62 擦除背景

图11-63 擦除背景后的图像

图11-64 拖动人物图像

Step 28 创建一个新的图层，将人物图像选区载入，并将该图层拖动到人物图层下方，将图层的“混合模式”设置为“正片叠底”，“不透明度”设置为“30%”，设置后的效果如图11-65所示。

Step 29 应用“横排文字工具”在图中单击，并输入文字，将文字设置为黑色，如图11-66所示。

Step 30 继续应用“横排文字工具”在图中单击，并输入英文字母，将字母颜色设置为红色，如图11-67所示。

图11-65 设置后的效果

图11-66 输入黑色文字

图11-67 完成后的效果

行家提示

设置文字有两种方法，一种是在文字工具的属性栏中直接进行设置，另外一种是打开“字符”面板进行设置。

知识总结

在制作本实例的过程中，主要应用的是钢笔工具、画笔工具、图层和图层混合模式等相关知识，应用画笔工具绘制出背景中的色彩，使图像不再单调，应该钢笔工具绘制多个版块对图像进行分割。在编辑人物图像时值得注意的是要细致地进行抠图。

导航条的制作 Example 03

实例效果

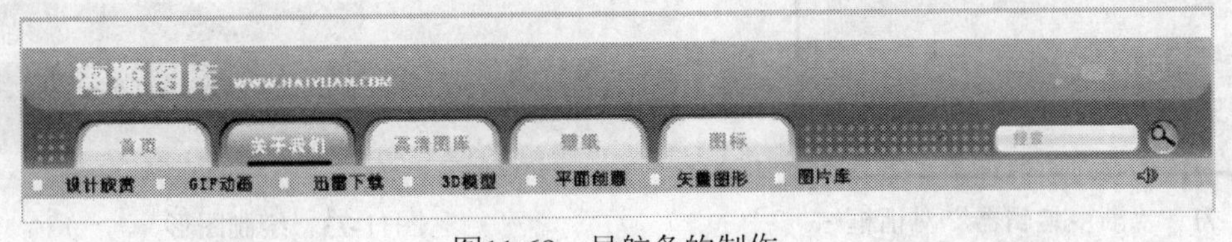

图11-68 导航条的制作

实例介绍

导航条的作用是切换版面，是网页设计中不可缺少的元素，通过单击相对应的按钮来切换和设计。制作导航条时要清楚各个部分的作用和意义，应用Photoshop CS4中提供的相关方法可以轻松完成。

制作分析

在本实例的制作过程中，主要利用Photoshop CS4的钢笔工具、渐变工具、形状工具等进行绘制。首先制作底色，应用矩形工具绘制出轮廓，转换为选区后填充颜色，对应按钮图形等区域也采用同样的方法进行编辑，并设置细节部分的蒙版和透明度，最终效果如图11-68所示。

制作步骤

具体操作方法如下：

Step 01 执行“文件”|“新建”菜单命令，弹出“新建”对话框，新建一个长方形的图像窗口，如图11-69所示。

Step 02 单击工具箱中的“矩形工具”按钮，并应用该工具在图中拖动，绘制出如图11-70所示的形状。

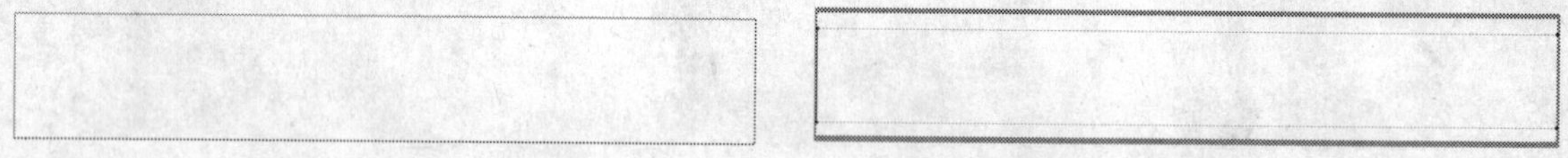

图11-69 创建新窗口

图11-70 绘制矩形图形

Step 03 打开“图层”面板，单击底部的“创建新图层”按钮，建立一个新的图层，将上步绘制的矩形转换为选区，选取“渐变工具”并打开“渐变编辑器”对话框设置渐变颜色，设置完成后单击“确定”按钮，如图11-71所示。

Step 04 应用鼠标从上至下进行拖动，为选区填充所设置的渐变色，效果如图11-72所示。

Step 05 单击工具箱中的“圆角矩形工具”按钮，在属性栏中将“半径”设置为“20px”，应用设置的工具在图中拖动绘制如图11-73所示的图形。

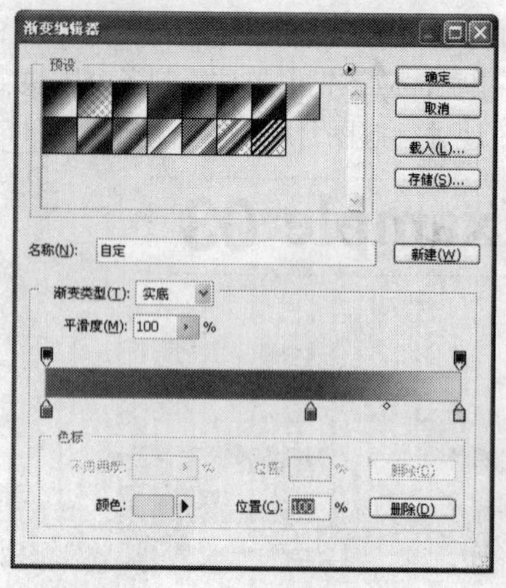

图11-71 “渐变编辑器”对话框

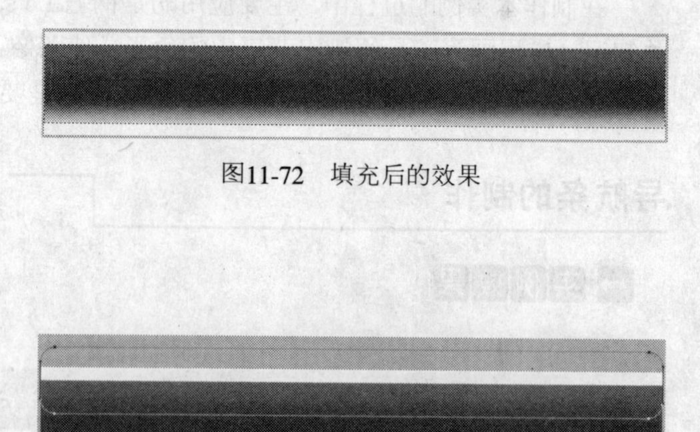

图11-72 填充后的效果

图11-73 绘制图形

Step 06 创建图层2，将上步绘制的图形转换为选区后填充为白色，效果如图11-74所示。

Step 07 将前面绘制的矩形选区载入，按Ctrl+Shift+I快捷键反相选取区域，并按Delete快捷键将超出矩形选区外的区域删除，如图11-75所示。

Step 08 将白色区域所在图层的“混合模式”设置为“叠加”，“不透明度”设置为“30%”，设置后的效果如图11-76所示。

图11-74 填充后的效果

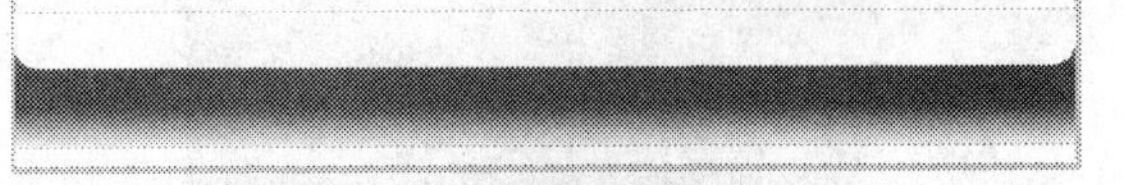

图11-75 删除多余区域

Step 09 选取“圆角矩形工具”在属性栏中将“半径”设置为“15px”，应用设置的工具在图中拖动，绘制的图形如图11-77所示。

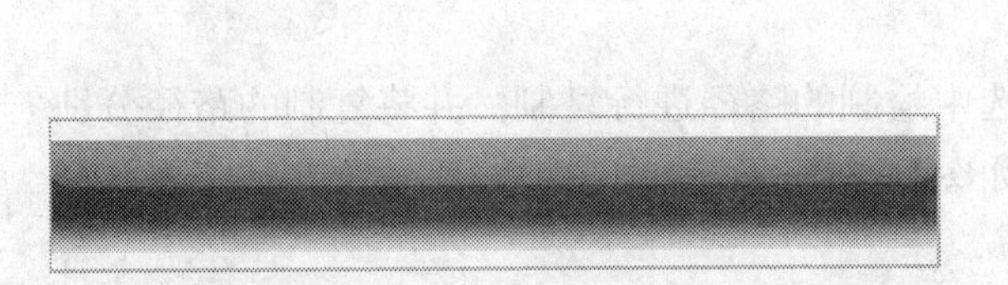

图11-76 设置后的图像

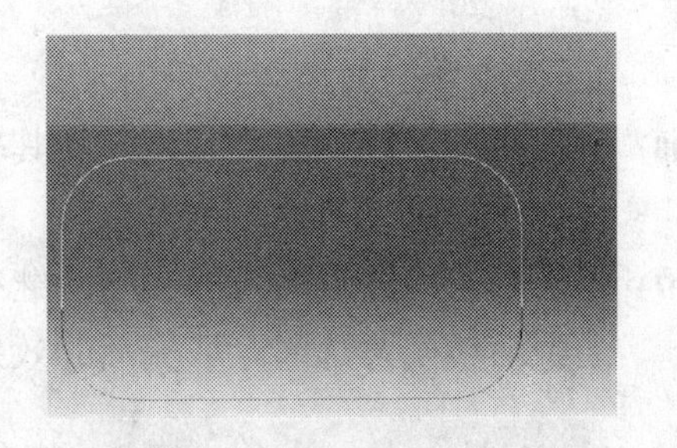

图11-77 绘制圆角矩形

Step 10 将上步所绘制的图形转换为选区，填充上从黑到白的渐变色，效果如图11-78所示。

Step 11 应用“圆角矩形工具”在图中拖动，绘制出一个新的矩形，如图11-79所示。

图11-78 填充渐变色后的效果

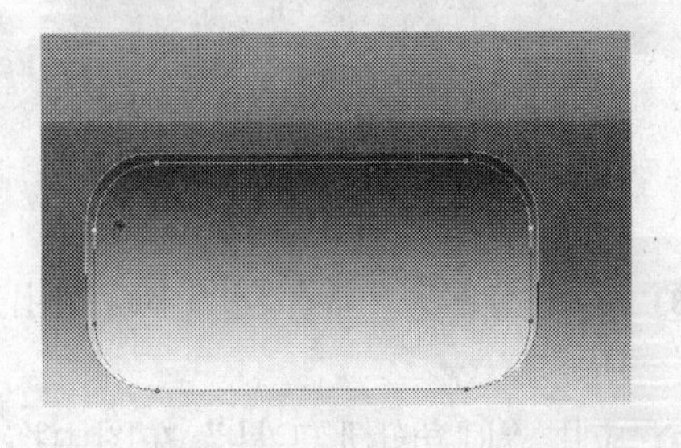

图11-79 绘制另外的矩形

Step 12 将绘制的图形转换为选区后填充渐变色，效果如图11-80所示。

Step 13 创建新的图层，应用“圆角矩形工具”绘制出图像的亮部区域，转换为选区后填充为白色，如图11-81所示。

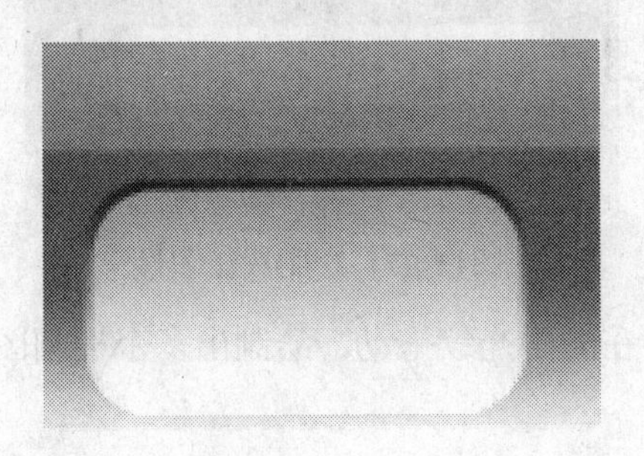

图11-80 填充新的颜色

图11-81 填充选区

Step 14 为白色图像所在图层添加图层蒙版，应用“渐变工具”在蒙版中拖动，将底部图像变为透明效果，如图11-82所示。

Step 15 应用“直接选择工具”选中前面所绘制的所有路径，按住Alt快捷键进行拖动，复制出新的路径，如图11-83所示。

图11-82 设置后的效果

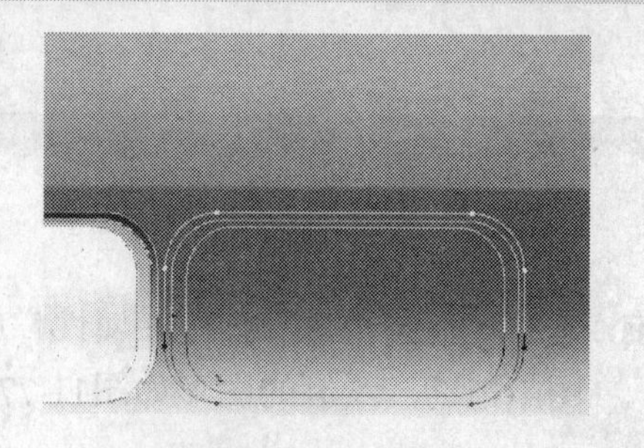

图11-83 复制新的路径

Step 16 分别将所复制的路径选中，将其转换为选区后填充不同的颜色，完成后的效果如图11-84所示。

Step 17 同绘制白色图形的方法相同，继续选中绘制的路径进行复制，并将复制的路径分别选中后转换为选区，填充后的效果如图11-85所示。

图11-84 填充后的效果

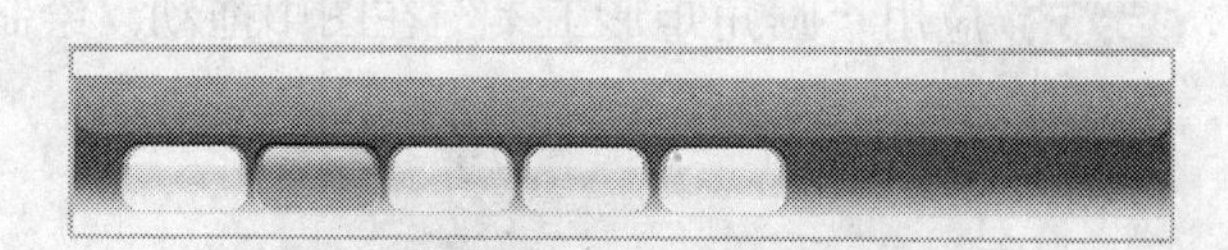

图11-85 填充后的效果

Step 18 应用“矩形工具”在图中绘制出长方形，转换为选区后填充合适的颜色，如图11-86所示。

Step 19 应用“圆角矩形工具”在图中拖动，绘制出矩形底部，然后绘制亮部区域，分别选取绘制的路径后，转换为选区并填充颜色，效果如图11-87所示。

图11-86 绘制长方形

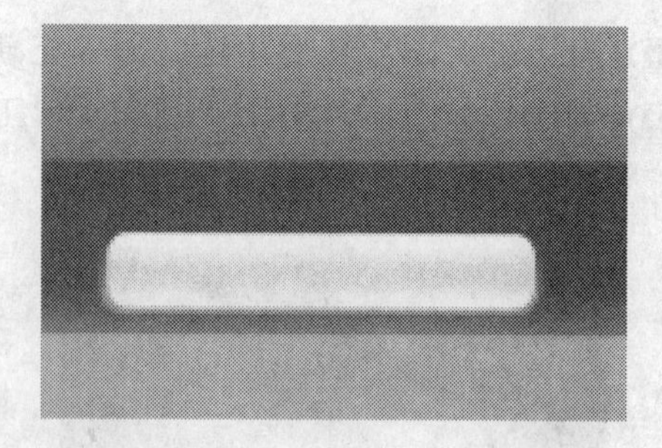

图11-87 绘制按钮图像

Step 20 选取工具箱中的“椭圆工具”，应用该工具在图中连续拖动，绘制出多个椭圆图形，如图11-88所示。

Step 21 在图像右侧绘制更多的椭圆图形，如图11-89所示。

Step 22 创建一个新的图层，将所绘制的椭圆图形转换为选区后填充为灰色，效果如图11-90所示。

Step 23 选取“自定形状工具”并打开自定形状拾色器，选择音乐符号，如图11-91所示。

Step 24 应用所选择的图形在图中拖动，绘制的音乐符号如图11-92所示。

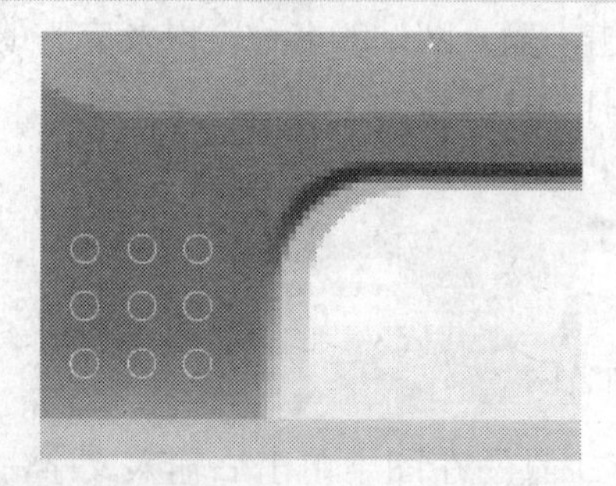

图11-88 绘制椭圆图形

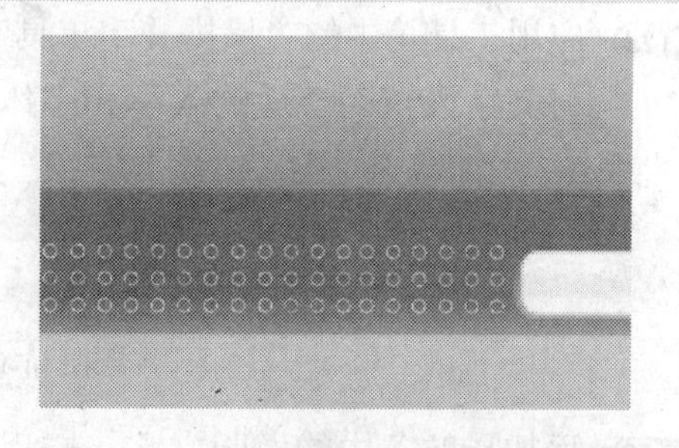

图11-89 绘制更多图形

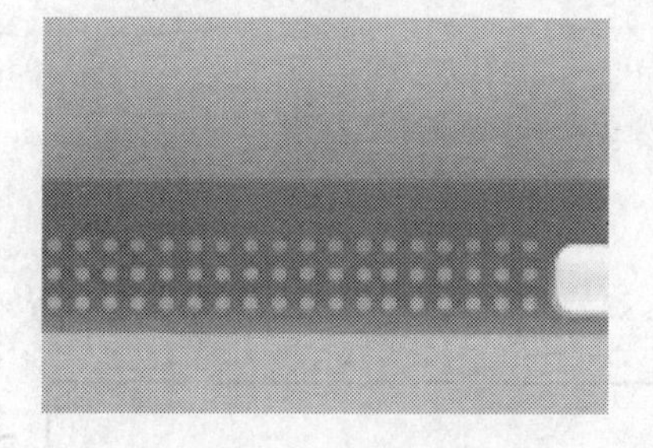

图11-90 填充后的效果

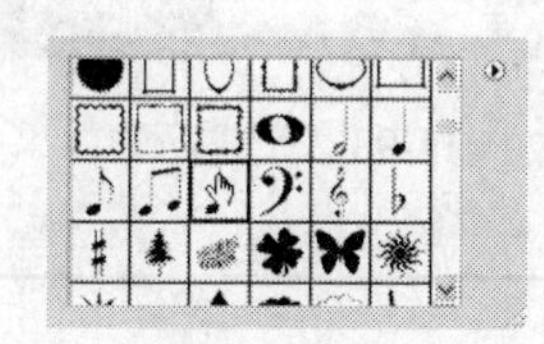

图11-91 选择合适图形

图11-92 绘制选择的图形

Step 25 继续应用“自定形状工具”在图中拖动，绘制出另外的图形，如图11-93所示。

Step 26 创建一个新的图层，将所绘制的图形转换为选区后填充为蓝色，效果如图11-94所示。

图11-93 绘制多个图形

图11-94 填充后的效果

Step 27 继续为图像添加装饰图形，应用“椭圆工具”和“自定形状工具”进行绘制，分别将所绘制的图形转换为选区后填充颜色，效果如图11-95所示。

Step 28 按照前面所讲述的绘制图形的方法，绘制出其他区域的细节图形，转换为选区后填充不同颜色，效果如图11-96所示。

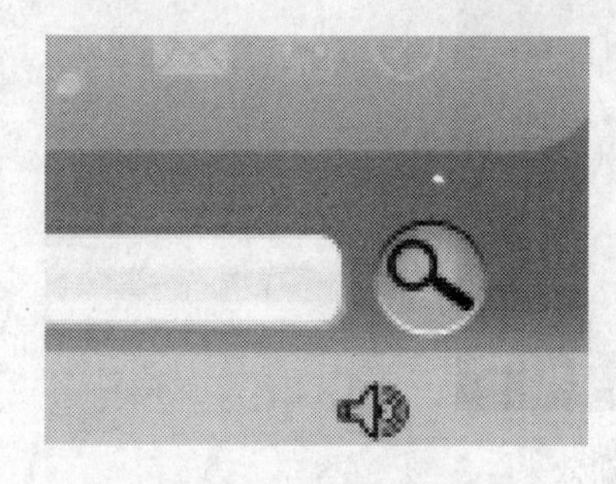

图11-95 填充后的图像

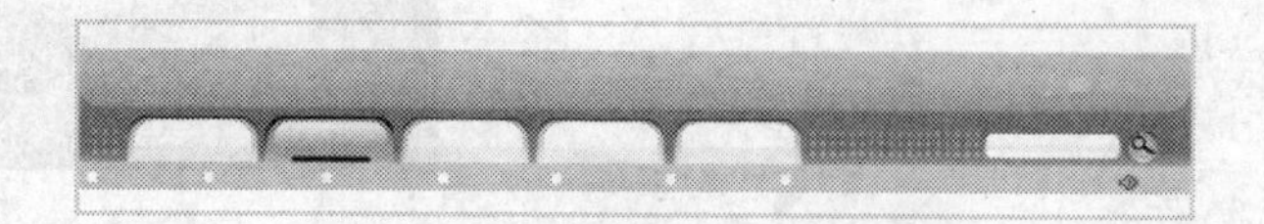

图11-96 绘制完成的形状

Step 29 应用工具箱中的“横排文字工具”在图中单击，输入网站的名称，以及完整的网址，将文字设置为合适的大小和字体，效果如图11-97所示。

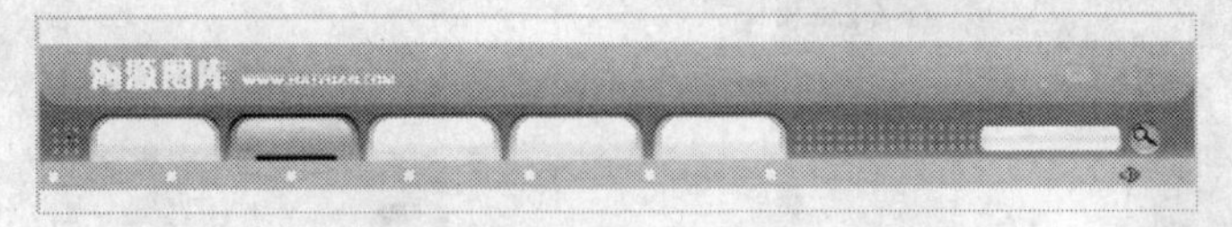

图11-97 输入网站名称

Step 30 添加导航条中的说明文字，应用“横排文字工具”在图中单击后输入文字，并将不同区域的文字设置为合适的字体和大小，如图11-98所示。

图11-98 完成后的效果

行家提示

在输入文字后，要应用移动工具将文字移动到合适的位置上，使各个区域的文字相互对齐。

知识总结

在本实例的制作过程中，主要用到路径、填充工具和文字工具等，通过创建不同的路径并转换为选区的方法绘制出不同的区域。在添加细节图形时，打开“图案”拾色器选择最合适的形状，然后进行绘制，同样可以将绘制的自定形状转换为选区，并填充上合适的颜色。

按钮的制作 Example 04

实例效果

图11-99 制作的按钮效果

实例介绍

按钮是网页设计中不可或缺的元素，可以通过设计得到不同的按钮效果。按钮的作用是链接到新的页面中，也可以弹出相关的选项并进行设置。制作按钮图像时要突出按钮的立体效果，并且色彩亮度要鲜明，给人醒目的视觉效果。

制作分析

在制作本实例的过程中，一般操作步骤是绘制出椭圆图形，将其转换为选区后，在新的图层中填充渐变色，绘制不同的图形要创建不同的图层，便于后面对图层进行编辑和调整，再将各个区域的图形综合进行排列，最终效果如图11-99所示。

制作步骤

具体操作方法如下：

Step 01 执行“文件”|“新建”菜单命令，弹出“新建”对话框，在对话框中将“宽度”和“高度”都设置为“800”像素，如图11-100所示。

Step 02 设置完成后单击“确定”按钮，可以查看新建的图像窗口，如图11-101所示。

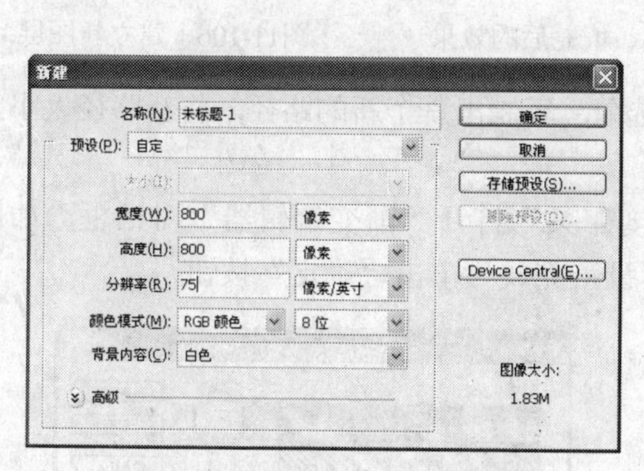

图11-100　“新建”对话框

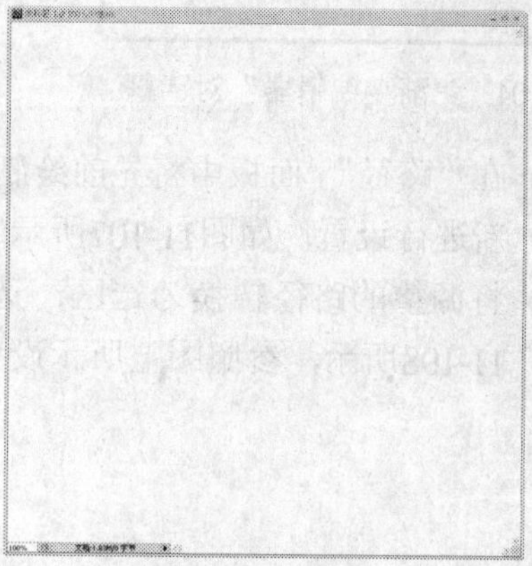

图11-101　新建图像窗口

Step 03 单击工具箱中的“椭圆工具”按钮，打开“路径”面板，单击底部的“创建新路径”按钮建立新的路径，如图11-102所示。

Step 04 应用选择的工具在图中拖动，绘制的椭圆图形如图11-103所示。

图11-102　新建路径

图11-103　绘制椭圆图形

Step 05 单击“路径”面板底部的“将路径作为选区载入”按钮，再单击工具箱中的“渐变工具”按钮，打开如图11-104所示的“渐变编辑器”对话框，参照图上所示设置渐变色，完成后单击“确定”按钮。

Step 06 打开“图层”面板，单击底部的“创建新图层”按钮 建立新的图层，应用鼠标在图中从上至下进行拖动，将选区填充上所设置的渐变色，效果如图11-105所示。

Step 07 打开“图层”面板，单击底部的“创建新图层”按钮 ，建立一个新的图层，如图11-106所示。

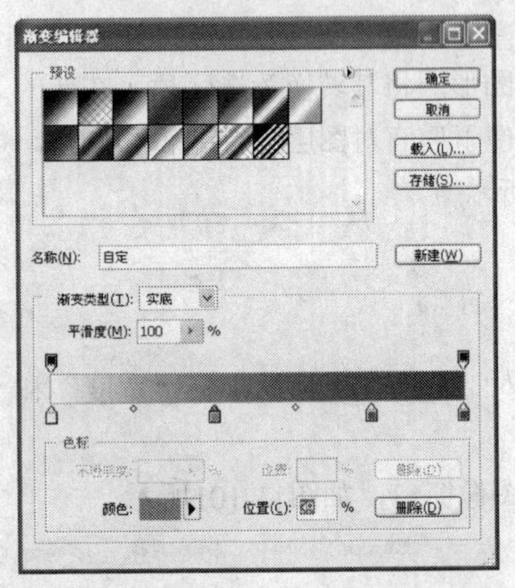

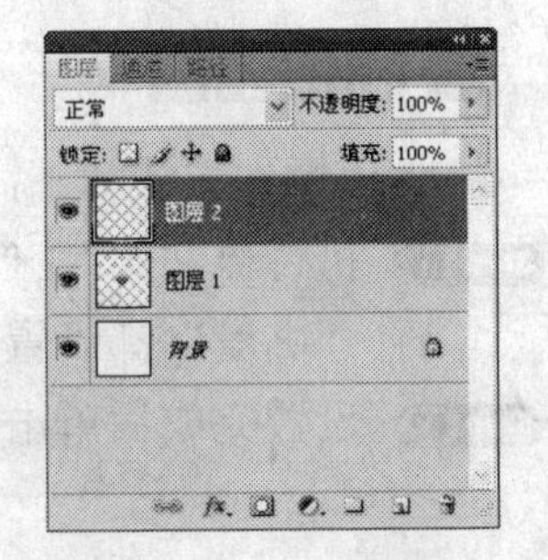

图11-104 “渐变编辑器”对话框　　图11-105 填充后的效果　　图11-106 建立新图层

Step 08 在“路径”面板中将先前绘制的路径选取，复制出一个新的路径，将新路径大小重新进行设置，如图11-107所示。

Step 09 将调整的路径转换为选区，选取“渐变工具”打开“渐变编辑器”对话框，如图11-108所示，参照图上所示设置颜色，设置完成后单击“确定”按钮。

图11-107 编辑路径大小

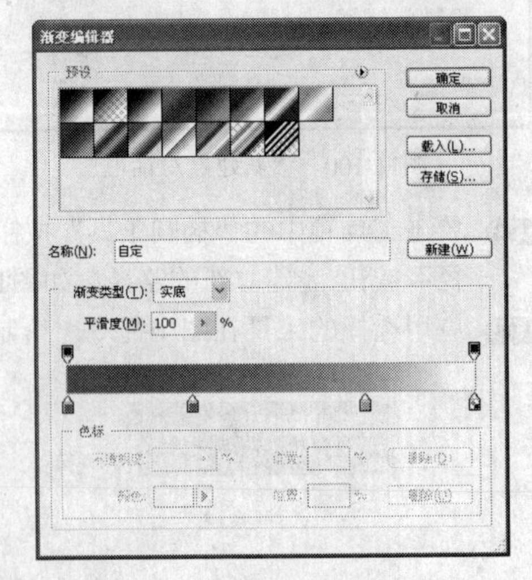

图11-108 “渐变编辑器”对话框

Step 10 应用鼠标从上至下进行拖动，填充后的效果如图11-109所示。

Step 11 创建新的图层，再将路径进行复制，按Ctrl+T快捷键对路径大小重新进行设置，如图11-110所示。

Step 12 将编辑后的路径转换为选区，填充为蓝色，效果如图11-111所示。

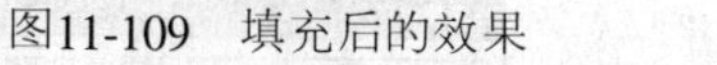

图11-109 填充后的效果　　图11-110 变换路径大小　　图11-111 填充后的效果

Step 13 继续在图中绘制路径，将绘制的椭圆路径进行复制，变换新路径的大小，并转换为选区，如图11-112所示。

Step 14 选取“渐变工具”并打开“渐变编辑器”设置渐变色，如图11-113所示，参照图上所示进行设置，设置完成后单击“确定”按钮。

Step 15 创建新图层，单击“渐变工具”属性栏中的“径向渐变”按钮，将选区填充为所设置的颜色，效果如图11-114所示。

图11-112 填充后的效果

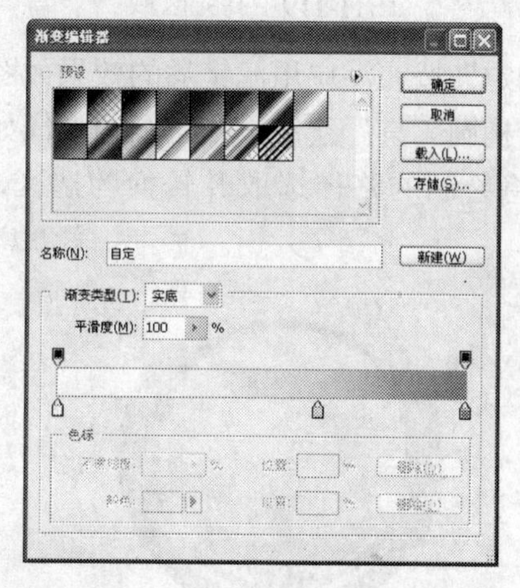

图11-113 “渐变编辑器”对话框

图11-114 填充后的效果

Step 16 应用“椭圆工具”在图中拖动，绘制一个椭圆图形，如图11-115所示。

Step 17 将上步绘制的路径图形转换为选区后填充为较亮的颜色，效果如图11-116所示。

Step 18 添加高光效果，应用“椭圆工具”在图中拖动，将绘制的路径转换为选区后，创建新图层并填充为白色，效果如图11-117所示。

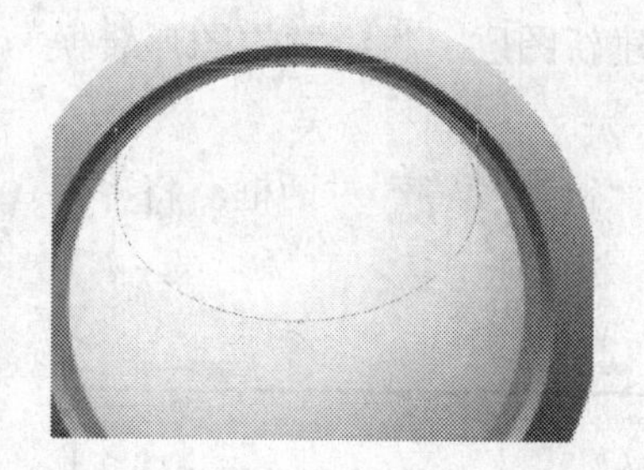

图11-115 绘制新图形

图11-116 填充后的效果

图11-117 绘制白色图像

Step 19 应用“椭圆工具”在图中另外的位置上绘制图形，将绘制的图形转换为选区，删除所选取的区域，得到的图像效果如图11-118所示。

Step 20 同上步所讲述的方法相同，在图中绘制另外的高光区域，并删除多余区域，如图11-119所示。

Step 21 执行“滤镜”|“模糊”|“高斯模糊”菜单命令，打开“高斯模糊”对话框，将“半径”设置为“1”像素，如图11-120所示。

图11-118 删除多余区域

图11-119 高光区域

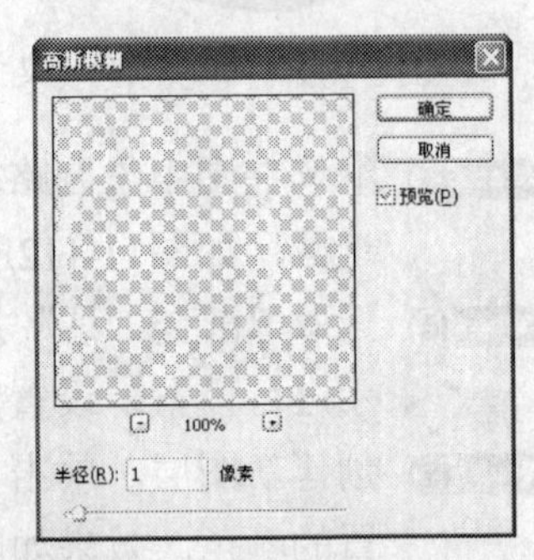

图11-120 “高斯模糊”对话框

Step 22 设置完成后单击“确定”按钮，应用滤镜后的效果如图11-121所示。

Step 23 在图层的内部应用“椭圆工具”绘制一个正圆图形，如图11-122所示。

Step 24 创建一个新图层，将绘制的路径选取并转换为选区，填充为渐变色，效果如图11-123所示。

图11-121 模糊后的效果

图11-122 绘制正圆图形

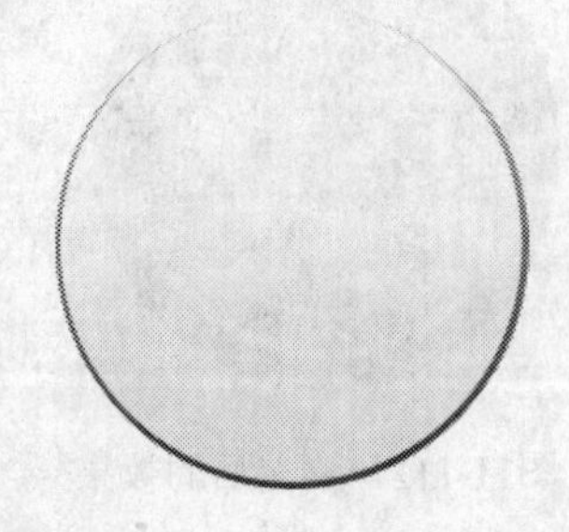

图11-123 填充后的效果

Step 25 继续应用“椭圆工具”在图中拖动，绘制出中间的椭圆图形，将图形转换为选区后，按Delete快捷键将多余区域删除，得到如图11-124所示的效果。

Step 26 使用“钢笔工具”在图中拖动绘制出不规则的图形，同样将绘制的图形转换为选区，按Delete快捷键删除选取的区域，如图11-125所示。

Step 27 应用“椭圆工具”在最底部绘制一个椭圆图形，并创建新图层，将绘制的图形转换为选区后填充颜色，效果如图11-126所示。

Step 28 执行“滤镜”|“模糊”|“高斯模糊”菜单命令，打开“高斯模糊”对话框，将“半径”设置为“1”像素，如图11-127所示。

行家提示

在绘制底部图像时，在背景图层的上方创建一个新图层，将前面所创建的图层放置到该图层上端，这样会显示出模糊后的虚光效果。

图11-124 删除多余区域

图11-125 完成的图像

图11-126 填充后的效果

Step 29 设置完成后单击“确定”按钮，应用模糊后的效果如图11-128所示。

Step 30 应用“椭圆工具”在图中拖动，绘制出椭圆图形，如图11-129所示。

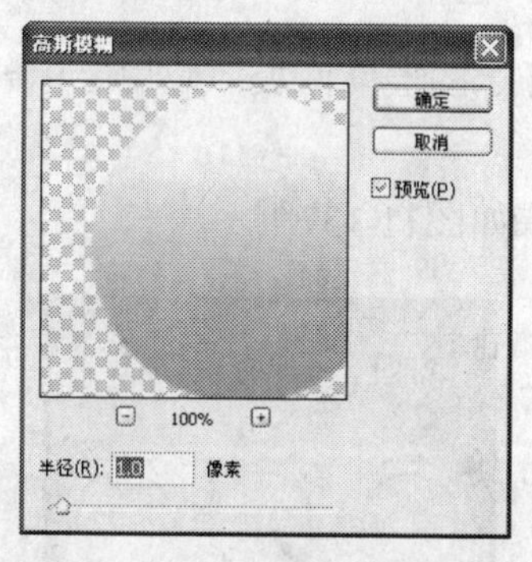

图11-127 “高斯模糊”对话框

图11-128 应用滤镜后的图像

图11-129 绘制椭圆图形

Step 31 新建一个图层，将上步绘制的图形转换为选区后填充为蓝色，效果如图11-130所示。

Step 32 执行“滤镜”|“模糊”|“高斯模糊”菜单命令，打开“高斯模糊”对话框，将“半径”设置为“10”像素，如图11-131所示。

Step 33 设置完成后单击“确定”按钮，应用滤镜后的效果如图11-132所示。

图11-130 填充后的效果

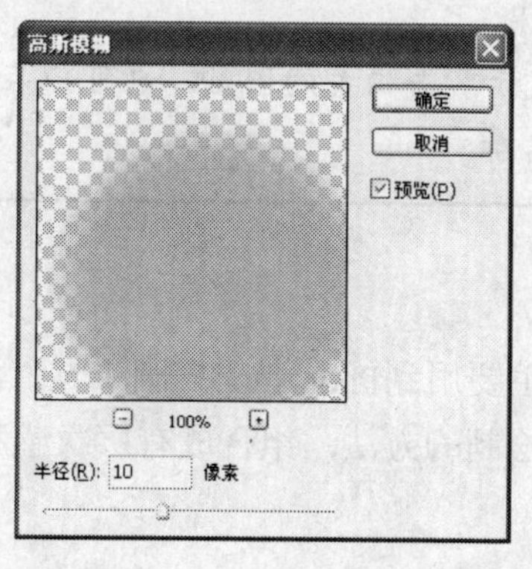

图11-131 “高斯模糊”对话框

图11-132 模糊后的效果

Step 34 打开“图层”面板，单击底部的“创建图层组”按钮，建立新的图层组，并将前面所创建的图层拖入图层组中，并对图层组进行复制，将复制的图像放置到其他位置上，如图11-133所示。

Step 35 选择其中一个图层组，单击鼠标右键，在弹出的菜单中选择“合并组”命令，打开“色相/饱和度”对话框进行设置，如图11-134所示，设置后的图像效果如图11-135所示。

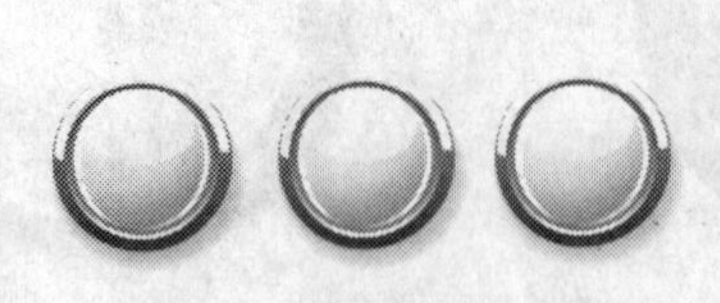

图11-133 复制后的图像

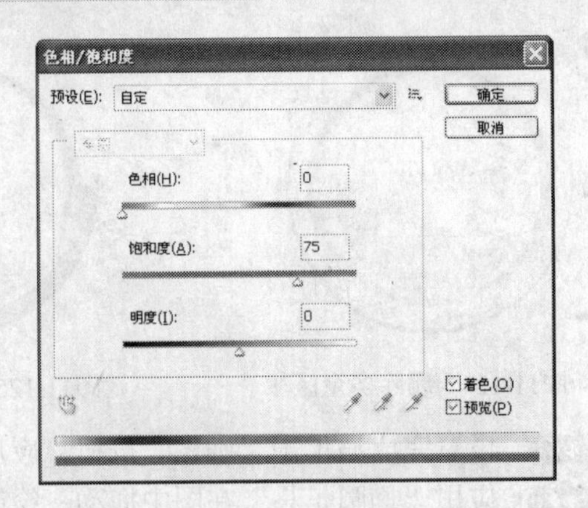

图11-134 “色相/饱和度”对话框

Step 36 将另外的按钮也按照前面所讲述的方法更换颜色，打开“图层”面板，应用鼠标单击背景图层，如图11-136所示。

Step 37 应用“渐变工具”将背景填充黑白的径向渐变色，效果如图11-137所示。

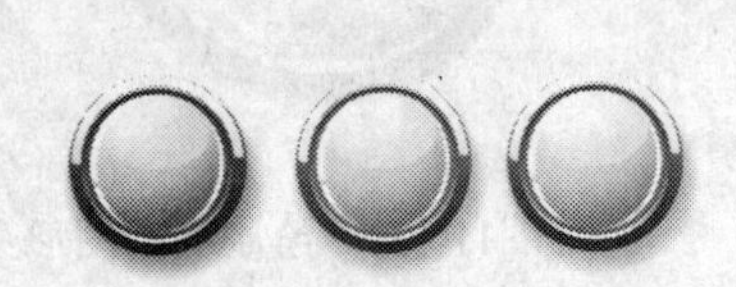

图11-135 调整后的图像

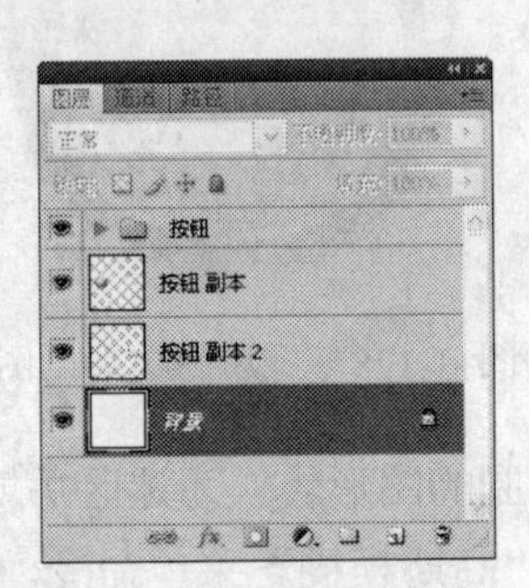

图11-136 选择背景图层

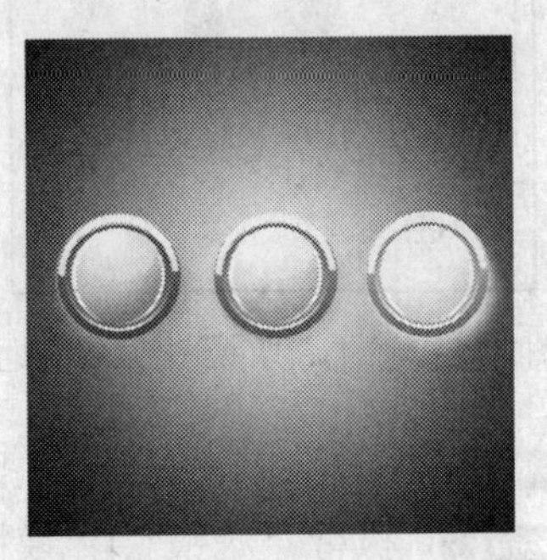

图11-137 填充背景的颜色

行家提示

要选择图层可以应用鼠标单击相关的图层，也可以在图像窗口中右击，在弹出的菜单中选择相对应的图层名称。

知识总结

在本实例的制作过程中，主要用到Photoshop椭圆工具、渐变工具、图像调整、模糊滤镜等相关知识，按照新建图形并绘制的方法，组合成有层次感和立体感的图像，在绘制时要注意图像之间明暗的变化。

网站页面设计 Example 05

实例效果

图11-138 网站页面

实例介绍

网页界面可以突出表现网站的内容和特点，可以根据需要设计个性化的页面。在Photoshop CS4中可以对网页版面进行设置，并通过制作链接的方法，上传为网页图片，本实例就是制作设计公司的网页设计。

制作分析

在本实例的制作过程中，主要应用的是选区、定义画笔、图像调整命令等相关基础知识。首先制作方块图像，应用定义画笔进行操作，然后对图层的样式进行设置制作成立体方块。通过对素材图像进行调整，制作成合成后的背景草地图像，删除方块图像中多余的区域，然后对图像进行设置。

制作步骤

具体操作方法如下：

Step 01 执行“图像”|“新建”菜单命令，打开“新建”对话框，创建一个大小合适的网页图像窗口，如图11-139所示。

Step 02 应用“矩形选框工具”在图中拖动，创建的选区如图11-140所示。

Step 03 执行“编辑”|“描边”菜单命令，打开“描边”对话框，将“宽度”设置为“2px”，将颜色设置为黑色，如图11-141所示。

Step 04 设置完成后单击“确定”按钮，描边后的效果如图11-142所示。

Step 05 执行“编辑”|“定要画笔预设”菜单命令，打开“画笔名称”对话框，将画笔名称设置为“方块”，如图11-143所示。

Step 06 打开“图层”面板，单击底部的“创建新图层”按钮，创建一个新的图层，如图11-144所示。

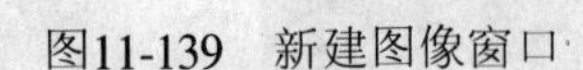

图11-139 新建图像窗口

图11-140 创建选区

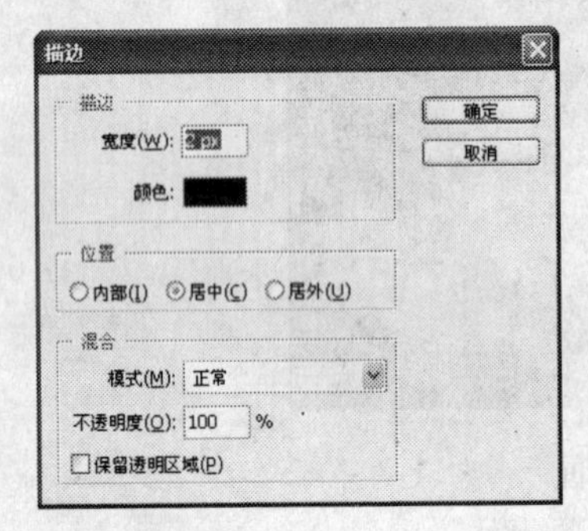

图11-141 “描边”对话框

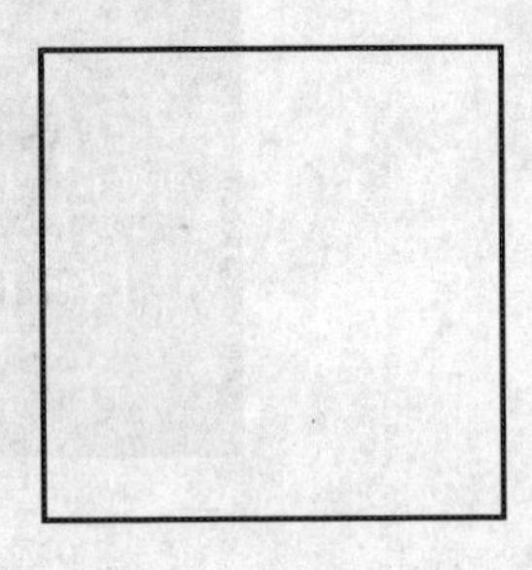

图11-142 描边后的效果

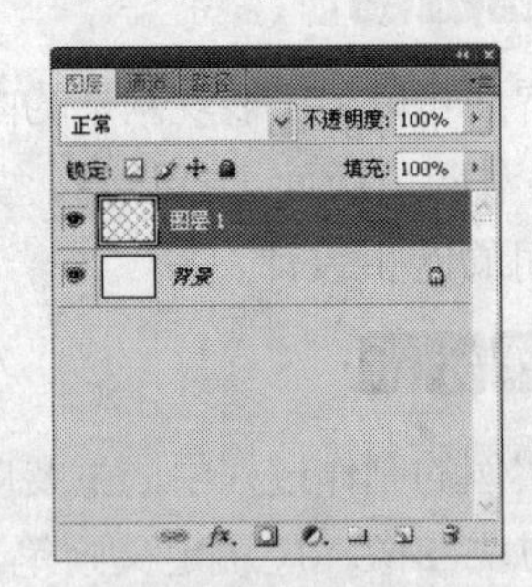

图11-143 “画笔名称”对话框

图11-144 创建新图层

Step 07 单击工具箱中的“渐变工具”按钮，并打开“渐变编辑器”对话框，如图11-145所示，参照图上所示设置渐变色，然后单击属性栏中的“径向渐变”按钮。

Step 08 使用鼠标在图中拖动，为图层1填充所设置的渐变色，效果如图11-146所示。

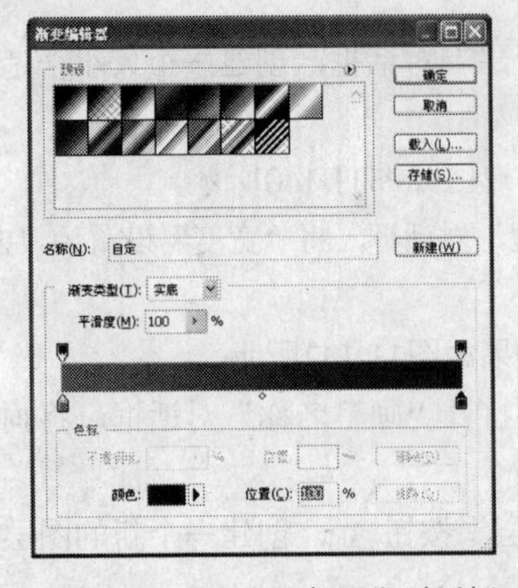

图11-145 “渐变编辑器”对话框

图11-146 填充后的效果

Step 09 选取“画笔工具”并打开“画笔”面板，选择前面所定义的画笔形状，设置“间距”为“110%”，如图11-147所示。

Step 10 创建一个新图层，应用所选择的画笔形状在图中拖动，绘制出大小相同的方块，如图11-148所示。

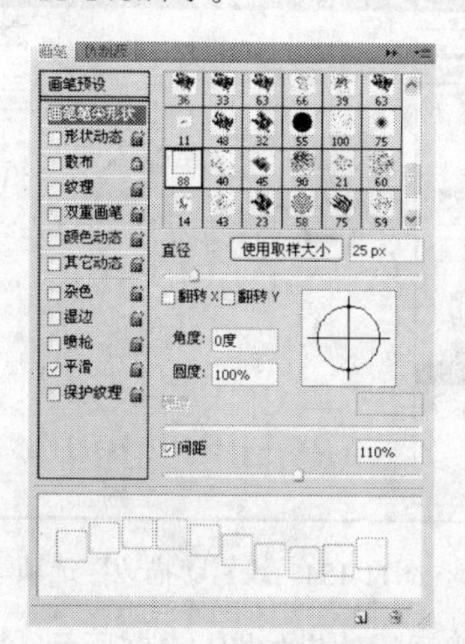

图11-147 设置画笔

图11-148 黑色方块

Step 11 继续应用“画笔工具”在图中拖动，绘制出多个方块图像，如图11-149所示。

Step 12 继续绘制直至将方块图像布满整个画面，效果如图11-150所示。

图11-149 绘制方块

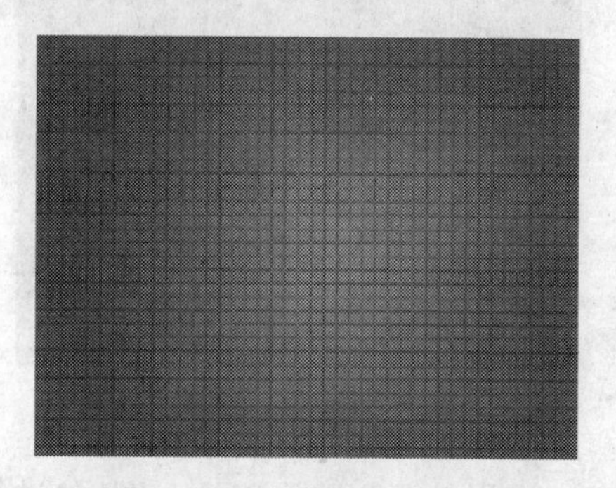

图11-150 绘制完成的方块

Step 13 将图层2的选区载入，按Delete快捷键删除选区，如图11-151所示。

Step 14 按Ctrl+D快捷键取消选取，效果如图11-152所示。

图11-151 删除选区

图11-152 图像效果

Step 15 使用鼠标双击图层1打开“图层样式”对话框，勾选“斜面和浮雕”对话框，在右侧选项区中将“大小”设置为“2”像素，如图11-153所示。

Step 16 勾选“描边”复选框，将“大小”设置为“2”像素，如图11-154所示。

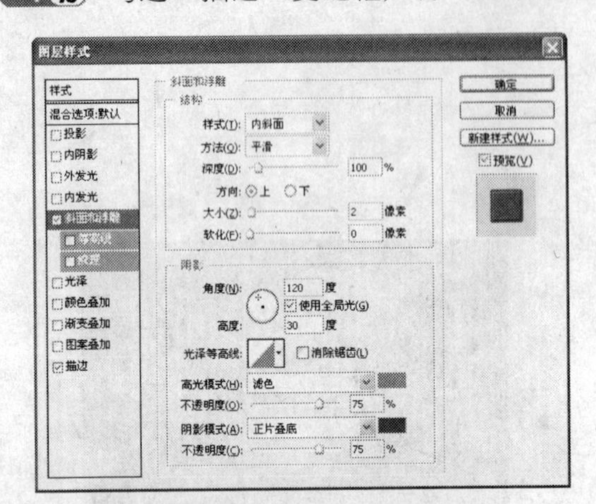

图11-153 设置“斜面和浮雕”选项

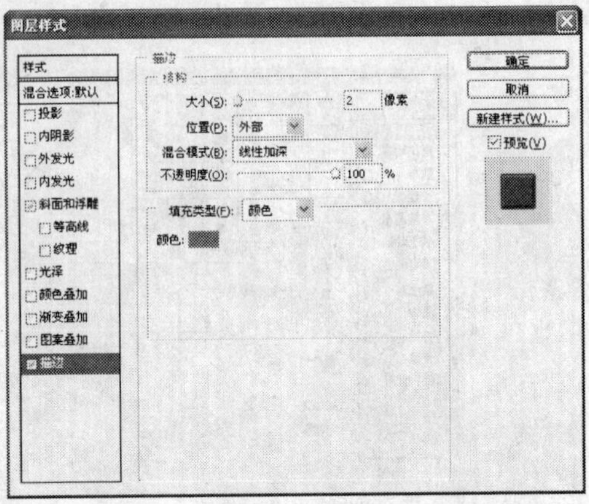

图11-154 设置“描边”选项

Step 17 设置完成后单击“确定”按钮，应用图层样式后的效果如图11-155所示。

Step 18 选择背景图层，将其进行复制，得到复制的图像效果如图11-156所示。

图11-155 应用图层样式后的效果

图11-156 复制后的效果

Step 19 应用加深和减淡工具对图层1进行编辑，加深图像暗部区域，如图11-157所示。

Step 20 执行“文件”|“打开”菜单命令，弹出“打开”对话框，打开文件名为“草地1”的文件（位置：素材\第11章\实例5），效果如图11-158所示。

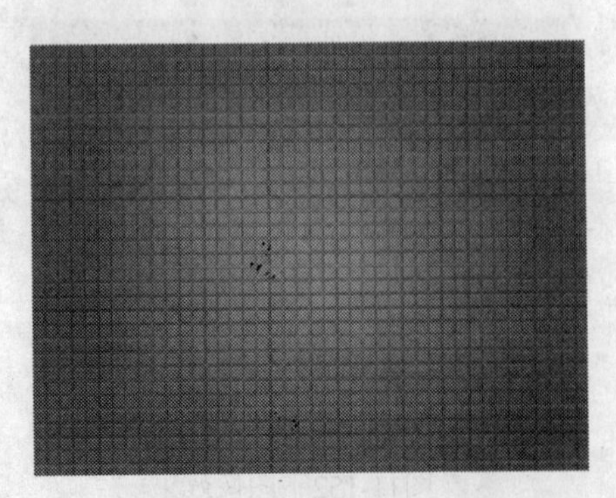

图11-157 调整后的图像

图11-158 打开素材

Step 21 按Ctrl+U快捷键打开“色相/饱和度”对话框，参照图上所示进行设置，如图11-159所示。

Step 22 设置完成后单击“确定”按钮，调整后的效果如图11-160所示。

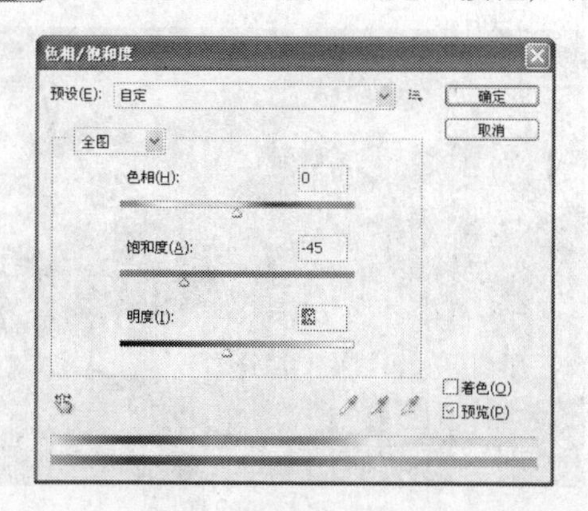

图11-159 “色相/饱和度”对话框

图11-160 调整后的效果

Step 23 按Ctrl+L快捷键打开“色阶”对话框，将色阶数值设置为21、0.67、235，如图11-161所示。

Step 24 设置完成后单击“确定”按钮，调整后的效果如图11-162所示。

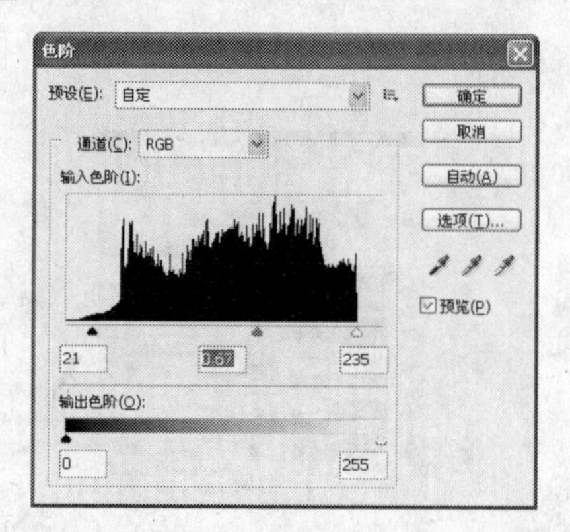

图11-161 “色阶”对话框

图11-162 调整后的效果

Step 25 执行“文件”|“打开”菜单命令，弹出“打开”对话框，打开文件名为“草地2”的文件（位置：素材\第11章\实例5），效果如图11-163所示。

Step 26 将该图像拖动到编辑的网页图像中，调整到草地1图像的底部，如图11-164所示。

图11-163 打开素材

图11-164 调整图像顺序

Step 27 将图层4进行复制，按Ctrl+U快捷键打开“色相/饱和度”对话框，将“饱和度”设置为“-48”，将“明度”设置为“-14”，如图11-165所示。

Step 28 设置完成后单击“确定”按钮，调整后的效果如图11-166所示。

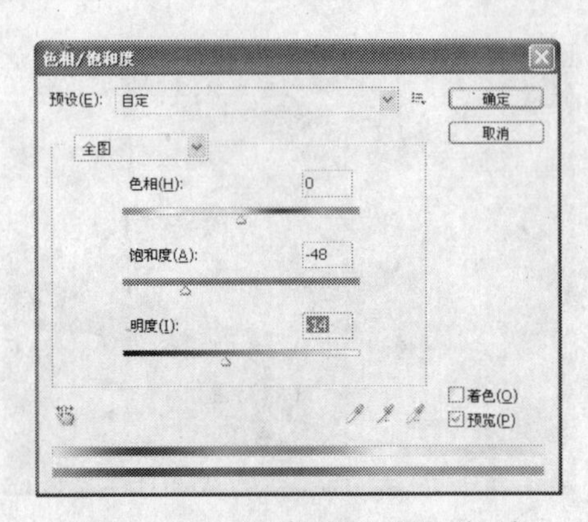

图11-165 “色相/饱和度”对话框

图11-166 调整后的效果

Step 29 为树枝图像添加图层蒙版，应用“画笔工具”在蒙版中拖动，将部分图像还原，效果如图11-167所示。

Step 30 打开“图层”面板，将图层拖动到草地图像上方，如图11-168所示。

图11-167 编辑后的效果

图11-168 调整图层顺序

Step 31 应用工具箱中的“矩形选框工具”在图中拖动，创建不规则的选区，并按Delete快捷键删除选取的区域，效果如图11-169所示。

Step 32 连续应用“矩形选框工具”在图中拖动，将创建的选区删除，效果如图11-170所示。

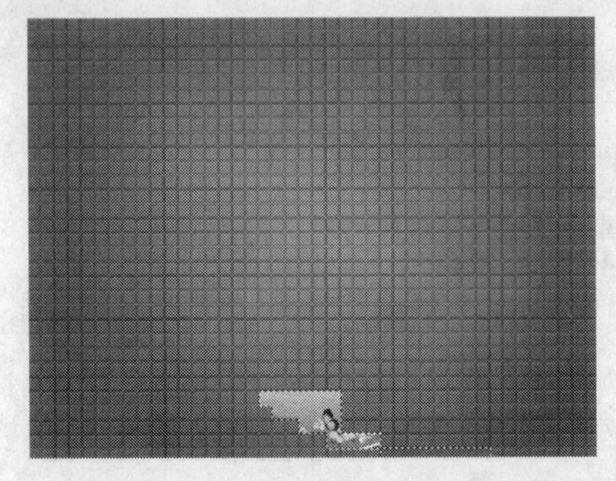

图11-169 删除区域

图11-170 删除更多区域

Step 33 继续应用“矩形选框工具”在图中拖动，将不需要的区域选取，按Delete快捷键删除，效果如图11-171所示。

Step 34 创建图层5，应用“矩形选框工具”在图中拖动创建多个选区，填充为黑色，然后将“图层混合模式”设置为“柔光”，“不透明度”设置为“60%”，设置后的效果如图 11-172所示。

图11-171 删除其他区域

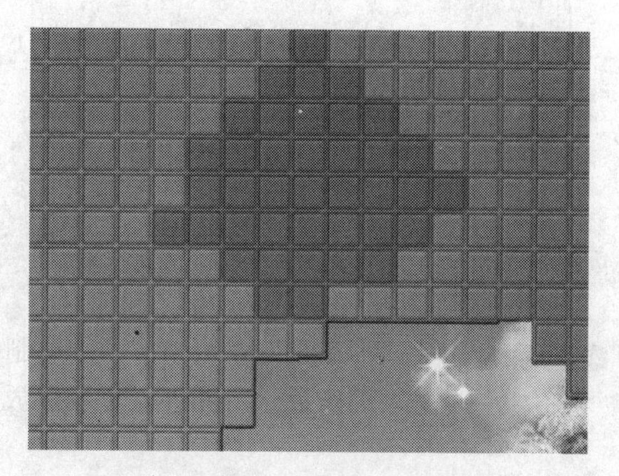

图11-172 设置后的效果

行家提示

应用“矩形选框工具”创建多个选区时，要先单击属性栏中的“添加到选区”按钮，然后连续应用选框工具在图中进行拖动。

Step 35 应用“矩形工具”在图中拖动，创建新的图层将路径转换为选区，填充为渐变色，效果如图11-173所示。

Step 36 双击所填充图像所在的图层，打开“图层样式”对话框，勾选“外发光”复选框，在右侧的选项区中设置相关参数，将“大小”设置为“15”像素，如图11-174所示。

图11-173 填充后的效果

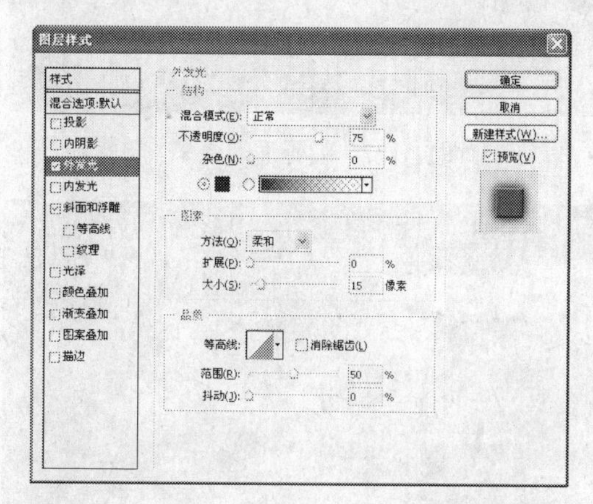

图11-174 “图层样式”对话框

Step 37 勾选“斜面和浮雕”复选框，在右侧选项区中设置相关参数，将“大小”设置为“2”像素，如图11-175所示。

Step 38 设置完成后单击“确定”按钮，应用图层样式后的效果如图11-176所示。

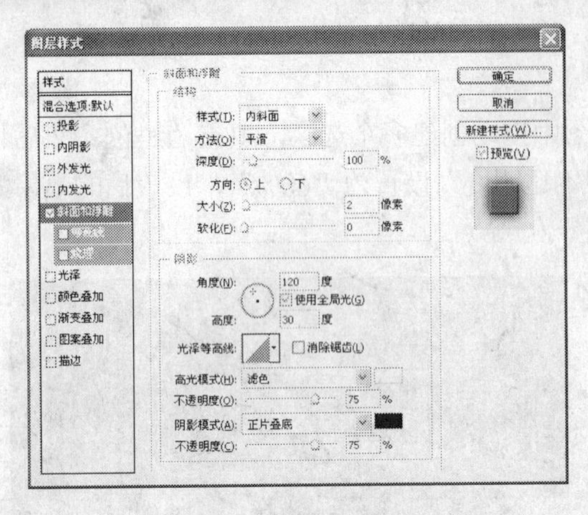

图11-175 设置斜面和浮雕

图11-176 应用图层样式后的效果

Step 39 应用“矩形工具”在图中拖动，绘制出不同的方块图形并分别转换为选区，制作出一个方块图像后，对其进行复制，放置到不同区域上，编辑后的效果如图11-177所示。

Step 40 应用“横排文字工具”在图中单击，并输入不同的英文字母，放置到绘制的方块图像上，如图11-178所示。

图11-177 编辑后的效果

图11-178 输入文字

图11-179 输入文字

Step 41 继续应用文本工具在图中输入文字，并设置为不同的字体和大小，如图11-179所示。

Step 42 新建一个图层，将输入文字的选区载入，填充为渐变色，并为该图层添加外发光样式，完成后的效果如图11-138所示。

知识总结

在本实例的制作过程中，主要用到Photoshop CS4图层样式、定义画笔、文字工具、渐变工具、矩形选框工具等，最主要的是删除多余的方块选区，留出草地图像的形状，制作出外形类似心形的图形。

反侵权盗版声明

举报电话：（010）88254396；（010）88258888
传　　真：（010）88254397
E-mail:　dbqq@phei.com.cn
通信地址：北京市万寿路173信箱
　　　　　电子工业出版社总编办公室
邮　　编：100036

欢迎与我们联系

为了方便与我们联系，我们已开通了网站（www.medias.com.cn）。您可以在本网站上了解我们的新书介绍，并可通过读者留言簿直接与我们沟通，欢迎您向我们提出您的想法和建议。也可以通过电话与我们联系：

电话号码：（010）68252397。
邮件地址：webmaster@medias.com.cn